国家社科基金
GUOJIA SHEKE JIJIN HOUQI ZIZHU XIANGMU
后期资助项目

意义与意向性

Meaning and Intentionality

黄 敏 著

中国社会科学出版社

图书在版编目（CIP）数据

意义与意向性／黄敏著．—北京：中国社会科学出版社，2022.6
ISBN 978－7－5203－9793－3

Ⅰ.①意… Ⅱ.①黄… Ⅲ.①现象学—哲学理论—理论研究 ②语言哲学—哲学理论—理论研究 Ⅳ.①B81－06②H0－02

中国版本图书馆CIP数据核字（2022）第037647号

出 版 人 赵剑英
责任编辑 孙 萍
责任校对 闫 萃
责任印制 王 超

出 版 中国社会科学出版社
社 址 北京鼓楼西大街甲158号
邮 编 100720
网 址 http://www.csspw.cn
发 行 部 010－84083685
门 市 部 010－84029450
经 销 新华书店及其他书店

印 刷 北京君升印刷有限公司
装 订 廊坊市广阳区广增装订厂
版 次 2022年6月第1版
印 次 2022年6月第1次印刷

开 本 710×1000 1/16
印 张 24.5
插 页 2
字 数 440千字
定 价 129.00元

国家社科基金后期资助项目

出版说明

后期资助项目是国家社科基金设立的一类重要项目，旨在鼓励广大社科研究者潜心治学，支持基础研究多出优秀成果。它是经过严格评审，从接近完成的科研成果中遴选立项的。为扩大后期资助项目的影响，更好地推动学术发展，促进成果转化，全国哲学社会科学工作办公室按照“统一设计、统一标识、统一版式、形成系列”的总体要求，组织出版国家社科基金后期资助项目成果。

全国哲学社会科学工作办公室

目　录

序　论

意义理论在达米特（Michael Dummett）笔下就是第一哲学。在其巨著《弗雷格——语言哲学》（*Frege*：*Philosophy of Language*）中他这样说：

> 意义分析是哲学如果不是唯一也是最先的任务，并且，这种分析走得越深，它就越是取决于对意义做出正确的一般性解释，取决于用来确定何谓理解一个表达式的模型。因此，整个哲学的基础部分，就是对这种模型所展开的研究，就是意义理论，而不是像笛卡尔误导我们相信的那样，是认识论。（达米特，2019：880）

对意义理论以及语言哲学的这种尊重为许多分析哲学家以及哲学史家所接受，并落实到分析哲学传统的自我意识中，落实到“语言学转向”这一标签上。对语言学转向最受人瞩目的表述，也是达米特做出的。在他看来，意义理论获得第一哲学的地位，是因为对于思想（即命题性的内容）的理解方式发生了变化。按照新的方式，

> （1）对思想的哲学解释可以通过对语言所做出的哲学解释获得；
> （2）只能用这种方式得到全面的解释。（达米特，2005：4）

是否接受这两条界定，被达米特用来衡量一个哲学家是否属于分析传统。至于这种改变为什么会结束笛卡尔的知识论传统，他没有正面说明，但我们还是可以看出这么说的理由。如果对知识内容（即思想）的哲学处理需要在语言中进行，从而以意义理论的形态出现，那么笛卡尔传统中的那种处理方式，即通过分析心理表象以及观念活动来分析知识内容，也就宣告终结了。这样，意义理论就将取代知识论。在达米特笔下，这种改变是弗雷格通过拒斥心理主义，强调意义的客观性达成的；弗雷格是开启语言学转向，从而开启分析哲学传统的那个人。

然而，达米特的论断并未贴合事实，似乎也不准备贴合事实。在给出前面两条界定之后，他立即以此为标准把分析哲学家埃文斯排除在分析传统之外。格洛克（Hans-Johann Glock）则针锋相对地说，“是否以语言学的方式理解和分析思想，这对分析哲学家的身份来说既不必要又不充分”（Glock，2008：18）。在格洛克看来，分析传统总体上是离散性的，“分析哲学家甚至对分歧点在哪里，都没有一致意见”（Ibid）。普莱斯顿（Aaron Preston）甚至不承认是一种哲学上的关切把分析哲学家联系在一起（Preston，2007）。

意义理论的这种地位在一些分析哲学家那里被让渡了出去，比如塞尔（John Searle）就认为“语言哲学是心灵哲学的一个分支”（Searle，1983：vii）。讽刺的是，塞尔是在对意义的分析中接受这个立场的。正是在对意义做出哲学解释的过程中，他感受到回归心灵哲学的压力。这种压力以另外一种方式出现在罗素那里。当罗素试图对命题做出解释时，他发现引入心灵的结合作用是更好的选择，但这意味着要向心理主义屈服（Griffin，2009）。在本书第五章第四节我们会看到，罗素的这种感受在索姆斯（Scott Soames）那里重现，对索姆斯来说，意义理论还是需要建立在心灵哲学的基础上。

然而，这种让渡来得太快了。语言哲学和意义理论为何如此值得尊重，为什么要进行语言学转向，意义理论凭什么要取代知识论，对此人们并未给出足够有力的解释。达米特虽然说明了意义理论在何种意义上对于哲学来说具有全局上的重要性，并且在一定程度上触及了这种重要性的来源，但并没有在哲学本身应该是什么样的这样一种理论关切之下，为意义理论以及语言学转向做出辩护。在他笔下，意义理论获得这样的地位，似乎纯粹是弗雷格的创造性工作的结果，而语言学转向之所以发生，则似乎仅仅是因为人们忽然发现语言本身具有重要性；分析哲学与从笛卡尔开始的近代哲学之间的连续性消失了，分析传统得以建立的动机则被隐藏起来。在《分析哲学的起源》一书中，达米特试图把现象学纳入视野，在一个更为广阔的背景之下理解这一动机，但他并未得出明确的建设性的结论。这当然是哲学史工作中出现的问题，不过，这个问题仍然与对哲学本身的学理思考联系在一起。毕竟，哲学史工作的视野是由学理性的思考开辟的。

哈克（P. M. S. Hacker）从另外一个角度把意义理论与整个分析哲学联系在一起。他从意义理论的失势中看到了分析哲学的衰退。在他看来，“分析哲学在20世纪70年代之后就衰退了”（哈克，2001：50）。他写道：

> 全盘抛弃分析与综合、偶然与必然、先天与后天之间的一切相关区分，是［对分析哲学传统的］一种关键性的决裂。因为随着抛弃这样三种区分以及一切类似的区分，那种把哲学看作一种特殊的、截然不同于科学的批判学科，看作一种先验的研究，看作与作为原告摆在面前的自然相对的意义法庭，这样的哲学观就瓦解了。但正是这种元哲学的观念描绘了（尽管以多少不同的方式）第一次世界大战后至今的分析哲学。（Ibid，p. 51）

哲学的辩护功能，即作为“意义法庭”的功能，就建立在一种意义理论的基础之上。哈克所描述的这种衰落无疑是与蒯因对于分析性教条的批评联系在一起的。这场批评开启了这个过程，而克里普克则通过颠覆对偶然—必然、先天—后天这两对区分的康德式解释，让这个过程扩散到全局。

然而，哈克没有注意到，蒯因是在试图构建一种意义理论[①]的过程中展开对分析性的批评的。即便是克里普克对康德解释的颠覆，也是在发展关于模态词的意义理论时得到的推论。被看作推动分析哲学衰落的东西恰恰是意义理论的发展，而意义理论另一方面又被认为是分析哲学的标志。如果蒯因所得到的并非一种充分的意义理论，而克里普克的颠覆活动也不是必须如此的理论选择，那么，哈克笔下所谓的“分析哲学的衰落”，就最多是历史的偶然，而不是应然之事。

本书的任务就是在这样两种关切之下建构一种意义理论：第一种关切是，分析哲学在何种意义上是近代哲学的延续；第二种关切则是，分析哲学如何才能在学理上合法地延续下去。这两种关切分别指向达米特和哈克未能纳入考虑的问题域。

按照第一种关切，我们会在知识分析的动机之下建立意义理论。命题性的意义就是当命题被用来表达知识时所表达的知识内容，因此，达米特对意义理论的界定已经容纳了这一动机。但是，达米特的包括对弗雷格语言哲学的解释在内的实际做法，仍然让人觉得他只是对语言本身感兴趣，尤其是当他试图把形而上学建立在意义理论的基础上时。在笛卡尔那里，知识论充当了形而上学的基础。与达米特不同，在建立意义理论时我们会更加强调知识论兴趣，尤其是强调命题性内容的表征功能和辩护功能，并

① 蒯因区分了意义理论和指称理论，并否认意义这个概念的合法性。然而，就“意义”这个词较广的意义而言，蒯因仍然有自己的意义理论，这就是以彻底翻译理论的形式出现的指称理论。相关讨论参见第一章。

以落实这两种功能作为意义理论的目的。在我们看来，意义理论的基础地位仍然是借助知识论获得的，而不是像达米特所说的那样，意义理论直接取代了知识论（达米特，2019：880－1）。这样，意义理论就成为近代知识论哲学的延续。这是一种被大大地推进了的延续，它将为回应怀疑论提供一种更有希望的方式，从而让知识论得到安慰。

为实现这一关切，我们加入了达米特曾经考虑过的主题，即分析哲学与现象学之间的关系。他在这个主题上看到的是历史兴趣，我们则看到了哲学兴趣。由于充分强调知识论动机，尤其是强调对怀疑论的回应，我们有充分的余地纳入胡塞尔先验现象学的理论设计。这种设计的动机来自笛卡尔的怀疑论，它构成了笛卡尔哲学以及康德哲学最强有力的延续。或许是一种巧合，我们在胡塞尔那里看到的意向性理论，构成了解读维特根斯坦“用法”概念的最佳角度。维特根斯坦笔下的“用法”，就是胡塞尔所考虑的意向行为，只不过是以语言行为而非意识活动的形式出现的。而要解释为何要采取语言行为而不是意识活动来落实意向性，那就要解释为何要做出语言学转向，从而就要解释分析哲学一开始为何要建立起来。

第二个关切，即通过建立意义理论来延续分析传统，构成了本书的主旋律。我们所从事的，实际上是分析传统内部的解题工作。这项工作要处理的就是意义问题。到目前为止，哲学动机最为充分的意义理论，仍然是蒯因的彻底翻译理论。一方面，它被用来实现外延主义的语义学构想，这种构想试图为解决本体论问题提供框架。为此，它必须把语言与实在之间的对应关系置于首位，这使外延主义成为必然；另一方面，彻底翻译理论让弗雷格式的涵义实体无以存身，无论这种实体是理论上必然的选择，还是仓促之下的权益说法。蒯因对分析性的批评，是任何一种意义理论都必须认真对待的对手，从而构成了建立意义理论的思考起点。我们在第一章阐述意义问题的性质之后，第二章就着手考虑回应蒯因批评的对策。

正是在对蒯因的回应中，我们引入了意向性这个主题。蒯因对分析性的批评主要是诉诸循环，而把语言的使用者环节考虑进来，是解除循环的关键。引入了语言的使用者，从逻辑结构上讲，也就等于引入了意向性。使用行为的自我关涉特性取代了循环，循环是恶性的，但自我关涉不是。这使问题的解决得以可能。作为后果，一方面，这一策略把我们引向前期维特根斯坦的逻辑自主性的概念，这种逻辑的自主性在后期仍然在语言游戏中保留下来；另一方面，意向性这一主题把我们引向胡塞尔的先验现象学，从而与我们的第一个关切衔接。

现象学的加入不是偶然的，因为它提供了一套看待心灵与世界之间关系的模式，从而对笛卡尔设置的哲学问题域给予了最为充分的重视。把心灵一极替换成语言，或者更准确地说，替换成拥有语言能力的心灵，方式恰当的话，这种模式的基本优点还是会保留下来。这样我们也就获得了一种描述语言与世界间的关联的意义理论，它对笛卡尔以来的近代哲学怀有充分的尊重。正好，我们有把心灵一极替换成语言（或有语言能力的心灵）的充分理由。即使从现象学内部考虑，这个理由也成立。这个理由就是，这样做能够解决意向对象的客观性问题，即在现象学内部得到广泛讨论的交互主体性问题。本书会在第三章正式引入意向性，并集中处理交互主体性问题。

如何在意义理论中引入意向性，这个问题与关于交互主体性问题的解决联系在一起。一方面，意义理论最初在分析传统中由弗雷格建立起来，其前提就是反对心理主义，而意向性的出场还是等于引入了心灵，因此我们需要仔细排除可能侵入的心理主义；另一方面，对交互主体性问题的解决，要等彻底分析后期维特根斯坦的私人语言论证之后。我们的研究表明，私人语言论证实际上给出了一种让心理内容获得公共可理解性的解决方案，而这种解决方案的关键在于，把语言理解为共享的行为模式，而不是对心理内容的简单表达。这两方面的考虑结合在一起就意味着，意向性应当按照一种双轨机制起作用，心灵提供原初的意向性，而语言为意向性提供模式性约束。当这种模式性成为心灵自我约束的方式时，它本质上就是规范性的了，而这就是让意向性得以摆脱心理主义的关键。由于先验现象学就是按这种规范性的方向发展起来的，我们在由此获得的意向性概念的基础上引入语言的维度，就顺理成章了。我们试图论证，这样一来就可以解决困扰胡塞尔现象学的交互主体性问题。

当然，我们不会停留在现象学内部。现象学为我们贡献意向性理论，而我们的推进在于证明意向性理论本质上就是意义理论。我们所建立的意义理论，将以胡塞尔的先验现象学所开辟的意向性理论为框架。由于我们把这个意向性框架纳入了语言的维度，相应的意向性理论，实际上就是一种意义理论，这种意义理论是对意向行为能力的阐明。于是我们离开现象学的论述方式，回到分析传统。第四、五、六三章为意义理论给出总体设计，它们分别针对真理理论、命题理论以及意义理论的方法论。

在第四章，主体（即具备语言能力的心灵）与实在之间的关系通过一种真理理论建立起来。这是一种规范性的关系，它决定了主体应当以何种方式使用语言，即怎样在特定情况下用语言做出正确的反应。主体与实在之间规范性的关系体现为真这个概念的内涵及其作用方式。在这一章中，通过处理关于否定的语义学问题，我们综合了收缩论所体现的非实在论立场，和符合论以及致真论（truth - maker theory）所体现的实在论立场，从而得到一种视角实在论。

按照这一理论，当我们的陈述为真，那就意味着相应的事实存在，但陈述所表征的图景与做出陈述行为的方式相联系，这种行为方式就构成视角。一方面，陈述句之所以能够表征事实，是因为通过运用包括真在内的语义学工具，主体可以追溯到原初为语言赋予意义的那个语境。那个语境中的赋义行为是利用真这个概念来完成的，而“真”与“假”（否定）这样的词的使用标志着追溯方式的不同，因此这些词只具备非表征性内容。这一点体现在收缩论直觉中；另一方面，陈述句所表征的情形仍然独立于为陈述句赋值时所追溯的赋义语境，而这让真这个概念足以容纳实在论立场。

视角实在论与一般意义上的直接实在论不同，它把表征行为理解为对实在的反应。这样就一方面建立了与实在的联系（这种联系表现在词项意义以及指称上），另一方面也让表征物（陈述句）能够容纳唯心论的成分。在这种唯心论成分的基础上，命题才能获得统一性，从而成为整体，命题理论才得以建立。命题理论构成了第五章的主题。通过建立命题理论，语言对于实在的表征关系是怎么回事，也就获得了理解的框架。

第五章基本上是以命题统一性作为引导性问题展开的。我们通过依次讨论波吉（Tyler Burge）、加斯金（Richard Gaskin）、索姆斯（Scott Soames）和金（Jeffrey C. King）的命题理论，得到构建一种恰当的命题理论的要素。波吉认为命题统一性问题不是一个真正的问题。通过反驳波吉，我们说明了在何种意义上存在这样一个问题。接下来，通过分析加斯金对命题统一性问题的解决方案，我们分离出其中的有效成分，即语言学唯心论。语言学唯心论很自然把我们引向罗素的多重关系理论。这一理论标志着罗素向心理主义的屈服。索姆斯沿着罗素的思路建立了自己的谓述行为理论，从而用心灵固有的意向性来解释命题的表征能力。我们认可心灵的原初意向性，但对索姆斯的心理主义以及自然主义进行了纠偏。这是通过强调真值条件对于谓述行为的独立性达成的，而这进而要求命题具有相对于心灵活动的独立性。我们建议这种独立性由具有物质形态的句子来实现，这进而把思路引向金的句法关系理论。通过分析这种理论为什么是不充分的，我们把命题解释成通过句子的句法关系实现的意向性事实，这一事实只有在使用者的第一人称视角中才得以建立。事实上，这样就落实了讨论索姆斯时获得的成果，以恰当的方式引入了意向性。

最终获得的图景是：命题对于事态的表征关系不是一种对应关系，而是句子与事态以同样的方式被看待的结果。也就是说，句子的使用者以看待事态的方式来“看”，从而在句子中“看出”所要表征的事态。这种“看”的方式体现为命题的真值可能性。真值可能性结构可以很方便地容纳像否定这样的与真这个概念同族的概念，也可以很方便地解释命题的谓述结构，从而建立成套的语义学。这套语义学的初步构架将在第七、八、九章给出。在此之前，我们将在第六章进行意义理论的方法论讨论。

吸收先验现象学的意向性理论，这对意义理论来说具有根本的重要性。先验现象学家的哲学研究是一种主观性的和实践性的活动（当然，这种主观性和实践性都需要仔细界定），这决定了我们的意义理论也是如此。我们的意义理论，如果说其所研究的是概念框架的话（这种概念框架会以范畴结构的形式出现），那么其研究对象本身就是研究者自己所把握的、让研究工作得以可能的东西。这一局面决定了这种研究是主观的，也就是说，不能说存在概念框架这样的东西，也不能按照形而上学的方式去对待这些东西；这也决定了这种研究是实践性的，它是研究者构建自己的理解的过程，并只能通过这一过程所产生的结果，来展示该过程的规范性特征。这样，按照第六章的讨论，意义理论就不是对于意义的描述，而是对意义的阐明。阐明的结果是理解，是澄清相应的意向能力。这一讨论不仅决定了意义理论研究如何展开，也决定了我们该如何对待意义理论的成果。

第七到九章分别给出了范畴理论、词项意义理论以及指称理论。范畴理论关注的实际上是谓述关系的结构，它揭示了命题与事态共享的可能性结构，同时也揭示了主体的识别能力的结构，这种结构可以用来解释句子在何种意义上传达了信息。在范畴结构的基础上，第八章为确定词项意义给出了一般性的模式。当具备识别能力的主体按照范畴结构的要求来使用谓词对对象做出反应，样本和范畴结构就一起确定了谓词的意义。谓词性意义对应于所谈论对象所引起的反应，这种反应是主体用谓词做出的。当名词作为类名，其意义就可以按照类似的模式来确定。区别在于范畴结构确定的是与样本之间的相似性如何建立起来，而名词性意义所对应的则是与样本足够相似，或者具备其他关系的对象。

在第九章，我们对簇摹状词理论和直接指称理论进行了对照式分析，剥离出各自可以接受的要素，从而为指称理论建立起一个理论框架。这是一种基于视角实在论的混合型指称理论。一方面，按照视角实在论，我们所面对的是独立存在的对象，但对象是在特定视角中给出的。因此，这种混合型的指称理论承认，确定陈述句真值的仅仅是陈述所谈论的对象，但并不认为，由此确定的就是脱离了视角限制的形而上学对象；相反，它要求在一种更加宽广的视野中看待指称，将其看作指称行为（而这是一种认知活动）的产物，而不仅仅是所确定的语义值；另一方面，对描述理论来说我们承认，确定指称的方式会影响我们对陈述句真值的判定，但我们并不认为，这种方式会落实到诸如摹状词这样的表达式上。在这里起作用的是识别能力，是体现为范畴结构的意向能力。这是指称行为上的特征，而不会简单地体现为等价的命题性内容。我们对克里普克的刚性指示词（通常译为“严格指示词”）概念给予了知识论解释，揭示了指称在何种意义上具有语境敏感性，而在何种意义上具有跨语境不变性（即刚性或严格性），从而得到一种动态的指称理论。按这种理论，指称是建立我们所认识的世界所需要的关节点，通过指称行为所承诺的对象的同一性，我们得以把不同的事态通过其共享的对象渐次合并到同一语境中，从而建立我们所认识的世界。这就是我们所说的“语境化”。在语境化过程的基础上，知识是什么，最终得以阐明。

第十章的任务是解释我们在何种意义上拥有知识。作为意向性理论的落实，知识的概念和事实的概念是同时建立的，知识只能是关于事实的知识。由于事实就是存在于我们所在的这个世界的事态，什么是事实，也就取决于什么是我们所在的这个世界。语境就是作为说话者的我们身处的这个局部环境，它通过与我们说话行为的关联得以确定。事态渐次加入语境的动态过程就是语境化过程。当语境化过程达到封闭性，也就是说，达到了能够确定哪些事态属于而哪些不属于该语境的程度，我们就说现实世界就此建立。这个世界中的事态就是事实。范畴理论为封闭性的达成提供了条件。在此基础上，我们还给什么是认知意义提供了哲学解释。最后，作为对交互主体性问题的呼应，我们说明了由此获得的在什么意义上是客观的知识。怀疑论可以在何种意义上得到回应，则是本书结论性的主题。这样，我们就实现了在建立意义理论之前就确立的知识论动机。

最终，我们将得到一种对语言的使用者足够尊重的意义理论。只有语言的使用者才具有意向性，这种意向性使语言达到实在得以可能，从而使语言得以具有意义。这里的意向性并不是被理解为与对象直接的、神秘的关联，而是行为的模式性特征。利用行为的模式性特征来解释与对象的关联，这正是我们向先验现象学的意向性理论学到的东西。这种行为模式与经验的模式特征联系在一起，而具备经验的只能是心灵，因而只有心灵才能让语言对应于对象，只有语言的使用者才有意向性。语言是一种具有物质形态的行为媒介，它让主体得以真正进入他人的主观性，从而使解决交互主体性问题成为可能。语言的特殊性就在于，它作为行为模式的一部分，作为行为的媒介，而不是认知对象起作用。这样，借助语言，主体就可以先于认知而在行为上获得一致性。这种一致性使行为模式具有稳定性，从而使知识所要求的客观性成为可能。

由于语言的引入，我们对意向性的理解也就具有了新的特点。意向性不再是位于世界之外的主体与世界之内的对象之间的联系，而是位于世界之内的人与同属世界的对象之间的联系。这种联系也不是心灵或语言对于对象单向的表征关系，它不会使心灵或语言像镜子一样反映对象；这种联系是具有具体特性的人使用语言对对象做出的反应，因而，人作为身体与心灵的统一体，和对象一起决定了语言的表征内容。这种关系决定了，像在形而上学中那样问事物本身是怎样的，并用命题性的内容来回答这样的问题，是没有意义的。知识的价值不在于告诉我们事物是怎样的，而在于能够让我们追溯到做出判断的视角和语境，并确定从这一视角出发，在相应语境中能够看到什么。语言就是这种追溯系统，意义理论则研究这个系统如何工作。

这样一来，意义理论就既不是描述像弗雷格所说的涵义或思想那样的东西，也不是像戴维森之后很多人所理解的那样，要确定各类句子的真值条件。这些看法都基于对意向性过于简化的理解，认为意向性是心灵与对象的简单对立，从而把意义等同于表征性的内容。意义理论应当研究让心灵得以置身于世界之中并认识世界的那种复杂的视角系统，人对世界的认识，就是由这种系统支撑起来的动态过程；意义理论研究这个过程的工作机制。由于这些系统最终落实为心灵所掌握的意向行为模式，意义理论所做的，就是研究这些行为模式。这种意向行为模式就是使用语言的行为模式，因此，意义理论所研究的就是语言的用法。

这样，我们的一个更为隐秘的关切就呼之欲出了。在达米特和哈克那里，后期维特根斯坦"意义即用法"的语言哲学都构成了一种支撑，并在某种意义上塑造着他们的元哲学立场，暗中左右着他们的哲学史判断。然而，维特根斯坦的思想深度及其写作风格，使他的语言哲学面临误解和曲解的危险。二手文献的分化和驳杂也使解释性的研究工作量巨大。与其从事这种解释性的研究，不如直接面对问题本身，说清楚在何种意义上"意义即用法"。本书的隐秘关切就是，为这种用法理论提供足够深入的阐述。由于是直接面对问题，我们暂时免除了参照维特根斯坦文本的义务。读者在通读完本书的正面论述以后加以回顾，或许能够感觉到其中阐述的理论与维特根斯坦的语言哲学之间的关联。当然，即使读者没有感觉到，或者无法认同这种关联，这对我们来说也没有损失。

本书是在笔者博士学位论文的基础上写作而成的，其整体思路和逻辑结构有实质性的推进，行文上也有显著的优化。博士学位论文完成于十几年前，与之相比，本书算是另外一部著作。然而，由于使用了原来的一些素材，虽经几番努力，在行文风格、逻辑思路，以及文献支持上，仍不免会有参差不齐之感。望读者见谅。由于李云飞、任远、康文煌三位朋友的帮助，本书的一些章节得到进一步改善。在此向他们表示感谢。感谢孙萍女士为本书的出版工作所付出的劳动。

第一章　意义问题

这一章是导论性的，它将为意义理论提供讨论的起点。我们着眼于分析哲学两大传统的对立格局，在弗雷格主义与罗素主义这两种意义理论的争论关系中，确立所要处理的问题，以及思考问题的路径。简单地说，我们要处理的问题是，如何建立一种足以表现知识核心特性的意义理论，使得语言能够充当知识分析的恰当媒介。处理这一问题的思路，则是从外延语义学的基本框架出发，寻找刻画内涵性的恰当机制。在这一章中，我们的目的不是最终得到一个明确的结论，而是梳理概念，确立问题背景，搭建思考框架。

第一节　形而上学、知识论与意义

一个问题的哲学意义通常在这个问题与其他问题的关联中表现出来。这种关联决定了这个问题为什么会被提出来，它的内涵是什么，以及怎样才算解决了它。对于意义问题我们也按这个原则来处理。我们将在与形而上学问题以及知识论问题的关联中，来理解什么是意义问题，进而决定应当采取何种方式建立意义理论。

一　意义与知识

在这样做之前，需先对意义问题做些准备性的说明。

通常，询问一个词语的意义，一句话的意义，就是提出一个意义问题。这里的“意义”，就是指语言的意义。在英文中，“meaning”一词也会表示一个人所表达的意思，以及打算、意图，这些义项可以说是属于心理上的意义。这种意义与语言的意义有联系。如果本书所建立的理论是对的，那么这种联系对于心理上的意义来说，就将是本质上的。

哲学对待一个问题会从总体上着手。这样，意义问题就将采取一种普遍的形式，即意义一般而言是什么。这就等于问，当我们询问意义时，什么才是一个恰当的回答，这种回答应当采取何种形式。以解决这一系列问题为目的而建立的理论，就是意义理论。

意义问题也可以用另外一种方式提出来，即怎样才算知道或者理解词语或句子的意义。这样提问并不直接针对意义，而是针对理解，因此也可以称为“理解问题”。理解问题之所以是意义问题的另外一种形式，是因为意义就是当我们理解一个词语或句子时所知道的东西。但不同的是，要回答理解问题，我们可以不用把意义给出来。这在有些时候非常重要。比如，当问“‘5’这个词的意义是什么”时，我们可能不知道怎样把这个词的意义“给出来”，但知道如何回答“怎样才算理解‘5’这个词”。通常，一次简单的算术测试就可以解决问题。在这种情况下，解决了理解问题，就可以明确应该如何着手思考意义问题，甚至决定了，一般而言该如何回答意义问题。

随着讨论的展开，理解问题与意义问题的联系究竟是怎样建立起来的，也就会得到澄清。

哲学家并不像语言学家那样一开始就关注语言。哲学家关心意义问题，并不是出于对语言本身的兴趣，而是出于对知识的兴趣。知识与意义之间的关系是这样的：当用语言表达知识时，用来表达的语言的意义，就是知识的内容。在典型的情况下，知识是用陈述句表达的，因此，知识内容也就会以陈述句意义的形式出现。当然，一个自然而然的想法就是，知识的本质特性，也就会体现为意义的本质特性。这样，关于知识的哲学兴趣就会转移到意义上。

但这似乎不太让人信服。用语言来表达知识，这似乎只是碰巧的事情，因此，知识的本质特性，不见得会体现在意义上，通过意义理论来探究知识的本性，也就有些一厢情愿了。

这个意见值得认真对待。到第三章我们会看到，能够用语言表达知识，这对知识来说至关重要；不能用语言表达的就不能算知识。如果这个结论成立，那么知识的本质特性也就会体现在意义上。当然，在得到这个结论之前，我们还不能利用它。

现在我们只需要这样的前提：在典型的情况下，知识是可以用语言来表达的，而为了探讨知识的内容是什么，我们也就可以通过讨论表达知识的语言的意义来进行。这是一个很弱的前提，它只要求在用语言来表达知识时，通过回答意义问题来说明知识的内容是什么。哲学家会说，这是一个关于知识分析的立场。知识分析就是用某种方式来确定知识的内容，而用语言来固定这种内容，就是一种通行的办法。这时起作用的是知识与语言之间的对应关系。

循着知识分析这个线索，语言与知识联系起来，这种联系赋予意义问题以方向。哲学家不会一上来就问，语言的意义是什么，而是会问，就知识分析这个目的而言，就我们可以通过意义来表现知识内容而言，语言的意义是什么。按照这种提问方式，人们对于知识的一般理解，以及对于知识所怀有的期望，也就会体现到意义理论上。在这一节接下来的部分，我们就以知识与语言的关系作为线索，看关于知识的理解是如何影响意义理论的。

二 对知识的两种理解

对于知识本身是什么，哲学家们会从不同角度来理解。他们会优先考虑知识的各种特征中的一种，看它如何能够实现，然后以之为基础研究其他特征怎样实现。知识最为重要的两种特征是，（1）它表征（represent）了实在，也就是说，通过获得知识，我们就可以知道实在是怎样的，此为表征性；（2）它是可以辩护（justify）的，也就是说，我们可以找到一些理由来支持它。人们可以从表征性出发，在确保知识的表征性的基础上解释知识如何得到辩护；也可以从可辩护性出发，来讨论如何在此基础上获得表征性。这样，就有两种不同的方式理解知识，我们分别将其称为形而上学式理解与知识论式理解。

先说形而上学式理解。

如果不考虑关于知识本身的形而上学研究，形而上学上的讨论在形式上是绕开知识论进行的。比如，在研究“世界是否是决定论的”这样一个形而上学问题时，人们并不把这种关于世界的命题，当作我们关于世界的知识来表述，而是理解为关于世界本身是怎样的论断。人们会把世界是怎样的，与我们关于世界的知识是怎样的这样两个问题区别开，这毕竟是两个不同的主题。但另一方面，人们可以用对待知识的方式来对待一个形而上学论断。指出一个形而上学论断没有依据，就反驳了这个论断。而询问是否有依据，这是对待知识的态度，而不是对待存在物的态度。我们关于世界的讨论实际上就是在表达我们关于世界的知识，把这种表达当作对世界负责而不是对知识负责，这本身就是对待这种知识的态度。这种态度就是对知识的形而上学式理解。

形而上学式理解抓住了知识的表征性特征。知识的表征功能意味着，它与实在之间存在对应关系，拥有了知识，就意味着循着这种对应关系就把握了实在。即使不采取形而上学式理解，仍然可以认为知识是表征性的。形而上学式理解的核心则在于，它认为可以撇开知识的可辩护性来单独实现知识的表征性，进而，它也希望在表征性的基础上获得知识的可辩护性。由于形而上学讨论本身就意味着表征性已经得到了实现，这一立场就常常体现为绕开知识论来研究形而上学。

接下来看知识论式理解。

与形而上学式理解相反，知识论式理解禁止在可辩护性[①]就绪之前给出关于世界或者其他东西的正面论断。我们可以在笛卡尔的基础主义知识论中看到这种理解的典型形态。这种知识论经历了排除和重建这样两个过程。前一个过程是把任何有可能遭到怀疑，也就是未能得到充分辩护的信念全部排除；后一个过程则是看哪些信念经得起怀疑的考验，也就是说，看前一过程剩下哪些信念，从而把知识建立在这些经得起怀疑的信念之上。如果这两个过程成功完成，所有信念就都将被置于一个辩护系统中，不存在未获得辩护的知识。

按照这种方式理解，知识的表征性就将服从可辩护性的要求。我们关于外部世界的知识是否表征了外部事物，表征关系是否建立起来，就是一个需要辩护的信念。在笛卡尔那里，对这个信念的辩护经历了艰苦的沉思才宣告完成。上帝以一种可疑的方式承担起建立表征关系的任务。无论这种旨在建立表征关系的特殊任务是否成功，我们都可以看出，关于知识的这种理解方式是怎样的。

在分析传统中，这种知识论式理解的典型例子是弗雷格。为了实现其逻辑主义的数学哲学，弗雷格设计了概念文字系统。这是一种关于辩护的理论，它解释了什么是可辩护性。按照弗雷格的设计思路，这个系统将给出一些初始真理，这些真理至少会让我们构造出像数这样一类对象，从而为数词赋予表征性。这样，弗雷格就在可辩护性的基础上建立了表征关系。按照一种较弱的理解，我们可以不认为辩护理论能让我们构造出对象或者建立起表征关系，而是认为，可辩护性至少为表征关系施加了一种约束条件，从而，在未能满足可辩护性的情况下就不存在表征关系。这一想法是弗雷格为分析传统做出的影响深远的贡献，它对后面的思路至关重要。

---

① “可辩护性”（justifiability）这个词指可以被辩护这一特性。“辩护”（justification）这个词则是指一个信念或者命题可以被合理地相信，或者说我们有理由相信一个信念或者命题。按照传统的知识概念，知识的一个必要条件就是它得到了辩护。我们默认接受这一条件。

形而上学式理解的典型例子则是罗素。罗素赞同弗雷格的逻辑主义计划，但以一种不同的方式实现这个计划。他也建立了一个逻辑系统，用来充当关于辩护的理论，也在这个系统的基础上定义了数。但是，他并不打算承认，这样做就在可辩护性的基础上建立起了表征关系——他不认为数是对象。在罗素看来，数是类（罗素，1982：16），而类是一种逻辑虚构（Russell，2010b：17），这样，数就是逻辑虚构。事实上，按照摹状词理论，所有依据逻辑构造才得以建立起来的东西都是逻辑虚构（Russell，2010b：ch.6），因而，表征与可辩护性就必须被赋予不同的东西——可辩护性本身依据逻辑构造才得以建立起来，而表征关系只能由无结构的东西来承担。事实上，表征关系必须以独立于可辩护性的方式建立起来，这就是他所说的亲知（acquaintance）。

虽然罗素自己没有明确陈述，我们还是可以很自然地解释表征性之于可辩护性的这种独立性。我们可以认为，这是为了体现出对象的实在性。一个实在的对象不管用什么方式都可以与信念或语言建立对应关系，而可辩护性则似乎只是信念与语言的一种特性，因此，对实在对象的表征关系好像不需要可辩护性就可以建立。只需要信念或词语与之对应就可以了。相反，如果，一个东西是否可以有信念或词语与之对应，要取决于信念与语言本身的某种特性，那么，我们就很难说这个东西是实在的。比如，弗雷格所说的那种数可以用逻辑的手段构造出来，这样的东西似乎很难说是实在的。

罗素准备用一种不同于弗雷格的方式来解释逻辑。在他看来，逻辑的作用不在于辩护活动具有怎样的特性，而在于实在或事实本身的结构特性。① 逻辑系统是因为刻画了这种结构特性才提供逻辑真理。这样，可辩护性就完全建立在表征关系的基础上，由此得到一种完全不同于弗雷格的知识概念。

三 指称理论与涵义理论

表征和辩护都将体现在语言上，并且都体现为意义的特征。语言可以用来谈论事物，这以词语对于对象的表征为基础。这种表征与意义紧密联系在一起。知道了一个句子的意义，也就知道这个句子在谈论什么。此

① 一般而言，罗素会把逻辑连接词理解为共相，而逻辑命题就是共相按照特定方式连接而成的普遍事实，这种事实存在于各种不同的事实中。这样，逻辑真命题就是因为表征了普遍事实而为真的（Russell，1998：ch.9，10）。

外，语言也被用来推理，也就是说，用来辩护。推理也与意义紧密联系。一个陈述句可以推出什么样的结论，几个陈述句之间的推理关系是否成立，这些都有赖于句子的意义。

因此，对知识的可辩护性与表征性的上述两种不同理解方式，也将体现在对意义的不同理解上，从而体现在意义理论上。

简单地说，这种区别体现在，像罗素那样对待知识，就会从指称（reference）或者真值的角度来理解意义，而像弗雷格那样对待知识，则会从涵义（sense）的角度来理解意义。我们不妨分别称相应的意义理论为指称理论（the referential theory）和涵义理论（the sense theory）[①]。

从指称理论来看，词语的意义就是它的指称，也就是它所表示的对象，而我们理解一个句子，就是知道这个句子陈述了什么样的情况。人们通常会认为，这里的对象和情况都是实在的，因此都是可以单独确定的，而语言的价值也就在于与之建立对应关系，从而通过理解语言来把握这些对象和情况。这种对于意义的理解我们将其归于实在论（realism）。

这里需要解释一下“实在论”以及后面所要使用的“非实在论”（irrealism）[②] 这两个术语。通常，这两个术语用来说明某类事物或所有事物的存在方式，实在论是说这类事物独立存在，而非实在论则说其存在具有依赖性。由于独立性与依赖性可以相对理解，我们就可以按照所谈论的事物独立或依赖于什么而对实在论和非实在论进行划分。通常所考虑的是相对于语言或者心灵的独立性或依赖性，于是我们会有语义学上的实在论和非实在论，以及知识论意义上的实在论和非实在论。而若考虑的是绝对意义上的独立性和依赖性，即某类事物本身的存在和不存在，那就有形而上学意义上的实在论和非实在论。这样区分以后立即就可以看到，语义学或知识论上的非实在论对形而上学上的非实在论来说是充分但非必要条件，而语义学或知识论上的实在论，对形而上学上的实在论来说，则是必要而非充分条件。面对这种不重合的关系，由于我们的目标是知识分析，注意力就将集中在语义学或知识论上的实在论和非实在论上，特别是语义学的实在论和非实在论上。后面在不加限定地使用“实在论”和“非实在论”时，就是指语义学上的实在论和非实在论。

---

① “指称理论”与“涵义理论”有时也被分别用来指解释指称和涵义的理论。这种用法与我们这里的使用方式是不同的。在英语中，这种用法通常说成“the theory of reference/sense”。

② 除了“非实在论”，人们还使用“反实在论”（anti-realism）这个术语。我们会忽略这两个术语之间的区别，而只使用“非实在论”。

至于语义学上的实在论和非实在论与知识论上的实在论和非实在论是什么关系，则取决于意义理论与知识论之间有什么关系。我们会在意义理论与知识论之间建立一种内在联系。在大多数情况下，我们会在意义理论中使用实在论和非实在论这两个概念。

回到意义理论这个主题。指称理论通常伴随着实在论。这就是说，语言的意义由独立于语言的东西确定，这些东西构成了词语的指称。一种可能的反驳意见是，指称关系只是存在于词语和对象之间，但对象是如何存在的，则是另一个问题，因此指称理论未必承认实在论，当然也未必承认非实在论。人们可以建立一种非实在论的指称理论，但这种理论没有什么价值。指称理论作为一种意义理论，需要能够对词语的用法做出解释，而这就要求指称关系要在这些用法之前确定下来。指称关系如果是词语和依赖语言的东西之间的一种关系，那就属于这些用法了，因而就不能拿来解释用法。只有当对象独立于语言存在，指称关系才能先于词语用法建立，而这意味着一种有解释力的指称理论应该接受实在论。①

如果接受涵义理论，那么词语的意义就不能用指称来确定，而是通过我们据以确定指称的东西，即涵义，来确定。涵义理论否认可以直接确定词语的指称，而必须通过涵义。只要涵义能够承担起解释可辩护性的作用，人们就可以把表征性建立在可辩护性的基础上。涵义究竟是什么，我们到下一节再仔细讨论。这里暂且将其理解为确定指称的方法。比如，"经线"这个词的指称，就是通过用一个大圆来连接地球南北极点来确定的，我们可以说，"连接地球南北极点的大圆"这个短语就表达了"经线"这个词的涵义。涵义理论认为，把握一个词语的意义，就是把握它的涵义。

按照这种方式来理解，词语所表示的对象是什么，就是通过一种语言的手段来确定的。这就不像指称理论那样，需要承认实在论。单从涵义理论来看，对象这个概念并不具有独立的意义。如果没有其他方面的补充或者限定，涵义理论就会是一种非实在论。当然，涵义理论不一定导致非实在论。如果在涵义理论的基础上添加一些成分，以保证对象的独立性，那么一种涵义理论仍然可以是实在论的。但是，如果实在的对象需利用表征来引入，一种对语言的表征性有解释力的涵义理论，还是需要接受非实

---

① 需要澄清一下。这里讨论的不是从指称理论是否能导出实在论，当然也不是为实在论（或非实在论）提供语义学表述。因此我们不会涉及达米特关于实在论的分析，也不会涉及他与戴维特（Michael Devitt）之间的争论。我们关心的是不同理论动机之间的关联，比如，如果接受指称理论，那就最好接受实在论。

在论。

从术语上看，指称理论会认为并不需要涵义这个概念，只需要指称，外加真值这样的概念，就可以说清什么是意义。这里，真值对应于句子，句子的真值是由词语的指称所决定的。人们一般不愿意把真值当作句子的意义，而愿意把句子所陈述的那种情况当作句子意义。句子所陈述的情况决定了句子在何种情况下为真，这种情况一般被称为“真值条件”（truth conditions）。

与指称理论不同，在涵义理论中则除了有指称、真值或真值条件以外，词语以及句子的涵义也会被当作意义理论的一部分。判断一种意义理论是不是涵义理论，只需看它解释意义时是否依靠涵义这个概念就行了。

人们也会以另外一种方式使用术语。可以不用“指称理论”与“涵义理论”，而是用“语义学”（semantics）与“意义理论”。许多哲学家都把“意义理论”这个词留给了涵义理论，而不愿意把指称理论也归为意义理论。比如，蒯因就认为指称应当单独处理，而不能纳入意义理论中（蒯因，1987a：20－1）。如果接受形而上学式理解，绕开知识论来处理形而上学或本体论问题，就会认为意义与知识同属一类，而无须在研究指称时考虑意义——关于指称的研究关心的就是本体论问题，因为所指称的就是存在的东西。在这种情况下，指称、真值以及真值条件与语言之间的对应关系，就被归到“语义学”名下，而与意义理论区分开。意义理论于是就等同于涵义理论。

由此可见，在意义理论中两种不同的立场之间的差别有多大。这种差别大到其中一方认为自己所从事的研究位于不同领域的地步。这两种意义理论在分析传统中构成了两种典型立场，它们分别对应于自己的一整套哲学理念，它涵盖了形而上学与知识论的关系，因而对于哲学来说具有基础性的价值。我们可以分别称这两套哲学理念为“弗雷格主义”和“罗素主义”。弗雷格主义者对知识分析持有知识论式理解，在意义理论上采纳涵义理论立场，倾向于非实在论；罗素主义者则对知识分析持形而上学式理解，是指称论者和实在论者。

四　本书的起点

这样划分立场不是出于哲学史的目的，不是希望对哲学家们的思想做出准确的描述，而是展示哲学观点之间的关联。在仔细分析各种观点的构成方式之后，实际上被接受的立场是在这个基础上做出调整和修改的结果。粗略的哲学史划分也可以参照着进行。可以说，包含蒯因、戴维森、克里普克、普特南（Hilary Putnam）等在内的大部分分析哲学家都是罗素主义者，而弗雷格主义者则有达米特和他的部分学生。维特根斯坦应该主要是弗雷格主义者，但更重要的是，他把两种立场综合到了一起。

本书将要建立的也是一种综合立场。这两种立场各有优点和缺点，而对知识的正确刻画需要把两种立场综合起来。

罗素主义适合于对表征给出满意的解释，但它很难处理可辩护性。表征所针对的是独立存在的东西。如果被表征的东西随语言或信念而发生变化，那么我们会认为这个东西其实不是被表征的，而是被想象的。被表征物的独立性，是表征这个概念所要求的。但正是因此，正是因为被表征物是独立的，无论我们的语言和信念是怎样的，都不会影响被表征物，这种表征关系实际上才允许怀疑论出现。笛卡尔的怀疑论恰好是说，无论我们的语言和信念是怎样的，实际情况都可以不是如此，而我们上了魔鬼的当。魔鬼之所以能得逞，是因为实在独立于语言和信念，而从语言和信念如何，得不出实在也是如此。这种独立性显然恰好就是实现表征关系的前提，因此，从原则上讲，满足表征关系的要求，要以放弃可辩护性为代价。应当说，罗素本人就放弃了为关于外部世界的知识给出辩护的努力，像蒯因这样的自然主义者更是如此。①

弗雷格主义则首先满足可辩护性。如果说坚持对象的独立性会以怀疑论作为代价，那么要消除怀疑论，就要求能在语言或信念内部确定对象是什么，而这意味着表征关系不能得到恰当的处理。弗雷格主义者要求总是要透过信念或语言来看待实在，而不能通过比如说像经验这样的缺乏命题内容的东西。这是因为，辩护作为一种推理只能够在命题之间进行，只有具有命题内容的东西才具备可辩护性。信念具有命题内容，因此信念是可辩护的，可以作为获得知识的途径。但经验没有命题内容，而只是感官刺激所产生的效果。比如痛感，它是经验，但我们不能说痛感有命题内容。②我们可以依据痛感形成一些命题内容，但这是因为我们形成了关于痛感的信念，而不是痛感本身所提供的。可辩护性实际上封闭了通向实在的非命

① 罗素并不认为可以证明外部世界的存在，但还是承认一种更弱的辩护是可能的（Russell，1998：10）。蒯因则明确承认，辩护的目的是不能达到的（Quine，1969a：71ff）。

② 关于经验不能用来辩护的论证来自戴维森（Davidson，2001：143）。塞拉斯则从相反的方向承认经验（确切地说是关于经验的意识）具有概念内容，因而已经具备命题内容（Sellars，1997）。两种立场虽然相反，但在一点上相同。它们都把可辩护性仅仅归于命题性内容。戴维森基于命题内容的缺乏排除经验的可辩护性，塞拉斯则通过赋予经验以命题内容来承认其可辩护性。

题性的途径，而这意味着我们失去了对于对象的独立性的把握。我们不能恰当地产生关于独立对象的信念或者陈述。这有点像是只能通过望远镜来看某个东西，在这种限制之下我们就无法分辨自己看到的是光学虚像，还是望远镜之外的某个东西。

罗素主义和弗雷格主义具有某种互补特性。综合二者似乎是更好的选择。但是，拼凑不是综合。我们需要找到一个共同的构架，在这个构架之上有效地安置二者的有效成分。本书第二、三两章的任务就是设置这一构架。其中第二章要在意义理论的框架中引入意向性，第三章则在意向性的框架中引入语言。这样就从两个方向实现了意义与意向性之间的共生机制，利用这个机制，罗素主义与弗雷格主义才得以实现综合①。

本章接下来的篇幅将为意义理论设置基本的讨论框架，并在这个框架中确定什么是意义问题。框架的设置是直接为综合指称理论与涵义理论这一目的而服务的。在意义理论中，指称理论和涵义理论共享指称理论所使用的术语。涵义理论也承认指称、真值以及真值条件，只是在此基础上还引入了涵义。涵义理论与指称理论之间的差异似乎就是通过引入涵义造成的。如果没有涵义，我们所能拥有的也就只有语义学了。因此，要在这两种意义理论之间找到一个共同的构架，看起来也就是要先接受指称理论的基本要素，然后在此基础上看是否应该引入涵义以及如何引入涵义。

这件工作将区分为两个层次。第一个层次是知识分析的层次，第二个层次则是对第一个层次的理论解释。意义理论的直接目的是为知识分析服务，而知识分析则是以恰当的方式呈现知识内容，因此，在第一个层次上，意义理论的要做的事情就是为此设置恰当的概念。按照前面的考虑，这件事将在语义学的概念工具的基础上来做。而这是本章第二节的主要内容。在第二个层次上，意义理论应当解释，这样的分析在何种意义上是有效的，这将是一件理论解释工作。第三节将考察在这个层次上的最为系统的意义理论，即整体论。

第二节　知识分析

这一节里，我们先看是否应该引入涵义，然后再讨论如何引入。

① 关于这种综合，参见本书第十章导言。

一　语义学

语义学的任务就是为词语赋予指称，为句子赋予真值或者真值条件。为方便讨论，我们暂且把在指称理论中赋予语言的意义称为“语义”。这样，词语的指称就是词语的语义。句子的语义具体应该是真值还是真值条件，则需要进一步考虑。

句子语义就是句子的意义，就是当我们用句子来传达知识时，通过理解句子所知道的东西。由于可以通过理解词语以及词语组合成句子的方式来理解句子，句子的语义就应该是由词语的语义以及词语的组合形式确定的。沿着这条思路来考虑句子语义是什么，自然就会选择句子的真值条件。真值条件是确定真值的基础和必要条件，至于真值条件确定以后，句子真值是否也就确定了，则要视情况而定。逻辑命题的真值在真值条件确定之时就确定了。经验命题的真值则要进一步看实在的情况如何，而这已经超出了意义的范围。句子的意义确定了要由实在中的哪一种状况来决定句子真值，这就是句子的真值条件，但句子的真值并未随即确定。

然而，真值条件与真值之间的关系并不如此简单。即使就经验命题来说，要确定句子的真值，我们也不是直接拿实在的情况与之对照；实际情况是，我们拿另外一个真句子，通过这个真句子与所研究的那个句子建立推理关系，来确定其真值。而如果这样看问题，那么真值条件要起作用，就要以某些句子的真值已经确定为前提。这些真值已经事先确定的句子，就是一些初始真理。这样，句子语义就应该是初始真理以及句子与初始真理之间的推理关系共同决定的。对初始真理来说，真值就是其语义。

关于句子语义的这种区别，与前一节建立的形而上学式理解与知识论论证式理解之间的区别联系在一起。理解句子语义的前一种方式，显然是按照形而上学的方式来理解我们对于实在的判断，它把这种判断理解为是关于实在的，并将其当作实在的情况来加以运用；后一种方式则是将其当作可推理的知识。在后一种方式中，实际上没有余地来容纳我们的判断与实在之间的偏差，从而没有条件来建立一个区别于真命题的真值条件概念①。在这种情况下，只有把真值当作句子的语义。

我们的目的就是要在这两种理解之间做出综合，为了避免循环，眼下

---

① 这里所讨论的理解句子语义的后一种方式，就体现在弗雷格的意义理论中。在达米特对弗雷格的解读中，真值条件仍然占据重要位置（达米特，2019：6）。我们这里给出的解释可以视为对达米特的一个修正。如果非要在弗雷格的框架中讨论真值条件，那么所讨论的就是真命题，或者用弗雷格的话说，就是真的思想，即真句子的涵义。

还不能决定采取哪种方式解释句子语义。不过还是有补救办法。注意一个事实，如果实在的情况不变，那么句子的真值与其真值条件之间就将存在对应关系，只要确定了句子真值，我们就可以结合句子本身来确定句子的真值条件。比如，当我们知道“苏格拉底不是有死的”这个句子是假的，那么我们也就可以确定，这个句子的真值条件就是，苏格拉底是有死的（我们使用了否定操作，并通过去掉句子的引号，来直接使用被谈论真值的句子）；如果这个条件满足，那个句子就是真的。考虑到这种对应关系，我们就可以在真值和真值条件之间任意选择一个当作句子语义。当需要考虑另外一个选项时，就可以通过添加“其他情况全同”这个条件①，来进行过渡。标准的做法是把真值当作句子语义，这里我们也采取这种做法。

语义学是针对语言所谈论的对象建立的，而这意味着，作为语义赋给词语和句子的必须是独立于语言的东西。这是语义学的目标，无论是指称理论还是涵义理论，都应该实现这一目标。涵义理论为了满足可辩护性的要求而倾向于放弃这一目标，这是理论本身的一种缺陷。在试图建立一种可以弥补这一缺陷的意义理论时，理当满足这一要求。

二　替换保真与内涵性

充当语义的东西应当独立于语言，这一要求通常体现为替换保真（substitution salva veritate）条件：

> （替换保真）对句子中的词语或从句，用语义相同的词语或从句进行替换，不会改变整个句子的语义，即真值。

当用语义相同而语言形式不同的词语或从句来替换时，整个句子的真值不变，这就说明语言的形式对于整个句子的语义不构成影响，进而也就不会对被替换的词语或句子的语义构成影响——整个句子的语义就是由被替换的词语或句子的语义所决定的。如果用语义相同但具有任意语言形式的词语或句子来替换，整个句子的真值仍然保持不变，那么被替换的词语或句子的语义，也就独立于语言形式了。

但是，从满足替换保真条件，我们还得不出结论说，某个语义完全独

① “其他情况”不限于实在的情况，还包括关于语言的其他事实。考虑到有时候会涉及意义上的变化之类的事情，用比较宽泛的“其他情况”更合适一些。此外，我们不能收缩范围，说明“其他情况”都包含什么情况，因为这就涉及要考虑的句子意义，因而导致循环。

立于语言，即使没有语言，我们还是可以确定它。替换保真条件最终只能保证，某个语义不需要任何固定的语言形式，但仍然有可能，它最终还是需要语言。像数这样的东西，我们就总是需要数词才能确定，但具体用什么样的数词，却是不一定的。正是因此，替换保真条件只能充当实在论的必要条件，但不是充分条件。

替换保真条件可以通过排除来确定词语或句子的语义。比如，为了确定下面句子（1）中“盖尼米德”一词的语义，我们考虑句子（2）。当我们知道它们的真值是相同的，也就知道“盖尼米德”的指称是木卫三。

（1）盖尼米德是太阳系最大的卫星。
（2）木卫三是太阳系最大的卫星。

这通常就是一种排除的程序。我们给出一个选项，然后看它是否满足替换保真条件，如果满足，那么用来替换的词语或从句与被替换的词语或从句就共有语义；否则就换用其他的词语或从句来进行替换。当然，我们要考虑替换以后是否在各种情况下整个句子的真值都保持不变。

比如，下面（3）与（4）构成正确的替换，但（3）与（5）却不是。在这种情况下，通过（5）来为（3）中的“盖尼米德”确定指称的做法也就被排除了。

（3）“盖尼米德”是希腊神话中的名字。
（4）句子（1）中出现的那个四个字的名字是希腊神话中的名字。
（5）“木卫三”是希腊神话中的名字。

（3）和（5）的替换关系与（1）和（2）的替换关系颇为相似，都是用同样的词语来做出的替换，结果却并不相同。这意味着，在有些情况下的替换保真在另外一些情况下并不保真。容易看出，造成这一结果的原因是引号的使用。当“盖尼米德”在（3）中被加了引号，它就不再像在（1）中那样，指称木星的卫星，而是指称那个词语本身，因而也就不与（2）中的“木卫三”有同样语义。

类似的情况也出现在下面这一对句子中。

（6）伽利略认为盖尼米德是太阳系最大的卫星。
（7）伽利略认为木卫三是太阳系最大的卫星。

这里的替换也是不保真的。作为从木卫一到木卫四这四颗木星卫星的发现者，伽利略建议用数字编号来对木星卫星进行命名，因此他知道木卫三是哪颗星。但是，用“盖尼米德”这样的希腊神话中的名字来命名，则是后来才使用的命名系统，伽利略不可能知道“盖尼米德”指称什么。因此，即便（7）是真的，[①]（6）也不会是真的。

不过，我们要把（6）和（7）这一对句子与（8）和（9）这一对句子区别开。

（8）对于盖尼米德，伽利略认为它是太阳系最大的卫星。

（9）对于木卫三，伽利略认为它是太阳系最大的卫星。

后面这对句子的真值相同，因为它们相当于说，我们先用某种方式确定了一个天体，然后说，伽利略当年认为这个天体是太阳系最大的卫星。在这种情况下，我们用什么名称来指称这个天体，不构成影响。容易看出，在（6）和（7）中之所以出现替换不保真的情况，是因为名称出现的位置。名称此时出现在受“认为”这个词支配的位置上。

像这种在一些情况下保真的替换在另外一些情况下不保真的现象，一般就被称为“内涵性”（intensionality）。前面出现了两种内涵性，都可以明确地追踪到原因。当这些原因不存在时，替换保真也就不受影响。这种替换保真不受影响的情况人们就称为“外延语境”（extensional contexts）。相应地，像前面的引号中，以及“认为”这个词所管辖的范围（人们一般称为“信念语境”），则是“内涵语境”（intensional contexts）。在语义学中，引号造成内涵性的机制比较明确，我们这里可以不必讨论。与之相比，信念语境（belief contexts）则对意义理论造成了麻烦。

三 涵义理论的合法性

可以认为，涵义理论的任务就是解决信念语境导致的内涵性问题。弗雷格把涵义解释为指称的呈现模式（mode of presentation）和确定指称的方式（ways of determining the reference），[②] 也解释为信念语境内词语或从句

---

① 当然，伽利略也不可能认为木卫三是太阳系最大的卫星。那个时代对太阳系中为数众多的卫星知之甚少。

② 确切地说，对前一种解释，弗雷格所使用的说法是“内容的呈现模式”（Frege，1997a：§8）；后一种解释来自于他的文章《论涵义与指称》（Frege，1997c）。关于这两种解释之间的区别，参见比尼（Michael Beaney）为《弗雷格读本》所写的序言（Frege，1997b：23－24）。

的指称。当一个词语或从句被置于信念语境中，其语义就不再是其在信念语境外时的语义，而变成了指称的呈现模式或者确定指称的方式。这在直观上可以解释为，借助信念语境人们所谈论的不再是所指称的对象，而是对象如何被思考。

涵义可以很自然地扩展到外延语境中。在弗雷格那里，涵义与指称同时作为意义的成分而被赋给所有词语和句子。这里出现了一种层次结构。涵义作为思考指称的方式，处在与指称不同的层次；即使指称不存在，涵义仍然可以被加给语言，但是在没有涵义的地方，也不会有指称。[①] 在涵义与指称各自层次的内部，则存在组合关系，即句子的涵义是由构成它的词语的涵义决定的，而句子的指称则取决于构成它的词语的指称。

这样扩展，需要我们按照知识论的方式来理解外延语境中的句子。这是因为，只有在考虑句子所表达的认知内容时，我们才会把语言与思考对象的方式，而不仅仅是与对象本身相联系；而考虑认知意义，正是一种知识论式理解。事实上，弗雷格自己也正是通过研究像“启明星 = 启明星”与“启明星 = 长庚星”这样的句子在表达知识的能力，即认知意义（cognitive significance）上有何不同，来引入涵义概念的。这两个等式中，前一个是逻辑命题，先验为真；后一个则是经验命题，可以用来表达经验知识。正是这种区别的存在，导致人们可以在认为前一等式为真的同时，认为后一等式为假；而这正是信念语境导致的内涵性问题。按照知识论式理解，涵义是普遍的意义理论的一部分。

但是，这种扩展预先假定了知识论式理解，而若一开始就采取形而上学式理解，则不一定会导致这种扩展。就上一节所设定的讨论起点而言，我们要求以中立的方式来建立意义理论。语义学就是这样一个中立的框架。因此，一个很自然的要求就是，无论采取何种方式来理解句子，我们都需要承认，只有在语义学框架允许的情况下，我们才能为意义理论引入新的要素。正好，可以从克里普克对摹状词理论的反驳（Kripke，2001），以及弗雷格之谜的分析（Kripke，1994）中，导出一个从这个角度对涵义理论做出的批评。

人们之所以认为有理由在语义学框架中容纳涵义概念，是因为所有句子都具有模态特性，而这一特性（a）可以用语义学概念来表达，（b）体

① 按照埃文斯（Evans，1982：25ff.）的解释，涵义是指称的呈现模式，这意味着涵义依赖于指称。这一观点可能是对的，但这并不妨碍涵义可以在没有指称的时候存在。一个词语可以通过存在的对象确定涵义，然后用于指称不存在的地方。

现了句子在认知意义上的区别。这两点结合起来就意味着，应该在语义学中处理认知意义。而在用涵义来解释认知意义时，就意味着要把涵义纳入语义学中，从而得到涵义理论。

这种模态特性体现在前面所说的等式中，情况就是，“启明星＝启明星”必然为真，而“启明星＝长庚星”则偶然为真，或者说，下列句子中（10）为真，而（11）为假。

（10）必然地，启明星＝启明星。
（11）必然地，启明星＝长庚星。

由于真与假是语义学概念，两个等式的模态特性也就在语义学上造成了区别，用来解释这种模态特性的东西就自然可以归为语义学了。

这种模态特性上的区别与等式的认知意义之间的关联是这样建立的：“启明星＝启明星”的先验性就体现为（10）为真这一事实；而“启明星＝长庚星”是经验命题，则体现为（11）为假。前一个等式表达了具有逻辑必然性的命题，事先就排除了任何其可能为假的情况。后一个等式则没有排除。正是因此，才需要追加经验证据来排除。而用来排除其为假的证据，就是句子所要陈述的事实。因而后一个等式能表达经验知识，前一个不能。这里的要点是，用来排除句子为假的可能性的东西，就是句子所要陈述的那种情况，因此句子是否可能为假，关系到句子的认知意义。

但是，按照克里普克所提供的思路，上面这种对于认知意义的理解不足以表明应当把认知意义问题纳入到语义学中。这条思路的核心是区分两类模态，即形而上学模态（metaphysical modality）与知识论模态（epistemological modality）。

我们不使用技术性的术语来解释这个区分。形而上学模态针对所谈论的事物本身；如果不能设想所谈论的事物本身不是如此，那么所陈述的情况就具有形而上学的必然性，否则它在形而上学上就是偶然的。知识论模态则关系到我们的认知条件。当把认知条件投射到关于对象的陈述上时，我们也可以区别出该陈述的模态特性。但这是一种误导。在直觉上，我们可以把这种投射与事物本身区分开，从而避免这种误导。比如，出于认知条件的限制，我们可能用“证明了算术不完全性定理”这个性质来识别出哥德尔这个对象，而对这一点加以投射的结果是，我们可能认为“哥德尔证明了算术不完全性定理”这个句子必然为真。但是，通过调整直觉，去考虑哥德尔本人，我们还是会发现那个句子可能是假的，因为完全可以设想哥德尔本人并未证明算术不完全性定理（Kripke，2001：83ff）。为了避免误导，最好使用“先验—经验”这一对术语来称呼知识论模态。这样，关于哥德尔的那个句子就表达了一个先验偶然命题。①

如果这个区分成立，那么（10）和（11）就可以分别按照两种不同的方式来理解。按照形而上学模态来理解，相应的等式都表达了一个事实，即启明星这个对象与自身是同一的。这个事实是必然的，因为一个东西不可能不与自身同一。照这样说，不仅“启明星 = 启明星”必然为真，“启明星 = 长庚星”也必然为真。我们以为后一个等式是偶然为真，只不过是一种知识论理解投射的结果。直觉一旦调好焦距，我们就会发现，“启明星 = 长庚星”是一个经验必然命题（Kripke，2001：102ff）。

这个区分直接威胁着把认知意义问题以及涵义概念导入语义学中的通道。原来设想是通过模态特性来连接语义学与认知意义。由于任何句子都具有模态特性，这个设想行得通的话，就会获得语义学所要求的那种普遍性。而在区分两种模态，并消除误导以后，如果知识论模态不再能够找到语义学概念来表达，那么涵义理论所需要的通道也就被切断了。在建立先验—经验的区别时，如果只能使用信念概念，那么涵义就只是一种局部现象。它可能只是信念的某种怪异之处导致的效应，而不会是意义理论的一部分。（Cf. Kripke，1996）

从另一个角度看，如果仅仅是以要解释句子认知意义为理由来建立涵义理论，就会有乞题（question – begging）的嫌疑。因为，这就预先假定了，我们要从对句子的知识论式理解出发来考虑问题，但这个假定会被对方所排斥。克里普克的批评可以看作一个挑战，它要求涵义论者为知识论式理解提供支持，并且要求所利用的理由对于形而上学式理解来说也是可以接受的。这意味着，要以某种方式把形而上学式理解与知识论式理解联系起来，以便从前者过渡到后者。具体来说，这就需要以另外一种方式来刻画认知意义，比如不用模态概念，或者对知识论模态做出一种兼容的解释。

四　知识论模态

我们可以在弗雷格和罗素那里找到一种对模态概念的一般意义上的解释。他们分享一种被称为“普遍主义”（universalism）的逻辑观，而其特

① 克里普克本人关于这类命题的例子是“巴黎标准尺的长度是一米”（Kripke，2001：54ff）。

色也就在于用普遍性来解释必然性。比如，“人必然是有死的”这个句子就要被解释成，“对所有东西来说，如果它是人，那么它是有死的”（罗素，1996：278－280）。在罗素的体系中，这个命题一定要被表达成如下形式：

（12）“如果 x 是人，那么 x 是有死的”对所有 x 都为真。

这样，模态性质就不能被归于命题，而只能归于通常被称为“开语句”(open sentence)[①] 的形式。这就让模态性质很受限制，我们也就不能用来解释知识论模态。

弗雷格的解释则偏重于知识论模态。他说，“当我说一个命题是必然的，就是在提示判断的依据”。（Frege，1997a：55）其实，他并没有一种区别于知识论模态的形而上学模态概念，因此，这里所说的“必然”与“先验”没有区别。他还把经验—先验之分与分析—综合之分等同起来，这样一来，这三个区分也就完全重合了。关于分析—综合的区分我们到下一章再处理，现在回到经验—先验之分上。弗雷格的解释是这样的：

> 一个真理是经验的，就是说，要证明它，就不可能不诉诸事实，不可能不诉诸那些不可证明且不具普遍性的真理，这些真理所断定的是特定的对象。而如果有可能从完全一般性的定律出发提供一个证明，而这些定律本身既不需要也不可能证明，那么所考虑的真理也就是先验的。（Frege，1980：4）

按照弗雷格的普遍主义逻辑观，证明必须从普遍性的真理开始，而最具有普遍性的真理就是逻辑真理。因此，这里所说的“完全一般性的定律”就是逻辑真理。

弗雷格的这个区分也适用于单称命题，比如“启明星＝启明星”这样的句子。如果这个句子可以从逻辑真理中推出来，那么它就是先天命题。而“启明星＝长庚星”则不能这样推出来，这意味着它是经验命题。这样也就解释了这两个句子在认知意义上的区别。这同时也解释了，为何这两

① 罗素使用的术语是“命题函项”（propositional function）。命题函项中含有变元，对变元取值以后就得到完整的命题。

个句子在信念语境中不能替换保真。这是因为，就其是否可以逻辑地推出而言，像“启明星”与“长庚星”这样的词语是不能相互替换的——命题的句法特征决定了逻辑推理能否进行。而既然在信念语境内的从句对整个句子的真值做出何种贡献，要取决于从句的推理方面的特性，信念语境具有内涵性，也就毫不奇怪了。这样，内涵性问题也就有望解决了。

眼下的情况是，涵义被用来解释认知意义，而认知意义进一步被解释为句子在辩护方面的特性，于是涵义这个概念就将与可辩护性建立联系。任何表达知识的句子都可以进入辩护关系，因此，着眼于辩护关系来考虑，涵义概念就将获得普适性。这使这一思路颇具吸引力。

但是，弗雷格之所以能建立这种联系，似乎是出于这样一个直觉：句子表达的知识内容是什么，取决于它的辩护基础是什么；人们先验地把握的知识内容只限于逻辑，因此仅仅由逻辑来加以辩护的句子表达的就是先天知识，其他句子则表达了经验知识。这样解释显然利用了对逻辑命题的知识论式理解。并且，按照这种理解，逻辑知识直接就被当作先天知识，而对究竟什么是逻辑知识，还欠一个解释。

不过，弗雷格还是可以不用乞题就把涵义与辩护联系在一起。辩护不是在信念语境中完成的，我们可以认为辩护在外延语境中进行。因此，并没有语法上的标志规定了辩护必须在知识论式理解之下给出。辩护决定了一个人是否应当接受某个信念，而不是他实际上是否接受这个信念。辩护与知识论模态之间的关系也就在于，它规定了对一个有理性的人来说，一种知识最终应当如何获得，而不是描述知识实际上如何获得。如果“1 + 2 = 3”可以通过逻辑证明出来，那么，即使人们是通过对手指展开经验研究才知道它是真的，这个句子仍然表达了先天知识。就对这个句子的辩护而言，需要考虑的只是为什么要承认它是真的，而这时所考虑的一切，都可以仅仅限于我们用这个句子来谈论的对象是怎样的。这正是形而上学式理解希望看到的。

在这一背景下，要解释逻辑知识为什么是先天的，也就无须借助内涵语境。可以转而考虑，是什么使得逻辑命题必须被认为是真的。在弗雷格那里，逻辑是关于真这个概念的研究，逻辑命题是关于真的定律（Frege，1997f：326）。我们现在通常把逻辑理解为关于辩护或推理的理论，弗雷格也可以接受这一点。这样，关于逻辑的辩护问题也就取决于辩护本身是什么，或者说，逻辑命题是否能够得到辩护，就完全取决于辩护这个概念本身的特性。由于辩护这个概念必须先于任何经验得到把握，逻辑命题所表达的，也就必须是先天的知识——如果它表达知识的话。这样看来，弗雷格所提示的思路终究还是可以走通的。只不过，逻辑这种自我缠绕的特性究竟能为涵义理论提供多少实质性的东西，还不是太清楚。我们在第二章再回到这个话题。

五 基于可辩护性的涵义概念

在意义理论初具规模之前，我们还没有条件讨论辩护以及推理是什么。目前只能给出一些框架性的想法。我们可以把辩护一般性地理解成一些充当前提的命题与所要辩护的命题之间的连接关系，这种关系让我们在接受了前提的情况下就应该接受要辩护的命题。这样就为以后再考虑推理关系究竟是什么留下了余地。

涵义与辩护或推理之间的关系也为弗雷格本人所承认。比如，在《概念文字》中弗雷格提到，对两个判断来说，如果“其中一个判断与另外一些判断一起得到的结论，与另外那个判断与这些判断一起得到的结论”相同，那么它们具有同样的概念内容（Frege，1997a：53）。这里的“概念内容”，就相当于后来所说的句子涵义。在建立了涵义理论之后，在写给胡塞尔的信中，弗雷格说明了怎样确定一个句子所表达的涵义（即思想）。对两个非逻辑命题 A 与 B 来说，“如果在不知道 A 或 B 的内容为真或为假，并且不需要除了纯粹的逻辑律以外的东西时，由假定 A 的内容是假的而 B 的内容为真，以及假定 A 的内容为真而 B 的内容为假，都可以导致逻辑矛盾”，那么它们就表达了相同的思想（Frege，1997b：305 - 306）。这些想法不一定意味着，弗雷格的涵义概念就是用推理关系来定义的，但至少可以肯定，推理性的联系对涵义具有某种制约。[1]

涵义确实可以与推理联系在一起，这种联系为达米特所提示。他的论证是在知识论式理解的层次上表述的，它针对如何才能使用句子来表达知识归属，即说明某人关于某个对象知道什么内容；但从中可以抽出一个不用知识论式理解的论证。

达米特论证的主旨是说，之所以要引入涵义，是因为这样才能表达知识归属[2]。为了看出这一点，假定理解词语的意义就仅仅相当于知道其指称。当然，词语的意义就等于词语所提供的关于相应对象的信息。我们知道，一个句子可以传达关于相应对象的新知识，就在于我们可以在不知道

---

① 关于这一点的讨论，参见 Beaney，1996：182 - 183。黄敏（2014a）提供了一种论证，来支持对弗雷格的涵义概念做出推理性的解释。

② 所谓知识归属（knowledge ascription），就是把某个知识归于某个主体，例如，说 A 知道 p，就是把句子“p”所表达的知识归于 A。

关于该对象全部信息的情况下理解这个句子。只有这样，在理解了这个句子以后，才有可能通过知道这个句子为真，来获得新的知识。当然，理解一个句子，就意味着知道其中词语的指称。现在，如果知道词语的指称就等于获得了该词语所表达的全部意义，那就等于说，一旦理解了句子，也就知道了关于相应对象的全部信息，进而等于说，这个句子无法传达新知识。这样，把词语的意义等同于其指称，由于知道其指称是一种全或无的情况，即要么知道，要么不知道，我们也就不能解释，在理解句子之后为何还能获得新信息。因为，如果知道词语的指称，我们就获得了关于相应对象的全部信息，用该词语构成的句子就不能传达新知识；而若不知道词语指称，我们就不能理解由它所构成的句子。

可以换个角度来看这个问题。当要对关于某个对象的知识进行归属时，我们就必须假定主体关于该对象已经知道其他信息，而这些信息就将充当指称该对象的词语涵义。因为，如果不借助这些已经获得的信息，我们就只能以同语反复的方式归属知识。例如，当我们要说达米特知道牛津位于英格兰南部时，就只能用“达米特知道牛津位于英格兰南部”这个句子来做这件事，而不能用比如说“达米特知道自己供职的那所大学位于英格兰南部”，甚至也不能用“达米特知道牛津这座城市位于英格兰南部”，因为这些说法都依赖于关于牛津这个对象的额外信息。这些额外信息都不见容于这里所要反驳的那种观点，即词语的意义仅限于其指称。当然，这种关于知识归属的理解是不可接受的，因此，词语的意义确实不能限于指称。（Dummett，1993b：23－24）

达米特的上述论证提供了一个思路，让我们得以考虑涵义如何与辩护和推理联系在一起。要能够用句子进行知识归属，就意味着句子能够得到辩护，而辩护是一种增加信息量的推理，是从已经给出的句子推出新句子。这让我们从可辩护性的角度来看待涵义。

简单来说，一个非贫乏[①]的推理至少要求同一个词语出现在不同句子中，这让不同的句子连接起来，这些句子分别充当前提与结论。这就意味，关于某个对象的句子只有在该对象满足不同谓词的情况下才可以充当结论，也就是说，才是可以辩护的。这里所谓的“满足一个谓词”（satisfying a predicate），就是指所谈论的对象具有该谓词所指称的那种性质。谓词就是指称某个性质的词语，通常充当表语或定语。用“苏格拉底是有死的”这个句子来说这里的意思。这个句子是可辩护的，就是说会有个推

---

① “贫乏”（trivial）是一个常用的评价词。一种说法是贫乏的，意思就是它不含信息增量。

理，这个句子是该推理的结论，而其前提中有一个也含有“苏格拉底”的不同句子，只有当这个句子是真的，我们才会认为“苏格拉底是有死的”这个句子得到了辩护。这个句子为真，就意味着“苏格拉底”所指称的对象满足一个有别于“是有死的”的谓词。如果这个句子是以“苏格拉底是人”和“人都是有死的”为前提推出的，那么“苏格拉底”所指称的对象也就应该满足“是人”这个谓词。

这样一来，涵义这个概念至少涵盖了这样一层意思：

> 一个词语的涵义，就是为了使得关于其所指称的对象的断定成为可辩护的，该对象所必须满足的谓词的语义。

这是一个很弱要求。如果相应的断定以不同方式或者通过不同前提得到辩护，那么词语的涵义也就不同；这个涵义概念并不需要词语具有固定涵义。出于一种自然而然的考虑，人们会觉得，对于同一个词语，人们所把握到的涵义应该相同，这样才能确保所把握内容的客观性。关于客观性我们会在后面专门处理，这里仅限于指出，即使是出于客观性的要求，我们也不需要词语具有固定的涵义；所需要的仅仅是，存在某种方法，让我们能确认在不同情况下所指称的是否为同一对象，而不需要强到保证所有情况下都用同一种方式来确定对象。（cf. Frege，1997b：25－26）由此得到的是一个动态的涵义理论，它包括一个对语境具有敏感性的涵义概念，和一种在不同语境之间进行切换的机制。这个理论的轮廓将在第九、十两章得到刻画。

这个涵义概念的另外一个特性是，它要求利用一个真句子来建立词语的涵义。考虑到涵义被解释成确定或者呈现指称的方法，这就意味着要在句子中确定或者呈现指称。由此得到的是一种语句主义（sententialism）的语义学，它要求以句子的语义作为初始概念，由此来定义词语的语义。

这个要求似乎与前面所说的由替换保真条件所体现出来的理解相冲突。替换保真条件似乎很自然地要求相反的顺序，要求由词语的语义（指称）决定句子的语义（真值）。不过，这只是错觉。替换保真条件只是要求在句子语义与词语语义之间存在对应关系，而对二者的先后关系不做规定。就对应关系而言，由于句子由多个词语构成，语句主义的语义学就意味着，可以通过对词语语义进行系统调整，来保持句子语义不变。但即便如此，词语语义与句子语义仍然可以是多对一的关系，也就是说，当词语语义确定下来，句子语义也就确定了——这正是替换保真条件所需要的前提。

语句主义的语义学在弗雷格那里以语境原则（the context principle）的形式得到认可。在《算术基础》中他把这个原则当作需要在逻辑研究中坚持的三个基本原则之一，即“绝不单独考察词语的意义，而只在命题语境中考察”（Frege，1980：xxii）。他认为，该原则能让他摆脱心理主义，从而保证算术和逻辑的客观性①。只要看到这个原则与涵义概念，进而与可辩护性概念之间的联系，它是如何保证客观性的，也就不难理解了。可辩护性让词语的意义接受逻辑律或逻辑规则的约束，而这种约束使我们对语言的运用服从一种心理学所不能提供的标准，这让我们得以摆脱心理主义。至于这一点是如何做到的，需要对逻辑律和逻辑规则究竟是什么进行进一步研究才能明白。

六　外延主义

基于辩护的涵义概念究竟是怎样的，对此我们得到的仅仅是一个非常粗略的轮廓。我们知道，这意味着要遵守语境原则，从而导致一种语句主义的语义学；也知道，它需要的只是一种较弱的、动态的涵义概念，而不需要让表达式具备固定的涵义。但并不清楚，这种涵义概念能否与指称概念，从而能否与语义学融洽相处；也不清楚，这样的涵义概念是否真的能够让人满意地处理辩护和推理。这些问题都需要关于意义理论的更多细节。

我们从这样一个问题开始：应当用什么样的语言来展开知识分析。

为什么会问这个问题呢？知识分析首要的和核心的工作是，以恰当的方式表述出知识的内容。这意味着，不仅要呈现出知识的内容，而且要表明所呈现出的内容是知识的有效成分，也就是说，的确是一种合格的知识。对知识内容的呈现，就是以解释意义的方式进行的，而意义则要用意义已经明确的语言来进行解释。这就涉及一个问题：什么样的语言具有明确的意义。

这里需要区分两件事，一件事是用一种语言来解释知识内容，另外一件事是论证，这种解释确实构成了恰当的解释。这种恰当性是说，不会把不算知识的东西误认为知识，也不会把合格的知识误认为不合格的。这两件事可以分给不同的语言来做。当需要确定应该用什么语言来呈现知识内容时，要做的是前一件事。罗素的《数学原理》实际上就是对算术展开的

① 关于心理主义与客观性的正面讨论，参见本书第三章。

哲学分析。他用专门发明的符号语言来呈现算术命题的知识内容，而论证这种分析的恰当性，则是使用英语这样一种日常语言完成的。

一些分析哲学家主张，当进行哲学分析时，需要用一种专门定制的语言来呈现知识内容。这些哲学家所从事的，通常就被称为“理想语言哲学”（the ideal language philosophy）。另外一些哲学家则反对这种做法，主张还是使用我们的日常语言来完成这件事，这些哲学家所从事的就是“日常语言哲学”（the ordinary language philosophy）。

做出这些区分以后，前两节所设定的讨论框架就获得了一种更加明确的表述形式，这种形式就是外延主义（extensionalism）。外延主义的主张简单来说就是，要用外延语言来呈现知识内容。

我们已经约定，采取语义学框架来讨论涵义理论，具体说来就是，暂且接受指称理论，看在何种意义上还能够容纳涵义概念，从而与涵义理论的有效成分结合起来。在那里我们使用了两个语义概念，对词语来说就是指称，而对句子来说则是真值。上一节讨论的结果是，我们可以引入一个涵义概念，即利用可辩护性，通过句子语境来确定涵义。把这个结果纳入到语义学框架中，并按照实在论的要求加以整理，就可以界定何为外延语言。

我们先引用蒯因的表述，然后进行解释。

> 两个闭语句如果都是真的或者都是假的，我就称它们是共外延的（coextensive）。当然，两个谓词或普遍词项（general terms）如果对同样一些对象或者对象序列为真，那么它们是共外延的。两个单称词项（singular terms）如果指称同一个对象，它们也共外延。最后，如果构成一个表达式的表达式被共外延的表达式所替换，整个表达式的外延总是相同，那么这个表达式就是外延性的。外延主义就是对外延理论的一种偏爱。（Quine，2001：215）

这里，蒯因用“外延”这个词来表示我们所要谈论的语义。这里，“外延理论”就是指单由外延性词项构成的理论。蒯因这里的“理论”其实也是语言，而外延主义是用外延语言定义的。理论与语言的区分在于，理论应当是由真句子构成的，而语言则不是；或者说，在考虑理论时，我们关注句子的真值，而考虑语言时则否。蒯因并未区分理论与语言，是因为在他看来，这种语言的语义最终还是要用真句子来确定。

前一节引入的涵义概念要求用真句子来确定涵义。考虑到涵义与指称之间的对应关系，就语义学的框架而言，就应该把关于涵义的结论对应到指称上，也就是说，词语指称的确定，应该借助包含该词语的真句子来进行。

这一点在实在论的语义学中以摹状词理论的形式出现。当我们用“清晨天空最亮的那颗星”这个摹状词来分析“启明星”时，实际上就是在用“启明星是清晨天空最亮的星”这个真句子来确定“启明星”一词的指称。进一步不难看到，摹状词实际就是一个句子的部分，由一个句子语境经过转换构成。比如，把句子“启明星是清晨天空最亮的星”中的“启明星”抽掉，换成一个变元，就得到一个句子语境“x 是清晨天空最亮的星”，其中的变元“x”表示在哪个地方抽掉了名称。这个句子语境在语法上加以调整，就得到“清晨天空最亮的那颗星”这个摹状词。句子语境与摹状词之间的这种对应关系在后面还要用到。

按照实在论的要求，使用什么词语来指称由上述真句子来确定的对象，这并不重要。这样，我们就应该可以把所使用的常项（constant）换成变元（variable）。用上述方式来确定单称词项①的语义，就能够满足这一要求。比如，不用“启明星”这个词，而用比如“长庚星”，并用“长庚星是清晨天空最亮的星”这个句子来确定其语义，只要确定的是同一个对象，我们就可以忽略“长庚星”与“启明星”之间的区别。进而，用变元“x”来代换“启明星”，结果是一样的。此时我们会用存在量词（existential quantifier），来表明有一个对象被确定了。于是我们就写成

（13）$\exists x$（x 是清晨天空最亮的星）。

只有在谓词能够表明由此确定的是同一个对象时，我们才能这么做。这样的谓词就被称为表达了“同一性条件”（conditions of identity）。在这样的条件满足时，我们才会认为有确定的对象就此得到确定。蒯因用“没有同一性就没有实体”（Quine，1969b：23）这句口号来表达这一点。

按照语义学框架来确定谓词的语义，就会发现谓词语义只能是其外延，而不能是谓词所表示的性质。比如，“有心脏的动物”这个谓词的语义，就应该是可以用来对其进行替换而保持句子真值不变的那些谓词共同

① 单称词项（singular terms）就是表示单个对象的词。比如像“希拉里·克林顿”这样的专名（proper name），以及“我刚写完的那句话”这样的摹状词。当“马”这个词表示一个物种时，可以认为是单称词项，但用来表示属于这个物种的动物时，则是普遍词项。

确定的，进而由充当其主语的名词指称以及由此构成的句子真值共同确定，而与这个谓词本身的特定内涵没有关系。这样，它的语义就只能是其外延，即由所有有心脏的动物所构成的集合。如果“有心脏的动物”与“有肾脏的动物”外延相同，那么它们的语义也就相同。它们表示不同性质，因此，性质并不是谓词的语义。

当判断某个表达式是否为外延性的时，我们会借助摹状词。比如，要判断“启明星”这个表达式是否为外延性的，我们可以借助用来确定其语义的那个摹状词，即“清晨天空最亮的星”，如果我们发现构成这个摹状词的一些表达式当用共语义的表达式替换时，“启明星”一词的语义会发生变化，那么这个词就不是外延性的。比如，我们可以试着用指称清晨的词语来替换，比如用“夏季上午5点至7点”来替换“清晨”，看摹状词是否指称不同的对象。在替换谓词时，要用外延相同的表达式。

人们也会把外延表达式的语义称为外延实体。比如，个体（individual），即单称词项所指称的单个事物，就是外延实体；集合也是外延实体，但性质不是。

由于摹状词与句子语境之间的对应关系，出现于内涵性语境中的表达式也就是内涵性的。例如，当我们用“伽利略认为木卫三是太阳系的卫星中最大的一颗”这个句子来确定“木卫三”这个词的语义（真实情况应该是用来确定在这个语境中的语义，或者是用来确定信念对象）时，我们用“伽利略所认为的太阳系的卫星中最大的那颗”这个摹状词，而这个摹状词是从句子语境“伽利略认为x是太阳系中的卫星中最大的一颗”变换得到的。这时，由于那个句子语境是内涵性的，我们也就可以预期相应的摹状词也是内涵性的。比如，表达式“太阳系中的卫星”作为谓词，其语义是一个集合，我们可以用列举的方式加以确定。假设伽利略由于观测条件所限，把海王星的一颗卫星误认为是太阳系之外的一颗恒星，并认为它是比太阳系所有卫星都要大的天体。这样，当我们用指称那个集合的表达式来替换“太阳系中的卫星”之后，摹状词的语义就发生了变化，就指称海王星的那颗卫星。这意味着那个摹状词是内涵性的。不难发现，其内涵性也就是信念语境所致。这个语境决定了，影响句子真值的是伽利略的知识背景，而不是其信念所及的实在。

外延性与理想语言不是一个概念。外延语言以及外延主义都是针对语言的语义学特性而言的，而一种语言是否为理想语言，则按照人们使用这种语言的情况来划分。因此，理想语言可能不是外延语言，比如，模态逻辑所使用的语言是理想语言，但不是外延语言。当然，外延语言都是理想语言，因为不是理想语言的语言，即日常语言，不是外延性的。

应当说，外延主义是知识分析的理想。实际上，除了算术，几乎没有什么知识能够完全用外延语言进行分析。真正满足外延主义要求的语言是极其贫乏的，它只包括个体变元、集合符号、属于关系，以及一阶谓词逻辑的符号。[①] 但是，我们可以区分出外延性高和外延性低的语言。语言中所含有的内涵表达式越少，这种语言的外延性也就越高。这样，外延主义立场就是主张尽可能采用外延性高的语言来进行知识分析。

第三节　意义整体论

沿着外延主义方向发展得到的意义理论，到目前为止得到最广泛讨论，且为许多人所接受的形式就是意义整体论。整体论是外延主义者对涵义理论进行反驳时不得不采取的立场，因此，关于整体论的讨论，将让我们在意义理论的基本形态这一层次上有所收获。整体论为我们的研究计划提供了很好的思考起点。

一　涵义的非实体性

外延主义的核心想法是，如果语言所谈论的是实在的东西，那么它就应当可以用外延语言来谈论。进而可以推论说，不能用外延语言来谈论的东西，就不是实在的东西；而一种东西能够在何种意义上用外延语言来谈论，那就在何种意义上具有实在性。按这个思路对涵义这个概念进行处理，将得到涵义[②]的非实体性。

在运用这个想法时，起作用的通常是“没有同一性就没有实体”这句口号。一个起作用的涵义概念要能够确保不同的句子语境中所谈论的是同一个对象，由此才能保证关于该对象的句子是可辩护的。而这样的涵义应该可以用一个句子表达出来，并且用这个句子可以构造一个指称该对象的摹状词。当然，这个摹状词中不能包含指称该对象的词项，否则就预先假定对象已经被确定了。蒯因用来建立涵义的非实体性的论证，就是以能否为涵义提供这种非循环的同一性条件为标准构造的。我们可以从“经验论

① 关于这种语言，参见“数理逻辑的新基础”（蒯因，1987b：74－93）。

② 在蒯因和戴维森那里，涵义就专门交给了“意义”（meaning）这个词，指称则被从意义理论中分离了出来。但是，为了与前面的讨论衔接，我们还是坚持使用“涵义”。只有在不需要区分涵义与指称时，我们才使用“意义”这个词。

的两个教条”① 这篇文章中挖掘出这个论证来。

要为涵义建立非循环的同一性标准，实际上就是要建立一种非循环标准，来判断词语间的同义关系是否成立。首先想到的是，看词典上是否对两个词给予了同样的解释，因为词典提供了词语的语言学意义（linguistic meaning）。但是，词典只是记载了词语通常的用法。如果词典的解释表明两个词同义，那么这只是表明在人们的通常使用中它们涵义相同，而对于这种涵义上的相同是什么意思，词典对此不可能解释。因此，只有在什么是同义性已经得到确定，词典所提供的才算做是一种同义关系。词典不是判定同义性的独立标准，利用它来判定同义性，这是循环的。

也可能有回答说，人们就是这么定义的，因此同义性是规定的结果。但是，这个回答提前结束了讨论。这里的讨论是想弄清，同义关系是否客观存在，而这个回答则是在说，没有这样的客观存在的同义关系。

不过，还是可以有这样一种判定标准：拿一个包含了词项 A 的句子，用词项 B 来替换 A，如果由此得到的新句子与原来句子具有相同真值，那么这两个词就具有同义关系。这就是替换保真性标准。之所以要选择真值相同而不是涵义相同来作为标准，就是要避免用我们需要讨论的同义性来充当标准，由此得到的又是一个循环。

但是，以替换保真性作为标准，这似乎又不够充分。比如，如果恰好所有有心脏的动物都有肾脏，并且所有有肾脏的动物都有心脏，那么“牛羚是有心脏的动物”就具有与“牛羚是有肾脏的动物”相同的真值，但“有心脏的动物”与“有肾脏的动物”涵义不同。替换保真标准只保证外延相同，而不能保证涵义相同。

一个可资补救的措施是，规定替换保真不是偶然的，而是必然的，这样似乎可以保证同义性。比如，说“单身汉”与“未婚男人”这两个词同义，意思不是说，“单身汉”这个词的外延恰好与“未婚男人”的外延重合；我们的意思是，它们的外延必然是重合的。同样，如果有人告诉你，有心脏的动物必然有肾脏，并且有肾脏的动物必然有心脏，你也许就会认为，他说的“肾脏”与“心脏”有相同涵义，否则很难说这种必然性会成立。

这个补救措施仍然走不了多远。蒯因自己只是说，这还是免不了循环，但没有明确说明是为什么。不过我们可以把理由补充出来。“必然地”一词不能保证同义性，是因为它表明的可以是某种自然律的结果，而不是

① 以下六个自然段的论证，除了第六段指明了的部分，都是来自这篇文章。参见蒯因，1987a：19－43。

关于涵义的事实所导致的。比如，也许有一种生理学规律，使得所有有心脏的动物必然有肾脏，并且所有有肾脏的东西必然有心脏。此时，“心脏”与“肾脏”的涵义仍然不同。为使这个补救措施生效，就要排除这种自然律起作用的情况，使得必然性仅仅是因为涵义而得到的。由于可能起作用的自然律无限多样，我们还不能预先把这些情况排除掉，而只能要求必然性依据涵义得到，并以此确保替换保真能够充当同义性的标准。但是，这个标准显然是循环的。

在第二节之五给出基于可辩护性的涵义概念时我们已经看到，这个概念可以有强弱两种理解方式，强的方式是让涵义在所有情况下都保持同一，弱的理解则只要求在相邻的两种情况之间保持同一。而上述关于涵义的非实体性论证，针对的显而易见是强的那种理解。它一般性地讨论同一性条件，并且一般性地要求该条件不是循环的。其实，要论证涵义不是一种实体，这样做也就足够了。从形而上学上讲，实体独立于任何语境，而这就要求能够一般性地判断，所遇到的是不是同一个实体。

但是，如果在弱的意义上理解涵义概念，那么在一般性地只能给出循环性的同一性标准，或者甚至不能给出同一性标准的情况下，仍然有可能给出局部性的非循环的同一性标准。比如颜色谓词就是如此。不难设想，由于视觉器官构造的某种变化，让人类原来产生红色色觉的光线产生紫色色觉。因此，要一般性地给出关于颜色的同一性标准，就需要确保人类的色觉没有发生变化。这个条件是循环的，因为要诉诸颜色才能确保色觉不变。但是，关于颜色不能给出一般性的同一性标准，并不意味着也不能给出局部的同一性标准。事实上，人们还是可以顺利地确定一个人是否拥有正常色觉，可以顺利地判断他看到了什么颜色。相应的同一性标准在判断的情境中是非循环的，这种局部的判断是有客观性的。

蒯因在“经验论的两个教条”中的论证，可以解释为是在批评强理解的涵义概念。但是否可以保留弱的理解，他本人没有明确表态。鉴于立论的需要，同时也基于同情原则，我们把他的论证理解为是对强理解的归谬，而结论则是回到弱理解。这样，即使得出了涵义不是实体的结论，也还是可以坚持涵义的事实性（actuality），即认为还是存在关于涵义的事实。[①] 让我们正面解释这一点。

---

① 博高斯安（Boghossian，1990）论证说，针对内容（即涵义）的“非事实论”（non-factualism）是不融贯的，因为它将导出关于真的收缩论（deflationism），但与此同时却承诺了一种实质性的真概念。他的论证需要从不存在涵义实体，推论出不存在关于涵义的事实（Ibid，p.175）。

二 涵义的事实性

一方面，涵义不是实体性的，然而另一方面，又存在关于涵义的事实，这两者之间的兼容性容易被忽略。比如在格赖斯与斯特劳森合著的著名文章中有这样一段：

> 如果谈论句子的同义性是无意义的，那么说句子起码有意义，就肯定也是无意义的。因为，如果关于句子有意义的说法是有意义的，那么问“它意味着什么”显然也就有意义。而如果问一个句子“它意味着什么”有意义，那么与之同义的句子也就大体上可以这么定义：两个句子同义，当且仅当对其中一个句子问的“它意味着什么”的正确答案，也将是对另外一个句子问出的这个问题的正确答案。（Grice & Strawson，1956：146）

用这种方式来反驳蒯因，有乞题之嫌。这个反驳假定了一种关于同义性的理解，即两个句子同义，就相当于说它们意味着同样的东西；但蒯因的立场恰好可以理解为是在批评这种理解。当然，我们可以按同情的方式理解格赖斯和斯特劳森，把这种关于同义性的解释当作两个句子同时与同一个句子同义，后面那个句子被用来回答“它意味着什么”这样的问题。但是，这样理解也就无法反驳蒯因了。因为，如果把句子之间同义的事实当作初始的，而把同义性的关系共相当作派生的，那么情况正好是，与同一个句子同义的两个句子之间未必同义——在没有关系共相充当保证的情况下，并没有什么东西保证同义关系的可传递性。①

即使涵义不是实体性的，词语和句子仍然可以有涵义。否认有涵义这样的东西存在，意味着否认我们会这样解释涵义：找到一个涵义，然后看它是否与某个表达式联系在一起。但是，我们还是可以用另外一个表达式来解释，只要理解了用来解释的表达式，也就理解了被解释的表达式。在这种情况下，用一个表达式解释了另外一个表达式的涵义，这确实就是一种关于涵义的事实。

不妨还是用颜色作为例子来说明这里的要点。我们可以用关于颜色的

---

① 在“经验论的两个教条”中，蒯因多次暗示，他所反对的是分析与综合之间的“截然的”“绝对的”区分。他似乎并不否认一种程度之别、一种相对的区分。这种区分与他关于语言之网的类比相吻合。在这种类比中，分析性对应于在语言之网上的位置，越靠近中间，分析性也就越强。

唯名论（nominalism）理解和实在论理解来对照。柏拉图主义者用实在论的方式解释颜色。他认为存在比如说红色的共相，它独立于具体的红色的东西而存在；而这些东西之所以都是红色的，是因为与红色的共相建立了一种分有关系。唯名论者反对这种共相存在，但他仍然可以承认具体的东西是红色的，这是因为这些东西彼此相似，而不是因为它们分享同一个共相。唯名论者对于具体东西是红色的这样的事实给出了不同于实在论者的解释。实在论者认为这类事实需要用共相的存在来解释，而唯名论者则认为，这类事实是基本的、无须解释的事实。

对涵义以及“有意义性”（meaningfulness）可以套用类似的思路来理解。关于涵义的唯名论者可以否认有一种叫作“涵义”的实体存在，但仍然承认关于有意义性的事实。他只是不承认这类事实需要用句子与涵义实体之间的关系来解释，它们是基本的、无须解释的。如果这种区分成立，那么即使涵义不是实体，也仍然会有关于涵义的事实。

回顾一下关于颜色的例子还会看到另外一个区别。我们可以把关于颜色的唯名论理解为是在否认对颜色谓词可以进行名词化，而坚持颜色谓词只能以谓词的形式来构成句子。比如，在像“血是红色的”这样的句子中，“是红色的”（being red）并不能理解成是用系词来与“红色”（redness）这个名词连接起来，而只能作为一个整体参与构成句子。在唯名论者看来，单独提到的“红色”只不过是语法上的设置，而不是语义单元（蒯因，1987b：69－70）。

按这种思路去看前面关于涵义非实体性的论证，就可以对同义性这样一种关系做出类似区分。关于同义性的唯名论者可以否认有一种充当同义性的关系，但是同时承认具有同义性的表达式有意义。这就相当于在否认有一种原初存在的关系，通过这种关系会有不同的表达式联系起来；与此对照，应当获得承认的则是，不同表达式同时具有意义，这是原初的事实，同义性只不过是这种事实的另外一种表述方式而已。

顺着这条思路理解蒯因关于分析性的讨论。他否认分析命题与综合命题之间存在区别，就等于否认，会有一种标志来把同义关系与普通的事实性的关系区别开[①]，也就等于否认，存在一种独立的同义性关系，表达式通过分有这种作为共相的关系而同时具有意义。

顺着这条思路可以直接看出，对分析性这个概念的质疑如何导向整体

① 在“经验论的两个教条”中，蒯因所处理的只是基于同义性的分析性概念，与逻辑律联系在一起的分析性则留给了另外一篇文章来讨论。我们会在下一章处理后面这种分析性。

论。蒯因实际上没有资源来确定，具体是哪些表达式同时具有意义。因为这需要独立地确定某种涵义概念，以便在这些表达式还没有给出之前，就确定哪些表达式同时具有意义；但是，如果一定要依据已经给出的表达式来确定，那就等于说，同时具有意义的是一些数量不特定的表达式。“整体”这个词的要点在于边界的不确定性，而不在于整全性。这样理解，整体论就不是建设性思考的结论，而是某种理论压力导致的空缺状态。这种压力对于承认分析性的哲学家来说是不存在的，而否认分析性的哲学家将在这一压力的驱使下填补这一空洞，从而解释语言的各个部分是如何建立依赖关系的。[①] 蒯因和戴维森以各自的方式来解释这种依赖关系，而这种解释将回答，说语言有意义，这究竟是什么意思。从什么角度来解释句子的有意义性，也就将以什么方式来充实整体论。我们会在蒯因那里看到行为主义的解释，而在戴维森那里则会看到交流理论。下面就依次看看这两种解释。

三 行为主义

有些学者把蒯因的行为主义看作其经验论立场的结果，[②] 而我们这里则愿意从外延主义角度来理解行为主义。经验论是一种知识论立场，而外延主义则是意义理论立场。对可观察的事物进行描述所需要的语言，虽然并不完全是外延性的，但比起表达信念或其他心理状态的语言来说，却具有更高程度的外延性。这样理解，蒯因使用行为主义标准来建立意义理论，就不是出于对行为主义心理学本身的赞同，而其物理主义的本体论立场，也不是出于对物理科学的尊重。他赞同行为主义，是因为赞同外延主义，而这是一个出于意义理论的理由。

从行为主义角度来理解，句子有意义，就应该体现为使用句子的行为的结构性特征；有意义的句子与实在的联系，就体现为在何种环境下使用句子；而句子的真假之别，则体现为是以赞同还是反对的方式来使用。这样，一个句子有意义，就意味着使用该句子的行为有这种稳定的结构性特征，而这个句子有何种意义，或者说，不同句子之间的同义性关系，也就

① 在福多（Jerry Fodor）和勒炮（Ernest Lepore）看来，“对语义整体论的讨论而言，唯一值得关心的语境就是这样一个语境，它以分析/综合区分的失败作为共同基础”（福多和勒炮，2017：22）。不过，我们这里并不准备把整体论当作成型的哲学立场来对待，因此也不必正面辩护或者反驳它。

② Richard Creath，“Quine on the Intelligibility and Relevance of Analyticity”（Gibson，2004：49）；Jr. Roger F. Gibson，“Quine's Behaviorism cum Empiricism”（Gibson，2004：183）.

可以利用这类结构特征来加以刻画了。

描述行为时可以使用外延性高低不同的语言，这取决于所采用的是什么样的行为概念。按一种方式理解，行为与意图联系在一起，同样的身体动作可以是不同的行为。奔跑的动作既可以是逃跑，也可以是追赶，而逃跑和追赶不是同样的行为。这样理解的行为与因果解释联系在一起。追赶是前面的目标引起的，失去了目标，追赶就将停止；而逃跑的原因则位于身后。这时我们也会说，决定一个行为是什么的，是它的原因。但是，无论是什么原因引起的，我们似乎都可以以某种方式把实际上发生的事件（即奔跑）分离出来，把这个事件本身当作行为，这个行为无论是在追赶还是在逃跑中都是同一个，而追赶和逃跑的区别只是它与不同的原因之间的组合关系。这样一来，我们就有三种行为概念，即意图—行为，因果—行为和事件—行为。就外延性程度而言，第三种外延性最高，第一种最低，第二种则摇摆于其中，取决于我们把什么叫作因果解释。

作为一名顽固的外延主义者，蒯因毫不犹豫地选择了第三种行为概念。（Quine，2013：5）在这种情况下，使用语言的行为就是事件—行为，而使用的语言则是发出的物理声音、留下的物理印迹。这种行为应当纳入动物行为学中，而不是社会学中。这种行为与实在之间的关系，就是刺激—反应关系。如果“Gavagai”这个声音是在跑过的兔子的刺激之下发出的，那么这个声音就与兔子之间建立了一种刺激—反应关系，这种关系应当是解释语言对于实在的表征关系的基础。语言行为所带有的赞同和反对的态度，可以看作发出这个声音的方式，从而算作反应的一种特征。这样，声音或印迹、反应性态度以及产生刺激的环境，这三者如果构成一种稳定的结构关系，那么对这种结构关系的描述，就可以视为以外延主义的方式对语言的涵义做出的分析。这种分析在蒯因那里以刺激意义（stimulus-meaning）的形式出现（Quine，2013：29）。

按照外延主义的思路，进一步的分析应当以建立同义性为目标，以此获得关于涵义的同一性标准，进而建立关于涵义的外延主义概念。蒯因以著名的彻底翻译（radical translation）的形式来完成这件事。彻底翻译就是在两种语言之间建立刺激意义上的匹配关系，并以此为标准建立同义关系。刺激意义上的匹配以说两种语言的人在语言行为上彼此互动的成功进行为标志，我们暂且认为这一点可以在外延语言中得到描述。由于赞同和反对态度是针对句子做出的，语言行为就以句子为单位出现。因此，同义关系的建立先是在语句级别上进行，然后落实到词语上，最后通过由词语构成的句子加以验证。词语间的同义关系以翻译手册（translation manual）

的形式存在，它类似于一部词典，在蒯因那里则属于分析假设（analytical hypotheses）的一部分（Quine，2013：62）。一个分析假设就是关于句子结构以及词语的语法学和语义学性质的一套假说。翻译过程可以类比于为语言行为建立一种解释性的理论，分析假设则属于这种理论，它通过对语言行为的经验观察得到验证或者被推翻。（Cf. Quine，1970）

在这种从句子到词语再到句子的分析过程中，整体论的特征沿着结构的脉络出现了。作为观察素材获得的句子一开始是没有结构的，但是，只有将其按照结构加以分解才能得到翻译手册。这种分解对于在语言之间建立同义关系来说是必需的，因为只有这样才能处理无穷多的句子。当句子按照不同方式结构化时，也就会以不同方式建立翻译手册，从而为词语建立不同的同义关系，这就使不同词语在涵义上联系起来了。这里的要点在于，只有当句子可以按照不同方式分解时，词语涵义之间的联系才能建立起来。如果对句子只有一种分解方式，那么词语涵义只不过是同时确定下来，而彼此间可以是没有联系的；而如果可以以不同方式分解句子，那么句子结构与词语之间就建立了互动关系。这种关系只能建立在可变的东西之间。因此，这里的问题就是，对于句子为什么会有不同的分解方式。

要注意的是，这种分解不直接是物理意义上的。即使是一个单音节的句子，也可以分解。这种分解是在与之试探性地建立同义关系的另外一个句子中，也就是在用来翻译它的那个句子中进行的。比如，如果把"Gavgai！"这个句子翻译为"看！一只兔子跑过来了。"这就构成了一种分解。但是，如果翻译成"这是有兔子的一个时间片段"，或者"那是一堆兔子器官"，就会得到不同的分解方式。

关于句子为何可以以不同方式分解的问题，一个直接的回答是，这是因为句子本身没有结构。如果存在这种结构，那就会对可能的分解方式产生制约，也就有可能通过试探，最终消除翻译的不确定性。[①] 但是，这种回答存在一个问题，这里的关键不在于结构的有无，而在于如何对这种结构进行识别，换言之，在于这种结构在整个翻译过程中占据的知识论地位。分解是分析假设产生作用的结果，是翻译之后才确定下来的。当按照不同的方式来对句子进行翻译时，就会赋予句子以不同的结构。然而，只有当结构能够按照独立于特定翻译的方式确定下来，才有可能通过翻译上的调整来消除不确定性。而如果一套基本结构的设定也是要通过试探性地

---

① 埃文斯从这个角度对翻译的不确定性做出了回应。在他看来，如果把制约语言的潜在结构考虑在内，也就不会有翻译的不确定性了。（Evans，1985）

翻译来加以检验的假说，那么通过结构性的制约来消除不确定性，就是不可能的。

蒯因用另外一种方式来解释翻译的不确定性。不确定性之所以存在，本质上是因为理论不足以在经验观察的基础上得到确定。如果把翻译手册当作一种理论，这种理论要通过对语言行为进行观察来得到检验，那么，经验观察不足以确定理论，结果就是语言行为证据不足以确定翻译手册。(Quine，1970：179－180)

这样，基于这种不确定性而得到的整体论也就不同于前面那种整体论。前面那种整体论是通过结构化建立的，语言素材通过被赋予结构而被编织到一个网络中去；现在这种整体论则是通过面对经验观察的裁决形成的，原来的结构也成为需要面对这种裁决的整体中的一员了。这种对整体论的重新解释，说明了结构化为什么可以把语言之网的各个局部联系到一起。这不是因为各个局部被嵌入同一个整体结构中，而是因为这些局部都会与这个整体结构建立互动关系。对一个局部的改变会通过结构变化传递到其他局部上。

至于理论为何不足以为观察所确定，则是因为二者的逻辑关系，而不在于理论与观察各自的特性。理论是通过其所推出的观察句得到验证的，它们之间的关系可以用肯定前件的推理形式来描述。这种推理的细节无须进一步界定。给定观察与理论之间的这种逻辑关系，立即就可以看出，从观察出发不足以确定理论。逻辑上讲，总是有可能有多个理论句推出同样的观察句，而这些理论句彼此可以是不相容的。

这种解释的要点在于，参与推理的前提在逻辑地位上平等。这样也就没有原则上的限制，让我们从观察句的真假，来确定接受或者拒绝哪个前提。尤其是，我们不能从观察句为假这一点，确定哪个理论句为假。这在有分析—综合之分的条件下不会出现。因为，随着这个区分，前提中就区别出了因为意义为真和因为事实为真这两种情况，它们分别对应于规定意义的前提和陈述事实的前提；而在一个推理中，因为结论为假而遭到否定的，常常是陈述事实的那一类前提。陈述事实的句子遭到否定，其效果总是局部的，而规定意义的句子则会影响到所有使用相应词语的地方。如果否认这两类句子间的区分，那么任何一个句子的修改，都会有某种程度上的总体效果。其实，这就是整体论的要旨。

然而，这个解释仍然让人不满意。对一个句子的修改究竟为什么会波及开来，这一点还是得不到解释。单纯说这里没有分析—综合之分，这并不解决问题。以前，那种波及效应运用涵义这个概念就可以很好地解释，现在要否认这个概念的有效性，同时又要保留这种波及效应，事情就难办了。

与整体论紧密相连的不确定性论题也让人生疑。它直接导致了关于涵义的怀疑论（Miller，2007：ch.4），现在这种怀疑论成了整体论的必要构件。但是，这种怀疑论却来自一个可疑的动机。蒯因似乎一上来就接受了行为主义的标准，并基于这个标准得出了翻译的不确定性。然而，一个外延主义者不是非要接受行为主义不可。行为主义虽然合乎外延主义的要求，但不是唯一的选择。它甚至不是一个恰当的选择。整体论之所以最终被表明无法容纳涵义的事实性，从而沦为一种消极的理论，完全可以是因为一开始选择的出发点不够恰当。① 接下来，我们就考虑一种不要行为主义的整体论，即戴维森的解释理论。

四　解释理论

戴维森也接受整体论，其起点也是外延主义，但他对语言行为的处理在形式上满足了外延主义的要求的同时，仍然充分尊重其内涵性。正是这个特征，使戴维森的意义理论为处理意向性概念提供给了适宜的框架。

前面一节讨论行为时，我们对行为按照外延性高低区分了意图—行为、因果—行为以及事件—行为。从直观上看，一种主动的行为不太容易为事件—行为所接纳。比如我说“我的手升起来了”。我们会觉得这是在描述一种催眠效果，我像一个旁观者一样，看着自己的手在面前抬离桌面。如果我说“我让自己的手举起来了”，就突出了我与我的手的动作之间的因果关系，但这种描述仍然像是在说，我示意同伴把我打了石膏的手抬起来。因此，按照因果—行为的方式也不容易容纳主动性。当我说“我举起手来”时，就排除了所有这些离题的想象。这时，举手的意图与动作不再可以区分，意图成为做出动作的方式。因此，戴维森争辩说：

> 从逻辑角度讲，引入意图的表达式受制于这样一些重要条件：它一定不能被解释成表示行动的动词，它肯定是内涵性的，并且意图一定要和人联系起来。因此我建议用“p 对 x 来说是有意的”这样的表达形式，其中“x”指行为者，而“p”则是说行为者做某事的句子。两次提到行为者，这对说清逻辑形式来说不仅有用，而且或许也是必

---

① 例如米勒（Alexander Miller）就认为，当前大部分哲学家都把蒯因的翻译不确定性论证看作对行为主义的归谬论证。（Hanley ed.，2006：111）

> 要的。有用，是因为它提醒我们，要把行动描述成有意的，就要将其说成是某人的某种态度或信念。而在行为者弄错自己身份时要说清事情，又有必要这么做。对于俄狄浦斯来说，因而对于杀害拉伊俄斯的凶手来说，俄狄浦斯寻找杀害拉伊俄斯的凶手，这是有意做出的，但是，对于俄狄浦斯（即杀害拉伊俄斯的凶手）来说，杀害拉伊俄斯的凶手寻找杀害拉伊俄斯的凶手，这不是有意做出的。（Davidson，1967：122，译文参考戴维森，1993：241 页）

这种理解方式完全不同于蒯因。对蒯因来说，语言行为不过是刺激反应的结果，而在描述这些行为时，像命题态度这样一些“戏剧性的行话”本质上是不必要的（Quine，2013：201）。蒯因出于外延主义的信条这么做，而戴维森的理解方式无可避免地引入了内涵性。按这种理解，只能用“俄狄浦斯寻找杀害拉伊俄斯的凶手”来描述俄狄浦斯的意图，而不能用“杀害拉伊俄斯的凶手寻找杀害拉伊俄斯的凶手”来描述，但“俄狄浦斯”与“杀害拉伊俄斯的凶手”指称同一个人。造成这个区别的显然是，前一个句子可以表达俄狄浦斯的意图（而意图是一种命题态度），但后一个句子却不能表达，因为俄狄浦斯并不知道自己就是杀害拉伊俄斯的凶手。因此，戴维森就面临这样一个问题：由此引入的内涵性应该如何处理。

不妨以这样一个问题作为准备：在什么情况下，我们不使用“我认为”这样一类带有人称的形式就能表达自己的信念。我手心向上伸出手去，然后对你说，“在下雨”。而你抬头看看我身后上方的阳台说，“你弄错了，有人在浇花”。这时，你知道我在用“在下雨”来表达我的信念，并且我没有用“我认为”之类的“行话”。

戴维森的处理方式可以简化为两条：其一，使用（use）一个句子而不是提及（mention）它；其二，预期听者会在同样的情况下说同样的话，换句话说，听者是个话语同伴（samesayer）。（Davidson，1984b：104）如果利用我们在第一节之二给出的关于理解句子的方式的区分，那就可以说，戴维森的处理方式实际上就是让以知识论式理解的句子以形而上学式理解的方式出现；换言之，就是创造一种情境，使以谈论事物的形式出现的句子起表达信念的作用。在这种情况下，我们对说话行为的理解是内涵性的，但在表达形式上仍然是外延性的。

这种情境就是戴维森式的彻底解释（radical interpretation）情境。与彻底翻译一样，在彻底解释中，解释者面对的也是语言行为，其任务也是用语言行为的某种特征来解释涵义。但是，由于对语言行为的理解不同，彻底解释的任务在性质上也不同于彻底翻译。从事彻底翻译时，翻译者要在说话环境与说话人所发出的声音以及相应的反应性态度之间建立模式性的联系，这种联系确保行为主义的交流过程成功地进行下去；而在彻底解释中，由于说话环境是作为话语同伴所谈论的对象出现的，解释者需要做的，就是弄清在说话者看来的环境是怎样的，并在这种环境与他的话语之间建立结构性的对应关系。如果把说话环境与话语之间的对应关系叫作语义的话，那么彻底翻译中起作用的语义就是由刺激—反应这样的因果关系建立起来的，而在彻底解释中的语义，则是一种意向性的（intentional）①关系。

对“意向性”和“意向性的”这些术语的理解，将在下一章结尾处开始成为意义理论不可缺少的一个支柱，甚至成为意义理论的一种形态。不过在一开始，把“意向性的”理解成“从某个角度看到的”或者“从某人看来的”就足够了。这样理解，通过彻底解释在说话行为与环境之间建立的对应关系，实际上就是一种表征关系。当说话者认为自己看到的是兔子时，以赞同的方式说出“Gavagai”，他就是在用这个句子来表征兔子。这样，解释者要做的，就是弄清说话者认为自己看到的是什么。当然，和彻底翻译中的翻译者一样，他也将在满足外延主义要求的认知条件下这么做，也就是说，他不理解说话者的语言，也不知道说话者的心理状态，但是，他拥有一个正常人所拥有的关于世界以及说话者行为可能有的一切知识。这些知识可以用外延语言完全陈述出来。他的任务是，在这个纯外延性的世界中创建出内涵性的小宇宙（即内心世界）来。

但是，解释者所做的事情与翻译者有质的区别。如果说翻译者本质上是在从事语言学工作，那么解释者的工作则是哲学性的。翻译者要通过彻底翻译，找到一种陌生语言与自己的语言之间的同义关系；而解释者，则要把这种陌生语言与世界之间的表征关系建立起来。彻底解释并不要求解释者有自己的语言。他可能拥有语言，但这种语言仅限于描述解释过程，而不会为解释者提供任何田野材料或者背景知识。② 因此，解释者将见证语言如何与实在相遇这样一个哲学性的时刻。内涵性的深层意义，在这个时刻才得以呈现。

---

① 在英语文献中，“intentional”一词有两种理解方式。一种是将其理解为“intention”（意图）的形容词形式，可将其译为“有意的”。另外一种理解方式则与哲学术语“intentionality”（意向性）联系，后者是其抽象名词形式，此时应该译为“意向性的”或者“具有意向性”。意图是意向性的，但并非所有意向性的东西都是意图。

② 这样一来，解释者又如何把说话者看作话语同伴呢？还是暂且不考虑这个问题吧。

在彻底翻译中，内涵性这个话题被很小心地避开了。它几乎在翻译的不确定性中呼之欲出，但旋即被外延主义的层层布景遮盖起来。当兔子从草丛中一跃而起，而翻译者在“Gavagai = 兔子”和“Gavagai = 一堆兔子器官”之间举棋不定时，蒯因解释说，由于兔子不等于那一堆器官，所以对于“Gavagai”来说，不存在一个与之同时等同的涵义。这样一来，为什么会有两个不同的语言系统，一个包含了兔子，另外一个则包含兔子器官，并且关键是，为什么这两个系统同时为我们所理解，也就难以解释了。在这种情况下，除了制造关于涵义的怀疑论，整体论究竟是什么，就只有归于神秘。

与之不同，彻底解释不是在语言中寻找同义词，而是在语言与实在间建立对应关系。这里的区别是，同义性是依据刺激（对象）与反应（话语）构成的有序对得到的，而在彻底解释中起作用的则是刺激（对象）、被解释的信念与反应（话语）这样一个三元组。解释者不仅像翻译者那样拥有关于环境的知识，而且可以调用翻译者无法企及的参量，即从说话者看来的世界状况，这就是通过解释获得的说话者信念。彻底解释将在这个三元组之间容纳内涵性。解释者为话语赋予的语义，在形式上是在对象与话语间建立对应关系，而在操作上，则要通过说话者的信念来连通它们。于是，语义关系也就承担了双重任务，它将同时表明与话语相对应的东西是什么，以及这种对应是怎样建立的。正是后者的加入造就了内涵性。就像在弗雷格那里的“启明星”与“长庚星”一样，“Gavagai”也将在指称对象的同时，区分出建立这种指称关系的不同方式，其中的区别让解释者分别用“兔子”与“一堆兔子器官”来进行指称。这种区别只有在一个三元组结构中才能实现。①

挽救整体论的应该是彻底解释。整体论呈现出语义关系的系统性。这种系统性在蒯因那里最终是以科学推理的方式，被解释成平权的推理前提在作为结论的经验观察面前建立的依赖关系，而这种依赖关系仅仅在于，当遇到不配合的观察结果时，没有哪个前提能够免于被修改的命运。这当然不能表明这些前提之间有什么实质性的联系。而在彻底解释中，局面得到了改观。对于为什么不能同时用“兔子”和“一堆兔子器官”来为“Gavagai”赋值，也就会有不同的解释。一种解释是，这是因为它们是不同的对象，因而不能都作为语义赋给“Gavagai”；另外一种解释则是，这

① 可能会有人用说话者的信念本身的内涵性，来解释为什么在彻底解释中可以容纳内涵性。但这不是这里的要点。这里是要从逻辑角度表明内涵性是如何可能的。

是因为说话者不能接受，这将在说话者的信念系统中引起不融贯或者紊乱。换句话说，如果仅仅是因为前一种解释，那么这两种赋值将不会产生说话者可以觉察的区别。因此，可以说，在彻底解释中我们可以把这两类赋值区分开这样一个事实，就表明在话语与实在的表征关系中出现了双层结构，它们分别对应于弗雷格那里的涵义与指称。在戴维森看来，单就说话者自己的信念系统而言，存在一种让该系统借以形成的内部制约关系，这就是涵义；而解释者把这个系统与说话环境对应起来，实际上就是为这个系统赋予指称。单就指称而言，当以不同方式赋予指称时，各表达式之间也会表现出稳定的制约关系，这种关系构成了指称变化中的不变量。[①]这种不变量可以解释为涵义，它要比科学推理中的真值协变关系更具实质内容，而整体论也将被置于这个层次。

然而，眼下这还只是愿景。这种层次上的区分似乎还是缺乏我们希望看到的实质性。戴维森所能提供的只是两种约束，一种是结构性约束，是由于采用了塔斯基的真谓词定义而建立的约束，它要求把要解释的语言改写成一阶语言；另外一种约束则是经验上的，这种被称为“施惠原则”(the Principle of Charity) 的约束要求解释者尽可能把说话者的信念当作真的，以此为说话者建立融贯的信念系统，从而弄清他在具体情况下会如何看待说话环境。许多学术资源花费在争论这两个约束是否恰当上，但这些讨论不足以让我们理解，有什么样的暗中关联让这两个条件同时出现。如果这两个约束彼此无关，那就不可能说服我们，有一种整体论有待阐述。而若分别看待，结构性约束并未为整体论提供比蒯因更多的内容；施惠原则则过于笼统，几乎不会实质性地参与解释者的研究活动，更遑论充实整体论的理论内涵了。[②]

五 小结

无论如何，整体论还是作为一个问题留了下来，这个问题是坚持外延主义立场所致。外延主义是为了贯彻实在论而加以保留的。为了建立满意的知识概念，我们希望实在论至少是可能的。外延主义的结果是否认涵义实体。按照一种同情的理解，否认涵义实体不等于否认关于涵义的事实。通过区分这两件事，我们为彻底翻译、彻底解释，进而为整体论留下了发

① 戴维森区分了真值理论与意义理论，分别对应于这里所说的指称理论与涵义理论。关于这种不变量的论述，参见 Davidson，1984a：223 - 224。

② 参见福多和勒炮，2017，第三章关于外延性问题的讨论，以及关于施惠原则的实际作用的讨论。

展的余地。但整体论被证明只是否定性的，只是涵义实体被驱逐以后留下的空缺。语言的各个部分需要被编织到一起，以便提供推理所需要的连接。这个任务曾经被交托给意义和分析性，现在却被收回。由于还没有发现有能力的接替者，我们就只好转回头，看对于分析性还有什么可以挽回的东西。

第二章　重建分析性

在本章中，我们将考虑意义理论中的一个基础性的问题，即分析性问题。这个问题是问是否独立存在分析命题，这些命题依据句子的意义为真。一个句子如果仅仅是用来解释意义的，那么它就是一个分析命题。逻辑命题如果被理解为是解释了逻辑词项的意义，那么它们也就在这种意义上是分析的。关于分析性的讨论在某种意义上涉及意义理论的合法性问题，因为按预期，对意义所做的分析就应该采取分析命题的形式出现。鉴于分析性问题的这种地位，从它入手探讨意义理论，也就是理所当然的。此外，我们对这个问题的兴趣还来自辩护。能否有一个清晰的辩护概念，就取决于能否解决分析性问题。由于辩护与意义之间天然的联系，对分析性问题的处理，就会为关于意义的讨论提供关键线索。事实上，经过本章的讨论，我们将看到意向性会以何种方式引进来。

第一节　分析性与辩护

自从蒯因在著名的“经验论的两个教条”等一系列文章中对分析性做出批评以后，分析传统内已经很少有哲学家再对分析命题的存在持肯定态度了。随之受到威胁的是意义概念。但由此导致的局面并不乐观。

在对句子进行辩护时，我们希望能够使用一些其真值不受被辩护句子真值影响的句子，这些句子作为前提，其真值事先就应该得到了确定。这样，在一个辩护语境中，参与辩护的都应该是对该语境中立的前提。当辩护语境足够宽广，要辩护的结论足够普遍时，我们需要的前提就要对足够多的事实保持中立。甚至，有些情况要求其前提对所有事实保持中立。这时，我们就要求区别其真值取决于事实的句子和不取决于事实的句子，即依据事实为真的句子和依据意义为真的句子。

这些关于辩护的想法影响到了知识的总体特性。如果确实可以把依据意义为真的句子区分出来，那么一种自然的想法就是，这类句子构成辩护的起点，其他句子则以之为基础得到辩护。这样，我们的知识总体上就会有一种层级结构，底层的知识支撑上层知识，而所有知识都受到来自最底层的支撑。于是，我们得到一幅关于知识的基础主义图景。①

蒯因显然更加偏爱“纽拉特之舟”这个比喻（Quine，1981：72）。用这个比喻来打消人们对基础主义的依赖感似乎很有效。知识论中的基础主义者喜欢笛卡尔的“烂苹果”比喻（Descartes，1984：324）。一些靠不住的信念就像烂苹果一样需要及时丢弃，但要从一堆好苹果中去掉这些苹果还是挺费事的，对那些颇为挑剔的主妇尤其如此。笛卡尔建议把苹果全数倒出，从头开始把好苹果放回篮子。基础主义者就是一群喜好从头开始的哲学家。纽拉特则建议参考水手的经验。航行于大海之上的水手必须边航行边对船进行修修补补，到最后把整只船都翻修一新都不必靠岸。同样，要建立可靠的信念体系，我们也不必从头开始，而是以其中一些信念为支点，来辩护另外一些信念；每一次辩护都可以做到不循环，因此在逻辑上都可以接受；这样，虽然没有任何只支持其他而不被其他所支持的信念，但靠错综复杂的交叠关系，最终还是可以形成稳定的支持结构。按这种纽拉特模式，我们也就不必区分出不依据事实，而仅仅依据意义为真的句子。我们不需要这样的句子，而充当前提的句子只是需要其真值中立于需要辩护的句子即可。

然而，这个想法有些让人怀疑。仅当所有辩护都可以从依据事实为真的句子出发，人们才不需要依据意义为真的句子。但我们不能这样要求。蒯因（1987b）和古德曼（Goodman，1983：62－65）都建议用对待科学理论的方式对待逻辑，通过看运用逻辑得到的结果是否合乎经验观察，来决定是否接受逻辑。这个建议倒不是说，把经验当作给定项，让逻辑单方面与经验相符合；它要求的是一种反思平衡，它允许我们对逻辑和经验观察轮流做出修正，以达到双方的一致。然而，这个建议不起作用。辩护虽然在形式上是一种推理，但其实却是一种决定。这是一种程序上具有自主性的决定，它决定我们该相信什么。除了一些直接的途径，比如在无可质

① 这里对基础主义的描述有适当简化。弗雷格式的基础主义（如果可以说他的逻辑主义主张就是一种基础主义的话）以分析命题作为基础，但对笛卡尔式的基础主义却不能这么说。在笛卡尔那里，充当基础的是“清楚明白的知觉”，但“清楚明白的知觉”还不能说就可以用分析命题来表达。不过，对于目前的目的来说，这种简化的叙述是足够的。基础主义的必要条件就是能够区分出分析命题，因为只有当辩护概念被分析命题所固定下来之后，靠辩护关系构成的层级结构才能建立起来。

疑的情况下运用感官获得信念，其他要决定自己该相信什么的情况，只要过程自主可控，都可以写成辩护的形式。辩护是运用理性的典型形式。回头看蒯因和古德曼的建议。基于事实的句子表达的都是需要额外的辩护过程才能接受的信念，而基于意义的句子，只要理解它就应该同意其为真，而不需要额外的辩护。因此，他们的建议等于说，要把所有的决定都建立在需要额外辩护的信念上，进而，这就等于永远要把一个决定建立在另外一个决定的基础上。① 这一建议的结果倒不是取代了基础主义，而是让任何一个决定都无从开始。②

可以以放弃自主性为代价，来让做决定的过程得以开始。但是，放弃自主性的后果是放弃规范性。如果追随蒯因和古德曼，我们就得承认推理不再是一个遵守规范的过程，从而认为辩护以及知识不再具有规范性。这是一个可以付出的代价吗？或许，应该问的问题倒应该是，我问这个问题干嘛？其中提到的“这个问题”已经不限于关于知识的规范性的问题，而是游离到了把“我问这个问题干嘛”这个问题包含在内的程度。我们不得不考虑自己为什么要思考，但这个问题自我缠绕的特性破坏了问题本身。这已经不是哲学这场游戏中的一步，它改变了游戏规则。

这种在辩护中充当基础的东西就是逻辑。逻辑无非是逻辑定律和逻辑规则。逻辑定律是所有有理性的人必定会接受的命题；逻辑规则则决定了从前提如何过渡到结论，以及什么样的命题可以在推理中连接起来，从而建立这种过渡。逻辑定律和逻辑规则常常关联在一起，逻辑定律之为真，常常对应于逻辑规则是有效的这一事实。人们可以把一些逻辑规则写成定律的形式，而一些逻辑定律也可以转化成逻辑规则。这种关联让逻辑作为一个整体，来决定辩护应当如何进行。承认了逻辑，也就不必在决定自己该相信什么之前还要决定如何做出决定。这样，逻辑本身的辩护也就成为一个哲学地位很高的问题。

逻辑的辩护问题有些古怪的特性。由于决定辩护应该如何进行的东西就是逻辑，对逻辑展开辩护，实际上就构成自我辩护。这种自我辩护是不是循环的呢？如果是，那么这种辩护就不是合法的。但是，逻辑如果不用自己辩护自己，那又该如何得到辩护呢？这就让人怀疑逻辑实际上是无法

① 这里忽略了一种可能性，即用来辩护的前提可以从观察中直接得到，因而不需要进一步辩护。但是，除非所有辩护最终都可以追溯到这样的理由上，这种可能性帮不了多大的忙。

② 赖特针对蒯因的整体论提出了一个反驳性的论证（Wright，1986），其结构与这里提供的论证相似。

辩护的。前面提到蒯因和古德曼所推荐的那种辩护方式，可以说就是对这种循环特性的一种反应。事实上，蒯因就认为，并没有一类命题可以享有上述特殊地位，换言之，在逻辑命题与非逻辑命题之间，也不存在那种绝对的区分。这个立场可从他关于分析性的观点导出。如果分析命题与综合命题之间没有截然的区分，那么在作为一种分析命题的逻辑命题与其他命题之间，也就没有截然的区分。他用了一种有别于“经验论的两个教条”的思路，来对付这种属于逻辑的分析性概念。下面我们就先看看他怎样论证这一观点，然后看能否从这个论证中挽救分析性。

第二节 分析性与隐定义

在第一章第二节之四我们已经看到一种基于可辩护性的涵义概念。弗雷格利用这个概念区分了命题内容的来源与对其为真所给出的辩护，前者属于心理学，后者则受制于逻辑。当从可辩护性来分析命题内容，也就拒绝了对知识内容做出的心理主义解释，从而使知识内容免受心理主观性的威胁。弗雷格动用经过修改的康德式区分来固定这种对命题内容的理解。按修改后的区分，当命题的辩护最终只以逻辑律以及定义为基础，那么该命题就是分析的；否则，如果最终的前提中包括了非逻辑的且不是定义的命题，则所考虑的命题就是综合的。（Frege，1980：4）只需依据逻辑和定义就可以判断出分析命题是真的。这个区分与康德的不同。在康德那里，当主词表示的概念的内容包含了谓词所表示的概念的内容，则命题是分析命题。然而，概念内容是用直观来解释的，对弗雷格来说，这仍然是心理主义，因而不合乎要求。①

对弗雷格的区分还可以进一步细化。不妨在构成命题的要素中区分出变元（variable）、逻辑常项（logical constant）以及非逻辑常项（non-logical constant）。一个命题不管包含什么非逻辑常项，如果其真值只需考虑其所包含的变元和逻辑常项就可以确定，那么它就依据逻辑为真，就属于逻辑命题。按照弗雷格的分类，逻辑命题是分析命题中的一种，其他命题，即非逻辑的分析命题，则不仅需要逻辑，还需要定义才能确定是否为真。至

① 参见弗雷格对于直观的批评（Frege，1980，§12）。但康德对分析性还给出了一个逻辑标准，即对命题的否定将导致矛盾。比如，他认为“一切物体都是有广延的”就是利用矛盾律从“物体”这个概念中得到的（康德，2004，B12）。

于为什么要把这两类命题都当作分析命题，尤其是，依据逻辑和依据定义（以及逻辑）为真，这两者间有什么联系，还需要进一步研究。

有两个思考方向可供选择，一个方向是把非逻辑的分析命题归结到逻辑命题，另一个方向则是把逻辑命题归结到依据定义为真的情况。前一种方式是把定义看成替换规则，通过替换就可以把非逻辑的分析命题划归为逻辑命题。比如，“单身汉是未婚男人”这个定义就相当于一个替换规则，即把句子中的“单身汉”替换成“未婚男人”而不会改变句子真值。对“单身汉是未婚的”这个句子运用这个替换规则，就得到“未婚男人是未婚的”这样一个逻辑命题。依据这个标准，“单身汉是未婚的”这个句子就是分析命题。作为非逻辑的分析命题，它的分析性为逻辑命题所解释。

这样解释，就要按特定的方式理解定义，即定义项和被定义项可以清晰地区分开，从而使替换规则可以使用。这样的定义通常采取“……是……”，或者“……当且仅当……”的形式，这样的定义通常被称为“显式定义”（explicit definition）。

按照相反的解释方向，就要采取一种被称为“隐定义”（implicit definition）的定义形式。这种形式在希尔伯特关于几何证明的逻辑化的工作中占据了一个基础性的位置。对这种形式的定义加以哲学的阐释，使希尔伯特得以让几何学摆脱对空间直觉的依赖（Blanchette，2018）。例如，在欧几里得几何学的公理体系中，公理就可以看作几何基本概念的定义。比如，一旦修改欧几里得几何体系中的平行公理，即“过直线外一点在平面上只能做唯一一条直线与之平行”，平面概念就发生变化，我们就得到曲面几何，即不同种类的非欧几何。因此，我们可以把平行公理看作对平面这个概念的定义。从平行公理的形式容易看出，它不能写成替换规则的形式，因为它直接表现为对平面和直线这些事物的陈述。这类定义因此被称为“隐定义”。

用隐定义来确定概念的意义，就是想用句子为真这一事实来决定句子中的词语表示什么对象。① 但这会构成循环。如果词语的意义要通过句子为真这一事实来决定，那么句子一开始就应该是有意义的，而这要求句子中的词语意义已经确定了。要避免循环，就要用另外一种方式来理解句子为真这件事。像彭加勒这样的科学家就提出约定论（conventionism）来解决这个问题（彭加勒，1989）。按照这个思路来理解隐定义，就可以把充

① 这个想法让隐定义也被称为“语境定义”（contextual definition）。

当隐定义的句子为真这件事解释成约定（convention）的结果，是人的某种决定，而不是解释成是语言之外的事实使然。这样，隐定义的机制就是，人们决定接受这些句子为真，然后把这一点投射到事实上，从而确定其中的词语表示什么。

不过，对于词语意义究竟如何确定，似乎还有解释的余地。按一种看法，当我们把隐定义句子看作是真的，从而将其投射到事实上时，我们会从事实中发现被定义的词语原来所表示的是什么东西。如果宇宙是另外一种结构，那么我们就将发现被定义的词语表示不同的事物。按照这种理解，隐定义可以陈述事实。这种理解背后的直觉是，既然原来隐定义句子在词语意义没有确定时已经为真，那么将其看作是真的，这样做就还是没有使对应的事实确定下来，这就为以后发现事实是怎样的，留下余地。

另外一种解释是，隐定义句子没有陈述事实的功能。理由是，如果发现与之对应的事实可能是不同的情况，那就只能表明这个定义未能确定词语的意义；如果对应的事实让句子为假，那就只能解释成，它不是句子应该与之对照从而确定句子真值的那个事实，而只能解释成词语意义的改变。隐定义句子是真的，这决定了只能是如此这般的实在与之对应。你不可能先将其解释为依据约定为真，然后又用与之对应的实在来解释它为什么是真的。

卡尔纳普同意对隐定义的后一种解释（Carnap，1956a）。[①] 首先，利用隐定义这个概念，就可以把逻辑命题归为依据定义为真的命题一类。这时，逻辑公理就是隐定义，它们决定了变元和逻辑常项的意义。这样就用定义对分析性给出了统一的解释。其次，利用这种解释，就可以看出把真命题划分成分析与综合两类的依据。一类命题依据约定为真，另外一类则依据事实为真，并且依据约定为真的命题不再能够陈述事实。

这样做就是通过概念之间由隐定义建立的关系，来确定概念内容。把这种决定概念内容的关系刻画出来，就将得到概念间系统的依赖关系。这种系统关系可以在句法系统中保持，由此得到语言框架（linguistic framework）。在句法系统中，概念将得到形式化的处理，相关知识的集合就可以纳入一个形式系统。在这个系统中，决定概念内容的命题无条件为真，

---

① 卡尔纳普这里没有正面讨论隐定义这个说法，但显然利用了隐定义的基本思想，即确定基本概念的意义的东西并非其所对应的实体，而是这些概念之间的相互关系。这种关系是内部问题所要问的内容，而对应的实体是否存在，则属于外部问题。

它们作为公理出现。在形式化足够充分的情况下，其他使用这些概念的真命题则可以通过形式推演从这些公理推出来。由此也就可以进行严格的知识分析了。

第三节　约定论与作为规则的隐定义

蒯因对分析性的批评依据定义的不同形式分情况展开。在“经验论的两个教条”中，蒯因考虑的是显式定义，他的批评针对利用同义替换就能够转化成逻辑命题的一类分析性命题。在另外两篇文章（Quine，1966a；1966b）中，蒯因攻击逻辑命题的分析性，火力集中在隐定义上。前一种批评不会伤及逻辑命题的分析性，后一种批评则一举拿下两种分析命题，其力度要远胜前者。我们这里就只讨论这后一种批评。它包括两个论证，一个针对隐定义的形式，另一个针对用来进行隐定义的命题。我们的讨论以博高斯安对分析性的辩护为起点。先是预备性的说明。

不妨区分对分析性的两种解释，即形而上学解释与知识论解释。按照博高斯安的表述，对任意具有足够能力的说话者 T 来说，“如果仅仅是 T 对命题 S 意义的把握就足以为他认为 S 为真提供依据”，那么 S 在知识论上是分析的；而如果命题的意义足以决定它是真的，那么 S 就在形而上学意义上是分析的（Boghossian，1997：334）。

形而上学解释的核心在于，它承诺某种独立存在的概念或意义，而把分析命题理解为是对这些东西的表征或者体现。这种承诺不取决于我们的认知能力。要把握这种分析命题的内容，即使不一定要借助经验材料或者直观，也会要求意义以其他实体形式出现。

以知识论的方式解释分析性，则是通过对命题的理解或把握进行的。这样，概念框架就可以只是命题态度或者辩护所遵守的一种规范性约束，而不必要求这种约束由具有本体论地位的东西来承担。这样，命题意义就只要求得到对确定真值来说必要的最低程度的识别，而不必强到给出命题意义的同一性条件的程度，也不必强求要有涵义实体之类的东西。对命题意义来说，关键是要让命题之间建立一种真值上的制约关系，让我们能用一个命题支持另外一个命题。在知识论解释中，分析命题的作用就仅仅在于体现这种制约关系。

下面来看蒯因如何批评逻辑命题的分析性。他的第一个批评大致上是这样的：如果确实有这样的隐定义，那么这里的被定义项就包括逻辑常项，但是，在对隐定义进行表述时，我们不得不用到逻辑常项，因而定义是循环的（Quine，1966b：85）。

比如，在为“并且”这样的逻辑常项给出的隐定义中，会出现被定义的记号“并且”。按照约定论解释，在这个定义中并没有假定这个记号已经有意义，因而无所谓循环。但这里会有问题。需要定义的既不是单个的物理符号，也不是与某些符号固定搭配的符号，而是概念，即意义。我们的定义应当保证出现在不同地方的“并且”都具有同样的意义。要达到这个目的，就要使用模式字母（schematic letter）。模式字母就是可以用属于某一句法范畴的任意表达式来替换的字母。例如我们可以用下面含有模式字母的句子来充当“并且”的隐定义。

> 从 p 并且 q 可以推出 p

其中，“p”和“q”就是模式字母，可以用任意命题表达式来替换它们。在隐定义中使用模式字母本身没有什么问题，问题在于，在对模式字母的解释中要使用逻辑常项。例如，对上述使用了模式字母的定义式的解释是：

> 在“从 p 并且 q 可以推出 p”中，用一个句子替代“p”，并且用另外的句子替代“q”，将得到有效推理。

而这个解释不得不使用被定义的概念，即“并且”。这样就进入循环。

这个批评直指约定论。卡尔纳普用约定来解释分析性，其意思可以理解成，哪些命题是分析命题，这是我们自己决定的。但前面给出的循环，则说明这种决定是不可能的。

不过，约定论者可以辩解说，其实约定并不等于决定，它可能像是一种自发建立的秩序一样，并不需要有意识的选择过程。比如，机动车靠道路的右边行驶，这一点可能不是通过立法建立的共识，而只是一种类似于自然选择的过程造成的。开车时遇到对面来车靠右行驶，你也就不得不靠右，否则就会撞车。这样，经过一段调适后，人们最终都靠右开车了，规则就这样自发地建立起来，而不需要有意的选择过程。[①]

---

① 在刘易斯（David Lewis）看来，明确的一致协定只是产生约定的几种方式中的一种（刘易斯，2009：105ff）。

约定论者所理解的“约定”，可以不是人为的选择过程；说这是一种约定，其意思可以仅仅是说，人们分享了彼此一致的行为方式，而不管这种一致性是如何得到的。这样，约定论的意思就是，关于一些逻辑符号的使用，人们之间存在着某种一致性，而这种一致性决定了这些符号的意义，从而决定了一些命题是分析的。因此，约定论的要点是，用符号的使用方式来解释符号的意义，而这种使用方式是否是通过商量和人为的选择决定的，这并不重要。

但是，撇开这种选择，蒯因的批评仍然起作用。它的思路是这样的：我们需要一种标准，来识别出记号的哪些使用受制于隐定义的那种约定；只有在能够识别出哪些行为遵守了约定哪些没有遵守的情况下，我们才能用这种约定来解释符号的某些特征，比如哪些符号将构成分析命题，从而，约定论才构成对分析性的解释。按这一思路，如果这种标准的内容或者运用标准的方式要求那种约定已经有效，那么我们就不能区分出受制于约定的情况和不受制于约定的情况，而这意味着约定不能用来解释那种使用。因此，蒯因的批评就在于质疑约定论的解释效力。假设有人按这一思路来处理关于机动车行驶规则的约定论，蒯因的质疑就相当于说，人们行车靠右，这不是因为人们分享了某种行为方式，因为根本就没有这样一种成套的行为方式，也就无所谓遵守它。

这一批评是否起作用，有赖于前面见过的那种循环。那个循环意味着，关于约定的同一性标准，或者进而说，关于隐定义的同一性标准无法建立起来，而这让约定和隐定义失去解释能力。因为，如果依赖一种循环才能识别出隐定义，那就无法说明隐定义是不是幻觉了。当然不能指望把解释建立在幻觉的基础上。对关于机动车行驶规则的问题，蒯因的这个思路就相当于质疑，那些主张这里有规则在起作用的人，很有可能只是因为自己受制于一种心理上的强制，而不是在遵守规则。运用隐定义的解释同样会因为类似的循环而毁于一旦。

之所以产生这类循环，是因为隐定义所要建立的是涵盖了整个语言系统的记号关系，但隐定义的做出或者运用都只能是一个局部事件。这样就需要一个附加步骤，来把一个局部事件的后果推广到全局性的水平上。如果这种推广步骤需要以隐定义已经建立并生效作为前提，循环也就出现了。容易看出，只要待定义的是足够基本的词语，比如像“并且”“非”这样的逻辑常项，这种循环就会出现。既然对逻辑的分析性来说要解释的就是这些逻辑常项，循环就是不可避免的了。

这意味着不可能把按照形而上学的方式解释的分析性归于逻辑命题，

因为这需要通过逻辑命题来识别出被定义的那些逻辑概念，但在这样做时，必须借助逻辑概念。我们缺乏这种识别所需要的同一性标准，而没有同一性就没有实体。

对蒯因的这个批评，博高斯安的回应是这样的：

> 无疑，对已经指定的目标它是有效，但这个目标是否需要攻击，还值得讨论。因为，对于一个人就表达式 e 遵守某个规则 R 来说，显然没有必要认为，这就在于他要用蒯因在论证中假定的那些话来明确陈述那个规则。相反，把 x 遵守规则 R 解释成就 e 而言关于 x 的行为的某种事实，这样似乎远为合理一些。（Boghossian，1997：353）

大体上讲，蒯因设置的循环由两个要素构成：（1）隐定义确定了一些记号的意义；（2）要使隐定义生效，就要陈述隐定义，从而要使用一些记号，这些记号的意义要通过隐定义来确定。博高斯安否认（2）对于隐定义来说是必要的，这样，蒯因的批评就瞄错了靶子。在博高斯安看来，隐定义就是使用记号的规则，而规则生效无须以明确陈述规则为前提，因此蒯因所说的循环也就没有机会产生。

但是，蒯因并没有犯类似于脱靶这样的低级错误，而是博高斯安自己转移了作战阵地。他转而关心能否用隐定义来解释我们关于意义的知识。蒯因在形而上学解释的层次上发动进攻，其目标是论证不可能存在逻辑的分析性；博高斯安则在知识论层次上展开防御，他试图说明，对于意义的把握足以让我们知道某些命题是真的，而对这一点的判断无须从事蒯因认为我们有必要做的那些事情，即通过引述隐定义来解释自己为何知道这些命题是真的。

不过，博高斯安的做法并不是不体面的，这样做毕竟能够从分析性的废墟中抢救出一些有价值的东西。蒯因的批评等于说，我们无权用隐定义来解释分析性，因为我们不能识别出这样一个隐定义，也就不知道当我们在谈隐定义时自己在说什么。而博高斯安的回应则等于说，其实我们不需要识别它，因为，若它实际上在起作用，即使我们不能识别出它本身，也可以识别其效果，而这种效果就在于我们有能力区别出它什么时候在起作用。

明白了这一点，就可以考虑做些建设性的事情。蒯因在形而上学层次上达成的结果，在知识论层次上就体现为，如果我们不能说清隐定义所要求的是什么，也就不能用它来为某个命题中是否正确使用了逻辑符号来给出辩护，从而，也就不能为我对逻辑命题的理解给予辩护——分析性在形而上学层次上的失效，意味着在知识论层次上无法为关于命题意义的知识给出辩护。为了对付这个局面，博高斯安借用了波吉（T. Burge）关于授权（entitlement）与辩护（justification）的著名区分：

> 授权不同于辩护。尽管对合理地支持一种命题态度或认知实践、从而赋予其以知识权能（epistemic right），两者都具有积极作用，但是，授权是一种主体不必理解甚至无法得知的知识权能……普通人获授权相信其知觉，而哲学家则表述这种授权。但为获得授权，并不需要能够为这些认知渠道给出辩护，甚至不需要理解这样的辩护。在这种狭窄的意义上，辩护涉及到人们拥有并加以领会的理由。（Burge，1993，转引自 Boghossian，1997：358）

于是，“当某人获得授权，他为了辩护而需要的所有相关事实就都可以说早已各就各位，唯缺使其得以揭示的反思”（Boghossian，1997：358）。我们可以区分狭义和广义两种辩护。狭义的辩护不包括授权，但既然需要的仅仅是“反思”，我们就可以把授权包含进广义的辩护中。在广义上理解辩护，一个人在没有意识到规则的情况下还是可以知道规则。博高斯安就以这种方式为知识论层次建立起了防护带，以便在这一层次召回分析性时，不会遭到蒯因来自形而上学层次的攻击。

但这一想法仍然可疑。有理由认为，授权之所以可能，是因为有人有能力给予辩护（狭义的）。但是，如果这种辩护的成败还是取决于能否为分析性给出非循环的同一性标准，那么在形而上学方面的失守，还是会让分析性在知识论方面陷入危机。蒯因的批评是说，在判断分析性时，我们终究是没有理由的。博高斯安似乎只是延迟了对理由的需求，蒯因设好的终局还是在远处等着他。

第四节　显明性疑难

先暂且认为，隐定义可以在形式上拥有合法性。接下来看蒯因对隐定义的第二个批评，它针对隐定义所使用的命题。通常，用来进行隐定义的可以是命题（即公理），也可以是推理规则。在逻辑系统中，推理规则与逻辑命题有对应关系。因此，蒯因的批评可以推广。

蒯因的批评是这样的：

> 在一个句子是否为真上不同意我们的人，我们常常可以说服他，方法是，通过一系列他所接受的步骤，把这个句子从为他所接受的其他句子中推出来。那些不能这样解决的分歧我称为演绎不可解（deductively irresoluble）分歧。现在，如果我们尝试把关于逻辑真理的语言学假说塞进某种类似于实验假设（experimental thesis）的东西中，那么首先想到的近似说法就是：关于逻辑真理的演绎不可解分歧，表现了语词的使用（或意义）上的差异。……已经可以看到，初等逻辑的显明性（obviousness）或其可能具备的显明性，为对初等逻辑真理的语言学假说指派实验意义，设置了不可逾越的障碍。关于初等逻辑真理的演绎不可解分歧，如果可能的话，会被认为是表明了意义上的差异，但这仅仅是因为，在逻辑的平凡之理上发生分歧是所有可能分歧中最极端的情况。（Quine，1966a：105）

关于这里提到的“显明性”，蒯因的解释是：“一个句子是显明的，如果（a）它是真的，并且（b）如果不是因为对如此显明的问题而感到难堪，说这种语言的任何人都能够并且愿意毫不犹豫地表示肯定，无论有没有理由”（Quine，1975：206，转引自 Boghossian，1997：354）。

蒯因没有说，在所有演绎不可解分歧中不能区分哪些是逻辑命题，哪些不是。可以通过显明性的程度来区分它们，逻辑命题拥有最高程度的显明性。蒯因的意思是，这种程度之别不能表现出逻辑命题与非逻辑命题之间的区别，因为那就需要一种实质性的而不是程度上的区别。这样，他就提出了挑战：如果认为逻辑命题是隐定义而其他命题不是，那就必须证明它们之间有一种区别，我们能据以挑选出用于隐定义的逻辑命题。

博高斯安的答复是：

> 我认为，如果对蒯因关于构成性的挑战置之不理，就实在难以避免意义是不确定的这样一个严酷的结论。因此我倾向于认为，任何要拒绝意义的极端不确定性的人都必须相信，在对意义起构成作用的命题，与那些没有构成作用的命题之间，可以做出一种区分。唯一的问题是如何区分。（Boghossian，1997：356）

按蒯因的思路，如果逻辑命题不能在实质上区别于非逻辑命题，我们也就无法说明是什么构成了隐定义，因此隐定义这个概念是成问题的。对这个思路要给予有效答复，就需要以独立的理由证明意义的确定性，并且以独立的理由证明，隐定义对于确定意义来说是必要的。但博高斯安并没有做这些事情。

要回应蒯因，也可以不这么做。他的批评针对隐定义这个概念本身的融贯性。如果不能独立地给出关于某个概念的同一性条件，从而使相应对象得到识别，我们就不能在辩护语境中使用这个概念，否则就会导致辩护上的循环。对于隐定义来说也是如此。要回应蒯因，就要给出这样的同一性条件。对此，博高斯安也无所作为。

第五节 重言式

不过，博高斯安关于分析性的两种解释的区分，还是为解决分析性问题提供了一个思考方向，沿着这个方向，我们可以以另外一种方式来回应蒯因。

蒯因不觉得可以利用显明性来把逻辑命题与其他命题区别开，因为没有什么东西阻止非逻辑命题也具备显明性，显明性只是相对的。蒯因的这个批评可以与关于隐定义的循环性的质疑联系起来看，此时这个批评实际上就是一种挑战，它要求为逻辑命题提供独立的识别标准，据此确定哪些命题被用来定义逻辑概念。当然，这个标准要与隐定义的功能联系起来，以此表明逻辑命题实际上是隐定义。

博高斯安在前面建议把隐定义理解成使用逻辑符号的行为所遵守的规则，我们可以利用这一点。这样理解的一个好处就是不必拘泥于符号本身。我们只是把符号当作行为的工具，或者行为序列上的占位符，当两个符号在行为中起同样作用时，就可以将其当作同一个符号。若按这种方式理解隐定义，那么当用某种规则来充当定义时，即使使用了新符号，我们也可以把正确的逻辑概念指派给它。例如在按照合取消去规则，从“p 并且 q”推出“q”时，实际上遇到的记号形式是

$p \# q$;
q.

我们也会把符号“#”解释成合取。而如果遇到的记号形式是

r;

q.

记号“r”就要解释成具有结构“p 并且 q”。这样，使用符号的行为就与符号系统的结构特征联系在一起。作为隐定义，符号使用规则对命题结构形成约束。有了这样的约束，就可以利用命题的结构特征，来区别逻辑命题与非逻辑命题。这构成了对逻辑命题的重言式解释的一个基本特征。

在维特根斯坦那里实际上可以找到一种区分逻辑命题与非逻辑命题的标准。简单来说，逻辑真理就是按照其逻辑结构就能确定其为真的命题，这就是重言式（tautology）。下面我们先了解一下这个标准究竟是什么，然后再看它是否满足独立性条件。

在《逻辑哲学论》中，重言式是一类永真命题，并且其为真不是由于其所表征的实在，而是由命题结构所决定的。这一点决定了重言式不具有表征能力。进而，维特根斯坦给出了著名的真值表方法，来判断何种命题是重言式。维特根斯坦把逻辑命题解释为重言式（6.1）[①]，而且给出了一整套方法来识别什么是重言式，这样，对于什么是逻辑命题，他也就给出了识别标准。有趣的是，这套标准不是以普遍性为特征，它也没有使用模式字母的余地，因而至少在形式上不是循环的。

接下来看重言式怎么起隐定义的作用。

> 为了使其以特定方式连接构成重言式，命题必须具备结构上的特定性质。因此，它们这样连接起来构成重言式，表明它们具备这样的结构性质。
>
> 例如，“p”和“$\sim p$”结合成“$\sim(p \wedge \sim p)$”得到重言式，这一事实表明它们互相矛盾。命题“$p \to q$”、“p”和“q”结合成“$((p \to q) \wedge p) \to q$”得到重言式，这一事实表明 q 是从 p 和 $p \to q$ 得出的。“$\forall x f(x) \to f(a)$”是重言式，表明 $f(a)$ 是从 $\forall x f(x)$ 得出的，等等。(6.12—6.1201)

可以借助前面提到的规则与命题结构之间的关联，来说明这里的意思。

一个人在推理中遵守符号使用规则，就意味着按特定方式安排命题的结构，以把命题间的过渡关系体现在结构上。命题结构中必须有若干特定

---

① 此处及后文引用《逻辑哲学论》（Wittgenstein，1961）时均只注明段落编号。

符号，以表明相应命题适用什么样的规则。这种命题间的过渡构成了辩护语境，而符号要有确定的意义就必须要能够置于这类语境中，其意义也就受制于建立这类语境的规则。命题结构也在一定程度上受制于这些规则，因此，这些具有特定意义的符号与命题结构之间，也就应当存在某种制约关系。这种制约或松或紧地起作用，它们共同决定留下多大的余地给所要表征的事实，从而决定哪一种实在将参与确定命题的真值。在限制最紧的情况下，命题的真值将完全取决于命题结构。这时，其中包含符号的意义，也就是说，符号表征什么东西，就可以通过结构表现出来。

重言式就是这样一种极端的情形。重言式之所以总为真，是因为它的结构限制了它的真值，因而其真值不受制于它可能表征的东西（这种东西不是句子本身）。由于只有当句子真值不仅取决于句子本身的意义，还取决于其所表征的东西时，句子才能有所表征，重言式的这种特性，也就决定了它什么都不表征。①

就以真值函项为例子来说。像否定（~）与析取（∨）这类符号的使用规则决定了，它们不仅有特定的意义，而且要在特定结构中使用。否定要添加在一个命题符号前面，而析取则要用来连接两个命题符号。当这两个符号和其他符号一起构成特定结构的句子，它们的意义就和这种结构一起，决定了能用句子来表示何种事实。比如“$p \vee \sim q$”这样结构的句子，就可以表示某种推测，比如说，要么是凶手过于愚蠢，要么就根本没有凶手。由于它们的意义和可以构成的句子结构之间有制约关系，相应的句子能够表示何种事实，也就取决于意义与结构一起留下的自由度有多大。从“$p \vee \sim q$”这样的结构我们就可以看出这一点。由于“p”和“q”可以是不同句子，这个结构可以表示很多种可能的情况。但是，如果这里只能用同一个句子，由此得到结构“$p \vee \sim p$”，那就没有留下任何表示事实的余地。“要么凶手过于愚蠢，要么凶手不是过于愚蠢”不表示任何推测，也没有人会指望有什么事实让这个推测成立。这种结构就是重言式。在这个结构中，由于结构没有为句子表示事实留下余地，它就完全决定了符号的意义是什么，因而可以用来充当符号的定义。对这种方法，维特根斯坦解释道：

> 6.121 通过把命题结合成什么也没有说的形式，逻辑命题表明这

---

① 关于表征与真之间的关系，这里给出的观点来自《逻辑哲学论》。关于真应当如何理解，在本书第四章处理。

> 些命题的逻辑性质。
>
> 这种方法也可以称为零度法。在逻辑命题中，命题达到彼此平衡的状态，这种状态表明这些命题在逻辑上必须是如何构成的。

而这里，命题的逻辑性质也就包括了符号的意义。

第六节　自明性、内部辩护与意向性

蒯因虽然承认逻辑命题拥有最高程度的显明性，但还是认为这种显明性是相对的，不能独立判定的。前面的讨论推翻了这一观点。我们找到了一种方法，从命题结构就可以判断逻辑命题的真值，这个标准可以单独加以运用，而不用考虑非逻辑命题。

此时还是可以说，逻辑命题拥有最高程度的显明性，不过，这不是与非逻辑命题比较的结果，而是因为显明性的标准是通过逻辑命题确定的。换言之，我们判断重言式是否为真的方法，解释了什么是显明性。在这种意义上逻辑命题所具有的就应当像弗雷格（Frege，1980，§90）和罗素（Russell，1998，ch. 10）所称的“自明性”（self-evidence）。这里，我们不妨继续沿着维特根斯坦在《逻辑哲学论》中表达的思路来发展这种解释。

维特根斯坦似乎在 6. 1271 中表达了对自明性的负面态度。然而，就像对待类型论一样，这种负面态度并不针对这一概念的精神实质，而只是针对其表达形式（3. 331 - 2）。他的意思应当是，我们并不需要单独的识别标准就可以判定哪些命题是逻辑命题，在这种意义上我们不需要自明性。但另一方面他又在 6. 1265 中解释说，我们总是可以把逻辑理解成逻辑命题自己证明自己的样子。这好像是在鼓励我们把自明性理解成自己证明自己。难道要用循环的方式来证明逻辑吗？如果不是，那么这又是在说什么呢？

这个问题涉及对辩护的重新理解，进而与关于分析性的两种解释的区分相联系。

回顾博高斯安对两种解释的区分。若按形而上学的方式理解分析性，那么一个命题是分析的，就在于命题的意义决定了它是真的；而按照知识论的方式理解分析性，则在于作为使用命题的人，我们已经把握了句子的意义，这个事实本身就足以让我们有理由认为句子是真的。要点是，在后一种情况下，我们无须以明确的方式陈述句子意义，也无须用蒯因所要求的那种同一性条件来识别这类陈述，就可以合理地被认为知道句子是真的。但是，前面我们看到，博高斯安在一个关键处不让人满意：他隐含地同意，我们之所以不需要这样做，是因为有人有能力替我们给出关于命题为真的这类辩护；但这样一来，我们还是回到了原地。

与逻辑命题的分析性问题相联系的，其实是为逻辑进行辩护的问题，因为它最终也是落实到为什么逻辑命题是真的上。约定论也是对关于逻辑的辩护问题的一种回答，而这个回答是通过解释什么是涵义给出的。现在，借助前面对两种涵义概念的区别，我们也可以对约定论，进而对约定论准备回答的问题，来进行辨析。我们把逻辑的辩护问题区分为外部问题与内部问题，其所要求的辩护则区分为外部辩护与内部辩护。这一区分让我们得以从新的角度看分析性问题。

对逻辑进行辩护，这不同于普通的辩护任务，因为逻辑是使得我们的思考活动，从而使我们的辩护活动得以可能的条件。唯有遵守逻辑，才能真正进行思考和辩护。[①] 因此，当我们要试图为某个逻辑命题进行辩护时，对于辩护活动针对的究竟是什么，应当区分出两种理解。一种理解是，这个辩护针对的是这个逻辑命题所表达的原则本身，而另外一种理解则针对这个原则是否应该如此表达。按照前一种理解，人们怀疑我们实际上是否应当遵守一种原则来进行辩护，而并不怀疑这个原则（如果有的话）可以得到正确的表述，这样，在为该原则辩护时，就需要假定这个原则并不起作用，这种辩护就是外部辩护。而按照后一理解，表面上我们是在论证某个命题是否是逻辑上为真的，但其实是在论证使用相应的符号是否应该这样表达逻辑原则，而逻辑原则本身是什么，则已经确定了。在这种情况下，我们的辩护就可以假定辩护所涉及的原则已经起作用，这就是一种内部辩护。

这样区分以后立即就可以看到，外部辩护实际上是不可能的，因为我们不可能在假定所要辩护的原则不起作用的同时，还认为自己在正常思考。只有内部辩护才是可能的。这样的辩护不会像外部辩护那样，一开始就要假定自己要加以辩护的东西。

到这一步就可以看出，蒯因关于约定论的批评，不过是在以另外一种

① 从心理学角度看，非逻辑的思考是可能的；但从逻辑角度看则不可能。心理角度不是我们这里所考虑的情况。这里所考虑的思考，是那种决定我们应该相信什么（而不是实际上相信什么）的过程，这个过程必须受制于逻辑。

方式说明外部辩护是不可能的。这等于说，我们无法以中立的方式确定隐定义的程序。如果这样，那就不能以中立的方式解释为何逻辑命题是真的，从而不能以中立的方式为逻辑命题提供辩护。显然，前面对于分析性的两种理解，可以对应到这里关于辩护的两种区分上。若按形而上学的方式理解分析性，那么对分析性的解释就相当于对逻辑命题给出外部辩护；而按照知识论方式理解分析性，则允许按照内部辩护的方式来解释逻辑命题为何是真的。

这样，知识论意义上的分析性是否具有合法性，也就取决于内部辩护是否能够避免循环。还是让我们直接处理那个最为尖锐的问题：作为使用逻辑的人，我们可以通过获得授权而合理地认为逻辑命题是真的，那么，这种授权是否取决于终究存在着一种中立的辩护，从而取决于对逻辑的外部辩护？

解决这个问题的关键是，让思想者这一身份起实质性的作用。

先说这是什么意思。在前面对授权与辩护做出区分时，其实就已经触及这种作用。授权就是对思想者的主体能力的认可。我们可以把对规则的把握、对意义的理解，以及对知识的拥有，都纳入授权的范围。当某人获得授权，信任他相应的判断和决定就是合理的。在知识论上，获授权者的相应信念拥有知识地位，获得授权就相当于得到了辩护。在这种授权概念中，起作用的不是思想者提供的思想，而是他的主体身份。一个在是否理解一句话上被授权的人无须用语言解释这句话，这种授权并不取决于他的解释。授权针对的是他所做的事情。

然而，在引述波吉做出那个区分时，博高斯安以某种方式收回了对思想者身份的尊重。在他看来，被授权者与获得辩护者之间的区别仅仅在于，获得辩护的人知道用来辩护的事实，而这些事实对被授权者来说是成立的，只不过他可以不知道它们；也可以说，一个就某个信念获得授权的人以非反思的方式“知道”其信念的辩护基础，为了升级到辩护，他所缺的就只有反思。（Boghossian，1996：387）这样，在授权中最终还是辩护在起作用，也就是说，起作用的最终不是被授权者的主体身份，而是他所能提供的思想。人只是思想的肉身化。

让思想者身份起实质性作用，其实就在于，总是把思想者给出的思想当作判断行为的内容，这种内容以特定的方式属于判断行为。简单来说就是重视这样一个简单的事实：语言、意义以及思想是思想者通过判断行为给出的，因此要考虑行为以及行为者的作用。在第一章第三节之四我们引入“意向性的”这个术语时提到，如果一个对象是从某个视角被看到的，那么这个对象就是意向性的。这里提议的看待思想的方式也是意向性的。思想内容通常可以用提到相应对象的方式给出，而视角则对应于给出思想的特定方式，于是，从某个视角看某个对象，就相当于说，某个思想内容是判断行为以某种方式给出的。这样，让思想者身份起实质作用，其实就是以意向性的方式对待思想内容，就是把命题联系到在特定视角做出的判断行为上。

按这种方式理解，就会对逻辑命题为真是什么意思做出新的理解。

按通常的理解，逻辑命题为真，意思就是这种命题传达了一种意义，而命题的真值通过这种意义得到确定。进而，命题传达的意义则可以自然地理解成，如果命题是真的，那么它表征了什么样的事实。我们自然就会这样理解：逻辑命题表征了一种事实，而这种事实必然如此，因此逻辑命题必然为真。这样一来，为什么这种事实必然为真，就需要解释，但逻辑显然不能提供这种解释。

而按照我们要推荐的那种解释，逻辑命题不是因为其所传达的意义而被确定为真，而是因为其构成方式决定了它是真的。这里所说的构成方式，就是前面所说的给出对象或者内容的方式。这种解释与前面通常的理解方式之间的区别，还得从普通命题，即非逻辑命题说起。非逻辑命题是按照特定方式构成的，这种构成方式体现在命题符号上。比如，“$p \wedge q$”作为命题符号，并不像“苏格拉底”这个名字表征苏格拉底这个人一样表征其意义，而是通过表示该意义以何种方式构造来确定它。这种构造方式取决于符号的用法。比如，对命题符号“$p \wedge q$”来说，其所包含的符号用法就决定了它的意义——这个意义是通过对两个不同的命题运用合取运算得到的。命题符号表示的是意义得以构成的方式，而不直接表示那个意义本身。这样一来就允许有一种情况，在这种情况下按照某种方式不能构成意义。逻辑命题符号就属于这种情况，它表示一种特殊的构成方式，按照这种方式就不能构成意义。而如果命题符号表示的构成方式还决定了真假的可能性，那就可以用这种可能性来衡量是否有意义得到构成。在这种情况下，作为重言式的命题符号无须看其是否表达了内容就能确定是真的，这就是意义构成方式的特征，而不是意义本身的特征。

进而，关于逻辑命题的内部辩护将呈现出新的面貌。

如果逻辑命题为真这一点不是其所表达的内容的特征，而是由构造意义的方式所决定的，那么，为逻辑命题提供辩护，就有可能按照两种方式来进行。一种方式是，先用一个命题，例如 P，来说明构造意义的方式决定了逻辑命题为真，然后从一些前提推出命题 P；另外一种方式则是，用一种不会出错的方式展示构造意义的方式如何工作，从而决定了逻辑命题为真。第一种方式实际上就是利用另外一个推理来获得逻辑命题为真这一结论。要采取这种方式，就要找到一个标准（不管这个标准是无条件的，还是仅仅相对于辩护语境而得到确定的），用以确定什么是一个逻辑命题，在何种情况下逻辑命题为真，并且所谈到的逻辑命题满足这一条件。当然，在这种辩护方式中，思想者的身份没有起什么作用。

第二种方式则离不开思想者的参与。由于逻辑命题是因为其构成方式而为真，那么验证其是否为真，就是按照命题符号所表示的那种方式去操作，然后看由此得到的结果是不是真。这种方法就是《逻辑哲学论》所给出的真值表法（6.1203）。表面上看，这种方法好像不说明什么问题，但它实际上是在为思想者身份而负责。让我们看这是怎么回事。

前面提到两件事：在对逻辑给出内部辩护时，（a）按照假定，我们掌握了逻辑，从而在按照逻辑来进行思考；（b）需要论证的是，逻辑命题正确地陈述了逻辑。需要按照恰当的方式去安排这两件事。谁在进行内部辩护，这是重要的；而待辩护的命题要与辩护者联系起来，这种辩护才获得目的，才能恰当地进行。这样，当我在为一个逻辑命题进行辩护时，就是

（1）通过我自己发现这个逻辑命题是真的，来表明我是按照特定的方式使用其中的符号；而

（2）如果我是按照自己已经掌握的方式使用这些符号，那么这个逻辑命题就是以合乎逻辑的方式构成的；因此

（3）如果我是按照自己已经掌握的方式使用符号，从而发现这个命题是真的，那么它之为真，就是因为它以合乎逻辑的方式构成。在这种情况下，它就正确地表达了逻辑。

这里，思想者的身份起两个作用。一是充当已经掌握逻辑的人。当我按照自己掌握的方式使用符号，就是在按照合乎逻辑的方式构造命题。这里，思想者是作为逻辑的执行者起作用。当诉诸思想者身份时，我们就不必去为最终的同一性条件而操心，从而不必重新回到辩护。二是作为命题的构造者。作为命题的构造者，我按特定方式使用符号构造命题，但这不是诉诸规则、诉诸指令就可以完成的。我们必须通过所构造的命题，来确定命题是按照何种规则或指令构成的。①

---

① 关于这个问题，我们会在第六章第二节讨论。

逻辑命题可以说以一种类似直觉的方式得到证明：掌握逻辑的人写下符号，按照自己掌握的方式构造命题操作，然后发现命题是真的。但是，这种证明不是为逻辑命题本身负责，而是为构造命题的方式负责，它表明命题是按照一种特定方式构造的。除了用"思想者所掌握的那种方式"，没有其他方法来说明它是怎样的方式，当然也不能为之给出同一性标准。用重言式来解释逻辑命题，就得以让逻辑命题起固定这种构造命题的方式的作用。重言式之为真，这是由它的构造方式决定的，因此，如果不同的人发现同样的命题符号是真的，那么他们就在用同样的方式使用这些符号和构造命题。①

这就是引入意向性概念的动机。如果用表征的概念来解释，意向性简单说来就是表征对象的方式与所表征的对象之间的相关性。当我用特定的命题结构（它对应于表征对象的方式）来表征一个内容（所表征的东西），比如一个事实，命题结构与所表征的内容之间就存在一种相关性。这种相关性的确切性质在下一章会详细讨论，这里仅仅是指出，按照恰当的处理方式，我们会依据所表征的内容来确定命题结构，或者说，会依据所表征的对象来确定对象是如何表征的。当然，这不是通过提供同一性标准来确定，而是面对意向主体，即从拥有意向性的人的角度，所达到的确定。

类比来说。不妨把命题符号的物理结构比作投影的原像，构造出的命题是否可以按照真值表法判断出是真，则是最终的投影，而由命题符号所表示的构造命题的方法，则构成投影的方法。这里的情况就相当于说，当投影的原像与最终的投影是重合的，那么投影的方式也就应当是相同的。

由此固定的使用符号和构造命题的方式是否与逻辑所要求的方式一致，则通过思想者是否达到自我一致来决定。若按照逻辑所要求的方式来构造的命题应当是一个重言式，那么思想者按照自己的方式构造出这个命题并发现它是一个重言式，就意味着思想者是按照逻辑的要求来构造它的。对一个有能力按照逻辑的要求构造命题的思想者来说，他就可以通过运用自己的这种能力来构造一个重言式。如果后来发现它不是重言式，那么将其构造为重言式的那种方式就不是逻辑的方式。这样，思想者就是逻辑的维护者，他通过自己的构造活动，来表明逻辑所要求的是什么，或者说，逻辑的"内容"是什么。通过思想者，逻辑得以"照顾自己"（5.473；cf. Wittgenstein，1979：2）。

① 对这一点的正面解释到第六章才会给出。

到此为止，就可以理解逻辑命题在什么意义上是自明的。当思想者按照逻辑进行思考，他就会发现逻辑命题是真的。这是一种类似于直观的过程。对逻辑的正确运用本身就保证了逻辑命题的真，而正确地运用逻辑，并非按照某个标准进行思考，而是运用自己的思考能力思考。可以说，思想者发现逻辑命题是自明的，这一事实表明他在正确地按照逻辑思考。这样理解就有些像是逻辑在自己证明自己是真的，思想者就是逻辑的“化身”。也可以说逻辑命题其实是自己在证明自己，因为发现逻辑命题为真的那种方法证明了逻辑命题是真的。如果把发现逻辑命题为真的方法解释成运用命题为真的标准，那就应该承认，逻辑命题本身就是命题为真的标准。逻辑命题为真，是因为它确定了真的标准，而这就是自明性。

比较一下，对分析性做出的重言式解释与卡尔纳普的约定论解释有何区别。卡尔纳普正确地看到，逻辑命题的真值不受制于命题之外的东西，例如不受制于事实。但约定论解释的结果却是把逻辑命题当作任意的。这就无法解释，为何逻辑不会受制于外来的强制力量，比如为何不受制于心理学。毕竟，任意的东西可以与任何一种规定性相容，而我们也完全可以设想，我们之所以采纳某种约定，是心理学支配的结果。因此，约定论并未恰当地对待逻辑的规范性。卡尔纳普设想，规则决定了语言框架，而语言框架决定了命题是怎样的，其中包括逻辑命题为真这样一个事实。这个解释链条让逻辑命题仅仅依据规则为真，从而解释了逻辑命题为何没有内容，为何是重言式。但这个解释链条的结果是，规则本身虽位于确定性的顶端，但却是任意的东西。我们没有办法确定具有最高确定性的东西。

而在这里阐述的解释中，虽然按照假定，规则（如果把逻辑看作使用语言的规则的话）已经作为隐定义生效，但思想者并不因此而依据这些规则来构造逻辑命题。是遵守规则的思想者自己在构造逻辑命题。规则（逻辑）是通过遵守规则的行为（即按照逻辑来使用符号的行为）来得到识别的，它本身并不“穿透”这种行为来到我们面前，从而作为推理的前提起作用。这样，在这个行为框架中，我们可以按照规范性已经得到保障时的有效状态，通过逻辑命题反向确定规则的具体内容。我们在逻辑的自明性指引之下做这件事，这意味着规则本身并非无凭无靠；它们受制于逻辑必然性。因此，规则并不是随我们说了算，我们按照有效方式探究逻辑规则，只不过是逻辑通过我们来揭示自己。逻辑正是以这种方式“照顾自己”。

第七节 小结

我们一开始是沿着博高斯安的提示来召回分析性。按这个提示，“说对于 T 来说 A 具有知识论上的分析性，就等于说 T 关于 A 的意义的知识本身就足以为 A 提供辩护，因而不再需要经验上的支持”（Boghossian，1996：386）。对于 T 是否具有关于 A 的意义的知识，则可以以授权的方式得到确认，而无须辩护，从而无须实际上给出辩护所需要的条件，包括关于隐定义的同一性条件。但是，这个提示让我们走不了多远，因为如果授权最终还是依赖于辩护（即博高斯安所说的狭义的辩护），那么知识论的分析性最终还是要依赖于形而上学的分析性，人们是否拥有关于意义的知识，还是要取决于能否给出关于意义的（或者说隐定义的）同一性条件。

我们的推进，在于给出不诉诸意义（或者隐定义）同一性的辩护方式。这是一种内部辩护。这种方式的要点在于，只要承认我们拥有关于意义的知识（或者，在为逻辑命题辩护的情况下，知道什么是逻辑），就可以通过在实践上保持自我一致，而保证特定命题是因为意义（或者逻辑）而为真。这样一来，我们就可以看出，知识论上的分析性与内部辩护，从而是与实践上的自我一致性联系在一起的。当然，这种联系究竟是什么意思，还需要进一步挖掘。

这就要求思想者身份起实质性的作用，要求充分尊重思想（或者命题）是以意向性的方式给出的这样一个事实。通过讨论分析性，我们引入意向性。在这个过程中，意义与意向性的关联作为一个更大的主题开始显露出来。在说明内部辩护如何运作时，我们提到了命题的构成方式，并触及命题如何表达意义这样一个问题。这个问题从属于语言与实在的关系这样一个更大的主题。这个主题将以意向性的结构究竟是什么这样一个问题的形式出现。这样，意向性就将走到前台，并扮演主角。

整个分析性问题都是放在关于逻辑的辩护问题这一大框架下来处理的。约定论者承认，既然逻辑的辩护要预先假定逻辑，逻辑本身也就不存在辩护问题。然而，这与其说解决了辩护问题，倒不如说只是指出不可能有外部辩护。能够提供的不可能是一种从头开始的辩护，而只能是内部辩护。按照蒯因以及古德曼的观点，逻辑应该在具体的推理过程中得到辩护，这样，逻辑律也就像其他推理前提一样，是可以修改的。这充其量可以理解成是在呼吁一种内部辩护。但由于没有一种支撑结构，这种内部辩护反倒像是向内的塌缩，是在论证辩护的不可能性。对逻辑律的重言式解释则提供了这种支撑结构，这种结构存在于符号的使用者和符号的句法特性之间，从而使内部辩护成为可能。

在一种意义上讲，我们这一章所讨论的分析性问题只涉及一部分词项的意义问题，即逻辑常项或逻辑连接词的意义。但是，由此得到的结果可以充当处理一般词项意义问题的样本，从而为之提供基本思路。这就是把意义当作对使用词语的行为起作用的内在约束，这种约束经由意向性起作用，以内部辩护的方式为使用行为建立一致性。随着论述的展开，这一思路的具体内容将逐步清楚起来。

第三章　意向性

本章讨论前面所提到的意向性究竟是什么。这实际上就是问，恰当的意向性理论是什么。对意向性这个主题，我们不是像研究古人类化石一样，先摆出研究对象，然后动用准备好的工具展开观察。我们的工作方式是，设定意向性这个概念要达到的理论目标，按照这个目标来考虑，意向性应当是什么样的。这个目标就是解释知识是何以可能的。意向性理论的动机就在于，建立一种健全的、能够连接心灵与实在的机制，按照这种机制，心灵能够认识实在。由于知识构成了意义理论的动机，我们会看到意义理论与意向性理论之间一种几乎是平行的关系。随着论述的展开，我们会发现这种平行关系构成了一种混合，或者相互渗透的关系。

本章第一节先概述意向性的总体特征，这相当于预告了一种意向性理论。我们的理论是在继承和批评胡塞尔的意向性理论的基础上发展起来的。胡塞尔的理论贯彻在先验现象学中，并决定了现象学的基本形态。应当说，这是一种得到了最充分发展的意向性理论。它是基于知识论的动机建立起来的，这为我们向现象学学习提供了最好的理由。因此，在预告了自己的意向性理论之后，我们就对胡塞尔的意向性理论展开讨论，一方面说明在哪些要点上接受它；另一方面论证其弱点和所需要的调整与改进，最终得到一种满意的意向性理论。

第一节　意向性的三个维度

简单来说，意向性就是指对于对象的关联性。对于家乡的思念是一种指向家乡的心理状态，这种心理状态与家乡这个对象的关联性，就是它的意向性。而“举头望明月，低头思故乡”这句话也通过其意义具备意向性，这句话谈论的就是故乡。当意向性被归于某个主体的某种状态，其中就包含两个要点，其一，这个状态与某对象相关；其二，这种相关性对这种状态来说是本质性的。这个对象我们就称为“意向对象”（intentional object），而主体所具备的、使其关联于意向对象的状态，则通常被认为具有意向内容（intentional content）。在思念故乡时，故乡是意向对象，而在思念的心理状态中主体所体验到的东西，粗略地说，就构成了意向内容。

意向性是一个颇为复杂的概念，多个哲学问题在这个概念上汇合。它既可以被归于心灵，也可以被归于语言。从逻辑形式上讲，意向性可能被理解成性质，从而被归于意向主体，也可能被理解成关系，从而建立在意向主体与意向对象之间。此外，意向性的具备可能被归结为主体的一种状态，比如主体表征了意向对象；也可能被认为源自主体的活动或行为，而主体之所以与意向对象相关联，是因为它做出了这样的行为。我们可以说，意向性概念拥有这三个维度，即心灵—语言维度、性质—关系维度和表征—行为维度，而对这个概念的正确解释，也就在于要在这些维度上确定在什么方向上做出解释。比如，是用心理意向性来解释语言意向性，还是用语言意向性来解释心理意向性，等等。随着本章的展开，我们会发现，在这三个维度上都不能简单地采取单向的解释。比如，我们会发现，既需要从心理意向性来解释语言的一些特性，又需要从语言来解释心理意向性的一些特性；而在其他两个维度也同样如此。

在正式开始建立意向性理论之前，先对前面所说的三个维度做一简单说明。

一 心灵—语言维度

按第二章的讨论，我们需要做的，似乎就是利用心灵的意向性来解释语言的意义。这种做法得到许多人的赞同，比如塞尔（Searle，1983：iiv），以及我们后面要遇到的索姆斯（Soames，2010；2015）和金（King，2007）。心灵与语言在意向性上哪个具有优先地位，哪个拥有解释另外一个的能力，对这个问题的不同回答决定了是否支持这一立场。这里提到的几位哲学家都认为，心灵具有原初的意向性，而语言之所以有意向性，之所以表征了实在，是因为使用语言的人在意识中表征实在，并把语言与这种表征联系起来。洛克明确提出过这一主张（洛克，1983：第三卷第二章）。

应当说，没有谁会认为，语言在没有人使用的情况下就自动有意义。但这充其量是在说，如果没有心灵的意向性，就不会有语言的意向性，而不等于说，心理意向性是语言意向性的充分条件，可以用心理意向性来解释语言的意向性。洛克一方的观点远非自明。另外一些哲学家，比如达米特就坚持认为，应该在语言的基础上解释心灵的意向性，而这是保证意向性本身具有客观性的必要条件。这一点进而被认为是语言学转向的题中之义（Dummett，1993a：ch. 2）。显然，达米特所强调的是意向性这个概念本身的内涵，如果意向内容的客观性要通过语言来保证，那么，心理意向性就不可能先于语言而存在，从而也就不可能用心理意向性来解释语言的意向性。[①]

当然，洛克一方的基本想法仍然值得重视。如果语言的意义不能为心灵所把握，那就不是什么意义，因此，意向性最终还是要落实到心理层面上。而达米特一方对此的挑战就在于，意向性这个概念本身不能是纯粹心理性的，还必须有语言的参与。如果同情地对待洛克们，而把达米特的立场向那边靠，那么这种挑战就相当于问，语言应当以何种方式进入心理的层面，从而把一种客观性落实到心理意向性上。要回答这个问题，就要先弄清楚，在何种意义上，意向性的客观性需要语言来保证。在此基础上，才能确定语言与心灵建立联系的方式。显然，这就导向一种心理—语言结合的意向性理论。一种正确的结合模型，将同时公正对待上述双方的理论要求。

二 性质—关系维度

意向性这个概念最初在中世纪经院哲学中流行，而将其赋予重要的哲学意义的，则是布伦塔诺（2017：105 以下）。对于意向性，他同时坚持两种看法，其一，意向性是对于对象的关联性，这意味着它是一种关系；其二，意向性是对于心理现象的刻画，也就是说，它是心理现象的性质。一般说来，性质在逻辑形式上用一元谓词来表示，而关系则至少是二元谓词。当我们考虑对于物理对象的意识时，这种区别就非常明显。作为意向性，对于该物理对象的那种关联被作为性质归于意识，那就意味着，即使该对象不存在，意识的意向性仍然不受影响。因为它作为意识的性质，仅仅受制于意识。从逻辑形式上讲，关系也可以看作性质。比如，周树人与周作人的兄弟关系，可以看作周树人的性质，即充当周作人的哥哥这样一个性质。但是，从形而上学角度上讲，作为性质与作为关系，这对意向性

---

① 达米特主要是把弗雷格的语境原则与语言学转向联系起来，并把遵守语境原则理解为把握数的必要条件（Dummett，1993a）。这种说法有两个要点，其一，这样一来语境原则就是心灵与数建立意向性联系的必要条件；其二，弗雷格承认，遵守语境原则，才能保证对数的把握具有客观性（Frege，1980：xxii）。弗雷格在一般的意义上运用语境原则，因此，这两个要点综合起来就得到，诉诸语言才能保证意向内容的客观性。

来说是有张力的。一个东西的性质并不取决于另外一个东西是否存在，但它建立了什么关系，却只有在相关的那个东西存在的情况下才能确定。

只是在形而上学上考虑这种对立，无助于真正理解意向性；需要进一步深究为什么意向性能够在被看作关系的同时，还能够被看作性质。一个人可以渴望长生药，他的这种渴望在一种意义上是仅仅属于他的心理状态，而在长生药并不存在的情况下可以持续下去；但是，如果这个人很不幸地发现，长生药不可能存在，那么只要真的相信这个发现，他的渴望也就消失了。这就是说，至少在一种意义上，作为性质的意向性预先假定了意向对象，从而需要将表面上是性质的意向性仍然理解为关系。但是，在长生药的例子中，我们感觉到一种错位。渴望长生药的人自己会认为长生药存在，从而，这种渴望的意向性对他来说是一种关系；但是，在长生药实际上并不存在时，他还是可以认为它存在，因此，在他自己认为他的渴望是一种关系时，他人却并不赞同。这样，当视角从第一人称切换到第三人称时，也就出现了作为性质的意向性拒绝成为一种关系的情况。这种拒绝在第一人称上可以不发生。

意向性的这个维度与人称问题，或者说视角问题联系在一起。这种联系决定了我们在一些重要问题上的看法。后面会在考虑语言以何种方式进入心理领域时，回到这个问题。

从关于长生药的讨论，我们得到第一人称的一个特性，即在第一人称视角中，意向性对于其关系地位是不敏感的。也就是说，无论意向对象本身是否真实存在，意向主体都可以进入一种意向性的心理状态，并且，意向对象对该主体来说会“呈现”为存在。可以说，意向性具有一种“投射”功能，它会把自身的内容投射为意向对象的存在。当然，只有主体本身，或者说，只有对具备相应心理状态的人来说，才谈得上意向对象的这种存在。意向对象的这种略显诡异的存在也被称为“内存在”（inexistence）。①

如果从第三人称视角来看待意向性，就容易把上述不敏感性与笛卡尔怀疑论联系起来。笛卡尔设想，存在一个几乎像上帝那样无所不能的魔鬼，它能够一方面大幅度改变现实，另外一方面却让我们的心理状态保持不变，从而对我们进行一场系统的欺骗。在这种情况下，我们不能说自己知道什么。如果不能分辨自己是否处于这种骗局中，那么我们也就不知道

① 布伦塔诺从中世纪经院哲学中引入“内存在”这个词，他用它来表示意向对象内在于意识的特性（布伦塔诺，2017：105ff）。

自己是否真的具有知识。这样就形成了关于外部世界的怀疑论（笛卡尔，1986，第一沉思）。这种怀疑论之所以可能，就在于当意向对象被系统替换时，我们的心理状态不变，因此，我们的意向性对于意向对象的存在是不敏感的。对这种不敏感问题的处理，也就与怀疑论问题的解决联系在一起。

基于上述考虑，在性质—关系维度上存在的冲突，也就表明是由视角的切换引起的。只要一直待在第一人称中，这样的冲突就不会出现。在这种情况下，第一人称意向性的那种不敏感性，也就体现为本体论上的中立性。[①] 由于这种中立性只有在第一人称中才有可能，我们也可以通过达到这种中立性，来确保自己处于第一人称视角中。这就是胡塞尔现象学中的"悬搁"操作。所谓"悬搁"，就是取消对于对象的存在设定，不关心对象的存在与不存在。"悬搁"意味着对于对象的态度发生了转变。如果渴望长生药的那个人并不关心长生药是否存在，那么他就会从一种向往中解脱出来，而采取一种理论性的、中立的态度。在这种情况下，如果他继续保留那种渴望，那就是在进行一种反思，比如在探究自己所渴望的究竟是什么。在胡塞尔那里，这就是在揭示出意向性的内在结构，由此得到的是一种关于意向性的现象学理论。

在视角问题上，现象学的进路是纯粹意识性的。它完全以心理状态为基础，来构建意向性。这样会遇到前面所说的客观性问题。客观性只有在第三人称视角中才能得到认可。虽然解决怀疑论问题需要以第一人称为出发点，但要达到客观性，却需要从第一人称进到第三人称，或者确切地说，把第三人称的约束性吸收到第一人称中。尽管胡塞尔后期做出过巨大的努力来达到这一目标，但后面第四、五节将会论证，这种努力并不成功。我们会论证，视角问题的解决与语言是联系在一起的。语言以一种恰当的方式与心灵相联系，将为在第一人称视角基础上吸收第三人称视角提供必要的支持，而这种支持在胡塞尔的现象学中并不存在。

三　表征—行为维度

按照现象学的理解方式，意向性是意识的一种成就，是意向行为的结果。粗略地说，这种行为就是前面提到的"投射"。意向活动显然不是像写作一样，是通过身体动作完成的行为，但它在一种意义上仍然可以合法

---

① 参见扎哈维，2007：36－37。关于这种中立性对于理解意向性的方式的影响，参见 Zhongwei，2014。

地理解为行为——它是在心灵自主驱动下展开的过程。这样就在理论上具备了两个好处，其一，心灵的自主性意味着能够让意向性置于规范性的约束之下，其二，通过过程的展开，也就得以容纳意向性的内容，意向内容也就体现为意向活动过程展开的方式。这样，现象学式的意向性也就可以接纳直接实在论（cf. 索科拉夫斯基，2009：20，212）。

沿行为的方向理解意向性，这在理论上的回报就是可以避开关于意向性的中介理论。中介理论由于导向怀疑论而不受欢迎。回顾笛卡尔情境就可以看出，怀疑论产生的一个必要条件，就是在意向对象被替换掉时，意向内容可以维持原状。在这种情况下，即使意向对象本身并不存在，心灵仍然处在它们“好像”存在的状态中。怀疑论之所以出现，就在于人们会自然地接受产生笛卡尔情境的条件。人们会认为，魔鬼的欺骗并没有毁掉人们意识到的内容，有一个中间物来落实这种受欺骗状态，这种中间物就决定了意向内容。它可以理解为作为抽象实体的内容，比如就像人们通常理解弗雷格的涵义理论那样，理解为存在于“第三域”的涵义实体；它也有可能被理解为真实的意向对象之外的一种对象，比如就像在康德那里一样，被理解为经验对象，而区别于真实的对象，即“物自体”。不管怎样，中间物的设定意味着所得到的是一种表征理论，这种理论有两个要点，其一，意向内容独立于意向对象而存在，其二，只有经由意向内容，才能建立指向意向对象的那种意向性。

人们有接受表征理论的动机，因为要解释错误是怎么回事。一个人会看错对象，比如把远处的一头犀牛看成了一头象。这种“把 x 看作 y”的形式就决定了，这里总是有两个东西被“看”，当把其中一个当作标准来衡量另外一个，我们就解释了错误是怎么回事。在这种形式中，y 具有独立于 x 的地位。比如，即使站在远处的大个子不是犀牛，我也可能把它看成是象。我是否看到象，并不取决于站在那儿的是犀牛。再者，我似乎只有在把那里的东西看作某个东西的情况下，才能说我看到了那儿的东西。比如，我只有把那个大个子看作犀牛，我才能真的看到那头犀牛。否则，我可能视而不见。在一种意义上我看到了犀牛，我的视线构成一条穿过犀牛的射线，但我并没有注意到那就是一头犀牛，因而在另外一种意义上我并没有看到它。因此，在正确的知觉中，“把 x 看作 y”这种形式依然起作用，只不过我们会用位于“x”和“y”的位置上的是同一个东西，来解释什么叫作正确的知觉。

这样一来，我们就遇到了这个维度上的张力。中介理论显然不是直接实在论，表征理论显然也不是行为理论。它们的不相容性在于，直接实在论和行为理论都否认在意向主体与意向对象之间还有第三个东西，它们没有为容纳中间物留下任何余地。行为理论用行为的过程性的特征来解释意向内容，也就不可能再用一个独立的实体来解释它。但是，如果不用这样一种独立实体，那又如何让错误得到满意的解释呢？

这里，不妨预告一下我们要提出的解决方案。这个方案的正式展开是在讨论真理理论的第四章。只要注意到一个事实，我们在这个问题上的切入点在哪里，也就比较清楚了。这个事实就是，如果说表征理论的任务在于解释错误，那么它未必是一种关于意向内容的中介理论，也就是说，我们可以建立一种非中介性的表征理论。这种理论会在第五章给出，这里仍然只是简单地给予提示。

之所以说前面勾勒出的那种表征理论是一种中介理论，是因为它认定，心灵只有在意识到（把握到，或者别的任何一种关系）充当表征的东西时，才能建立关于意向对象的那种意向性。这样，表征物就是一种代理，就像有折射作用的光学玻璃一样，它既让心灵得以看到实在，同时又挡在心灵与实在之间，通过可能的误导遮蔽实在。但是，要解释错误是怎么回事，我们不需要这样的中介理论，需要的只是表征物对于意向对象的独立性，而不进一步要求这种独立的东西作为意向性的中介而存在。表征物可以是另外一个意向对象，它可以独立给出，从而可以充当判断对错的标准。的确，为了检验是否看错，我会换一个角度。如果发现所看到的不是大象，那么先前的知觉就是错误的。这里只要求这种表征物具有相对于主体心灵的独立性。如果前面预告的心理—语言结合的意向性理论是正确的，那么这里的表征物就是语言了。

这样做也就保留了意向性理论作为行为理论的地位。表征物与被表征物都作为意向对象存在，因而都可以是意向行为的产物。它们之间的表征关系是通过针对双方的意向行为的某种过程性的特征决定的，比如，在使用一个句子描述一个事实时，针对句子的行为和针对事实的行为也就配合到一起，成为一种完整的行为，即描述行为。对于描述行为如何做出，是有一定约束的，人们应该按照特定的方式来安排句子，而这种方式取决于要描述的是什么样的事实；这样的约束就使得句子成为事实的表征。

在这种非中介性的表征框架中，起作用的逻辑形式就不是“把 x 看作 y”，而是“由此看出 y”的形式。原来的形式还是可以使用，只不过它可以被解释为“由此看出 x”和“由此看出 y”这两种形式结合而成，当我们以前一次看出的 x 作为标准，就可以说这里还是“把 x 看作 y”。这里的“此”是什么，取决于我们在什么语境下从事什么活动。通常，所要求的只是两次“看出”针对同一个东西，而对这个东西是什么，则无须预先确定下来。

从这种关于表征以及对错的解释中，意向行为的规范性将会更为具体。意向行为应当是能够判断对错的，而这意味着，对它的对象应当可以建立语言性的表征。正是这一点，为意向行为确立了规范性的约束。只有可以用语言表达的东西，才能得到客观的思考，这就是从这种意向性理论得到的结论。

按照我们的理解，语言构成了意向性的必要条件。这一点与中介理论一致。我们的理论与中介理论的区别在于，语言并不为意向性提供内容方面的条件，而是为其提供能力方面的条件。只有拥有语言能力，因而能够用语言来描述意向对象的主体，才能建立具有客观性的意向内容；主体不需要实际上用语言来表述这种内容。这样，在实际的意向性中，就并不需要一个中间物来建立与意向对象的联系——这种联系的存在并不在于有一个中间物来保证，而在于能够用独立的标准来加以检验，语言也就提供了这样的独立标准。

第二节　先验现象学：主观主义

意向性理论的目的，就是解释心灵如何与实在的对象建立联系，从而指向对象。胡塞尔的现象学则要在这个基础上进一步考虑，如何在这种意向性理论的基础上建立知识系统，从而不仅一般性地回答知识如何可能的问题，而且能够为特定门类的知识奠定基础。这种知识论诉求与我们研究意义理论的初衷相合。虽然我们并无为特定知识奠定基础的野心，但从基于这种野心能够做什么，我们还是可以更为切近地理解知识本身，而这正是意义理论的动机。基于这种动机，意向性理论的核心问题就是，心灵如何与实在的对象建立联系，从而使知识成为可能。

对意向性问题，我们可以按照前一节所说的第二个维度来区分不同的理解方式。可以采取第三人称形式，来把这个问题解释成心灵与其对象建立的何种关系使心灵得以指向对象；也可以采取第一人称形式，理解成心灵具有何种性质（或完成何种行为），使它指向了对象。在第一种方式中，心灵被理解成要与像石头这样的东西建立关系的东西，比如，要理解成被石头反射的光线刺激的东西，这样，心灵就是客观存在的东西。与此不同的是，在第一人称的形式中，心灵的意向性就完全可以是主观的了。笛卡尔表明，这种纯粹主观的意向性，反而适合满足知识论诉求。

回到笛卡尔所设计的怀疑论情境。魔鬼欺骗产生的后果是，客观的东西与主观的东西被有效地区分开了。由于魔鬼足够强大（笛卡尔假定它像造物主一样强大），任何东西，只要在客观的世界中存在，就可以被其操纵，变成不是我以为的那样，但它在我心灵中的样子不变。这样一来，事物在我心灵中的表象，就与在客观世界中的存在区分开了。事物在我心灵中是作为一种纯主观的东西“存在”的，“存在”也就有了一种主观的意义。由于魔鬼的欺骗就在于两种存在之间的错误对应，这种欺骗也就只能对客观的存在才能有效，主观的东西是不能欺骗的。事实上，笛卡尔也正是利用魔鬼是否能够欺骗，而把属于“我”的东西，我能够自主“控制”、从而魔鬼也不能欺骗我的东西，与其他东西区分开（笛卡尔，1986，第二沉思）。这里，属于“我”的东西就是“我思”，就是我的主观世界。

以怀疑论为背景就可以看出，只有采取第一人称形式来理解意向性，才能以之为基础构建知识。笛卡尔让魔鬼充当知识质检员的角色。那些可以怀疑的东西都不能算知识，将其排除以后，就只剩下主观的东西了。即使不以魔鬼是否能够欺骗作为知识的标准，不以回应怀疑论为目的，怀疑论情境的设计也诱发了一种基础主义的冲动：既然魔鬼也不能欺骗的信念具有最高的确实性，那我们就有理由以之为基础来构建我们的所有知识。这就让意向性理论家有义务按照第一人称的方式理解意向性，因为在这种理解之下，意向性才是一种主观性。主观主义构成了胡塞尔意向性理论的基本特色。应当说，从主观性出发，这构成回应怀疑论的必要条件。

即使我们不同意笛卡尔的我思论证，不认为主观的东西具有最高的确实性，从而不认为“我在”是不可怀疑的，但只要我们想回应怀疑论，就还是有必要接受主观主义的立场。这是因为，客观主义立场在实现时仍然要诉诸知识，这样，从这种立场出发我们就无法建立恰当的辩护程序。如果从客观的东西出发来为知识提供辩护，我们就需要假定知识已经就位，而这会导致循环或者后退；这样就留下了主观主义这唯一选项。当然，我们还是需要论证，主观主义是一个让人满意的选项，而这是通过具体地建立我们的意向性理论或意义理论来完成的。到第七节我们会建立一种更为复杂的立场，但这种立场仍然属于主观主义。

当然，我们可以不以解决怀疑论问题为最终目的，而满足于对知识进行试探性的研究。我们考虑可以在何种程度上贯彻基础主义，可以以具有何种程度确实性的信念来充当其他信念的基础，而不必追求魔鬼也无法推翻的知识体系。这样，主观主义的意向性理论也可以是一种较弱的主张，它考虑意向性中有哪些必要的主观构件，我们能够用它们来对知识的建构做什么。胡塞尔以意向性理论为基础的现象学，在很大程度上允许这种理解（Moran，2000：147 ff.）。

在作为研究计划的主观主义面前，福多（Fordor，1987；1990）、丹尼特（Dennett，1987）、米利肯（Millikan，1984）以及塞尔（Searle，1983）这样的哲学家所提出的意向性理论，都直接被排除掉了。这些理论都在不同程度上采取了第三人称立场，因而与主观主义的第一人称立场相悖。

应当说，丹尼特和塞尔都保留了对意向性的第一人称解释。但塞尔把意向性当作有机体的生物学特性，而丹尼特则将其归于具有足够复杂性的任何系统，因而都意味着可以按照科学的方式即第三人称的方式来理解意向性。他们实际上都接受一种从第一人称到第三人称的过渡，而这意味着意向性最终还是可以化约到第三人称上，这种化约只是简单地通过“我=那个具有意向性的实体”这样的等式实现的。但胡塞尔拒绝这种化约，他的这种拒绝态度从一开始的反心理主义，扩展到后来的反自然主义。接下来就来看看，是什么支持着主观主义的意向性立场。

心理主义是一种针对逻辑的立场。我们可以从两个层次来理解它。一个是形而上学层次，在这个层次上，心理主义是说，支配人们思考的逻辑实际上就是支配我们心灵运作的心理学定律，换言之，逻辑本质上就是心理学定律。另外一个则是知识论层次，在这个层次上，心理主义则是说，对逻辑的认识可以通过心理学研究的方式进行，心理学是一种经验学科，逻辑学也就如此。心理主义针对的是意向内容的基本性质，它建议按照心理学的方式来理解意向内容，因而承认意向性是一种可以用心理学来处理的性质。这种立场意味着什么，取决于如何从形而上学上和知识论论证上对心理学进行定位。对胡塞尔来说，心理学是自然科学，在知识论论证上是经验科学，而在形而上学上，心理学则从属于自然态度，它预设了心灵的实体性存在。在他看来，这些都使心理学不足以处理意向内容，从而不足以支持一种意向性理论。

应当说，如果同时在两个层次上持有心理主义，既把意向性作为性质归于心灵这样的实体，又把意向内容当作经验研究的对象，从而像对待世界中的其他事物一样加以处理，就会按照笛卡尔怀疑论的方式来理解知识。这时，意向内容就可以受制于魔鬼的操控，而这使其不可能成为知识。如果不接受这个怀疑论的结论，那就不能接受心理主义。这样，从反对怀疑论的角度，也就很容易理解胡塞尔为何要拒绝心理主义。不过，这样理解还是损失了细节。还是让我们看胡塞尔自己是如何反驳心理主义，看他从什么角度来应对怀疑论。

按照扎哈维的说法，胡塞尔有一个康德式的动机，他想处理的是“关于知识的可能性条件的问题”，而不是“考察意识是否（和如何）能够获得关于独立于心灵的实在的知识”（扎哈维，2007：2）。也就是说，他把笛卡尔的怀疑论当作思考的出发点，但并不准备像笛卡尔那样，正面回答怀疑论问题。怀疑论让他获得了据以理解知识何以可能的基本立场，这就是胡塞尔所说的“转向主体”（Husserl，1960：2）。但他不想论证我们的确有怀疑论者所质疑的那种知识，这对他来说已经不是问题；他希望探究的是，这种知识是如何被把握的。如果没有知识，那就谈不上对知识的把握，因此，这种探究要以怀疑论已经被排除为前提。但是，胡塞尔的探究方向与笛卡尔不同，笛卡尔希望获得关于世界的事实，而胡塞尔则希望为世界建立意义，因为作为知识而被把握的就是意义。①

胡塞尔区分了形而上学怀疑论与逻辑—意识行为怀疑论。所谓形而上学怀疑论，是指“将认识局限在心理此在上，并且否认‘物自体’的实存或可认识性”（胡塞尔，1994：99）。这里的“物自体”不是康德意义上的哲学概念，而是指一般意义上的、独立于意识而存在的事物本身。而逻辑—意识行为怀疑论（也可以说是知识论的怀疑论）则是指“所有如下的理论，这些理论或是明确地陈述着，或是自身分析地包含着这样的命题，即：[这种理论本身的] 可能性的逻辑条件或意识行为条件完全是错误的”（胡塞尔，1994：98）。在他看来，在一种意义上，形而上学怀疑论不算是怀疑论，其是否合理“只是一个论据上和证明上的问题”；在另外一种意义上，它只是逻辑—意识行为理论的一个后果（胡塞尔，1994：99）。这样，也就只有逻辑—意识行为怀疑论值得考虑。而按照胡塞尔的定义，这类怀疑论也就自我消除了。

但是，对哲学动机的这种描述只在字面上起作用。胡塞尔用来区分怀疑论的特征是悖谬性，而这本身就是对怀疑论的诊断和反驳。他没有先按照中立的方式建立起怀疑论的正面形象，然后予以反驳，而是通过预设来解除怀疑论的威胁。他预设，怀疑论论断本身的逻辑条件或意识条件已经以对怀疑论不利的方式建立起来了。事实上，这些条件的建立，正是康德

① 在《笛卡尔式沉思》中胡塞尔说，“人们几乎可以把现象学称为一种新笛卡尔主义，尽管现象学恰好由于笛卡尔动机的彻底展开而不得不摒弃笛卡尔哲学中几乎所有那些众所周知的教义”（Husserl，1960：1）。

式任务的一部分。对怀疑论的回应要在完整地回答了康德式问题之后才能得到，因为，如果不能解释心灵何以可能知道独立于心灵的实在，也就不能解释知识何以可能。所知道的东西独立于知识主体，这是知识客观性的题中之义。只有解释了知识何以能够具有客观性，才算解释了知识的可能性，才算是解决了那个康德式问题。因此①，我们仍然可以把是否能够回应笛卡尔怀疑论，来当作胡塞尔哲学动机是否达成的试金石。

胡塞尔先后在《逻辑研究》第一卷（胡塞尔，1994）和《哲学作为严格的科学》（胡塞尔，1999）中集中批评心理主义，后者更是在自然主义的标题下展开批评。在《逻辑研究》中，胡塞尔通过批评心理主义，为现象学研究在知识论领域中进行了定位；而《哲学作为严格的科学》则是他在进行先验转向后，从一个新的角度重新拒斥心理主义。通过与心理主义—自然主义拉开距离，胡塞尔表明了自己所理解的意向性是什么，从而表明现象学具有何种基本性质。

在《逻辑研究》中，胡塞尔表明了对于心理主义的两个一般性的批评是无效的，它们分别针对心理主义的循环性和非规范性。

胡塞尔把针对非规范性的批评归于康德。这种批评大致是这样的："心理学对思维的考察在于研究思维应当是怎样的；而逻辑学对思维的考察则在于研究，思维应当是怎样的"；既然从"是"推不出"应当"，逻辑也就不能通过心理学得到研究。（胡塞尔，1994：45）

对于这种批评，胡塞尔认为是无效的。心理主义可以认为，思维应当如何进行，这可以是思维实际上是怎样进行的特殊情况。心理学研究的成果可以被当作正确思维的样式，因而也就可以充当一种规范性推理的前提。这个前提就是"如果要进行正确的推理，就应该……"。这样，心理学研究所建立的描述，也就确定了思维过程依照其本性应当如何进行。心理主义者可以说，心理主义观点恰当地表明了，思维本身的本性是正确思维的基础。（胡塞尔，1994：45－48）

但是，胡塞尔似乎没有注意到，这样一来，"应当"一词的意义也就发生了改变。它的意思不再是，"事情有别的可能性，但出于一种价值标准，这种可能性得到了肯定"。因为，既然关于什么是应当的那种推理本身就是一种心理过程，这种过程受制于心理学定律，那么，什么得到肯

① 把"关于独立实在的知识是否可能"理解为形而上学问题，从而予以排除，就意味着只在观念的层次上提出客观性问题。换言之，首要地是考察关于客观性判断是否是真的（并且对于真给出一个观念性的解释），而不是一个判断事实上是否是客观的。这样做是胡塞尔的立场使然。到后面讨论私人性时还会回到这个主题上。

定，也就不是出于一种价值标准了。再者，得到肯定的东西也不是出于一种选择。因为，在受制于心理学定律的情况下，“别的可能性”不再意味着选择的余地。这里也没有选择出现。规范性推理徒有其表，这意味着规范性不能正常地建立起来。当然，这个考虑是从形而上学角度做出的。由于胡塞尔坚持避开这类考虑，这里也就不予理会。

对心理主义的第二个一般性的批评是基于循环性。由于“每门科学都只有通过与逻辑规则相和谐才能存在，因而都已经设定了这些规则的有效性。因此，将逻辑学建立在心理学之上的愿望是一种循环”（胡塞尔，1994：48）。

胡塞尔对此的回应是，要区分推理的规则与前提，因为当逻辑学所提供的是规则而不是前提时，所提到的循环也就不存在了。因为，“正如一些艺术家在对美学一无所知的情况下也能创作优美的作品一样，一个研究者也可以在不回溯到逻辑学上去的情况下建造自己的证明”（胡塞尔，1994：49）。

不过，这个回应也有需要斟酌的地方。当逻辑规则作为推理规则出现，而不作为前提出现时，旨在得出这个规则本身的推理也就不是循环的，因为充当结论的规则并未以前提的形式出现。比如，我们可以利用反证法来证明排中律是真的，虽然在这个推理中排中律是以规则的形式出现的，但推理本身在形式上仍然没有构成循环。但是，如果把这样的推理当作对规则有效性的论证，那么，由于其中使用了要论证的规则，循环最终还是出现了。这是一种辩护的循环，它要求我们实际上已经承认这样的规则有效。这种循环不合法。比如，即使在推理形式中没有出现循环，我们也不能用反证法来论证排中律。辩护的循环不一定以推理循环的形式出现，而是通过预设和论证这样的行为连接形成。有了这个区别，胡塞尔也就不能以推理中没有出现循环为由，来说明心理主义没有涉及循环。

当然，如果把辩护的循环考虑在内，基于循环性对心理主义的反驳也就论证过多了，这将使对逻辑的辩护成为不可能的，而这可以是一个与心理主义无关的问题。即使不承认心理主义，在对逻辑进行辩护时，我们也会用到逻辑规则，这样导致的循环也就使逻辑研究不可能了（胡塞尔，1994：48）。在上面的引文中，胡塞尔提到了艺术家，这暗示他已经从第一人称出发来看待循环问题。在进行最终的辩护时，如果所辩护的规则没有作为意识的对象出现，那么，我们的意识活动实际上在遵守这种规则，这个事实也就不会构成威胁——这是一个形而上学问题，我们的意识活动实际上是怎样的，这已经不属于意识内容的范围，而我们只应对我们的意识内容范围内的事情负责。这样的辩护概念也就接近我们在第二章第六节所刻画的内部辩护了。

胡塞尔对这两个一般性反驳的评论，我们就讨论这么多。应该说，这些评论就像在调整焦距一样，确定了一个主观主义者不应该出于何种理由来批评心理主义，由此也就可以过渡到主观主义者可以采取的批评上去。我们会感到，由此得到的只是对心理主义的外部批评，因为心理主义者允许自己拒绝主观主义的所有理由。问题的症结是，心理主义倚重的是形而上学立场，它在知识论上的选择可以弱化；而胡塞尔恰好准备从形而上学撤回，专门从知识论角度打击心理主义。

幸好，我们可以自行把这两个反驳延伸到形而上学上，从而获得针对心理主义的内部批评。从这个角度上看，心理主义的立场意味着一些妥协。就第一个反驳而言，如果心理主义者要求对方也接受心理主义论断，那它就确实是要求一种规范性。但另一方面，它又压制了规范性。

而就非循环性来说，接受心理主义就意味着，放弃为知识提供辩护基础的目标。就像蒯因所说的那样，“如果知识论研究者的目标是为经验科学提供辩护基础，那么他利用心理学或其他经验科学，也就会因为循环而失败”（Quine，1969a：75 - 76）。这里，蒯因实际上也承认，即使是在为经验科学辩护时，也需要确认推理过程的有效性得到了来自心理学的支持（这正是主观主义认为属于形而上学，因而不会采纳的思路），因而预设了心理学。

当然，心理主义者也可以像蒯因那样通过收缩目标来获得安慰。蒯因说，如果我们只是想“理解观察与科学之间的关系”，那就还是可以放心地利用心理学（Quine，1969a：76）。但是，心理主义伤害的是辩护的概念，而这意味着连这个收缩后的目标都无法达成，因为它需要我们对某些论断提供辩护。之所以这么说是因为，如果推理过程的有效性要依据心理学成果来判断，那么心理学论断本身就不能得到辩护，因为辩护就是要依据心理学来判断的推理过程。这样的循环同时伤害了心理学和辩护。可以说，为整个经验知识提供辩护这样的知识论目标之所以在心理主义这里失败，是因为辩护概念受损。由于心理学本身也同时受损，心理主义也就失去了心理学。

现在回到胡塞尔自己对心理主义的批评上。这些批评都在知识论层次上展开。只要找出逻辑定律与心理学定律（以及其他自然科学定律）在知识论上的区别，这样的区别不可能让心理学定律充当逻辑定律的基础，批评也就完成了。这样的区别有三个：

一、心理学与自然科学定律都是模糊的，而逻辑律则是精确的。（胡塞尔，1994：53）胡塞尔所说的模糊性，应该是指意义的不确定性。因为在提到精确的定律时他说，当让这些定律的有效性依赖于“模糊的条件”时，也就改变了“这些定律的真正意义”（同上）。而这意味着，精确性应该是指有确定的意义。这个区别将使逻辑律不可能建立在心理学定律的基础上，因为这只能使逻辑律也成为不精确的。

二、逻辑律是先天的，而心理学与其他自然科学定律则是经验的。逻辑律“不是通过归纳，而是通过［本质］可靠的明证性（evidenz）而获得其论证和证实的”（胡塞尔，1994：53－54）。就这里的论述目的而言，我们可以简单地把“明证性”理解为意识当下的直观把握（参见倪梁康，2007：153－154）。这样，如果能按照论证的链条回溯到直观的东西上，这样的东西就是先天的、确实的、必然的，而不能回溯的则是经验的、归纳的、或然的。在胡塞尔看来，这种论证上的回溯不能循环，而是有尽头的，“所有那些为可能的论证提供证实的原则必须演绎性地被回归到最终的、直接明证的原则上去，而这种演绎的原则本身也必须全部包含在最终的、直接明证的原则之中”（胡塞尔，1994：73）。胡塞尔与笛卡尔一样，怀有一种基础主义的计划。

三、逻辑律没有心理学以及其他自然科学定律所具备的那种事实性的内容，这里的事实性的内容，是指断定某类事实的存在。（胡塞尔，1994：60－64）一个陈述事实的命题可以用来陈述逻辑律，也就是说，成为逻辑命题的一部分，但逻辑命题并不能够推出这个陈述事实的命题。当然，从“这匹马要么是白色的，要么不是白色的”这个命题可以得出这匹马是存在的这一事实性的内容。但是，从“这匹马要么存在要么不存在”这个句子，却得不出这一内容，而这两个句子表达了同一个逻辑律。

胡塞尔的这三个区别只要成立，就可以让逻辑区别于心理学，同时也让其区别于任何其他自然科学。这三个区别之间应该可以建立连通关系，只有这样才能表明这是同一对东西之间的区别。建立连通关系的方式，也就指向了关于逻辑，进而关于意向性的正面理解。我们看这种连通是怎么建立的。

必然性是基础主义者的隐秘憧憬。按照基础主义的辩护概念，只有演绎地回溯到基础之上的信念才能得到辩护，从而获得知识资格。而基础本身必然为真，因此所有知识就都必然为真。明确了这一点，就可以看到前两个区别是如何连通起来的。一个命题之所以具有“模糊性”，是因为它的意义未获确定；而一旦命题的意义确定，它就能表达知识，而在基础主义者这里，它表达的就是必然的知识。

至于第三个区别如何加入进来，则取决于什么是事实性内容，取决于事实这个概念如何在第一、第二个区别所体现的基础主义图景中找到位置。与第一个区别相对照，人们就会猜测，事实性内容应当就是导致模糊性的东西。让我们顺从这一猜测。如果模糊性就是事实性的内容导致的，那么事实性的内容就不应当属于意义，或者说，就不应当具备知识地位。进一步，从基础主义的角度考虑，这就意味着事实性内容就是带来偶然性的东西。由此，我们就获得了意义/知识与事实/存在之间的对立关系。这种对立关系意味着，意义/知识属于非事实性的、非存在的范围，换言之，属于主观性的范围。这样，主观主义的立场也就建立起来了。

第三节　先验现象学：先验主义

进一步挖掘主观主义的哲学意涵，就得到胡塞尔的先验转向。这体现为对自然主义的拒斥。拒斥了自然主义，才使胡塞尔有机会实现自己的知识论动机，即阐明知识何以可能。先验转向在这里以拒斥自然主义为前提。（Cf. Moran，2000：136－139）

我们已经看到，在基础主义框架下，逻辑与心理学的区别以何种方式在知识论的层次上建立起来。这实际上提出了一个问题，即意义/知识这一方如何与事实/存在相区别。这个区别可以像在笛卡尔那里一样，以二元论的形式出现。与此同时，也像笛卡尔式二元论所面临的问题一样，胡塞尔需要解释区别开的双方之间的关系。把区别的双方联系起来显然是必要的，因为意义和知识指向事实与存在，它们是关于事实与存在的意义和知识。有趣的是，胡塞尔通过坚持基础主义，并把基础主义彻底地贯彻到主观主义中，为这种连接提供了框架，而这个框架恰恰体现为第一人称意向性。

下面，我们就先分析一下胡塞尔对自然主义的界定，然后看他的基础主义框架如何对这种自然主义起作用，从而导向先验性。通过这种分析，我们将看到主观主义和先验性如何贯彻到第一人称的意向性中。

胡塞尔对“自然”这个概念的理解是这样的：“自然在这里是指一个按照精确的自然律而在空间、时间存在的统一之意义上的自然”（胡塞尔，

1999：8）[①]。这里，“自然”是以时空为限的存在域，是事物彼此间通过时空关系以及因果关系相联系构成的世界。于是把某个东西归于自然，也就意味着它属于这个世界。我们可以把“自然”的这个意义称为“世间性”。另一方面，按照胡塞尔的理解，“自然”（nature）又具有“本性”（nature）的涵义。事物“只有在［世界］这个统一体中，只有在相互的因果关系或相互的联结之中，才获得它们的个体同一性（实体），获得这个‘实在属性’的载者”（胡塞尔，1999：29）。“自然”的这个涵义我们称为“实体性”。胡塞尔对于自然实体持一种整体论观点，即只有在与其他事物的连接中，自然事物才有实体性可言。

在这个基础上，自然主义就“一方面是将意识自然化，包括将所有意向—内在的意识被给予性自然化；另一方面是将观念自然化，并因此而将所有绝对的理想和规范自然化”（胡塞尔，1999：9）。这里，心理主义就是把逻辑这样的“理想和规范”自然化，而物理主义，则在前一种意义上属于自然主义。在物理主义者看来，“一切存在的东西，或者本身是物理的，隶属于物理自然的统一联系，或者虽然是心理因素，但却只是依赖物理因素而发生变化的东西，至多是一种派生的‘平行的伴随事实’”（胡塞尔，1999：8）。

胡塞尔对自然主义的界定主要是在本体论上进行，而他所关心的则是自然主义在知识论上的后果。如果自然主义是真的，那么对于知识论来说，由于一方面是针对意识的研究，另一方面是逻辑这样的规范性的研究，它就将由一门自然科学来完成。在胡塞尔看来，这就是把知识论交给心理学。但是，正如前面在解释“自然”概念时所看到的一样，自然科学总是要设定一些对象或事实的存在，以确保所研究对象的自然特性（胡塞尔，1999：14）。正是这种被归于“自然态度”的设定，在胡塞尔看来有问题。他希望打掉这种存在设定，即对实在性进行“悬搁”，而用另外一种态度来看待原来用自然态度看待的东西，这就是先验态度。他并不反对在进行知识论研究时关注心理现象。他需要的是用一种有别于自然科学的方式来关注，即用现象学的方式，在先验态度之下关注。当进行悬搁以后，在先验态度之下，心理现象就是一种本质性的呈现，或者说，就是现象学意义上的“现象”。这样，通过对自然态度的拒斥，胡塞尔也就开出了现象学的研究视域。而这种先验态度，就是在先验现象学中实现的意向性。

① 所引本书文字有所调整依据 Husserl，2002。

胡塞尔批评自然主义的基本理由是：由于知识论问题的整体性和一般性，要在自然科学范围内解决它们，就只能导致“背谬的循环”。为了说明这一点，胡塞尔列举了一些问题，比如

> 作为意识的经验如何能够给出一个对象或者切中一个对象；经验如何能够相互证明或者相互纠正，而不是主观地彼此抵牾或者加强；经验—逻辑意识的一种游戏如何会意味着某种客观有效的东西，而且是对自在自为地存在着的物理事物有效；或者说，为什么意识的游戏规则对物理的事物来说不是不相关的；而对于自在地存在于意识的主观流动之外的自然来说，为何自然科学的设定和求知的每一步，在所有方面对每个人都是可以理解的——一旦严肃地反思这些问题，它们便都变成了谜。……
>
> 如果维持在这一问题水准上，那么只需要严格地保持前后一致（而所有至今为止的认识论显然都缺乏这种一致），我们就可以明察到一门“自然科学认识论”的背谬，进而明察到任何一门心理学认识论的背谬。一般说来，如果某些谜原则上内在于自然科学，那么不言而喻，根据前提和结果而得到的解决原则上就超出了自然科学的范围。如果我们想期待自然科学本身来解决任何一个属于自然科学本身的问题，即一个从头到尾完全属于它的问题，或者甚至只是认为，自然科学可以为解决这样一个问题提供某些前提，那么这都将意味着我们置身于一个背谬的循环之中。
>
> 很明显，在一门应当保持其一致意义的认识论中，任何一种对自然的科学设定与任何一种对自然的前科学设定都必须始终被排除，并且因此，所有隐含着对事物性连同空间、时间、因果性等等的理论实存设定的陈述也必须始终被排除。这一点显然也延伸到所有那些与研究者的存在、他们的心理能力等等有关的实存设定上。（胡塞尔，1999：15－16）

应当说，胡塞尔所说的循环，就是我们前面已经指出过的那种辩护的循环。他所列举的问题都涉及客观性问题，即主观的意识和经验如何能够达到独立存在的，这种“达到”包括意指、理解以及知识。在这个问题背景中，只要设定事物具有独立客观的存在，就假定了这些问题中至少有一些已经得到回答。这样，如果要解决的就是这样的问题，这类设定也就导致了循环。

有人可能会援引蒯因的思路说，如果我们的任务只是要理解，比如说意识经验何以能意指物理的东西，那么设定一些事物的存在，比如我的身体的存在，也就不会导致什么循环。这是因为，这种设定只需要我们的意识经验（即从事这一思考的意识活动）能够意指物理的东西（身体），而需要回答的问题则涉及这种意指是怎么发生的。

胡塞尔所怀有的显然不是这样一个局部的目标，应当说，应对怀疑论时所需要回答的辩护问题仍然是他进行理论筹划所考虑的背景。在这个背景下，需要回答的就不仅仅是关于"如何"的问题，而且要回答"凭什么"的问题。这时，"我的意识经验如何能够意指物理事物"这样的问题就不是孤立的，而是从属于"凭什么说我的意识经验能够意指物理事物"这样一个辩护性的问题。在回答这个问题时，我（哲学家）当然不能设定自己的身体存在。我所能够设定的，必须是连怀疑论者都能够接受的东西。既然怀疑论会针对我关于客观的物理事物的知识主张，并不可避免地要侵蚀我对于这些事物的理解，我也就只能放弃对所有这些东西的设定，也就是说，排除胡塞尔所说的那些属于自然科学以及自然态度的存在设定。

这样看来，胡塞尔所要做的，就是在怀疑论面前退让。不过，像笛卡尔一样，胡塞尔退让，也是要找到坚实的支点以备反击。胡塞尔找到的支点更为牢靠。在笛卡尔那里，真正经得起魔鬼欺骗的，仅仅是我当前沉思的直接内容；而在过去沉思的内容上，魔鬼仍然可以骗我——他可以让我以为自己刚才感觉到痛，但其实我刚才并未感到痛。因此，如果像笛卡尔所认为的那样，从"我思"得出的是"我在"，那么这个"我"，就只能是当前的那个片段式的"我"，而不能是跨越了时间的、能够称得上是一个完整心灵的"我"。在这一点上，笛卡尔的"我思故我在"论证逻辑上是有跳跃的。胡塞尔意识到这种跳跃，因而区分了心理学的自我和作为悬搁之后剩余的那个"我思"的"我"。当悬搁之后留下的所有东西都被理解为是相对于这个"我"的现象，并且所有的意指、理解和知识都只有作为这个"我"的活动才有可能时，我们也就得到了先验自我。①

在做出前面引用的论证之后，胡塞尔立即指出，"此外，如果认识论仍然想要研究意识与存在的关系问题，那么它就只能将存在看作意识的相

① 关于心理学的自我和先验自我之间的区别，参见 Husserl，1960：24。笛卡尔由于没有意识到这个区别，被胡塞尔认为"在所有发现中最伟大的发现面前止步了"。这个区别就是"真正的先验哲学"。胡塞尔认为，笛卡尔只得到一种"荒谬的先验实在论"（Husserl，1960：24）。

关项，看作合乎意识地‘被意指之物’”（胡塞尔，1999：16）。这样就把实在当作相对于意识的东西了。这种说法虽然是以补充的形式出现的，但在思路上还是接上了前面的论证。前面要求排除事物的实在性，这就直接意味着事物应当是依赖意识的，或者说，是意识的“相关项”——事物，只能是我眼中的事物，而不是独立存在的事物；如果没有我，也就谈不上事物。

一旦与基础主义计划相结合，这种依赖性就得到了新的意涵。只要我们想自我一致地认为自己可以意指、理解和知道事物，那就必须接受事物之于心灵的依赖性。这意味着，如果不是在与心灵的关系中，事物将是不可理解的，心灵是事物的可理解条件。而基础主义作为补充，则进一步意味着，我们关于事物的所有知识，都应该建立在与心灵的这种依赖性中，换句话说，从知识论上讲，事物是心灵构造活动的产物。

初看起来，这是一种主观唯心论。并非如此。首先，由于心灵自身的实在性也被排除，主观唯心论作为心灵与事物之间的关系的立场，也就没有机会作为论断出现。在这种情况下，心灵是作为主体出现的——作为被事物依赖的东西，心灵是主动者，而这种依赖关系，则作为行为达成。更加重要的是，一旦悬搁作为一种排除程序起作用，心灵的这种主体身份也就得到了进一步的限定——它不再是作为心理学研究对象的那个经验主体，而是“在它的原初的构造性作用中的主体”（扎哈维，2007：48）。心灵在这里只是活动的执行者，而不是位于这种活动的“对面”，作为对象出现。

意向性于是就是活动造就的，“意向性意味着构造性的运作”（扎哈维，2007：39）。悬搁的作用就在于，让哲学思考的注意力聚焦在这种活动本身上；先验性则意味着，让哲学家本人成为这个活动的主体，并且从这个主体、这个活动者的视角来看待自己的活动。在这个视角上看，对象“本身”也就与所看到的对象（即现象）相重合，没有一种区别于所看到对象的对象“本身”；从这个视角上看，也不会看到主体本身——我们可以意识到是自己在看，但不会把自己作为对象而意识到。

可以这么说，现象学之所以不是主观唯心论，是因为它不是一种形而上学，而是一种知识论哲学。它不为任何一种形而上学负责。这样说的确切意义是什么，还需要分析。通过悬搁步骤，意向对象的存在性被排除了。这样，意向性就被理解为性质，被单独归于主体。但是，如果停留于这个模式，还是不能解释意识与其对象之间的关系，尤其是，不能体现意指、理解以及知识内容的客观性——这种客观性必须诉诸相对于主体的独立性。这样，独立于主体的意向对象，也就必须存在，于是意向性又必须作为关系出现。① 看起来，这就意味着又重新引入了形而上学，因为独立性是用存在概念来定义的。但是，如果能够为独立性建立知识论标准，形而上学还是可以避免的。在这种理解之下，现象学所做的，就是让客观的内容或对象显现出来，而不是创造出这些内容或对象。——显现是一项知识论成就，而创造则产生形而上学结果。②

由于经验主体或者作为实体的心灵被排除了，在现象学中，心理内容（只要是有意向性的）也就不作为心灵这个“小宇宙”中的内容物出现，而是仍然作为世界的面貌出现，换言之，作为现象出现。比如，我的视觉经验不是我心灵之“内”所容纳的景象，而是我所看到的东西，以我看到的对象的形式出现。这样一来，胡塞尔就与近代哲学中的内省心理学区别开了。“悬搁并没有使我们的注意离开世界中的对象，而是允许我们以新的角度来考察它们，即在其作为被构造的相关项而对意识的显现或展现中考察它们”（扎哈维，2007：49－50）。这种“新的角度”就是胡塞尔所说的先验态度。应当说，现象学的哲学实践就开始于悬搁，开始于这种从自然态度到先验态度的转变。转变的性质决定了现象学是什么，而如何理解这种转变，则取决于如何理解现象与世界中的对象之间的关系。

首先是现象与实在事物的区别。胡塞尔把二者间的范畴区别当作主要理由，来反对把意向性自然化。他说，

> 一个现象不是“实体的”统一，它没有“实在的性质”，不具备实在的部分，没有实在的变化，没有因果作用——它不适用于所有这些在自然科学意义上理解的词语。把自然归于现象，探问现象的实在的确切部分，研究现象的因果联系——这是一种纯粹的背谬，这无异于想去询问数的因果特性和因果联系之类的问题。（胡塞尔，1999：31）

现象与事物之间的这种范畴区别，让自然化成为一种范畴错误。但这种区别也使胡塞尔面临这样一个问题：在何种意义上，对现象的把握（据说这种把握是直接的和确实的，现象学家会以这种把握为基础来建立知识）就

① 扎哈维对这种形而上学中立性是否合法表达了疑虑，并认为胡塞尔在这个问题上有某种含混性（扎哈维，2007：37）。

② “对于胡塞尔来说，主体性是让涵义得以凸显的关键条件，但不是其充分原因”。它并不“创造”出涵义与对象。（Sokolowski，1970：159）

是对实在事物的把握呢？

只要明白现象学是一种知识论哲学，对这个问题就可以这么回答：现象与事物在知识论上是没有区别的，或者说，二者的区别在知识论上是不相关的。悬搁之后，哲学家“丝毫没有丢失［事物］的存在及其客观真理”（扎哈维，2007：44）。它们的区别只是形而上学上的，而既然自然主义本质上是一种形而上学主张，那么现象学家就可以用这个区别来反对自然主义。而对现象学自己，则可以利用它们之间没有区别这一点，来贯彻自己的知识论动机。

一种对现象学更加同情的说法是，现象与事物之间的关系是这样的：事物是现象的某种“投射”，它们的区别只在投射方向的侧面、在第三人称视角上出现；而沿着投射方向、在第一人称方向上，它们没有区别。这样，只要现象学家一直工作在第一人称角度上，这种区别就不起作用。

但现象与事物之间的区别仍然重要，没有这个区别，现象学甚至不能清晰地提出自己的理论目标，即解释知识的客观性。这个区别在知识论论证内部可以以真理理论的方式出现，这就是说，当现象为真，它就表明了事物是怎样的，因此事物就是真的现象。而在现象学实现这一理论目标的过程中，构造（constitution）概念起核心作用。[①]

接前面的讲法，简单来说，所谓构造，就是事物在现象中的形成。虽然现象就是事物的显现，但它们之间的范畴区别，也使得并非任何现象都是事物的显现；事物的显现只能是现象以特定方式达成的——事物是现象建立了同一性的统一体，我们能够把不同的现象归于同一个事物。构造就是从现象开始获得作为统一体的事物的现象学操作。[②] 这样，现象与对象就分别是构造过程的起点和终点，而构造则建立了二者的区别与联系。一种恰当的构造理论应当表明，从具有主观性的现象出发，如何能达到具有客观性的对象。由于主观性构成了理论的出发点，对象的客观性，也就要由主观性构造出来。

---

① “他希望解释，主观性是如何‘构造出’客观性的。不仅在《逻辑研究》中，而且在其以后的所有著作中，这个问题都是［胡塞尔］现象学的核心。他回答这个问题的方式将决定现象学是如何发展的，更确切地说，将决定他的构造概念是如何发展的”（Sokolowski，1970：39）。

② 关于构造这个概念，存在实在论和观念论这两类不同的解释。“实在论的解释明确赋予构造概念‘意义给予’和‘使……显现’等含义；观念论的解释则认为，构造概念不仅有一个从‘意义给予’到‘创造’的演变过程，而且这两层含义反映了不同构造层次的构造特征。”（李云飞，2019：80）关于这一概念解释进一步的细节，可参考李云飞，2019：80－81。

构造是以意向行为[1]分析的方式进行的。以意向行为为骨架，构造就可以得到自然的理解。由于意向行为本身的特征就是指向其对象，而具体指向什么对象，则取决于意向行为是如何做出的，于是我们就可以通过确定意向行为是怎样的，来确定其所指向的对象。这个类似于投射的过程就是构造。而现象则可以解释为做出意向行为的方式，它并不像对象那样位于意向行为“面前”，而是意向行为本身的特性。按这种方式理解，如果用语言来描述，现象就体现为副词而不是名词。然而，现象通常却是用名词来描述的，这是因为我们位于第一人称视角。在第一人称视角，意向行为的特征自动“投射”为对象，从而允许我们通过谈论对象来确定意向行为的特征。现象就是这种表面意义上的对象。[2] 与真正的事物不同，现象是某种“体验”（experience）的结果，它比知觉（perceive）到的东西离主体更“近”，是不能从主体分离出来的。[3]

构造概念的提出，也就实现了先验哲学的行为维度。这个维度在康德那里一方面体现为，知识的先验条件是认知行为能力，知识因而是主体的认知行为特性；另一方面体现为，先验主体是自然的某种立法者，它的行为能力体现为经验世界的可能性条件。[4] 在胡塞尔这里，构造是主体性的体现，是意向性的落实——可以说，意向行为本身就是构造活动，对构造的研究就是在研究意向行为。此外，构造概念还是从现象到对象的“转变”，对象及其客观性是构造的成就。而现象，则是从反思的角度（这种反思就是实行了悬搁之后的现象学反思）对这种构造活动的描述。在形式上，这种描述是在设定中介，因而具备表征理论的形式；但实际上是针对意向行为本身的一种反思形式，由于这种反思本身的意向性效应，意向行为方面的特征要体现为对象，这种对象被现象学家称为“现象”。这样，我们就可以看到，本章第一节所说的意向性的第三个维度是怎么实现

---

① “意向行为”（intention）就是指就其意向性特征而言的心理活动。在胡塞尔现象学中，“意向”不是一种意识活动，比如不是对做某件事的打算，而是指所有的意识活动，“它意味着自我对一个对象的朝向”（倪梁康，2007：250）。

② 在分析传统中，这一观点被称为“副词理论”（adverbial theory）。这类理论的一个样本参见 Kriegel，2008。但是，这种基于第三人称视角来理解意向性的理论，并不容易解释意向内容为何能够具有组合性。而这种解释很容易从第一人称视角做出。

③ Cf. Sokolowski，1970：51－52。胡塞尔自己也承认，“自我或意识所体验的东西也就是它的体验。在被体验或被意识的内容与体验本身之间不存在区别。例如，被感觉到的东西就是感觉”（胡塞尔，1998：387）。这样一来，为什么现象对于胡塞尔来说是直接给予的，进而是不可错的和确实的，也就可以得到形象的解释了。

④ 从这个角度对康德先验哲学以及一般意义的先验哲学的阐述，可参见拙作（黄敏，2014）第四章。

的了。

应当说，在现象学的知识论动机中既有基础主义的成分，又有先验主义的成分。这两种成分都属于知识宽泛意义上的条件。所谓基础主义成分就是说，胡塞尔希望找到具备最高确实性的知识，这种知识本身就能够充当确实性的标准，从而赋予其他知识以确实性；而先验主义的成分则在于，他希望确立最终的辩护原则，这种原则是一切知识的可能性条件。简单来说，基础主义寻求的是知识，而先验主义则寻求意义，[①] 寻求可理解条件。在知识的辩护链条中，基础主义寻求的是辩护的前提，而先验主义则寻求概念条件和推理规则。它们在某种程度上构成交叉，有时意义也以知识的形态出现。比如，康德的先天综合判断是概念性的，它属于知识的意义条件，但在形态上仍然可以算作知识。在这种交叉的情况下，二者的区别就在于，先验主义允许辩护原则是动态的，也就是说，允许知识，甚至概念和意义的变化，基础主义则没有这样的弹性。这种区别有时会过于微妙，以至于从一方向另外一方的过渡常常显得非常自然。

不过，我们还是可以在现象学内部区分出这两种成分，它们体现为两个基本论题：

> （1）基础主义论题：存在一个充分确实的、不可怀疑也不会出错的知识领域。对于现象学来说，这就是主观意识内容，或者说就是意向内容；
>
> （2）先验主义论题：实在在知识论上是相对于意识的，它为意识所构成。[②]

如果我们一开始就打算承认关于实在的知识是可能的，那么作为一种理论设计，在接受其中一个论题时，就可以自然地接受另外那个论题。但它们之间不存在衍推关系。即使不接受基础主义论题，我们仍然可以认为，意

---

① “意义”（meaning）在胡塞尔那里首先与语言和言语行为联系在一起，但随即扩展到举足轻重的地位，因为关于意义的研究“提供了所有的其他研究所预设的背景，离开这些背景这些研究就无法理解。通过处理意义问题，胡塞尔得以一般性地处理意向性的结构，从而建立起框架，让他得以处理他准备解决的那些深远的哲学问题”（Sokolowski，1970：41）。在使用“意义”这个概念时，胡塞尔利用了语言行为的框架来思考意向性，但这只是一种移植或类比，语言的其他特性被滤掉了，比如社会性。

② 索科拉夫斯基在分析胡塞尔的先验转向时，给出了这两个论题（Sokolowski，1970：123－133）。他意识到它们之间彼此独立（第 131 页的小标题中说它们相互依赖，这应该是笔误），但没有将其归为不同的知识论动机。

识构成了关于实在的知识的先决条件——我们可以认为，关于自身意识的知识可以出错，但存在某种纠错方式，使得我们仍然可以获得这种知识。后面第七节我们会论证，一种健全的辩护概念将排斥基础主义，而这不会导致也排斥先验主义。

现象学作为先验哲学，是通过始终保持在第一人称，来让自己避免涉入形而上学，并停留在知识论动机上的。这样，先验性就是第一人称的主观性，在这种主观性中从事知识论研究，也就等于持有这样一个主张：意指、理解以及知识之所以可能，就在于它们始终位于活动者视角之内，或者说，位于第一人称视角之内。现象学之为先验哲学，就在于它把视角性当作知识的可能性条件。

第四节 先验现象学：交互主体性问题

前两节基本上都是从正面来阐述胡塞尔的先验现象学中的意向性理论，我们看到这种理论如何确定意向性的基本形态，以实现其知识论动机。应当说，先验现象学所怀有的知识论动机，及其对该动机进行严格贯彻的方式，本身就是对相应意向性理论的论证。这种论证大体上就是考虑，就知识是可能的而言，心灵与实在的关系应当是怎样的；这种关系以意向性理论的形式得到确定。简单来说，这种意向性理论的要点在于，它承认意向性（1）是第一人称的，即主观的；（2）是知识论的，即本体论中立的；（3）是先验的，是对于意向对象的构造活动。

这一节我们从另一个方向来进入这种意向性理论，看它会导致何种不可接受的后果。这就是它所面临的交互主体性①问题。这是一个讨论颇多的问题。晚年的胡塞尔也在交互主体性问题上努力探索，并留下了丰富的思考素材。不过，在这里我们将看到，由于先验现象学本身的结构性问题，交互主体性问题无解，而这意味着现象学无法实现其知识论动机，即从主观性出发获得客观世界。

应当说，胡塞尔晚年的研究手稿还是一个正在挖掘的矿脉，而这一节

---

① “交互主体性”（intersubjectivity）也被译为“主体间性”。笔者认为“交互主体性”对本书的论述来说更为恰当。首先，这是一种主体性（或者说主观性），而这一点无法在“主体间性”这个词中体现出来。其次，“交互”一词恰好含有行为的意思，与笔者所持的观点暗合——我认为主体间通过交流活动达成了一种不能还原成单个主体的主体性（或主观性）。

讨论的目的不在于确定胡塞尔本人思想的得失，而在于诊断一类特殊的意向性理论的问题。因此，在文献的选择上，我们以表达的清晰性为标准，而未顾及权威性。

在《笛卡尔式沉思》中的第五沉思一开头，胡塞尔就提出了交互主体性问题：

> ……这个［问题］恰恰关系到先验现象学本身作为先验哲学的地位，因而关系到，它能否以构造问题的形式，并作为在先验还原了的自我范围之内运作的理论，来解决关于客观世界的先验问题。当我，这个沉思着的我，通过现象学悬搁把我自己还原成绝对的先验自我，我不就成了一个孤独者了吗？而且，只要我坚持以现象学之名进行一贯的自我阐明，我就不一直就是个孤独者吗？这样，声称要解决客观存在问题、实际上也以哲学身份出现的现象学，不就该被叫作先验唯我论了吗？（Husserl，1960：89）。

这里，胡塞尔给出了三个要点：（1）现象学有成为先验唯我论的嫌疑；（2）这种嫌疑是现象学还原的直接后果；（3）如果这种嫌疑成立，那就意味着现象学不能解决关于客观性的问题。

能否说，只要通过现象学构造的方法把他人作为对象构造出来，就可以洗脱这种唯我论的嫌疑呢？那样就证明了他人在现象学中的存在，而他人的存在在悬搁中就被排除了。并非如此，因为，只有在解决了关于客观性的一般性问题，回答了在一般意义上什么是对象的客观存在的问题之后，才能构造出他人的客观存在；他人存在的客观性，从属于一般客观性。然而，胡塞尔在这里是把唯我论问题的解决当作解决客观性问题的前提提出来的。

胡塞尔并没有直截了当地分析产生问题的机制，这也就让他所提出的方案的有效内容是什么变得很模糊。这不妨碍我们自己做出分析。对于唯我论和客观性问题之间的关联，一个非常直接的看法是，只有为不同的人所共同看到的对象，才能称得上具有客观性，因此，客观性以他人的存在作为必要条件。

但是，还是需要说清楚，为不同人共同看到，这在什么意义上保证了对象的客观性。扎哈维的一段解释很说明问题。他说，

> 为什么陌生主体是构造客观超越性[①]的可能性的一个如此关键的条件？理由就在于，只要客体也能被他人经验到，它就不能被还原为只是我的意向性的相关项。客体的交互主体性的可经验性预示着它的实际超越性，因而我对它的（构造）经验也就以我对它在另一个超越性的主体中的被给予性的经验为中介，这也就是说，以我对一个指向世界的陌生主体的经验为中介（关于他人的超越性之所以如此地关键，也正是出于这个原因。如果他者只是一种意向性的变体或只是我自己的一种本质变更，那么，他人与我经验到了同样的东西这一事实就会是决定性的，就像人们在同一期的几份报纸中可以看到同样的报道一样）。只有当我经验到他人与我自己经验到的客体相同这一事实时，我才真正地（即直观地）把这些客体经验为客观的和实在的。（扎哈维，2001：4）[②]

在建立正确的交互主体性概念时，这段解释正好可以充当批评的靶子。让我们先确定讨论的框架。

对于交互主体性与客观性，扎哈维所设想的联系可以在一个简单的场景中得到演示：我看到一只松鼠停在树枝上，与此同时，我发现路人甲也看到那只松鼠停在同一根树枝上；这样，如果我意识到甲与我有同样的经验，那么我就可以确认，我所经验到的东西，即那只松鼠，是客观存在的东西。这是一个简单的对照验证，我通过与他人的经验对照，来确认自己的经验无误。

在这个过程中，扎哈维一方面强调要通过经验，其中包括关于他人经验的经验，来确保客观性，另一方面强调这里的他人是具有超越性的，否则，通过经验来确保客观性，就像用同一期的几份报纸来验证报道内容。在《胡塞尔现象学》中，他把这个比喻与维特根斯坦联系起来。在《哲学研究》中，维特根斯坦从反面来使用它。他说，在想象中查对时间表，以此来确定关于火车出发时刻的记忆是否正确，这就像买几份同一期报纸来检查报道是否属实一样，是荒谬的（Wittgenstein，2009：§265）。当然，如果怀疑报纸上有印刷错误，我就会重新买一份。它们内容一样，这就说

① 在胡塞尔的术语体系中，“超越性”（Transzendenz）是与“内在”（Immanenz）相对立的概念，是指超出意识范围之外的东西。像带有存在设定的自然事物，就具有超越性。这个概念与“先验性”（Transzendentale）相区别，后者在胡塞尔那里大体上是以康德的方式使用的。（参见倪梁康，2007：464－468）

② 这段引文基本上原样出现在扎哈维，2007，第124页。

明没有印刷错误。不过，这样做只是在验证报纸上是否在报道某件事；而维特根斯坦则希望让人考虑，报纸上报道的事情是不是真的。同样的报纸无论多少，都不足以验证上面的报道是否属实。

扎哈维认为，通过对他人经验的经验来验证客观性，这与重复买报纸来验证报道内容不是一回事。但二者的区别究竟在哪里，似乎还不够清楚。维特根斯坦排斥报纸比喻的理由，同样也排斥用经验来验证客观性。让我们还是用上面关于松鼠的场景来说明。扎哈维设想，如果我从路人甲的角度去看，也看到松鼠在树枝上，那么之前看到的就应该的确是松鼠（让我们暂且不去考虑异常情况）。这件事一个人就可以完成，我需要的仅仅是一个区别于以前的角度，并比较两次观看的经验。如果经验相同或者相似，那么，在正常情况下，就可以断定该经验具有客观性。然而，维特根斯坦提请我们注意，"如果想到的那个时刻表本身不能证明是正确的，它怎么能够用来确定当初的记忆是对的呢？"（Wittgenstein，2009：§265）。如果这样理解，那么就只有在路人甲实际上看到了松鼠，我才能依据与他的对照，判断我的经验是否正确；而这与我在路人甲的角度上获得了某种经验，还不在一个层次上。考虑这样的场景，我在一个想象的世界中来到甲的位置上，然后，我看到了松鼠。这种情况下得到的经验不能证明我当初看到的就是松鼠。维特根斯坦想要排除的显然就是这种情况。

与此相对照，扎哈维似乎并不准备预先保证甲实际上看到了松鼠（他要求甲的经验对我来说的超越性，即它不是我的经验，但并未要求它是真的），他需要的仅仅是，甲从一个不同的角度上好像也看到了松鼠。其实，双方的经验可以交叉验证，在用甲的经验来验证我的经验时，也可以用我的经验来验证甲的经验。这里有两个要点，首先，由于目前要做的就是验证经验的客观性，我也就不能预先保证甲的经验就是正确的，否则就进入了无穷后退；其次，如果甲确实产生了看到松鼠的经验，那么，鉴于我们同时产生相同幻觉的可能性极小，我就几乎可以获得"决定性的"证据，表明我们的经验都是客观的。

但是，让我们再回到维特根斯坦的角度上想这个问题。如果用无穷后退来理解他的意见，似乎是不公平的。他意在否认，我们用想象的火车时刻表来验证自己的记忆。要做到这一步，他需要的不是确保我们用来验证记忆的东西实际上正确，而是指出，我们的做法就预设了用来验证记忆的东西是正确的，因此，一种看来显然不能满足这个要求的东西，也就不能充当验证的标准。他关心的是，我们验证记忆的方法是否融贯。之所以不能用想象的火车时刻表来验证记忆，不是因为那张时刻表本身可能是错误的，而是因为，要确保它是对的，我的记忆就必须是准确的——我是凭记忆去想象时刻表的。这里出现的是对经验的客观性进行辩护的问题。维特根斯坦所关心的，是这种辩护的逻辑形式是否正确，而不是辩护的前提是否是真的。只要辩护推理的逻辑形式正确，我们就可以借助另外一个辩护推理，来确保所使用的前提是真的。

从这个角度来看扎哈维的构想。按照辩护推理的逻辑形式，要用甲的经验来验证我的经验，我就必须能够单独表明甲的经验是正确的；反之，若用我的经验来验证甲的经验，也要能预先表明我的经验是正确的。如果想用两个人的经验相互验证，那么所需要的前提就应该是，我们分别独立地产生各自的经验，而对我们经验的比较，则要由第三者来完成。比如，这种比较不能由我来完成，因为比较发生在甲与我关于同一个东西的经验之间，而这就要求由我来判断在甲那里唤起经验的是否就是松鼠，因而预设了我关于松鼠的经验是客观的——这正是我们要回答的问题。

应当说，客观性是不能通过经验的对照建立起来的。因为，只有当经验的对照关系客观地建立起来，我们才能通过对照来表明经验的客观性。若把交互主体性解释为经验的对照，扎哈维所构想的解决方案就错误地理解了交互主体性与客观性之间的关系。这就是舒茨对问题的诊断，在他看来，“胡塞尔试图从主体间性导出世界的客观性的做法是一个方法论上的错误。事实上可能恰恰相反，客观世界反倒是主体间性的前提”（李云飞，2019：233）。

舒茨所想的为交互主体性所需要的那种客观性，就是交流媒介的客观性，或者说，就是语言、文化以及相关社会建制的客观性。舒茨建议放弃先验哲学的构造性概念（李云飞，2019：233），而这并非我们在这里希望做的。前面两节我们已经论证了，这样的构造性概念具有知识论上的必然性，因此，更为可取的方法是对这套想法做出改进，而不是放弃它。最好，我们能建立一种交互主体性概念，它既能保留构造性，又能达到客观性。

一种可能的做法是，在交互主体性中纳入某种客观性的要素，这样就沿着舒茨做出批评的方向做出了妥协；但是，所引入的客观性又没有多到足以建立客观世界或者具体的客观对象的程度，这样就能够保留先验哲学的构造概念，并避免达到接受客观性对于交互主体性具有优先性的地步。这其实就是承认，交互主体性与客观性具有共生关系，而不是截然的先后关系。[①]

这一策略面对的主要任务是，在现象学还原许可的范围内建立主体与主体间的关系。这里，现象学还原所许可的范围，就是经验，就是排除了存在设定的现象世界，客观世界就是以此为基础建立的。而这里所说的主体，不能是经验主体，而必须是先验主体。这不仅是因为，经验主体实际上就是一种对象，如果交互主体性要求经验主体已经建立起来，那就要预设客观性已经达到；而且还因为，经验主体所提供的经验实际上是作为现象学家的我所构造出的成果，[②] 我不能用它来验证我自己的经验的客观性。这样一来，由于先验主体并不位于经验范围之内，要建立交互主体性，所面临的难点就是要通过经验来建立与这种经验范围之外的东西的关联。

胡塞尔阐述过将他人作为主体引入自我经验的好几种方式，扎哈维认为它们是有效的。下面我们不进入细节，而只是简要地分析其中的核心难点。

一　同感

如果我能够在我内在经验与我身体的外部状态之间建立对应关系，那么，我就可以从他人的身体状态，感知他人的内在经验。比如，在看到别人流泪时，我自己也会感觉到悲伤。这种常被称为“同感”或“移情”的现象不是一种推论，而是感知能力。如果这种能力能够被推广到一般性的主体经验上，我就可以用这种能力来真实地经验到作为主体的他人。这种经验是以对他人的身体经验为中介建立起来的。“对胡塞尔来说，对于他者的具体经验总是一个对于他者的身体性显现的经验，因此，具体的主体间性必须被理解为肉身化的主体之间的关系”（扎哈维，2007：120）。

表面上看，胡塞尔还是在用一种传统的方式来解决他心问题，即通过

① 李云飞在说明芬克对交互主体性问题的看法时，也谈到了这种关系（李云飞，2019：234）。

② 这里涉及先验主体、经验主体以及现象学家主体（即从事悬隔操作的那个操作主体）之间的关系问题。从一种意义上讲，它们是同一的，但是，在联系到它们对于经验的关系时却并非如此。一种看法是，操作主体就是先验主体，一个诚实而又熟练的现学家可以充当先验主体的角色。但这样看，就容易让人觉得混淆了先验主体与经验主体，因为对操作主体来说实际上发生的就是经验主体的心理过程。另外一种看法将照顾到这一点。考虑到与先验主体相联系的是作为意义的经验而不是作为心理过程的经验，现象学还原就是对经验从而对主体进行转变的过程，而这种过程要归功于操作主体。这样，先验主体就是“变样了的”操作主体。由于操作主体仍然是先验主体的“代言人”，这种理解上的区别不会影响后面的论述进程。后文忽略这种区别。

与自己心理内容的类比，来知道他人的心理内容。人们一般认为，这种类比推理是得不到保障的。假设有种被称为“僵尸”的东西，它只有外部可以观察的行为，而没有心灵。人们通过类比推理，是无法分辨出他人是不是僵尸的。不过，胡塞尔用这种类比的方式不是要建立关于他人心灵的知识，而是获得关于他人心灵的经验。在这种情况下，我们不能指责说，这是一种类比推理——没有这样的推理发生。

再来看用这种方式如何解决客观性问题。还是以松鼠为例。假设我看到路人甲站在能够看到那根树枝的角度上，并向我看到的松鼠所在的地方看去，我看到他显出惊讶、兴奋和愉悦的神情。在这种情况下，我至少可以确认，自己没有出现幻觉，那根树枝上至少有个东西。我从甲的神情获得了他的主观经验，这就是看到意料之外的小动物时的惊讶、兴奋和愉悦。我也部分地获得了他的视觉经验，而这一经验至少部分地确认了我关于松鼠的经验的客观性。

但是，这个解决办法还是有辩护上的问题。只有当我实际上看到甲在那个地方，他的表情才能充当“那里有只小动物”的证据——这个证据链条是利用同感建立的，同感把他的表情与他看到的东西联系起来，而后者才是直接证据。这意味着，他人身体的客观性已经建立起来了，而这就预设建立客观性的目标已经达到。胡塞尔通过同感所获得的，是他人的主观经验内容，但这种经验内容是否还是我的主观想象，则取决于与之联系的他人是否客观存在。但是，这一点在目前还无法达到，因为，按照问题目前的格局，要在获得了他人主观经验之后，才能建立这种客观性。总之，同感可以为客观性问题的解决提供证据，但不保证所提供的东西拥有证据的逻辑地位。问题在于，同感发生在我的经验之流内部，而我则要将其归于经验之流外面的东西，归于他人，这需要他人已经从外面与这条经验之流联系起来了。

二 视域意向性

因此，在现象学反思中需要做的，就是从经验内部来“勾住”外面的东西，即其他主体。视域意向性这一概念的要点就在于，利用经验本身的结构特点，来建立经验之流本身与主体的联系。经验之流的这种结构特点，在胡塞尔那里被称为“视域”（Horizont）。简单来说，视域就是在其被意指时对象所处的背景。“在意向体验中现时地被意指的那个‘对象’永远不会完全孤立地和封闭地、完全不确定地和未知地被经验，而是作为某个处在联系中的东西，作为某个在环境之中和出自环境的东西而被经验到”（倪梁康，2007：216）。

在胡塞尔那里，视域的开放性也就预设了交互主体性。

> 在所有经验中出现在我面前的、客观的东西——首先是在知觉里——都具有一个我自己和相异者的可能经验的统觉的视域。从本体论上来说，我所拥有的每一个现象，都从一开始就是同一个对象的可能现象的总体的一部分，这一总体是敞开的、无穷的，却没有完全清楚地被意识到，并且，属于这一现象的主体性是开放的主体性。（扎哈维，2007：128－129）

这里的逻辑似乎是这样的：视域是开放的、无限的，而属于自我的经验则是有限的、封闭的；因此，视域之能够作为结构性的特征出现在我的经验之流中，只能是他人的主体性与我共享，或者说是交互主体性起作用的结果；因此，视域意向性就预设了交互主体性。

应当说，视域意向性的开放性在于其所提供的可能性，而不在于自我经验之外的内容的真实加入。比如，当我看到那根树枝，就会联系到它所生长的树干；即使我没有看到树干，它也会作为树枝所在的视域的一部分，与树枝一起出现在我的经验中。但是，这样出现的不是任何特定的树干，而是不确定的、可能的树干；并且，这种不确定性与可能性，也不见得需要理解为某种确定的经验被“移走”以后留下的痕迹。因此，视域的存在在何种程度上预设了他人经验，其实是不清楚的。

其实，视域的开放性使它在建立客观性上作用甚微。视域只能在确立客观性时排除一些结论，而不能用来确认这些结论。比如，如果我发现树枝从松鼠的耳朵里伸出来，那么多半是我看错了，这里出现了视域的紊乱；但是，如果我看到的是松鼠站在树枝上，那么这一经验还不足以构成松鼠的客观性。即使视域的开放性支持了交互主体性，这种交互主体性也不足以支持客观性。即使将其与同感结合起来，也不足以达到这个目的。

不过，如果从统一性或整体性方面理解，视域可以与视角联系起来。视角与经验整体之间的关系，可以类比于透视法中的灭点[①]与整个画面结构之间的关系。视角是经验整体结构所汇聚的那个点，这个点表明了主体

---

① 在采用了透视法的风景画中，向远离观众方向延伸的平行线（比如河流、铁轨、建筑物的边线等）交汇于一点，那一点就是灭点。灭点的位置取决于假定的观察者（即视角）在哪里。

是从什么方向上获得经验的。因此，当我们从整体角度来看待经验，也就能够进入这些经验的主体的位置上，从而作为这个主体来经验世界。这样，视域意向性之所以预设了交互主体性，就在于当经验被归于视域，就将出现一种针对经验的整体化，由此得到的经验与主体本身的个体化相对应，而主体本身的个体化，则为其他主体的存在留下了余地。这样理解视域虽然仍然不能避免前面的批评，但为后面对于交互主体性的“原自我”方案提供了基础。

三 原自我

视域及其视角关联性的发现，使现象学家可以把整个经验世界与先验主体看作一同构造出来的。进而使其能够考虑在这种构造之前的原始经验，这就是原自我，或者说绝对。绝对就是尚未结构化从而尚未整体化的经验之流，它经过结构化就得到有序的经验世界，而经验世界对应的视角就是单个的先验主体。这种结构化接受来自结构内部的限制，这种限制产生秩序。但并不存在针对结构化的外部限制，也就是说，可以对原自我进行多种不同的结构化，而这意味着先验主体的复多性——其他视角处于无限开放的状态。针对绝对，如果能够以一种方式结构化，那就能够以另外一种方式结构化，“自我与他人通过他们的超越性基础而相互蕴含”（李云飞，2019：246）。这样，

> 最终，我将不再将我和他人看作我们共同世界的基础，而是将我们理解为视角性地展开的、视域性地被建构起来的经验世界的意义相关项。如果世界和复多性主体是一同被奠基的，那么他人在我之中的蕴含性——在这个新层次上——就变成了我们在我们共同的基础中的蕴含性了。在最终的构造层次上，主体间处于一种本质性的相合中。这种本质性的相合不能被理解为各构造系统之间一种简单的融合。在个体主体间的差异性中，一个奠基性的同一性的保持绝不意味着，每一个主体都重复同类主体的构造过程。主体的复多性不仅显示了各构造系统的同一性，而且显示了它们之间的差异性。这种差异性源于个体主体的偶然性及其经验视域的视角性。（李云飞，2019：247）

这一思考路线显然大大超出先验现象学以前的格局。以前的格局是，先验主体作为意向活动的主体，作为现象学反思的主体（或者反思主体为之代言的那个主体），总是已经作为预设在起作用；现在，这个预设已被

打破，问题达到了先验主体自身的发生性构造的层次。看来，让人觉得有望解决交互主体性问题的，也就是这种突破。如果原自我是构造的起点，而我的当前主体只是一个构造性的成果，它对应于一个特定的视域，那么，在其他视域敞开的情况下，我就可以通达这些视域，进而获得属于其他主体的经验。我对当前自我的经验可以达到何种确切无疑的程度，就可以对其他自我的经验达到同样确切无疑的程度。就像双语者在两种语言中往来，我可以在自我经验与他人经验之间来回切换。只要知道不同视角之间的差异何在，我与他人之间的差异与联系就可以建立起来，而不至于变成同一个自我的复制。

但是，问题仍然存在。只有在两个视角之间的差异（也就是关联）已经是客观的，我才能利用这种差异在两个视角之间切换；如果连这个差异本身都只是其中一个视角所规定的东西，那么这种切换就只能是单个视角内部玩的一套戏法，此时我只是在原来的视角中打转，而不能真正进入另一个视角。

其实这就是如何识别一个视角的问题。当我处于一个视角之内，就可以利用经验的融贯性来确认自己保持在这个视角之内。比如，在自然世界中，我通过时空的连续性，来确认自己是否位于同一个世界中。但是，如果我要从一个视角进入另外一个视角，那么其中的过渡环节就应该确保对于两个视角来说是同一的，也就是说，从两个视角识别的是同一个对象，即一个客观对象；而这就等于说，要进行视角的转换，就要以客观性已经得到确认的东西为参照点。而这意味着，这种基于视角切换的交互主体性不能按我们所希望的方式，来为客观性奠基。

事实上，同样的思路也让这套关于原自我的想法变得可疑。无论如何，原自我是不同视角共享的东西，因此也具有超越性，或者说客观性。在现象学反思中能够设定这样的东西吗？它显然属于现象学所要拒绝的形而上学术语，属于现象学所要构造而不是充当出发点的概念。（李云飞，2019：247）

应当说，如果不引入原自我，整个现象学的构思会具有一种优美的形式。一方面，先验主体意味着一切构造活动的起点和原则，它让现象学得以建立起知识体系；另一方面，先验主体不是作为理论的对象出现的，能作为对象出现的只是经验主体。两方面综合起来，就保证了先验现象学在理论上的无前提性或绝对性。先验主体是按方法论标准来识别的，它要么就是那个实际上在进行现象学反思的人，要么至少可以追溯到这个反思的人。在这种意义上，“我”类似于一个索引词。[①] 这样，方法论就自然地与现象学理论衔接起来；方法论的基础，即理论上要追溯的原则，就是发生学意义上的开端。现象学本质上就是一种实践，它的方法论设计自然地导出了辩护原则，即基于直观性的自明性原则。[②] 当现象学家在理论的层次着手构造世界时，这种辩护原则直接就起作用，为构造成果的有效性提供支持。

为了拯救原自我概念，似乎还是可以以放弃这种优美为代价来达到目的，这就是允许把设定的东西纳入理论中，充当基础性的概念。这样，原自我作为理论设定，也就具备了合法地位。[③] 此时，现象学的理论目标也就不是为客观性找到主观的（先验的）依据，而只是追溯到最终的那个客观性。于是，现象学就不是从一个既定起点开始的筹划，而是一种探索性的求知活动。不过，这还不是我们的思考方向。这样做的主要问题是，方法论对于理论的支持消失了。随之，理论在辩护能力上所具备的自足性，也将消失。而现象学的基础主义的知识论动机，就难以为继了。

第五节　私人语言论证：辩护与单轨性

前一节我们讨论了胡塞尔的先验现象学所面临的交互主体性问题。应当说，这个问题并非现象学面临的附带问题，而是内在于其基本架构中的结构性问题。这个问题关系到它的哲学目标，即从先验的主观主义角度论证知识的可能性。由于这个目标是以意向性理论的形式表述的，这个问题也是这种意向性理论本身所面临的问题。前一节的论述有意集中在辩护概念上，这一节则会通过讨论前一节其实已经触及的私人语言论证，[④] 来正面讨论辩护概念。下一节，我们会把由此得到的成果用于现象学的意向性

① 更加准确地说，这里的“我”应该是语法性的名词，而不是指称性的。

② 下一节我们会讨论这一原则。

③ 朱刚（2018）在相似的方向上建议，通过区分方法论上的开端（哲学思考的起点）与本原论上的开端（即构造世界的起点），以避免让现象学的方法论唯我论演变成本原论上的唯我论。这种区分要以对现象学目标的弱化为代价。

④ 哈奇逊（Hutcheson，1981，1986）与坤宁汉（Cunningham，1983），以及张庆熊（1998）与倪梁康（2000）之间，都就胡塞尔现象学是否因为私人语言论证而归于无效进行了争论。扎哈维（Zahavi，2001：ch. Ⅶ）则系统地陈述了哈贝马斯以及阿佩尔基于私人语言论证对胡塞尔现象学做出的抨击，并做出了回应。由于这种批评很大程度上依赖如何理解私人语言论证，这些争论对本文的理论兴趣没有直接的相关性。

理论，说明它为何会在辩护概念上出问题。通过进一步挖掘私人语言论证，我们将表明，一种以语言行为为框架的意向性概念更加可取。这样，本章也就达到了预定的理论目标，即把语言引进意向性。

“私人语言论证”（the private language argument）由《哲学研究》中一长串松散地连接在一起的段落构成，其中标志性的段落是258节，这里设计了一种假想的语言，它被称为“私人语言”。大部分学者认为，维特根斯坦在这些段落中论证了私人语言是不可能的。应当说，它被命名为“私人语言论证”很有误导性。直接起作用的是关于真或者辩护这样的概念的理解，其结论是把这种理解运用于语言得到的。这样，这个论证就超出了语言的范围，比如，就像在本节中将要展示的那样，用于意识内部运行的辩护过程。

其实，关于私人语言的讨论是接着关于私人经验的讨论进行的。此前还讨论了语法命题以及语言游戏。在257节，维特根斯坦就已经在假想那种整个人类都在疼痛时不表现出来的情况，并否认在这种情况下有谁能自己为疼痛命名。他给出的正面理由是，

> 当一个人说“他为自己的感觉命名”时，他忘了，为了让命名这样简单的事有意义，在语言中必须有大量的准备。如果说有人为疼痛命名，“疼痛”这个词的语法就得准备好，它标出安放新词的位置。（Wittgenstein，2009：§257）

这个理由实际上让假定私人经验（比如那种丝毫不表现出来的疼痛）成为无意义的，因为，如果必须有一整套语法来充当命名疼痛所需要的背景，那么就只有在这套语法所包含的其他词语本身也是命名私人经验时，让“疼痛”这个词有意义的，才是私人经验。否则，即使整个人类都不会表现出疼痛，那些语法背景也会是疼痛的一种“语法表情”，它们让“疼痛”一词有公共的意义。

在这个背景下，维特根斯坦来到258节。这一节实际上是在为上述理由补充一个论证，说明为什么与语法背景隔离，将使人们无法对私人经验命名。这个论证显然采取了归谬法：

> 设想如下情形。我要在日记里记下反复出现的某种感觉。要达到这个目的，我就把这种感觉与记号“*S*”联系起来，哪天有这种感觉，我就在日历上写下这个记号。——首先要说，记号的定义是不能表述

> 出来的。——但没关系，我可以给自己来个实指定义！——怎么定义？指着感觉吗？——不是那种通常意义上的指，而是在把注意力集中在感觉的同时说出或写下记号。这有点像是指向内心。——但这个仪式的目的是什么呢？这看起来就只是个仪式啊！定义的作用难道不是确定记号的意义吗？——不过，这种作用恰恰就是通过注意力的集中达到的啊。因为这样我记住了记号和感觉的联系。——但是，“记住了”只是意味着，经历这一过程，以后我就能正确地回忆起它。而眼下，我没有正确与否的标准。有人会说，在我看来正确，那就是正确。但这只能说明，我们无法谈论“正确”。（Wittgenstein，2009：§258）

这段话模拟了两个人对话的场景，通过破折号的使用，说话者之间的切换得以标出。先说话的人应该是维特根斯坦假想的对手，他认为可以在与语法背景隔离的情况下对私人感觉进行命名；后说话的人则是维特根斯坦自己。最后那段话是总结性的。论证的主体部分也在这里，其意思应该很清楚——这样命名以后，对于记号使用是否正确没有判断标准，因此也就不能把正确与错误区分开，因而也就无法谈论正确。

但是，这个论证是如何起作用的，却并不清楚。这里要先做些澄清。

首先，这里并没有预设意义证实论。意义证实论主张，赋予一个陈述以意义的，是用来证实它的证据。在这段话中，维特根斯坦要求对方提供关于记录是否正确的标准，[①] 似乎就是在要求这种证据。维特根斯坦的要求似乎还进了一步，要求证据是可以公开观察的。但是，这里否认可以谈论“正确”的理由可以相当弱，它只是要求在正确与错误之间存在区别，而不要求提供关于正确的充分条件或者充要条件。再者，用来区别正确与错误的条件，也不一定要求是可以公开观察的证据。这里的要求可以更弱，至于弱到什么程度，取决于论证中实际起作用的逻辑机制是什么。我们可以到后面再回过头来看需要什么性质的条件。

其次，这里并没有对记忆是否可靠提出质疑。[②] 论证针对的是，记忆

---

① 准确地说，他所要求的是用来衡量记号使用得是否正确的标准，因为正确地回忆起记号与感觉的联系，是正确使用记号的前提。在一种意义上，一个错误的陈述中记号也可能得到了正确的使用，比如“鲸是一种鱼”这个陈述被判定为假，是以“鱼”这个词的使用正确为前提的。与之相反，在“紫色是一种鱼”这个句子中，“鱼”的使用是错误的，这使这个陈述无所谓真假。但是，感觉日记的情境并没有为区别记号的错误使用与陈述的错误留下余地。这里设想的是，记号“S”单独出现在日历上，而不附带这样的语境。

② 艾耶尔（1954）就把私人语言论证理解为关于记忆的怀疑论论证。

是否具备可靠性的标准，而这与直接质疑记忆本身是否可靠，显然不是一回事。论证在一个比质疑记忆的可靠性更加基础的层次起作用，因为按照论证的逻辑，只有在记忆是否可靠的标准已经具备之后，我们才能谈论记忆是否可靠，从而才能质疑记忆的可靠性。按照这个论证，即使是后来证明记忆从来也不出错的人，也不能完成这里所设想的感觉日记。

最后，我们可以看到，这个论证针对的是真这个概念，进而，针对我们谈论真假的前提条件，即辩护。论证的核心在这句话上："我没有正确与否的标准。"关于正确与否的标准，将在辩护中起作用。而"没有正确与否的标准"，这个断言可以在两种不同的意义上理解，一种针对标准的强度，另外一种则针对标准的逻辑特征。按前一种理解，之所以没有标准，是因为受感觉日记的情境所限，所有可以起作用的标准都太弱，都不足以用来衡量关于我的记忆是否正确的判断。而按照后一种理解，则是因为这种情境在逻辑形式上就没有为这样的标准留下位置，这与标准的强弱没有关系。按这个区分，认为这个论证假定了意义证实论，或者认为它针对记忆的可靠性，都将赞同第一种理解。意义证实论针对意义标准的强度提出要求，而记忆似乎是不能达到这一强度的。而若赞同后一种理解，就既未预设意义证实论，也无须质疑记忆的可靠性，在理论负担上也就小得多。

以这些区分为参照，我们所要主张的理解方式就属于后一种，即私人语言论证针对的是辩护的逻辑形式，感觉日记情境的逻辑特性不能容纳这种形式。

应当说，《哲学研究》258 节后面的段落支持这种理解方式。从 258 节到 264 节，维特根斯坦基本上还是在感觉、印象这样的私人性的东西上停留，但在 265 节，话题转向了记忆，他开始想办法让读者明白，记忆为什么不能成为一种标准。维特根斯坦利用对方的口引入了主观辩护的概念。通过记忆来辩护，就可以称为一种主观辩护。从 265 节到 269 节，就在考虑主观辩护为什么不成立。这里出现了几个类比，比如买几份同样的报纸、拨表针来确定时间、想象的桥梁实验、左右手交易。这几个类比都是在解释辩护不应该是怎样的，因而从反面说明辩护应该是怎样的。正面的说明是在 265 节做出的，其中的关键部分是这样的：

> 让我们设想一种表格，一种类似词典的东西，它只存在于我们的想象中。词典可以用来为把词 *X* 翻译成词 *Y* 提供辩护。那么，我们的表格只能在想象中查对，这还成其为辩护吗？——"可以算，这是一

> 种主观的辩护。”——然而辩护需要诉诸独立的标准。——“但我当然可以从一个记忆回溯到另外一个记忆。比如，我不知道自己对于火车出发时间的记忆是不是对的，在检查的时候我回忆时刻表是什么样子的。这不就是那种回溯吗？”不是的，因为这样做必须实际上唤起正确的记忆。如果想象中的那张时刻表本身得不到检验，它又怎么能证实当初的记忆是对的呢？（这就像有人买了好几份当天的晨报，以此来确认报道属实。）（Wittgenstein，2009，§265）

这里说得很明确，主观辩护的问题在于不能满足独立性要求，按照这个要求，用来辩护的东西要独立于被辩护的东西。维特根斯坦通过设计对话者的反应来澄清这种独立性的内涵。他让对话者建议，一个记忆与另外一个记忆之间也可以是独立的，因此似乎可以用其中一个来为另外一个辩护。这个建议似乎是合理的，因为我们有时候就是因为记起了其中一件事，而回忆起了一件与之相关的事情。但是，这里需要区别一下。通过回忆一件事而想起另外一件事，两次回忆诚然可以是彼此独立的，但这是两次回忆之间的因果关系，而我们需要的则是二者之间的辩护关系。辩护关系是就两次回忆的正确与否而言建立的。当用一次回忆的正确来支持另外一次回忆的正确性时，我们需要这次回忆的正确性能得到独立的支持，即，（1）我们能够为之提供支持，（2）为了提供这种支持，不能假定被支持的那次回忆是正确的。回到感觉日记的场景。这种独立性的要求就是，（1）我们能够解释，为什么说使用记号的标准得到了满足，（2）我们给出的理由不需要假定记号的使用是正确的。报纸的例子在这里相当贴切。如果一份报纸的报道不实，那么其他几份也都不实，所以我们不能用其中的一份来作为依据判断另外几份。

这样理解，私人语言论证所利用的，其实就是辩护的逻辑形式要求。

按照这一思路回头看看感觉日记为什么不可能。比如，我不能利用像“那是否是一种让人不快的感觉；如果是，那么……”之类的推理，来判断眼下出现的感觉是否是当初与“*S*”建立了联系的那种感觉，因为这就利用了一些语法背景（它属于“感觉”，并与“不快”相联系）。当然，按照约定，别人不知道我的感觉，我也不能自然地表现出自己的感觉，因此我不能依靠他人的观察来确定自己出现的是否为那种感觉。这样，在被切断了语法背景，也不能求助别人的判断的情况下，我就只有按照记忆来确定自己对“*S*”的使用是否正确；但是，既然利用记忆来判断是一种循环，我也就不能区分记号的使用是否正确了。

至于利用记忆为什么会导致循环，相应的推论是这样的：

(1) 记忆是我判断以前出现什么感觉的唯一标准；

(2) 要判断当前对“S”的使用是否正确，我需要把当前的感觉与当初的感觉相比较；

(3) 要把当前的感觉与当初的感觉相比较，我需要正确地回忆起当初的感觉；

(4) 要判断我对当初感觉的记忆是否正确，我需要将其与当初的感觉相比较；

(5) 要将对当初感觉的记忆与当初的感觉相比较，我需要正确地回忆起当初的感觉；

(6) 我不能判断我对当初感觉的记忆是否正确，因为(4)与(5)构成了循环；

(7) 依据(2)、(3)、(6)，我不能判断当前对“S”的使用是否正确，因为我不能独立地确认所使用的标准是否得到满足。

这个推论过程中，(2)和(4)都是基于(1)得出的。容易看到，记忆之所以不能充当标准，是因为我的记忆是否正确，这一点无法得到辩护——能提供的辩护只能是循环的。只有在记忆正确的情况下，关于记号使用是否正确的标准才能付诸使用。因此，上面的论证也就表明，我们不能为记号使用是否正确提供辩护，进而，这种使用也就没有标准可言。

在继续讨论之前引入一个概念，单轨性。在把私人语言论证与先验现象学的意向性理论对接时，这个概念非常重要。单轨性是事实集合或者对事实的信念或陈述构成的集合的一种逻辑特性。[①] 我们先用形象的方式来形成概念，之后再力求说明其内涵。

按照向过去回溯的方式看，时间进程没有分叉，在这种意义上它就是一个单轨过程。应当说，记忆之所以不能独立充当辩护基础，是因为它具有单轨性。不妨注意一下上面的推论中由(4)和(5)构成的那个循环是如何产生的。只有当(4)中所提到的要判断是否正确的那个记忆，与(5)中所说的那个需要正确地回忆起的记忆是同一个记忆，循环才有可

① 严格地说，我们要考虑的应该是对事实的信念或陈述所构成的集合。只有在比较松散的意义上，才会把单轨性加给事实的集合。但是，在后面我们还是用相对自由的方式来谈论单轨性。

能。但是，这里实际上提到了两次回忆，我要通过第二次回忆来验证第一次回忆。第二次回忆所“唤回”的是验证第一次回忆的标准，即第一次要回忆的过去的那次感觉。如果记忆是分叉的，那么两次回忆“唤回”的就可能不是同一个东西，于是也就不会构成循环。

单轨性是人们理解记忆的自然而然的方式，这就是为什么私人语言论证有说服力。人只能有一个过去，这就是记忆的单轨性。重要的是，单轨性是统一性的某种表现，而在意向性的主题中，这种统一性又与视角联系在一起，因此，在我们讨论的范围内，单轨性与视角性是对应的。为了看到这种联系，还是让我们回顾一下笛卡尔的怀疑论情境。魔鬼的欺骗让我关于世界的知识遭到威胁，这显然不是因为它的篡改活动针对的是世界状态本身，而是因为它针对我的视角起作用。魔鬼的欺骗不是针对单个事实进行，而是整体性的——这种怀疑论也就在于，它表明我眼中的世界整体地被置于怀疑之中。只要我的一个经验是可靠的，我就可以依照这个经验来确定魔鬼是否进行了欺骗，从而也就可以决定自己是否相信其他经验。这样，我眼中的世界就显示出一种整体特性，连接各个局部的是一种辩护关系。魔鬼的欺骗也就利用了这一点。它不是逐个篡改事实，而是系统地改变世界。可以看出，视角中的世界也具有某种单轨性，就像只有一套记忆一样，我也只有一个世界。当我独自面对记忆，也就失去了记忆；同样，当我独自面对世界，也就失去了世界。我们在逻辑形式上看到了一种平行关系，同样的单轨性导致了怀疑论。

为了从逻辑上精确定义单轨性，我们需要从卡尔纳普那里借用“状态描述”（state-descriptions）（Carnap，1956b：9）。这个概念常被用来定义可能世界。不妨把不含有概括（全称概括和存在概括），并且不含逻辑连接词（否定、析取、合取等）的句子称为原子命题（atomic propositions）。把所有的原子命题都列举出来，依次取每个原子命题或者原子命题的否定（但不能同时取），所有这样得到的命题求合取，就得到了一个状态描述。一个状态描述穷尽地确定了所有对象是否具有所有性质，也就是说，穷尽地确定了一个世界的状况。因此，一个状态描述也就确定了一个可能世界。

可以用状态描述或者可能世界这个概念来界定单轨性。按某种主体能力（记忆或视角）确定的陈述集合具有单轨性，就是说该陈述集合可以由一个状态描述所充分确定。这就是说，如果这个陈述集合中包括的都是原子命题，那么这个集合就是一个状态描述的一部分。当然，在使用状态描述这个概念时，实际上也就预设了一个世界的状况可以由一个状态描述充分确定；由于世界状况中也包括由非原子命题所陈述的那些事实，这就等于预设了，所有的非原子命题都可以充分地还原成原子命题的某种组合形式。如果我们不想接受这些预设，那就可以直接用可能世界来界定单轨性。这时我们就可以说，在单轨性的情况下，相应的陈述集合可以在一个可能世界中充分地确定真值。

单轨性这个概念的作用可以通过与怀疑论对照来理解。魔鬼的欺骗导致对整个世界的认识都被置于怀疑之中。这不是因为魔鬼逐个篡改了世界中的事实，而是因为，魔鬼篡改事实的可能性通过事实之间的辩护关系传递到了整个世界。我会用一件事来解释另一件事，把对一件事的信念建立在对另一件事的信念基础之上。怀疑论利用了这种联系。一旦考虑到我对一件事的信念可能是魔鬼欺骗的结果，建立在这个信念基础上的所有信念就都崩溃了。由于被用来支持一件事的，只能是同属一个可能世界的另外一件事，辩护关系就将封闭在同一个世界之内，而可能的辩护关系将遍历这个世界。因此，我关于世界中事实的信念属于一个由辩护关系连接而成的整体，在这种意义上我的世界是单轨的。这意味着，其中的事实无论是怎样的，都可以整体地加以怀疑。

同样，在私人日记中，记忆也具有这种单轨性。回忆需要向过去回溯，但这种回溯又依靠记忆。记忆需要记忆的支持。当我用一个记忆来辩护性地支持另外一个记忆时，它们同属于我的记忆这样一个事实就足以让它们都变得可疑。如果我的记忆力不可靠，那么用来支持的那个记忆也就像被支持的记忆一样缺乏支持。它表明一个特定的记忆是如何不可回旋地属于一个整体，属于我运用记忆力的结果，从而与这个整体一起陷入怀疑。在我们整理出的私人语言论证中，这种单轨性就得到了最为尖锐的表达。私人语言的情境设计，迫使我要用一个记忆来验证自己的记忆力是否可靠。为了用一个记忆来充当支持，即用来充当衡量记忆是否正确的标准，我首先需要保证这个记忆已经得到了支持，而这样就陷入了自己支持自己的境地。这就是单轨性最为尖锐的形式。就其具有单轨性而言，一个整体要么是整体性地获得合法性（即得到知识论上的辩护），要么是整体性地失去合法性；而如果我们对辩护关系的理解要求我们只能在这个整体中寻找资源以求得合法性，① 那么最终结果就是自己支持自己。

与单轨性对立的是双轨性。具有单轨性的陈述集合内部通过辩护关系

① 对照后面马上要谈到的辩护关系的双面性，这样说也就在于给出一种需要破除的理解方式。私人语言论证的目的也恰恰在于破除这种理解方式。

构成一个整体，双轨性则在于引入了来自这个整体“外面”的事实。当这个整体陷入怀疑，这种具有外部性的事实就可以充当基础，以避免怀疑。比如，我可以通过询问别人来检验自己的记忆力，这时，别人的证言无须我诉诸记忆就可以起作用。这样，通过与他人交流，我们就引入了一种双轨性。在一种较弱的怀疑论情境中，如果我理解语言，那么我就可以通过他人证言来部分地确定我是否被魔鬼所欺骗。① 而我之所以可以这么做，则是因为他人的证言并不完全依凭经验来陈述事实。比如，天生的盲人通过学会语言，也能够在一种意义上学会颜色概念。对他来说，对关于颜色的事实性陈述，并非完全依凭关于颜色的经验获得意义。这样，语言所陈述的事实也就来自单轨的视角世界的“外面”，通过语言就引入了双轨性。下一节我们会集中讨论这种双轨性是如何获得，以及是如何起作用的。

从逻辑上讲，双轨性的引入让我们看到了辩护关系的双重性。一方面，正是因为单轨性的陈述集合内部的辩护关系，才使得构成集合的那些陈述作为整体被置于怀疑之下；另一方面，正是因为通过双轨性引入的“外部性”，才让上述整体有可能解脱怀疑，而这也是引入了辩护关系的结果。可以这么说，在这两种情况下，辩护关系是以不同的方式出现的。就前一方面来说，辩护关系是就事实之间的连接状态而言的，而事实则是认知主体的对象；而就后一方面而言，辩护关系则是就其得以建立的逻辑条件来说的，用来辩护的东西必须是在可能性上独立于被辩护的东西，也就是说，位于被辩护陈述的“外面”。单轨性与怀疑论的关系意味着，对象②之间业已建立的辩护关系会让这些对象具有同样确定程度的可能性，从而一同遭到怀疑；而双轨性的引入则意味着，辩护关系必须依凭一种非对象性的连接，而这种连接存在于在可能性上彼此独立的东西之间。因此，单轨性与双轨性，分别与辩护关系的对象性的方面与非对象性的方面联系在一起，辩护关系的双面性也就得以体现。

经过这样的梳理，私人语言论证的哲学意涵也就比较清楚了。这个论证针对的是辩护概念，它要求我们考虑，具有何种逻辑特性的陈述集合才能容纳恰当的辩护概念。它迫使我们关注辩护关系非对象性的那一面，并且事实上也构成了一个归谬论证。这个论证的结果是，只有在非对象性的

---

① 在电影《黑客帝国》中，尼奥通过与他人交流，得知自己生活在一个类似于缸中之脑的装置中，而这种交流很可能存在于程序与程序之间。

② 严格说来，事实并非对象，对象可以被指称，而事实则不能通过指称的手段确定下来（参见第五章第一节）。这里把事实当作对象，是一种不严格的说法。事实是对象性的，也就是说，位于对象“一侧”。

那一面起作用时，辩护关系才能正常建立起来。

这反过来要求我们重新思考意向性。面对私人语言论证，现象学的意向性概念确实显得过于单薄了。它在一种单轨性中理解意向性。当时间被用于描述意识生活，内时间（inner time）的单轨性也就表现出来了。事实上，意识的视角性也可以用单轨性来描述。从第一人称角度来看，意识天然具有单轨性，即我的意识具有某种能够使其归于我的统一性。正是因此，我们才需要用私人语言论证来对先验现象学的意向性理论进行改造。下面我们就看这种改造是怎样的。第六节讨论双轨性如何通过语言的引入而得以建立，第七节则讨论意向性概念如何经由语言的引入而得到修正。

第六节　视角、语言与公共性

前面提到过“私人语言论证”这个名称的误导性。人们通常会认为，维特根斯坦的这个论证是在假想一种私人语言，然后通过论证，说明这种语言是不可能的。如果这么理解，那么，“有一点我们必须承认，无论我们如何理解‘……是不可能的’，当我们说私人语言不可能时，我们必须在相同的意义上说某种私人语言之外的语言必定是可能的，否则，一切语言都是不可能的。那样，说私人语言不可能岂非很无趣”（程炼，2005：75）。但是，很容易表明，按照前面的论证，即使是针对可以公共观察的对象，只要关于使用是否正确的判断仍然限制在记忆内部进行，这样的语言就是不可能的。这样一来，私人语言论证的结果就不会局限在私人感觉的语言上，而肯定会波及显而易见具有公共性的语言。这样一来，私人语言论证也就变得无趣了。

这种想法正是被误导的结果。这个论证不是先按照某个给定的标准来划分私人语言与公共语言，然后论证私人语言不可能，以此来论证所有可能的语言都是公共的。应当说，“私人语言”不是一种分类法的结果，背后也没有分类标准在起作用；它只是一个临时性的标签，来称呼那种被隔离了语法背景，同时又不能求助旁观者的感觉记录语言。这是一种极为贫瘠的语言，但它满足一种意义理论，这种理论正是《哲学研究》所着力对付的指称理论。私人语言论证是对指称理论的一种归谬。在这个基础上，维特根斯坦就可以和读者一道，看究竟是哪里出了问题，看以什么方式来改进，可以让这种语言变得可能。这样，添加的要素就是对语言来说是本质性的要素。

这样就可以看出，如果按照那种被误导的方式理解，对于区分私人语言与公共语言，私人语言论证恰恰不会提供独立起作用的划分标准。因为，按照论证的既定目标，如果有人恰好按照它所反对的那种方式理解语言的意义，那么私人语言论证对他们来说也就论证了所有语言都是不可能的。于是他们就会认为维特根斯坦的论证没有价值，但这种看法恰恰是因为他们持有他反对的观点。这是误导导致的一种奇怪的错位现象。

按我们的理解方式，私人语言论证就将提供一条线索，来让我们获得一种融贯的辩护概念，它将支持一种恰当的语言观和意义理论。这一节我们就来看这种辩护概念会如何帮助我们修正意向性概念。本书以后的章节将表明，恰当的意义理论如何在引入了这种意向性概念之后建立起来。

私人语言论证从辩护概念入手，进而通过诉诸真理概念的有效性，来论证语言与实在之间的关系应当如何建立。一旦弄清楚这一点，它对于现象学的意向性理论的批评着力点在哪里，也就清楚了。这就是我们在第五节看到的辩护概念。从知识论的角度看，只有在具备健全的辩护概念的情况下，才能确立真与假的区别何在，进而才能获得有效的真理概念。有效的真理概念是建立语言与实在关系的前提。真句子所描述的就是实在，因此，语言与实在的关系也就体现在真理概念上。私人语言论证对于语言与实在关系问题的贡献，也将体现在现象学所处理的意识与实在的关系问题上。辩护和真、假这样的概念同样也适用于意识，从而，对这些概念的理解，也就会体现在对意识与实在关系的处理上。私人语言论证是通过深入到意向性理论的内在机理起作用的，它不是对现象学做出外部批评，不是通过批评现象学的后果来批评现象学，更不是在抨击内省方法。①

一旦明白私人语言论证以何种方式起作用，就可以从中抽引出正面的结论，从而表明满足何种概念条件的语言才是可能的。我们对私人语言何以不可能的诊断，为看到这一点提供了方向。

事实上，在《哲学研究》里不缺有用的提示。比如 257 节提到语法背景，270 节提到高血压和血压计，281 节以后又开始讨论感觉词语的用法，等等，这些都可以算作是在表明语言怎么是可能的。不过，在这些段落，维特根斯坦为自己设定的任务，倒不是从理论上阐述为什么感觉日记中的那种私人语言就不可能，而这些新加入的东西为什么就让语言成为可能；他设定的任务是，通过给出提示，让读者自己看到其中的区别，从而学会

① 应当说，现象学还原不是真正意义上的内省方法。按照同情的方式理解，它只是以不同的方式观察世界。

如何看待语言。这种学习不是知道一种理论，而是进入一种实践过程，即治疗一种哲学病。这样设定任务虽然在一定程度上妨碍了我们准确地捕捉到真正起作用的要点，但障碍不是不可克服。

这些段落中，细节最丰富，因而最值得讨论的是270节。

> 不妨想想在日记里记号“S”的一种用法。通过经验我发现，每当我有一种特定的感觉，血压计就表明我的血压上升了。这样我就可以在不用任何设备的情况下监测血压。这是一个有用的结果。现在，我是否正确地辨认出那种感觉，似乎也就不会造成影响。假定我常常搞错，也没什么关系。单凭这一点就可以看出，关于错误的假设也只是个摆设。（比方说，就像在转动一个把手，这个把手看起来像是用来调节机器的，但实际上只是个装饰，没有和任何机构相连。）
>
> 那么，这里我有什么理由把“S”当作一种感觉的名称呢？或许是这个记号在这种语言游戏中得到使用的那种方法吧。——那又为什么是一种“特定的感觉”，或者说，每次都是同一种感觉呢？我们不是假设了，每次写的都是“S”吗？（Wittgenstein，2009，§270）

这个段落考虑的是在感觉日记中加入了用法的情况，并且对于用法在什么意义上起作用，也有足够多的提示线索。让我们逐一分析这些线索。

一、用法构成了一种连接

应当说，这里的用法就是前面在257节提到的语法背景。语法背景是以词语之间的某种联系构成的，比如如果把“S”所指的那种感觉理解为感觉，那就和“感觉”这个词联系起来了。由此构成的是语法性的连接。之所以这么说，是因为我们把“S”这个词来表示感觉，因而“S是一种感觉”就是对“S”这个词的用法（在后期维特根斯坦这里就是在广义上讲的“语法”）的解释。在这种情况下，“S不是一种感觉”就不可能是真的。与之相对立，如果“S”与“感觉”是一种语义性的连接，那么“S是一种感觉”就是对“S”这个词所指称的东西的描述。而这意味着，即使它不是一种感觉，我们仍然正确地使用了这个词。于是，“S不是一种感觉”在逻辑上就有可能是真的。

在261节确实就在这种意义上解释语法背景。只是在那里利用的是语法背景的公共性，并因为这种公共性而把语法背景从关于感觉日记的假想情境中排除掉。在270节，语法背景则作为用法出现，并与机器构件之间的连接构成类比。

在感觉日记的例子中，这里提供的联系出现在感觉的出现与血压的变化之间。把这称为语法性的连接，这有些怪异，因为这里虽然有关于感觉的记号“*S*”，但并没有相应的手段来谈论血压。不过，鉴于语言游戏是语言与行为（以及一些周边环境情况）通过彼此交织构成的统一体，其中起作用的是词语以及行为本身，而不是词语或行为所意指的事物，在语言游戏的意义上称上述联系是语法性的，这也没有问题。

至于这种联系是怎样构成的，文中做了淡化处理。虽然说是“通过经验发现”，但，是不是通过归纳法，这种归纳是否可靠，诸如此类的问题在这里是不相关的。说明问题的是这种联系建立以后造成的效果。当然，这种效果与联系的具体性质紧密相关。

二、主体对感觉的识别没有进入这种连接

270 节让人困惑的是，维特根斯坦为什么会说，对感觉的错误识别不重要，并且这一点没有和别的东西连接起来。出现困惑的点应该在于，他是在连接建立以后这么说的。一个直接的解释是，如果我对感觉的识别出错了，那就可以通过测试血压来予以纠正。但是，这么说恰恰是基于感觉与血压之间的联系，而这就与后面关于把手的类比形成对照。那个类比是说，这种联系并不存在。

把这段话与前面 244 节关于感觉与词语如何建立联系的那段话对照，应该可以消除这个困惑。在那里维特根斯坦处理对感觉的第一人称报道，他把这种情况下对“痛”这样的词的使用归为疼痛的人对感觉的自然反应，而不是对感觉的描述（Wittgenstein，2009，§244）。按照这个思路来看“*S*”。在感觉日记的情况下（这正是第一人称使用的情况）所谈到的使用，就应该不是先对感觉进行识别，然后用“*S*”来表明识别的结果，而是对感觉的自然反应。也就是说，进入语法连接是对感觉的反应行为，而不是对感觉的识别。这种反应以写下“*S*”表现出来。

一旦认识到进入语法连接的是反应性的行为，我们就不会要求通过识别感觉本身，来判断自己是否正确地使用了“*S*”这个记号。如果我发现自己的血压没有上升，无须看感觉是否真的出现，我就可以确定对“*S*”的使用是错的。这样就解决了前一节所说的循环问题。这与 270 节所描述的感觉日记不同。在那里，我对“*S*”的使用是否正确，只能以辨别那种感觉本身是否出现为标准进行判断。而即使在把这种感觉与血压的上升联系起来的情况下，只要进入这种联系的还是作为识别对象的感觉，这种识别就还是要承担起标准的角色，以判断“*S*”用得是否正确。这时，由辩护而引起的循环还是会出现，因为，感觉本身被弄错，这一点还是会引起实质性的后果——既然感觉是需要识别的，那么它与血压的联系就不得不是在正确地识别以后才能建立起来的，于是这种联系本身也就需要辩护，进而不可避免地进入循环。

三、语法性连接优先于语义

进入语法性连接的不是对感觉的识别，这就意味着支持连接的是使用的行为本身，而不是需要加以识别的感觉。进而，这种连接确实是语法性的，而不是语义性的。270 节第二段支持了这种理解。语法连接先于语义，这体现在，“*S*”的使用为识别“*S*”这个记号的指称提供了条件。维特根斯坦说，每次使用的都是“*S*”，这保证了它所指的都是同一种感觉。这个说法看起来颠倒了常理——我们会觉得，之所以每次都使用“*S*”，是因为所指称的是同一种感觉。然而，这正是在私人感觉日记情境中产生问题的理解方式。语法背景的引入之所以解决了问题，就在于这种颠倒。

这样做并没有切断记号“*S*”与所指称的感觉之间的关系，应该说，它恰恰揭示了这种感觉是怎样建立起来的。“*S*”是使用记号的行为，而这种行为一方面是对感觉做出的反应，另一方面，则与血压的上升联系在一起。这样，通过使用行为，“*S*”就表明是在指称让我血压上升的那种感觉。这样建立的联系消除了辩护循环，因为要判断感觉是否出现，用来充当标准的不是感觉本身，而是与之联系的血压。于是也就解决了私人感觉日记所引发的问题。

应该说，在前一节的分析之后，这些线索已经充分表明了问题是怎么解决的。前面我们已经看到，私人感觉日记之所以不可能，是因为记忆的单轨性使人在只诉诸记忆来对记号的使用正确与否进行判断时，会因为不满足独立辩护条件而无法对判断做出辩护。现在，在引入了语法性连接之后，辩护也就摆脱了单轨性的制约。如果把这种能够用来辩护的事实所在的范围类比为空间，那么打破单轨性、连接不同的单轨空间的东西就是行为。

当然，这不是说，行为能够让一个人具有另外一个人的记忆，而是说一个人的感觉（或者说，属于其单轨空间的其他事实），可以得到其他人的判断。这种判断是通过对其行为的观察做出的。人们当然可以观察自己的行为，但这种观察仍不足以摆脱自己的单轨空间，因而并不解决问题。当一个人的行为为他人所观察，他就可以凭借他人的反馈有意义地说，自己弄错了自己的某种感觉，他就可以从自己的单轨性中摆脱出来。他人的反馈可以直接针对行为本身做出，比如老师通过引导孩子的行为来教语言（Wittgenstein，2009：§244）；也可以是言语性的，即通过语言告知有错误发生。当然，这样之所以可能，其前提就是行为的公开性。

私人语言论证中，私人性究竟是什么意思，其实并不清楚。按照一种看起来很自然的想法，可以区分出私人对象和公共对象，私人对象只能为单个人所认识，而不能为其他人所认识，公共对象则可以同时为不同的人所认识。按照这种理解，像记忆、想象、感觉等都是私人对象，它们出现于单个人的心灵中，而人的心灵是“封闭的”，他人无法窥见；而像桌子、房屋、山脉、宇宙这样的对象，则对不同人的认知同时敞开，它们是公共的。但是，这个想法在进一步思考下很快暴露出问题。即使是对同一个对象，不同的人也是从不同角度来看的。如果一个人不知道这个对象在另外一个人心中的表象，那么他同样也不能像另外那个人那样认识这个对象，因此他也就不能在另外那个人知道那个对象的意义上知道那个对象。

私人性不能解释成对象的性质，而应当解释成视角的独占性，也就是我们前面提到的单轨性。当一个视角只能为一个人所占据，那么这个视角就有独占性。如果我们把视角理解为现象世界通过归属于单个人的心灵而构成的统一性，那么视角就是独占的。从第三人称角度上，我们可以说不同的视角在同一个对象上交叉；但是，如果从第一人称角度看，这种交叉就消失了，视角差异导致的视像差异表现为对象本身的差异。因此，私人对象的存在只是第一人称视角的投射效应。视角差异现在变成了世界本身的差异，而这个差异是无法填补的。

回到私人语言的问题上来。引入行为之所以能够让语言摆脱单轨性，也就在于它让建立视角的基础从记忆转移到了行为，或者说，从单个心灵转移到语言行为。[①] 这种转移是通过学会一种语言完成的，而学会一种语言，实际上就相当于学会一套行为方式，从而能够进入一个接受这种行为方式限制的视角。语言使视角的转换成为可能。大家都可以学会一种语言，也就意味着语言是一种可以共享的限制。这种共享限制的出现，才使得打破私人性成为可能。

这种共享的限制在维特根斯坦那里就是语言游戏的玩法，并体现为语法限制。语言是具有物理形态特征的东西，而这种特征在语言的使用（即语言游戏）中与行为联系在一起。语法就是这种联系的模式化。由于这种模式是在不预设，或者说以极小程度预设语义的情况下建立的，它就是一种形式特征。这保证了，在用不同的方式来描述，或者说，在从不同视角

① 由此，我们就有了一种基于行为的意向性概念，这种概念与原来基于意识的意向性概念联系在一起。这种联系在本节的后面会正面阐述。

观察时，语法可以体现为不变量。[1] 在这种情况下，如果语法相对于语义具有优先性，语义所接受的语法约束足够强，那么通过语言，我们就可以从一个视角跨到另一个视角，并且可以确定，出现在两个不同视角空间中的是同一个对象。只有到这时，我们才会有公共对象，才可以在一个视角中有意义地断言，出现在另一个视角空间中的与当前空间中的是同一个对象。

这里，通过语言来确立对象客观性的，是一种类似于三角测量法的机制。在不能实际测量遥远物体的距离时，我们可以通过设置两个测量点来测出该物体的距离。方法是，测出两个测量点之间的距离，然后分别从两个点测出到被测物体与到另外那个点的视线夹角，从而利用三角函数来计算出被测物体的距离。我们可以把三角测量法中的那两个测量点比作视角，而被测物体就是要通过两个测量点来确定的对象。这里，确定那是同一个对象，实际上就相当于确定从两个测量点发出的视线是否交于确定的一点。可以分别从两个测量点看到对象和另外那个测量点，但这不足以确定那个对象。只有两个测量点的距离确定下来，才能把对象位置确定下来。如果不引入语言，单从意识出发来做这件事，就相当于在测量点之间的距离没有确定的情况下确定对象位置，而这是无法办到的。引入了语言，就相当于引入了不同视角之间公共的东西，相当于确定了测量点之间的距离，此时才能确定对象位置。

第七节　语言、心灵与意向性

私人语言论证为在现象学中解决客观性问题以及交互主体性问题，提供了框架。下面就说明，我们要对现象学所做的建设性的改进是什么样的，这种改进以何种方式吸收了上述讨论的成果。

胡塞尔的意向性理论是主观主义的和先验主义的，而他采纳这种理论的依据如下所示：

（1a）知识的基础必须是自我辩护的；

---

① 当然，在极度扭曲下语法不可能体现为相同的形式特征，但在好的情况下，特别是，在学会了那种语言的时候，语法是可以具有跨视角不变性的。这里的思路所需要的也就是这种好的情况。

(2a) 具有自我辩护能力的东西是主观性的；
(3a) 主观性是唯有心灵才具备的第一人称特性。

经过改进的意向性理论则用视角主义来代替主观主义，先验主义当然得到了保留；采纳这种视角主义 + 先验主义的意向性理论，其依据则是与以上推论平行的一个推论：

(1b) 知识的基础必须是内部辩护的；
(2b) 具有内部辩护能力的东西是视角性的；
(3b) 视角性是拥有语言能力的心灵的第一人称特性。

这一改进的关键就是引入语言。由于引入了语言，我们需要把主观性替换成视角性。主观性本质上就是视角性，但二者还是有区别。区别在于，主观视角是就所有视角的唯一性而言的，在这种意义上，他人的视角空间对我来说不具备主观性。如果说自明性（用胡塞尔的概念）就是主观性的东西的区别性标志，那么他人视角空间中的对象对于他人的那种自明性，是我无法看到的。如果把主观性称为视角性，那就意味着这种唯一性不再起作用。引入了语言，就让不同视角之间进行交互成为可能，在这种情况下，说知识具有视角性，就比说其具有主观性更为可取。

随之，自我辩护被改为内部辩护。“自我辩护”不是一个现象学概念，而是我们出于方便对现象学的辩护观的一种描述。现象学中的辩护是以对象与意识之间的关系的方式出现的，一个判断是否得到辩护，取决于相应的对象被给予意识的方式。（倪梁康，2007：153－157；扎哈维，2007：28 ff）在最强的辩护中，对象的给出是完整的、直接的，也就是说，是自明的。这时，对象的给出本身就是辩护的完成，我们可称其是一种“自我辩护”。正是这种自我辩护的概念会出问题，因为它允许通过单轨过程获得辩护。应当说，胡塞尔分开处理了辩护问题与客观性问题，并推迟了对客观性问题的解决。

修改后的辩护概念就是来自第二章第六节的内部辩护。与自我辩护不同，内部辩护是心灵、语言与实在三者之间的关系，是这三者以行为的方式交织到意向性框架中达成的自我一致性。内部辩护也是辩护的一种形式，这是把实在的成分减至最低的那些命题所拥有的辩护方式，由此得到的是行为的模式；内部辩护从内部让这种模式保持稳定。得到内部辩护的命题也可以说是基础主义者拿来充当知识基础的那种命题，在这种意义上，内部辩护也从属于某种基础主义。但这种基础主义与现象学所持有的那种基础主义不同。由于引入了语言，这种基础可以说是语言与心灵（以及以形式的方式起作用的实在）编织在一起构成的，还不能像在现象学中那样，被算作知识——由于引入了语言，意义与知识清晰地区分开了。

语言的引入改进了意向性理论。在这种意向性理论中，语言不是像在胡塞尔那里一样，作为各种意向行为中的一种引入的。胡塞尔虽然对语言极为重视，但其意向性理论仍然是以意识作为基础建立的（扎哈维，2007：25 - 26），像意义和指称这样的概念，只不过是在类比的意义上用于非语言的意向行为。我们这里在更深的层次上引入语言，它为意向行为提供了形式约束，而这种约束能够达到构建公共视角的地步。这就是说，语言不是意向性之外的附加物，而是意向行为的构成性要素。

但语言本身不能产生意向性。语言是通过落实到意识活动的形式特征上，来达到介入意向性的效果；它单独不具备意向性。这里仍然保留着现象学的基本洞见，即意向性是意识本质性的能力，是为自己构造对象的能力。语言所规定的是构造对象的方法，而它本身谈不上有构造能力。当心灵拥有语言能力，语言与心灵就以一种类似于眼镜与眼睛的关系结合在一起。眼镜没有视觉能力，只有眼睛有；但只有戴上眼镜，眼睛才能看到某些原来看不到的东西，比如红外线视像。对于心灵来说，只有戴上语言这副眼镜，它才能意识到客观的东西。

有了这些考虑，意义理论与意向性理论之间就有了一种新的关系。意义理论以语言为主题，但却是研究心灵何以能与客观实在建立联系的关键部分。离开意义理论，心灵何以能达到客观世界，这个问题其实是不能回答的。另一方面，意义理论所研究的语言与实在之间的关系问题，却要借助心灵的引入才能回答。意义理论实际上要研究的，就是心灵如何能够通过语言的使用达到客观实在。而这与意向性理论的目的一致，或者更准确地说，与拥有知识论动机的意向性理论的目的一致——使意向性理论要解决对象客观性问题的，是其知识论动机。应当说，意义理论与意向性理论是一回事，它们要研究的都是，语言提供了什么样的约束，使得人们能够通过完成语言行为，来达到客观实在。这就是本书后续章节所要做的。

第四章　真

第一节　真与意义的关系

真这个概念与意义理论之间的联系极为紧密，如何理解真这个概念，也就决定了意义理论的基本框架。这一章，我们通过建立一种合适的真理理论，来确定语言与实在之间的恰当关系，从而为意义理论建立起基本框架。

真既是一个知识论概念，又是一个语义学概念。作为知识论概念，像"是真的"（以及"是假的"）这类我们称为"真谓词"（以及"假谓词"）这样的词，是对知识论地位的一种评价。只有真的信念才能够是知识，而单纯的信念，即没有确定其是否为真的信念，则不能说是知识。与此同时，真谓词的使用也让语言（以及信念）与实在建立了联系，这种联系决定了，对知识的关注应该怎样进行，而知识分析应该采取怎样的形式。这里就以对真这个概念的两种不同的理解为例，来说明真与意义之间的关系是怎样的。

对真这个概念给出的哲学分析通常体现出两种相反的直觉，即收缩论直觉和符合论直觉。按照收缩论直觉，"是真的"这个谓词没有实质性的内容；而按照符合论直觉，真则是真值载体（truth-bearer）① 与实在之间的符合关系。这两种直觉在理解语言与实在之间的关系上，也体现为两种不同的倾向。当一个句子是真的时候，这个句子也就陈述了实在的情况。鉴于这一点，语言与其所表征的实在之间的关系，就可以通过句子与使句

---

① 所谓"真值载体"，就是被认为适用于真谓词的东西。有意义的句子是真值载体。如果认为句子的内容，即命题，可以独立于句子而存在，那么命题也是真值载体。信念也可以是真值载体，但我们会借助语言来讨论信念。

子为真的情况之间的关系来确定，从而表现为真这个概念在什么意义上对句子做出了断定，表现为真这个概念有什么内容。一般来说，收缩论在直觉上意味着人们支持非实在论的意义理论，而符合论则意味着支持的是实在论的意义理论。下面分别说明。

对符合论者来说，真值载体和实在是分开确定的，二者之间的符合关系，则是实质性的。这里所谓的实质性，意思是说，在真值载体确定下来时，我们还是不知道它是否与实在相符合；这样，当知道一个真值载体是真的，我们就知道了新的内容。这种新的内容就是真谓词所表达的内容，按照符合论，这就是真值载体与实在之间的符合关系。当然，即使不接受符合论，而是接受比如融贯论，也可以认为真谓词具有实质性的内容。符合论比较清晰地表现了我们对真值载体进而对知识的表征性要求，这让我们关心符合论而非融贯论。

容易看出，符合论把真理解成真值载体与实在这两个彼此独立的东西之间的关系，从而把语言与实在之间的语义学关系，解释成彼此独立的东西之间的关系，而这正是实在论的立场。当然，即使不认为实在与真值载体之间是一种符合关系，也仍然可以在真理理论中体现出实在论来。实在论的要求仅仅是，真值载体本身不足以决定其真值，而需要独立的实在参与决定。我们后面讨论的致真论，也就是因为体现了实在论立场才纳入考虑的。

与符合论相反，收缩论的基本思想是真谓词并不具有实质性的内容。人们一般把这个直觉的最初表述归于弗雷格。比如他曾经认为，“我闻到紫罗兰的芳香是真的”与“我闻到紫罗兰的芳香”表达了同一个思想，而这意味着“是真的”不对思想做出实质性的贡献（Frege，1997f：328）。拉姆塞（Ramsey，1978：44）也有类似表述，他和弗雷格一样，利用了句子间内涵性的等价关系，即同义关系。对这种同义性的直接解释就是，真谓词对句子内容没有实质性的添加，因而它本身没有实质性的内容。

收缩论的这个观察在一种使用场景下非常自然。如果人们问，在什么情况下“我闻到紫罗兰的芳香”是真的，那么回答就是，当我闻到紫罗兰的芳香时。在收缩论者看来，即使是符合论者也会承认，我们只能用“我闻到紫罗兰的芳香”这样的论断来说明实在是怎样的，因此，说“我闻到紫罗兰的芳香”符合实在，其实就等于说我闻到了紫罗兰的芳香。应当说，收缩论直觉背后的想法是，我们只能通过句子这样的真值载体来确定实在是怎样的，而实在无论是怎样的，也都不会超出真值载体内容的范围。而这正是非实在论的立场，即实在并不是一种独立于语言的东西。

符合论者认为可以从语义学层次解释与实在相符合是怎么回事；而收缩论则相当于说，即使承认实在在决定句子是否为真时起作用，这种作用在语义学上也不会以额外的形式表现出来——要说明命题与实在符合，只需要使用命题即可。收缩论者会说，真谓词有实质性的内容，这只是一种错觉，错觉的产生只不过是因为符合论者在提及一个命题而没有使用它，而一旦使用这个命题，这种错觉就消失了。

在这种意义上讲，收缩论是按第一人称来对待命题或语言的结果，而符合论者则按第三人称对待命题或语言。第一人称视角是使用者视角。在这个视角上，实在是通过语言给出的，说一个句子或命题符合实在，也就等于使用这个句子来描述实在。第三人称视角则允许以独立于语言的方式来确定实在。在这种情况下，句子或命题与实在的关系，就是命题性的东西与非命题性的东西之间的关系。进而，符合论直觉常常就是贯彻实在论的结果，而收缩论者则倾向于非实在论立场。选择以何种方式解释真谓词的语义，就为决定以何种视角来对待语言，是选择实在论还是非实在论立场，提供了参照。

我们的考虑会从假谓词以及否定开始。

有趣的是，收缩论者很少考虑是否可以解释“是假的”这个谓词。无论如何，“p 是假的”这个句子与“p”陈述了不同的事实，因此，按照弗雷格和拉姆塞的标准，假谓词是有实质内容的。弗雷格用否定来解释真谓词与假谓词之间的这种区别。否定是一种具有实质意义的函项，将其与一个完整的思想结合起来，就得到一个新的思想。（Frege，1997g）但这样一来，假谓词与真谓词就在是否具有实质内容的问题上截然相反，我们似乎应该将其纳入两个不同的逻辑范畴。然而直觉上，真与假应该是同一类谓词。通过否定，我们可以从一个真命题得到一个假命题，也可以从一个假命题得到一个真命题。真假转换的这种可逆性支持了真假谓词同属一类的直觉。

相反，真假之别在符合论那里得到了充分的尊重。仅就形式而言，符合论是在句子（或命题，下同）与实在相关联的框架内解释真谓词。这样，句子是否为真，就取决于句子和实在这两个要素，而不单单是句子。而真谓词在这种情况下也就可以解释为表明了句子与实在的关系。即使不理会这种关系究竟是什么，我们也很容易看出，这种解释框架意味着单从句子不足以确定其真假，这样也就为假留下了余地。

但这同时也带来了问题。对于一个句子为假的断定，也就是说，一个否定命题，又如何能够在符合论的框架中得到解释呢？很容易解释像“雪是白的”这样的句子与什么相符合，但要解释“雪不是白的”与什么符合，则并不容易。这就是否定事实所带来的问题。下一节我们就来讨论这个问题。

第二节　视角主义实在论

这里关心的问题是，真理理论在体现实在论的方向上能够走多远。这样，我们所关心的就是符合论这一方。当然，我们只是就符合论体现了实在论立场而言关心它。实用主义者可能把与实在的符合解释为融贯性，进而接受一种非实在论立场。像这种符合论就不在我们的考虑之列。另一方面，符合论也可以在经过一定扩展后变成其他形式，比如变成一种形式的致真论，但只要体现了实在论，那就是我们所要考虑的真理理论。在这个背景下，我们的问题就是，一个实在论者所能接受的真理理论是什么样的。

我们通过考察这种理论能怎样解决另外一个问题，即否定事实问题，来看这种真理理论是怎样的。所谓否定事实（negative fact），就是像“雪不是白的”这样的包含了否定词的句子为真时，其所陈述的那种事实。有些句子不含否定词，但可以理解为陈述了否定事实，比如“水壶空了”。这就为区分哪些事实是否定的制造了困难，我们不能通过语法标志来识别否定事实。不过这里不处理这个问题，而只考虑含有明显语法标志的否定陈述。对于非实在论者来说，否定事实不构成问题。他可以用否定句为真这一点来解释什么是否定事实。这里的事实概念是从关于语言的概念中导出的，而非实在论恰好允许这一点。但实在论却不允许，它要求用独立于语言的方式来解释什么是否定事实，或者说，来解释实在中什么东西可以称之为否定。这就是实在论者所面临的否定事实问题。

接下来第二节之一将完整表述否定事实问题；之二考察基于实在论立场解决这一问题的有代表性的尝试，我们会论证这些尝试都失败了；之三给出我们对这一问题的解决，同时说明，这意味着要对实在论立场本身做出修正。我们会给出一种视角主义的实在论，为了正确地理解否定，就应当接受这种实在论。

一　否定事实问题

否定事实问题最初是由罗素提出来的。人们常把罗素关于真的理论归为同一论而不是符合论。我们这里关心的是实在论，而不是专门的符合论，同一论与符合论的区别可以不必考虑。罗素是坚定的实在论者，他关于真的讨论可以很好地体现实在论立场的特性。他关于否定事实问题的阐述是切合我们目的的。

这个因为罗素而闻名的问题大体是这样的：一方面，对于“雪不是白的”这样的句子，总得有个事实来解释它为什么是真的，这个事实就是雪不是白的，它是一个否定事实；然而另一方面，

> 人们对否定事实有某种反感情绪，这种情绪促使你希望不要有“p 或 q”这样的事实在世界中流行。你有这样一种［感觉］：只存在肯定事实，而且，否定的命题总是有办法由肯定的事实来表达。（罗素，1996：254－255）

这里的逻辑就是，如果一个事实可以用肯定句来陈述，那么它就是一个肯定事实。这样就“只存在肯定事实”了，因为所有事实都可以用肯定句陈述。

这个问题与假谓词的意义问题联系在一起。如果我们用“雪不是白的”这一点来解释“雪是白的”为假是什么意思，那么用来解释“雪不是白的”为什么为真的东西，就可以用来解释“雪是白的”在什么意义上为假。

按罗素的转述，迪莫斯给出了一种解释，可以避免承认否定事实的本体论地位。这就是用不相容关系来解释否定。按照这种观点，雪是蓝色的与雪是白的这两种情况不相容，这一点解释了为何“雪是白的”是假的，进而解释了“雪不是白的”为何是真的。（Demos，1917）这种解释相当自然。

不过，这里有个困难。不相容关系与否定关系在逻辑上并不等价，不相容的两个句子可以同时为假，而相互否定的句子则不能。但这个困难不是不可克服的。如果所有可能性为两种不相容的情况所穷尽，比如，如果雪只可能是白色和蓝色中的一种，那么它们之间的不相容，也就具有相互否定的特征了。

但是，迪莫斯的解释为罗素所否认。罗素先后给出了三个理由。（1）用不相容来解释否定，其实也是用了一个否定事实，比如雪不能同时是白的和蓝的，因此这样的解释是循环的。（罗素，1996：350）（2）即便用不相容来解释否定，仍然需要添加一个前提，例如雪如果不是白的就是蓝的，而这就需要一个新的事实，并且是一个分子事实（复合事实）。

（罗素，1996：257）对这个理由究竟如何起作用，罗素并未给出正面解释。不过，我们可以认为这个理由与第一个一样，即所添加的前提需要否定事实，这个否定事实是分子事实中的一个成分。（3）不相容关系不能存在于事实之间，而只能存在于命题之间，但命题很难说能够包含在本体论中。（罗素，1996：257－258）

最终，罗素接受了否定事实的存在，而不管“这个观点几乎引起一场骚乱”（罗素，1996：255）。这个决定对罗素的形而上学提出了更高的要求，他需要解释否定事实是如何存在的，以此来支撑起语义学。让人难受的是，罗素随之就要承认一些存在物具有假这样一种性质，而“这本身几乎是难以置信的，我们会觉得，如果没有心灵出错，那就不会有假的东西”（Russell，1910/2009：145）。罗素不得不在接受了否定事实这个违背“现实感”的东西之后，进一步面临着要承认假的存在物的局面。

在保留实在论的关切的情况下，我们也可以使用致真论的形式来表述否定事实问题。

致真论（truth-maker theories）的典型表述形式如下：

（致真论）“雪是白的”是真的，当且仅当，存在某个东西，它使得“雪是白的”为真。

这仍然是在与实在之间的关系中解释为什么真值载体是真的。与符合论不同，这里使用的是“使得”（in virtue of）这种更加宽泛的关系。我们可以称之为致真关系。究竟如何理解符合关系，这是符合论饱受诟病的一点。致真论的上述表述则让人们避开这一难点。[①] 致真关系的本性可以作为进一步讨论的问题留到以后处理，我们这里暂时撇开细节，而只考虑让语言与实在得以关联起来的框架。致真论有非常多样化的分类，出于我们的兴趣，这里关注的是持有极大主义（maximalism）的那一类。它要求所有的陈述句的真，都可以在上述框架内解释。

作为符合论的后继者，致真论也需要解决传统符合论所面临的否定事实[②]问题。这个问题的致真论表述出现于莫纳尔（George Molnar）的一篇

① 达米特甚至认为，符合论之所以重要，也就在于体现了致真关系在真这个概念中的地位（Dummett，1958：157）。

② 选择什么东西充当致真者，这取决于如何理解致真关系（MacBride，2019）。这里我们关心的是体现实在论直觉的致真论，以事实作为致真者来讨论，这样做不会让我们的结果丧失一般性。这样讨论的结果很容易转化为适用于否定性质、否定事态的形式。

影响甚广的文章中，他说，按照致真论及其所体现的实在论，我们有

> (i) 世界就是一切存在的东西；(ii) 所有存在的东西都是肯定的；(iii) 关于世界的一些否定陈述是真的；(iv) 关于世界的所有真陈述都必定因为存在的东西而为真。从 (i) 到 (iv) 一起就得到，对否定的真陈述必定存在肯定的致真者。…… [但是，] 对于否定的真陈述我们并无满意的理论。从 (i) 到 (iv) 单个看来都有道理，但合起来就站不住脚了。(Molnar，2000：72)

莫纳尔以与罗素相似的理由否认可以用不相容关系来解释否定（Molnar，2000：73－75），但没有像罗素那样与“现实感”作对，硬着头皮承认否定事实存在，而是详细论证了否定事实为什么不能见容于本体论。这样，他实际上就论证了承认否定事实的存在所带来的紧张关系。他给出了三个理由，分别是：

(1) 一种恰当的本体论应该只包含一阶的事物、性质以及关系，而事实则是这些东西组合而成的。(Molnar，2000：76) 然而，“构成否定事实所需要的事物、性质和关系并不存在”。(Molnar，2000：77) 除非我们允许非存在的东西进入本体论，否定事实是无法得到的。

(2) 否定性的东西不具有因果效力。像“空气的缺乏导致窒息”这样的陈述并不是因果效力的真实描述，而只是对像窒息这样的结果做出的“对照性解释”（contrastive explanation）(Molnar，2000：78)。这种解释高度依赖于语境，因而并不具备本体论价值。

(3) 否定性事实不是直接知觉的对象，而是推理的结果。之所以认为自己知觉到否定事实，是因为我们带着一种预期来进行知觉，由此得到的结论仍然是推理性的。

二　解决这一问题的两种尝试

芒福德（Mumford，2007）想了一种方法来回应莫纳尔，这就是排除造成矛盾的（iii）。他“建议把所有否定的真命题都处理成相应的假命题，而这样做的目的是排除所有否定的真命题”（Mumford，2007：51）。把否定的真命题处理成假命题，就是把例如“天不在下雨”这样的命题为真，等价地解释为“天在下雨”这样的命题为假。真命题对应于致真者的存在，假命题对应于致真者的不存在。这样，如果所有带否定的句子为真，都被解释成不带否定的句子为假，那就不需要再为否定句寻找致真者了。

要让否定命题为真，需要的仅仅是肯定事实的不存在，而不是否定事实的存在。

这个方法固然可以在保护我们的本体论直觉的同时，解释为什么一些否定句是真的，但它同时也让我们对致真论的预期大打折扣。他的建议表面上看是拒绝前提（iii），即排除真的否定陈述，但这是借助真的否定陈述与假的肯定陈述的等价关系达到的。肯定陈述的假被解释为致真者的不存在，因此他的建议等于说，对于真的否定陈述不存在致真者，而这等于否定（iv），承认有些陈述没有致真者。考虑到致真论的实在论背景，之所以要让所有句子都有致真者，是因为当用致真论来解释真这个概念时，就可以利用真这个概念来建立语义学。在这种情况下，致真者同时也是确定语义的东西。在这个背景下，如果问，从“天不在下雨”这个句子为真，我们知道关于实在的何种事实，按照致真论，我们的回答就确定了这个句子的致真者。按芒福德的建议，就应该回答，我们所知道的就是“天在下雨”这个句子没有致真者。如果这个回答被解释为，无论如何都没有致真者与“天在下雨”这个句子对应，那么这个句子为真是怎么回事，就得不到解释；而如果这个回答被解释成，就现实情况而言，与这个句子对应的那个致真者并不存在，那么“天不在下雨”这个句子就终究还是有一个致真者，这就是“天在下雨”这个句子没有致真者这个事实，而这个事实表明了实在是怎样的。前一种解释显然算不上解释，而后一种解释，则重新引入了否定事实。

芒福德的回应忽视了致真论背后的实在论语义学的动机。如果采纳他的建议，真这个概念将与意义这个概念分离，从更长远的角度来看不可取。正是出于这个动机，在致真论框架下引入否定事实，就要以独立的方式进行，也就是说，要在形而上学的基础上说明，否定事实何以是可能的。

然而，也正是在这个方向上，莫纳尔拒斥否定事实的理由显得并不充分。比如，他基于因果效力以及可知觉性来排除否定事实，就不是决定性的。他只论证了，关于否定事实的因果陈述以及知觉陈述可以用在肯定事实的基础上做出的推理来解释，但这不等于说否定事实不具有因果效力和可知觉性。（Barker & Jago，2012：133）为什么不能说，在肯定事实存在的那种意义上，否定事实也拥有同等的存在权呢？莫纳尔和罗素对否定事实的不适感似乎只是直觉上的。

最近，巴克尔和耶戈（Barker & Jago，2012）沿这个方向走出了大胆的一步，主张否定事实是存在的。他们的思路与莫纳尔的不同。在莫纳尔看来，“之所以有理由说自然类、可确定性、物种以及倾向在本质上是肯定的性质，是因为对指称它们的表达式所进行的否定，并不指称什么性质”（Molnar，2000：73）。因此，归结起来，他之所以觉得否定事实不能存在，是因为无法承认否定的性质存在。如果“非红”并不指称一种存在的性质，那么“雪是非红的”也就不能说存在了。如果所设想的事实是由雪和一个不存在的性质构成的，那么这个事实也就不会存在。这里起作用的解释顺序是，用对象与性质来解释事实。巴克尔和耶戈拒绝这种顺序，他们认为事实应该是基本的，对象和性质则是派生的。这样一来，如果雪不是红的这个否定事实一开始就存在，我们也就没有形而上学的理由来否认它，因为既然事实是初始概念，那就没有否认某类事实存在的理由了。

巴克尔与耶戈是从事实的统一性问题入手的。在何种意义上事实构成了一个整体这个问题上，他们追随维特根斯坦和阿姆斯特朗（David Armstrong）。在他们看来，解决这个问题的关键在于把事实，而不是构成事实的对象以及性质、关系这样的构件当作初始概念。（Barker & Jago，2012：119－120）这样一来，如果一开始就承认否定事实存在，并且在此基础上能够给出一种可以接受的本体论，那么关于否定事实的问题也就解决了。

按这个思路，我们就不能像罗素那样说，像湖没有结冰这样的否定事实，就等于湖这个殊相没有例示结冰这个性质，因而等于殊相与性质之间的分离状态；而应该说，湖“反例示”（anti-instantiate）了结冰。这种反例示像通常说的那种例示（instantiation）一样，把殊相与性质连接在一起。（Barker & Jago，2012：120）

这里，无论是例示还是反例示，都不是连接殊相与性质的第三个实体，而应该分别看作肯定事实与否定事实的结构特征。它们是从肯定事实与否定事实中抽出来的东西，而不能用来解释肯定事实与否定事实是什么。这样，即使我们对究竟什么是“反例示”感到不解，巴克尔与耶戈也可以说，只要我们理解了否定句，从而知道使其为真的情况是怎么回事，那就知道什么是“反例示”。我们得用句子来说明它是什么，而不能单独指出它。

但是，这种解决办法还是不让人满意。它通过追溯到本体论的初始概念来解释否定命题为什么是真的，因而充分尊重致真论的实在论动机。但是，人们对否定事实的疑虑与否定概念联系在一起。否定命题是在肯定命题的基础上添加了否定构成的，这就自然让人觉得，只要恰当地解释了否定，也就能够解释否定命题为什么可以为真，而不需要单独设定一种否定事实。否定命题与肯定命题之间的这种关系，成为人们接受否定事实的障碍。可以看出，同一个障碍也挡在巴克尔和耶戈面前。

考虑这个问题：在把否定事实当作初始概念时，我们凭什么把一个事实归为否定事实，从而解释什么是否定?

从其表达形式中是否带有否定符号，我们虽然能够区分出否定事实和肯定事实，但由此还不能说明什么是否定事实，也不能解释什么是否定。按照实在论动机，我们需要独立于语言的使用来确定语义。具体到否定上，就要在不考虑使用什么表达式的情况下，说明应该如何理解否定。

按照巴克尔和耶戈的理论，虽然否定事实是一开始就给定了的，我们还是应该可以从中分离出用来连接的成分，比如，从湖没有结冰这个否定事实中分离出反例示，然后说，只要是能够从中分离出这样的成分，那就是否定事实。这样就用反例示解释了什么是否定事实。但是，当要解释什么是反例示时，还要反过来借助否定事实，因此，这样不能解释什么是否定。

可以对这个方案稍作修改，不是用反例示来解释否定，而是用否定事实的类来解释否定。可以把所有事实分成两类，两类事实一一对应，并且，在对应的事实中，当属于一类的事实含有反例示，属于另外一类的对应事实就含有例示，反而反之。在这种情况下，其中一类就是否定事实，它们所共有的连接方式，就是反例示。然而，这样虽然照顾到了否定事实的初始地位，但并不能保证真的把否定事实划为一类。如果事先不知道哪个事实是否定事实，哪个是肯定事实，我们进行分类的依据就只能是矛盾关系，即否定事实与对应的肯定事实相矛盾，但由此不能确定矛盾的双方哪个是否定事实，哪个是肯定事实。

但是，即便事先知道哪个是否定事实哪个不是，从而能够给出两种事实的类，我们也还是不能就此解释什么是否定。这是因为，我们并不知道为什么要把一个事实归到其中一类，而与之矛盾的事实归到另外一类，而不是相反。唯一可用的标准是其中能否分离出反例示来，但什么是反例示，却是由包含它的事实来解释的。这样，当巴克尔和耶戈为否定事实争取到了与肯定事实同等的本体论地位时，却失去了否定这个概念。

以芒福德为一方，巴克尔和耶戈为另外一方，双方以相反的方式表明致真论的内在张力。芒福德利用否定的语义学特性来解释否定事实，但无法照顾到致真论的实在论动机；巴克尔和耶戈充分尊重致真论的实在论动机，但无法容纳否定的语义学解释。双方一起表明，不能建立一种关于否定的实在论的语义学。这就是说，不能在体现了实在论的致真论框架内容纳恰当的否定事实概念。在讨论中我们实际上没有利用致真论的具体特性，起作用的主要是其实在论立场，因而，我们的结论实际上就是，不能在实在论的框架内对否定做出语义学解释。

三 视角主义实在论

前面考虑的理论面临的问题主要是，不能在不借助否定词的情况下解释什么是否定，那么，能否在这一点上做出退让，选择非实在论立场，但在其他问题上仍然持实在论立场呢？

这个选项其实就是借助不相容关系来解释否定。它遭到前述包括罗素在内的所有哲学家的否决，但却拥有非常合乎直觉的好处，这就是无需在实在中寻找对应于否定的本体论特性。按照这一思路，当我们谈论否定事实时，实际上所谈论的，是与被否定事实不相容的那个事实。比如，当我们说雪不是白的时，与之对应的不是雪这个殊相反例示白这个共相，而只是雪呈现比如蓝色这样一个事实。使这个事实成其为否定事实的，是它与雪是白的这个事实之间的不相容关系。这个事实仍然可以用肯定句来陈述。它被归于否定事实，则是由于使用了否定词来谈论，而这不是其固有特性。这样，我们就以非实在论的方式处理了否定词的语义，但否定词仍然表示了真与假之间的区别，这个区别是实在的，并体现为不相容关系。

当然，这样做立即面临罗素的反对意见。这些反对意见是可以回应的，而回应的方式反过来说明这里将要倡导的是一种什么样的立场。

罗素的三个反对意见可以归结为两个。一个是说，利用不相容关系会引入否定事实，而这导致循环。另一个则是说，不相容关系只存在于命题之间，而不在事实之间，因此不能在本体论中引入这种关系。

罗素的批评在实在论立场上进行。按这一立场，语义上的区别应该用被表征物一方的区别来解释，因此，语义特性应当得到本体论的支持。这样，不相容关系如果被用来解释否定所带来的区别，那么它就应该对应于相应的事实。比如，在解释雪不是白的这个否定事实时，我们需要由“雪是蓝的与雪是白的不相容”这个句子所陈述的事实。这个事实就是，如果雪是蓝的，那么它就不是白的。罗素的批评所针对的就是这样的事实。首先，如果这是事实的话，那么它只能是一个复合事实，其中已经包含了否定，因此也就不能用来解释否定；其次，我们还不能说这是一个事实，或者说，不能说它表明了两个事实之间的关系，而只能解释成两个命题，即“雪是蓝的”和“雪是白的”这两个命题之间的关系，这种关系就是，当其中一个为真，另外一个就为假；但命题是不具备本体论地位的。

是否一定要接受罗素的批评呢？

考虑什么是不相容关系。罗素为什么认为不相容关系不能存在于事实之间，这从他的表述中一时还难以直接看出。他的意思似乎是，事实之间总是相容的，因为只有存在的才是事实；既然不同事实都同时存在，也就不会彼此不相容——不相容的意思就是双方不能同时存在。这样理解的话，不相容关系不可能是一种本体论上的关系，也就是说，不可能是存在物之间的关系。本体论所涉及的都是存在的东西，而不相容的东西不能同时存在。

对罗素的这个意见的一个很自然的反驳是，不相容关系并不存在于事实之间，而存在于事态之间。事态不是事实，而是单纯的情况，这种情况需要存在才是事实，但它也可以不存在。这种事态概念来自《逻辑哲学论》。这个回应虽然可以起作用，但掩盖了问题。从罗素的角度看，他需要的解释只能建立在本体论的初始概念上。事实在某种意义上可以成为这种概念，但事态不是，而只能算派生概念。罗素要求解释，这种不相容关系最终是如何可能的；使用事态能得到的回答只能是，这种关系实际上是可能的。

但是，对于雪是白的和雪是蓝的这两者之间的不相容，能理解成我们分别确定这两个事实，然后发现它们不能同时存在吗？显然不是这样的。这种不相容关系得以确定，是因为当我们发现雪是蓝的，就不可能发现它同时又是白的。换言之，这种不相容关系不是在已经确定的事实层次上建立，而是在让事实得以确定的方式的层次上建立。可以说，是我们视觉器官的构造确定了这种不相容性，而不是视觉器官所知觉到的事实本身构成了不相容性。因此，罗素的这样一个推论是无法接受的：如果不相容关系不能存在于事实之间，那么它就不能用来建立一种语义学解释。

对于我们所建议的这种不相容概念，一个自然而然的反驳意见是，它是一种主观特性，因而并不满足罗素的实在论要求。视觉器官的构造并不是实在本身（即具有颜色的对象）的特性，但是，作为实在论者，可以用来解释否定的必须是实在本身的特性。

我们的回答是，视觉器官的构造确实不是实在本身的特性，但这并不意味着运用视觉器官做出的观察不具有客观性。测量系统的特性决定了一米有多长，但是，运用测量系统得出的读数的确表明了一个物体有多长。这样的客观性我们可以称为视角主义的（perspectivistic）客观性。所有基于特定认知系统得到的，都是这种视角主义的客观性。这种客观性不是一次性获得的，而是多次运用认知系统的结果。比如，我们不会直接说，桌子的长度是 1.2 米，这是一个客观的结论；而是说，就标准尺是 1 米而论，桌子的长度是1.2米。在不同认知成果之间建立的参照关系，让我们得以确定得到这些成果的视角本身，而客观性是认知成果和视角一起来保证的。用来确定一个视角的是另外一个视角，视角之间的交互参照关系，让这种客观性成为可能。

需要强调，蓝色与白色之间的不相容关系，是运用视觉器官所得到的成果，而不能简单地归于视觉器官本身。除非知道视觉的运用是怎么回事，否则，只通过解剖眼睛，我们无法发现这种不相容性。同样，除非知道测量如何进行，只是研究量具，也不会发现比如一个物体的温度不可能既是5摄氏度，又是7摄氏度。这意味着，不可能通过正面描述视觉器官和量具这样的认知系统，来解除视角性；要保留不相容关系，就必须承认视角性不能消除，从而必须承认，不能回到那种无视角的客观性中——这种无视角的客观性常被归于上帝。在这种意义上，不相容关系是一种客观的关系，但不是罗素以及致真论者心目中的那种本体论关系。那种本体论无法为视角留出位置。因此，我们可以接受，对否定事实不可能做出本体论解释，但还是用不相容关系来为否定给出实在论解释。同时，整个因否定事实带来的不适感消失了，因为加在本体论上的解释负担已被解除。

由此得到的是一种较弱的实在论立场，我们称为视角主义的实在论。它区别于罗素式实在论的地方在于，不承认能够以无视角的方式说，实在独立于认知者。实在论论断本身，也是基于视角做出的。视角主义的实在论是一种世界内的实在论，它要求接受这样一个事实：任何思考都在世界之内进行。如果说，按照罗素式实在论，人们需要接受绝对空间的存在，那么按照视角主义的实在论，空间就总是相对论式的。只有置身于空间之外才能描述绝对空间。而若对空间的描述只能由位于空间中的人来做出，那么空间就只能是视角性的，是位于空间中的观察者所建立的拓扑学。为了理解否定是怎么回事，就只能接受这种视角主义的实在论。

这样就可以回应罗素的另外一个反对意见，即用不相容关系来解释否定，实际上就是用否定事实来解释否定事实，而这是循环解释。

不妨先考虑，循环解释为什么不被允许。这个循环应该是这样的：作为语言的使用者，要理解否定，我们就要借助不相容关系；而要理解不相容关系，又要借助否定；这种循环会变成一种无穷回溯，从而使我们不可能理解什么是否定。

我们这里对否定的解释不会遇到这个问题。关键是，不相容关系不是通过解释，不是通过让我们知道关于不相容性的事实起作用；它实实在在地作用在我们身上，而对否定的理解，则是这种作用的结果。比如，如果断定雪是蓝色的，我们就知道，这等于否定了雪是白的；而之所以知道这一点，是因为我们实际上按照一种方式来确定关于颜色的事实，而这种方式不会允许让雪同时是蓝色的和白色的。在这样理解否定时，我们不需要向自己解释说，蓝色与白色不相容。关于这种不相容性的事实不是作为解释否定的东西起作用。当我们按照断定行为的特定模式做出关于颜色的断定时，当然也可以说我们知道那种不相容性，但这种“知道”是指能够按照那种模式做出断定，而不需要我们自己用关于不相容的事实来解释什么是否定。在同样的意义上，狗知道开门的就是自己的主人，但用这种“知道”来解释其反应的，不是狗自己。

但是，作为哲学家，我们难道不是已经用不相容来解释否定，而无论如何，不相容关系也是一种需要否定才能建立的事实吗？这样，解释的循环虽然没有在使用者那里出现，但在理论上终究还是会出现。

对这个批评，可行的回应仍然是诉诸视角主义实在论。这种存在于理论层次的循环只有对罗素式的绝对实在论者才是危险的。这种实在论假定了一个位于世界之外的视角，一个上帝视角，因此，任何一种概念上的循环都不被允许，因为这意味着这些概念不能在上帝那里得到解释。如果不存在这样的视角，那么这种危险就消失了。给出理论解释的哲学家也是语言的使用者，这样，只要他事实上理解了否定，那他就可以利用不相容性来解释他人的否定陈述，而这不会因为他预先假定了某种对否定的解释而陷于循环。只要哲学家与说话者以同样的方式确定否定事实，这种对绝对实在论者来说的循环，也就以视角间稳定的交互关系存在，而这不是什么危险。当然，如何判断双方是否按照同样的方式来确定否定事实，这仍然是一个问题，但这个问题可以单独处理。

还有一个很明显的批评是，当说“雪不是白的”时，我们的意思是确定的，但是，如果用不相容来解释，似乎只能得到一个不确定的回答。由于与白色不相容的颜色有多种，当否认雪是白的，我们的意思就可以是说，雪有其中的某一种颜色，因而按照不相容性解释，我们的意思就是不确定的。

这是一个相当弱的批评。在另外一种意义上说，当用不相容性来解释时，我说“雪不是白的”时的意思仍然是确定的。我是在说，雪具有与白色不相容的任何一种颜色。当然，这样解释也就用了一种主观的方式来理解什么是确定性。罗素当然会否认这种解释，因为意义的确定性应该以客观的方式确定下来。这个要求是他那种实在论立场的结果。[①] 而按照这里所倡导的视角主义实在论，这样解释否定仍然会赋予“雪不是白的”这句话以客观上确定的意义。一种意义怎样才算确定的，这个标准可能具有某种主观任意性，但使用这个标准所得到的结果，却仍然能够是客观的。视角主义实在论区别于罗素式实在论的地方，也就在于承认这种客观性。

第三节　真作为规范性概念

第二章是通过说明语言的使用者对于意义具有实质性作用，来引入意向性的。视角主义实在论呼应了这一想法。视角属于使用者，是使用者所处的位置。按照视角主义实在论，语言不是通过直接与实在建立对应关系来获得意义，语言与实在的联系要通过视角建立，才能获得能够容纳否定，进而容纳真、假这些概念的语义关系。在这一节，我们接着这个思路来看，经由视角的引入而建立的是一种什么样的联系。我们会通过讨论关于真这个概念的收缩论直觉来思考这个问题。这样，从本章的论述中我们就可以看到，以经过恰当调校的视角来研究真这个概念，确实为建立意义理论提供了理解语言与实在关系的框架。

一　施动理论

前面只是表述了收缩论直觉，而且是以一种不严格的方式表述的。更为重要的是，真这个概念没有实质性的内容，这是怎么回事，为什么是这样的，这些都没有得到解释。为了探究这一点，需要更加严格地表述收缩论直觉。霍维奇（Paul Horwich）用了一种外延性的等价关系，即真值上的等值关系来表述。他把收缩论表述为，p 是真的当且仅当 p。这里出现的两个“p”都表示命题。（Horwich，1998：6）然而严格地说，这个表述有缺陷，因为前一个“p”是命题的名称，而后一个“p”则是表达命题的句子，这个表述究竟是什么意思，因而就需要进一步厘清。

这个区别在蒯因那里反而无害，他采取了塔斯基那里的 T 约定（convention T）形式，从而在语言分层系统中表述收缩论直觉。（Quine，1986：10－13）这样，在

① 罗素（1996：257）并未直接表述这个意见，但他在谈到这种确定性之后随之把话题转向客观性，就暗示了自己的态度。

(T)“雪是白的”是真的，当且仅当，雪是白的

中，带引号的部分指称“雪是白的”这个句子，而当这个句子出现在双条件句右手边时，则是谈论雪这样的事物。[①] 在这个表述中，真谓词是用来进行语义上行的逻辑工具。在语义上行时人们关注的仍然是语言所谈论的事物，而不是语言的性质，因此真谓词并不在上行以后的谈论中添加什么新东西。这样解释以后，即使不借助意义或者内容这样的概念，收缩论直觉也得到了表述。

斯特劳森（Peter Strawson）的施动理论（performative theory）（Strawson，1949），布兰登（Robert Brandom）的代语句论（prosentential theory）（Brandom，1994）也都通过解释真谓词的作用，来说明它为什么不具备实质内容。后面我们会回到斯特劳森，现在先来看看蒯因的解释。

蒯因把真谓词解释成去引号的逻辑工具，这不能满足我们的要求。按照这种解释，使用真谓词就相当于在语言分层系统中向上走一级。这种表述看似没有使用意义概念，但还是需要假定意义概念已经起作用。并非任何一个元语言句子都与关于一个给定的对象语言的句子为真的陈述等价，只有当这两个句子的意义相同时，这种等价关系才能建立。因此，语义上行是意义已经起作用的结果，用语义上行来解释真谓词，也就无法表明意义一开始是怎么与真联系起来的。去引号并不能让我们在分处两个层级的句子之间过渡。只有当两个句子是同义句子时，去引号才被允许。

与其考虑语义上行，不如把语义下行与真谓词相联系。对于T约定

(T)“雪是白的”是真的，当且仅当，雪是白的

我们可以这么解释，它之所以是真的，是因为双条件句的两边是在以不同的方式给出同一个断定。左手边是在断定所使用的句子是真的，右手边则是通过说出这个句子实际做出这个断定。如果用不同句子给出的是同一个断定，那么这两个句子就逻辑等价。

弗雷格就持有相似的看法。在他看来，承认一个思想为真，就是做出

---

① 蒯因仍然愿意按符合论的方式理解T约定，例如他说，“只有实在才能让句子为真。就像塔斯基所说的那样，‘雪是白的’为真，当且仅当雪实际上是白的”（Quine，1986：11）。但这里的疑点是，只有已经确定了实在是怎样的，蒯因才能利用约定T来表达这种理解，而在一般性地谈到实在时，我们是否能够避免预设真这个概念。由于我们只是考虑蒯因实际持有的观点，就暂时忽略这个疑点。

一个判断，而判断就表现为断定（Frege，1997g：329）。在表述形式上弗雷格是在描述判断行为，但可以认为这是对真这个概念所做出的分析。一个非常有趣的要点是，这不是在说，只是陈述一个思想为真这件事，就等于做出了一个以这个思想为内容的判断，也不是在说，真这个概念的内容就是一个判断被做出这个事实。这是在说，判断行为必须实际上做出来，而承认思想为真，就是这样一种判断行为。这里，承认（acknowledge）作为一种行为，一种语力，是不可缺少的。这是对一个行为的分析，真作为这个分析的一部分出现。

进一步，弗雷格解释了为什么真这个概念没有内容。

> 我们用断定句的形式来表达对真命题的承认。这么做不需要"真"这个词。即使这么用，真正的断定力也不在于此，而在断定句的形式。如果这种形式丧失了断定力，用"真"这个词也不能将其补回。（Frege，1997g：330）

当然，这里的断定句形式不是指陈述句子的语法形式，而是指用于断定的真实行为。上述引文之后弗雷格立即强调这一点。甚至演员在舞台上说出的断定句也不具备断定力，说那些断定句只是在表演断定，而不是真在断定。

弗雷格的想法是，真这个概念之所以没有内容，是因为它的作用在断定力上，而不在对思想所贡献的内容上。由此我们得以解释收缩论直觉。正是因为真这个概念不对思想内容做出贡献，我们在做出断定时才可以不用"真"这个词。而真这个概念起作用的地方在断定语力，因而重要的是行为本身，而不是其所用的语言。可以把一个断定描述成是在承认某个命题是真的，这就是用"真"这个词来说明所做出的行为是什么。但在这里，"真"也不说明断定语力在起作用，而是说明断定语力的性质——毕竟，人们既可以承认一个命题是真的，也可以承认它是假的。

斯特劳森希望通过施动理论来抓住真这个概念与断定行为的关系。按照这种理论，当做出一个"*p* 是真的"这样的陈述时，我们并没有做出与"*p*"不同的陈述，因为"是真的"并不表示性质（Strawson，1949：84）；但是，在说"*p* 是真的"时，我们的确不仅仅是在做出一个陈述，而是在说"我断定 *p*"，并且，在说"我断定……"时，"我不是在描述我所做的，我就是在做"（Strawson，1949：93）。说"我断定……"，这本身就是在断定，而不是做出一个关于我的断定的陈述。这区别于说"我曾经断定……”和“他断定……”，那些说法只是在描述断定行为，而不是在做出断定行为。

正像前面所说的那样，收缩论直觉本质上是基于第一人称的。斯特劳森的施动理论准确地抓住了这一点。当用“我断定……”来分析“……是真的”时，相应的断定行为只能由说话人本人做出。这同时也解释了弗雷格所说的演员为什么不是在断定。这显然是因为，演员是在表演他人。当他宣称凶手是莫里亚蒂时，只是在模仿福尔摩斯的断定行为，断定不是他自己做出的。

二　真作为评价性概念

一个直接的问题是，“是真的”有时并不作为施事动词出现，此时它仅仅是一个标志（indication），甚至起了一种近似于描述的作用。比如，在“如果 p 是真的，那么 q”这样的句子中，“是真的”就是这样的。句子中“p 是真的”作为条件句的前件出现，它并不表明我们断定了这个句子。这个子句只是为整个条件句贡献了内容，而被断定的是整个条件句。当然，这个条件句可以写成不带真谓词的形式，而不会改变条件句的意义。但是，在评价推理时，我们却必须说，如果在前提为真的情况下结论也为真，那么这个推理是有效的。因为，在去掉“是真的”这样的谓词以后，我们就只是在重复这个推理，而这不能算是在评价它。当然，在这种情况下真谓词不是施事动词。弗雷格引入真值的概念，就是用来体现真谓词的这种标志功能。

刚才的叙述还只是说明了什么是真谓词的标志性用法。可以进一步论证，对于真谓词来说，必须存在区别于施事动词的标志性用法，否则不会有恰当的辩护概念。所谓一个断定得到了辩护，意思就是我们能够设法说明这个断定是真的，而这意味着我们应当接受这个断定，或者应当做出这个断定。换句话说，它要求能够用“p 是真的”这样的陈述，来支持我断定 p 的行为。这意味着在这个陈述中真谓词不能是施事动词，否则就会得出我对 p 的断定自己支持自己的情况。①

不难注意到，施动理论是在讨论真谓词的意义，而弗雷格所提供的解释则关乎真这个概念。弗雷格认为，使用真谓词并不足以得到断定行为。这并不阻止斯特劳森主张真谓词用来表示断定行为正在做出。弗雷格不拒

---

① 在科克汉姆（Kirkham，1992：309 - 310）给出的对施动理论的批评应当是基于同样的精神。

绝“真”这个词的其他用法，比如用来指称真值，而真值是一种对象；他甚至也允许在谓词的意义上理解“是真的”。他在真这个概念与断定语力之间建立的联系仅仅意味着，“真”这个词的原初意义来自断定行为，但可以有其他派生意义。由于要给出的是真谓词的意义分析，斯特劳森的施动理论就会因为真谓词的其他派生意义的存在而失败。当然，这就把问题明朗化了，施动理论的问题只是在于不够完整。如果希望接受这种理论，那就应当进一步解释，真谓词的标志性用法是怎么回事。这就是接下来要做的。

这里给出的建议是，通过扩展施动理论来容纳标志性用法。这种扩展颇为简单，就是把真谓词当作评价性表达式，而把真理解为评价性的概念。这类概念颇为常见，但需要仔细辨析才能说明它是怎样起作用的。

评价活动是依据标准进行的，而标准有些是事实型的，有些则是能力型的。比如，在做心理评估时，我们用量表来看受试者是否有抑郁症。量表提供了受试者的生活状态指标，而当受试者回答量表中的问题时，就是在描述自己的生活状态。我们会认为这类评价的结果揭示了事实。另外一类常见的评价活动则针对受试者的能力，比如色盲测试。在这种情况下，当受试者说“这里有字母 A”时，这是受试者对于图案做出的反应，我们从这种反应衡量他的辨色能力，而不会认为他是在陈述事实，从而反驳或纠正他。这两类标准构成评价活动的两极，相应的评价活动则分别是描述型的和施事型的。我们可以在这个框架内分析评价活动。

真谓词的用法可以参照一种典型的评价活动来解释，这就是在英美法系中法官对于是否有罪的裁定。对于一种行为是否有罪，在英美法系中法官的判决具有立法效应，也就是说，判例可以成为此后同类评价活动的标准。在这种意义上，法官的判决活动是一种施事行为。当在没有判决先例的情况下，这种活动表明了法官的主观决定，这是一种立法活动，它建立规则。然而，在判例法的框架下，“有罪”和“无罪”这样的谓词仍然可以起到揭示事实的作用，这就是在有判决先例的情况下，这种判决揭示了关于被评价行为的事实，即它是否合乎判例所确定的标准。总之，这种评价活动既可以是施事性的，又可以是描述性的，而断定行为也是如此。

需要注意，在判决活动中，相应的评价谓词不是一会儿用于施事，一会儿用于描述，而是这两种用法连接在一起，属于同一种评价行为。一方面，关于罪与非罪的判决并不是主观随意的，即使对于具有立法作用的判例来说也是如此。这种立法作用在于，法官的初次判决虽然不会产生具有普遍性的法律条文，但仍然在一种意义上具有普遍性，这就是“良知”的普遍性。人们会说，这种判决是基于“良知”做出的。“良知”是人的一种内禀的判断力，只要在恰当的条件下，例如教养、见识、不受干扰等，人们就可以做出同样的判断。法律体系的作用就在于提供运用“良知”的条件，从而保证判决的客观性。

另一方面，通过判决所揭示的并不是自然事实，也就是说，并不是先于法律活动的事实。“有罪”不是一个有实质内容的谓词，但罪行和罪名仍然具有客观性。这种客观性并不是由对象独立于整个评价活动的存在所保证的，而由整个法律体系的运行保证。它们是法律概念和法学事实。因为，判决不是机械地援引法律条文，而是一直需要主观的参与，一直都是施事行为。即使是在已经有判例的情况下，判例所具备的也是“良知”的普遍性，也以法官动用自己的判断力为前提。判决活动是一种“制造罪行”的活动，它使一些原来并不存在的事实得以存在。正是在这种意义上，它把施事性与描述性融合在一起，或者更准确地说，在施事性的基础上纳入了描述性。

真谓词的使用就在这种意义上是一种评价活动，而真这个概念也是这种意义上的评价性概念。在施事行为的意义上，说一个东西是真的，就是在做出一个判断行为，真谓词不是一个真正的谓词。正像判例法中的初次判决一样，这种施事行为为之后使用真谓词的行为提供了普遍性的标准，或者说，确立了真值条件。在后续使用真谓词的行为中，由于这种标准的存在，我们可以说后来的评价活动揭示了事实，即所评价的陈述或判断是否合乎这种标准。在这种意义上，使用真谓词的评价活动就是可以辩护的了。我们后面会论证，就像前面所说的“良知”的普遍性一样，真值条件的普遍性恰恰就在于判断行为具有稳定的行为模式，因此这种普遍性只有在判断行为做出时才得以起作用。因此，关于真的评价活动的基础仍然是施事行为，施动理论还是为理解真谓词以及真概念提供了基础——这里并没有一种能够称为“真”的性质，就像“罪行”的客观性由法律体系的运作保证一样，真理的客观性，也是以一整套施事行为的模式所保证的。①

由此也就得到了一种让关于真的收缩论直觉与符合论直觉相容的框架，即用收缩论直觉来吸收符合论直觉，在非实在论的基础上容纳实在论。就判例法而言，这通过一种相对化的步骤达到。当以判例为标准来衡量某个行为是否有罪时，我们得到的是一种基于“良知”才能看到的事

① 奥斯汀（Austin，1962：144）表达了一种近似但较弱的观点。它是说，真谓词具有施事的特性，但这不等于真谓词就其基础意义而言是施事性的。

实。这时，事实的客观性不是由本体论上的独立存在物保证，而是由陈述的普遍可辩护性保证。一种关于罪与非罪的陈述如果在为真和为假上有区别，那么这种陈述就是可辩护的；而如果这种区别可以为不同人所共享，即如果“良知”是普遍的，那么这种可辩护性也就是普遍的。关于真这个概念的实在论与非实在论要求，也就按照相似的方式纳入到同一个真理理论的框架中了。

三　真谓词的非表征性与存在的索引性

接下来我们就来看真这个概念进一步的细节。由于真这个概念是在断定行为中起作用的，而在评价活动中它同时关涉到句子和真值条件，这些细节也就决定了断定行为、句子以及真值条件之间有怎样的关系，进而决定了断定行为如何把句子与真值条件联系起来。断定行为怎样把句子与真值条件联系到一起，意义理论就应该采取何种形式。因此，接下来的讨论，就将决定意义理论的基本形态。

我们的讨论从关于真谓词（以及假谓词）的几个平凡的事实开始。这几个事实表明了真这个概念的一些特性，因而是关于真的任何理论都应该予以解释的。这些事实依次是：

(a) 断定“p”是真的，就等于断定 p；
(b) 断定“p”是假的，就等于否定 p；
(c) 否定“p”是假的，就等于断定 p；
(d) “p”不可能既是真的又是假的。

其中第一个事实就是收缩论直觉的依据。第二个事实说明假谓词与否定之间的关系，并且，这里的否定可以当作与断定并列的一种语力。弗雷格曾经争辩说，否定不应当构成语力，而应当是函项（Frege，1996g：356－357）。但是，如果把假谓词也理解成评价性的，那么这个区别将不构成问题。相反，这让我们可以在施事行为的框架内处理假谓词。再者，承认假谓词与否定语力的上述关系以后，我们就可以对假谓词进行迭代使用，而无须使用过多的引号。比如我们可以得出

(e) 断定““p”是假的”是假的，就等于断定 p。

因为，断定““p”是假的”是假的，就等于否定“p”是假的，而这进而

等于断定 p。最后，（d）则意味着，我们不能既断定 p，又否定 p。

解释这几个事实的难点在于，如果（a）支持关于真谓词的收缩论直觉，那么（e）就应该支持关于假谓词的收缩论直觉，但这就意味着真谓词与假谓词都对断定的内容不构成贡献，从而不能解释（d）。因为，如果真、假两个谓词都不贡献内容，那么，说"'p'是真的"，与说"'p'是假的"，也就表达了同样的内容，因而应该同时为真或为假。

之所以认为（e）支持关于假谓词的收缩论直觉，是因为，如果说"p"为假时在"p"所表达的内容的基础上有所添加，那么，两次使用假谓词以后这种添加的内容自行消失，这似乎是难以理解的。只有在一开始就没有添加内容，两次同样的添加才会不增加内容。因此假谓词只能在一开始就没有添加内容。

说（e）支持关于假谓词的收缩论直觉，似乎不如说（a）支持关于真谓词的收缩论直觉那样合乎直观。上述推理的疑点在于，由于（d），"p"与"'p'是假的"不可能表达了同样的内容，因此假谓词应该对内容有所贡献。区别在于，这种贡献一旦叠加就自行撤销了。当然，难点也就在这里，什么样的内容能够自我撤销呢？只要回答了这个问题，我们就可以以恰当的方式容纳关于假谓词的收缩论直觉。

这一点之所以构成难点，看来是因为这样一种直觉：如果假谓词有内容的话，它就应该表示某个性质，而一种实实在在的性质是不可能自我撤销的。须知，这种撤销不是像正反物质那样由于某种物理学机制而彼此湮灭，而是由于重复使用了两个词语而归于消灭，这是不可理喻的。这个直觉背后的支持是，有内容的谓词一定是表征性的，因此，如果其所表征的东西无法理解，那么相应的谓词也就没有内容。由此看来，要解决这个难点，就需要承认，假谓词有非表征性的内容。由于真谓词与假谓词属于同样的语义学范畴，这与前面关于真谓词的收缩论倒相融洽。不过，这里可以利用"非表征性"这个概念来统一处理真假谓词。

先解释非表征性内容是什么意思。

我们还没有一种意义理论，但希望从直觉上谈论本来应该归于意义这个概念的东西。"内容"这个词恰好适合这个目的。对一个句子来说，它所表达的内容就是当知道这个句子为真时，我们关于实在所知道的情况。进一步说，句子的内容就是其真值条件。进而，我们可以说句子内容就是其所表征的实在状况，也可以说就是使其表征某种状况的那种对应关系。我们暂且保留这种含混。这里，表征就是语言与实在之间的对应关系，句子拥有内容，就使这种对应关系建立起来。对表征关系的这种理解让我们可以谈论词语的表征以及内容。如果词语也对应于实在的某个部分，那么它也就拥有自己的表征。我们可以把这种表征称为词语的内容，但这里不这么做，而是把词语对于句子内容所做出的贡献称为词语的内容。这样就允许出现这样一种情况，词语对于句子的内容具有贡献，因而有内容，但由于没有实在的部分与之对应，词语没有表征。这就是词语具有非表征性内容的情况。前面就在这个意义上说真谓词和假谓词有非表征性的内容。

在有了前面关于判例法的类比以及评价概念的说明以后，要弄清真、假谓词是如何具有非表征性内容的，也就有了基础。

为了说明真这个概念如何起作用，试考虑这样的情境：在一个特定的条件下，我们约定某个句子是真的，之后，在相似的条件得到满足时，我们就断定这个句子，或者认为使用这个句子做出的断定是真的。约定是在初始情况下做出的，这种约定建立了句子意义，后来则是依据句子意义来运用句子做出断定。按照真和意义这两个概念的内在特性，这种情境应该总是可能的，因此，我们可以结合这种情境来理解真与意义之间的关系。

首先考虑初始情况，即在确定句子 p 的真值条件时，我对着一种情况断定“p”是真的。[①] 如果我以后能够按同样方式使用这个句子，那么通过这个断定，我就把句子与其真值条件对应起来了。不过，这种对应关系不应当表述成：

> （A）凡是当与“p”对应的那种情况出现时，我就应当断定“p”是真的。

因为这就把句子“p”当作可以分离的部分，从而，真谓词就只能处理成谓词，而这等于放弃了收缩论直觉。这种对应关系应当表述成：

> （B）凡是当我断定“p”为真时出现的这种情况出现时，我就应当断定“p”是真的。

在这种情况下，真谓词就不是表示与句子对应的情况出现这样一种性质；它总是作为“我断定‘p’是真的”这个描述的一部分出现，因而从属于

---

① 这里暂且不考虑我如何从同时存在的其他情况中挑出所考虑的情况，这涉及以后才能处理的句子意义。另外，在断定时真谓词是不必要的，为了方便，我们还是从使用真谓词的情况开始讨论。后面在考虑假谓词时，我们也忽略直接进行否定而不是断定句子为假的情况。

我的断定行为。这样，句子与其真值条件之间的对应关系，就不是通过定义真谓词建立的，而是有赖于一种行为模式。在这种行为模式中，真值条件作为断定条件[1]出现。

这种对应关系的建立，意味着真值条件被赋予了一种索引特性，以使其指向所做出的判断行为。这是因为，在上述行为模式中，对断定条件的确定是断定者本人通过实际上做出断定行为完成的。如果真值条件一直在这种行为模式中起作用，那么这种索引性就将是真值条件的内在特性，它使得真值条件就像“我”这个词的所指一样，只有通过说话者的说话行为才能加以确定。这样，按照同一模式做出行为时，就需要一再回溯到原来的断定行为。句子意义建立起来以后，这种回溯就可以停止，但索引性特征仍然存在。人们应该能够在必要的时候使用样本来确定所说的是什么情况。这种索引性赋予真这个概念以视角特性，而客观性则可以通过不同视角之间的连通达成。这种连通通过世界这个概念建立。这些我们到后面的第十章第六节之一再讨论。

使用假谓词的断定条件是在真谓词的基础上确定的。依据本章第二、三节关于否定的讨论，我们要考虑的是不相容的情况，

> （C）凡是当与我断定“p”为真时出现的不相容的情况出现时，我就应当断定“p”是假的。

这里所说的“我断定‘p’为真时”就是指一开始赋予句子以真值条件时所做出的那一次断定行为。这样确定假谓词的使用条件，也可以解释为是在为句子“‘p’是假的”确定真值条件。这需要相应的情况已经得到了充分确定。

这样就可以解释真假谓词的非表征性内容究竟是什么。简单来说，这种非表征性内容就是存在与不存在。真谓词表明相应的情况存在，而假谓词则表明相应情况不存在。存在和不存在不是以表征的方式体现于实在，因而其内容是非表征性的。具体来说，存在与非存在是以索引的方式构成内容的，而这不是一种表征的方式。下面展开说明。

不妨注意一下前面关于真谓词使用模式的表述，我们将其改写成熟悉

---

① 这里的断定条件不同于达米特在其断定条件语义学或证实条件语义学构想（Dummett, 1996）中提出的断定条件或证实条件。从这种条件入手可以获得一种合适的表征概念，因而最终可以据此确定真值条件；达米特的断定条件或证实条件则始终不会成为真值条件。

的形式：

> （B1）凡是当我断定“p”为真时出现的这种情况存在，我就应当断定“p”是真的。
>
> （C1）凡是当我断定“p”为真时出现的这种情况不存在，我就应当断定“p”是假的。

在（B）和（C）中使用的是“出现”，这是一种初始的视角性表述，在真值条件普遍化以后会得到扩展后的视角性表述，这时候就使用“存在”。为了方便看出其中的要点，在（C1）中就直接使用“不存在”。真值条件的普遍化，就是让其他断定者也能够挑出所谈论的情况，而不限于一开始赋予意义的那个断定者。由于“出现”是相对于主体的，这种普遍化就意味着视角的分享。共同视角下的“出现”就是“存在”。

视角分享不是形成一个新的、中立的视角，而是视角之间可以相互连通的状态。因此，共同视角仍然保留了索引性。这意味“存在”这个概念也是索引性的。索引性的概念与表征性的概念不同，表征性概念能够让我们从语言直接追踪到实在，而索引性概念则必须借助使用语言的行为才能追踪到实在。在很多时候，索引性概念的内容都可以以表征的方式得到确定。比如“昨天下过雨了”这个句子，其所表达的内容就可以通过像“2019 年 5 月 16 日下过雨了”这样的句子以表征性的方式表达，只要说出“昨天下过雨了”这个句子的行为发生在哪一天就可以了。“我”这个词所表达的内容也可以以表征的方式表达。当然，这是以转化视角的方式完成的，我必须以第三人称视角来表达它的内容。如果只能以第一人称视角来表达，我也就不能说清“我”表征了什么内容了。一个人除非借助别的东西，他无法看到自己，在语言中也类似。

我们这里讨论的真谓词也是如此。由于真谓词的使用在于做出断定，并且只有在断定的施事行为中，真这个概念才起作用，（B1）和（C1）就是对断定行为本身的描述，而不是对做出断定行为的决定过程进行描述。这种决定过程有时被解释成行为的预演，做决定的人好像旁观者一样来描述这种预演；但这里并没有这种旁观的余地。这样一来，让真这个概念起作用的断定行为，必须是断定者本人所做的行为。进而，由于存在这个概念也是通过联系到断定行为而得到确定的，这个概念也就必须出于第一人称视角，即断定者视角才能够把握。正是在这种意义上，存在是一个索引性概念，它的内容不可能通过表征的方式确定。由于这层关联，真谓词所具有的就是非表征性内容。

基于类似原因，假谓词的内容也是非表征性的。不过，真谓词与假谓词在内容上会造成表征性的区别，让我们追踪到实在的区别上。这一点在以前看来之所以神秘，是因为我们只是在表征的意义上理解内容。现在这种神秘消失了。这两个谓词在内容上的区别在于索引的机制不同，它让我们以不同的方式追踪到实在，也就会追踪到实在中的不同情况上，这也就毫不奇怪了。最终，我们就通过索引性，在允许真谓词有标志性用法的同时，解释了它为何不是表征性的。①

四 规范性与视角性

到此为止，我们得到了一个让收缩论直觉和符合论直觉相容的真概念。我们不是在作为观点的收缩论和符合论之间折中，而是在弄清人们为何觉得收缩论和符合论有道理的基础上，说明这两种直觉其实为同一个概念所支持。

人们之所以觉得真这个概念没有实质内容，是因为断定一个句子为真与直接使用句子来断定是一回事。按我们的理论，这不难解释。"存在"和"不存在"这两个概念都是索引性的，但"不存在"是在"存在"的基础上得到定义的，因此"存在"具有基础性的内容。当使用这个内容来解释一个句子为真是怎么回事时，"存在"的索引性特性就参与构成了表征内容与真值条件的等同关系，这解释了真谓词为何没有为断定内容做出实质性的贡献。当断定句子 p 是真的时，若其所断定的情况存在，则句子为真。一种情况是否存在，以说话者所在的世界作为标准来衡量。另一方面，p 所表征的是什么情况，这一点却可以通过说话者在什么情况下断定 p 为真来确定。说话者所在的世界把确定 p 的表征内容时参照的那种情况包含在内，因此，如果 p 确实是真的，那么它所表征的就是使其为真的那种情况，这就是前面说的那个等同关系。

而人们之所以认为真这个概念有实质内容，是因为觉得实在应当参与决定句子的真值，因而句子的真假表明了句子与实在这两个相互独立的东西之间的关系。从一种意义上讲，这是从第三人称角度理解的结果，这个角度允许人们从"侧面"来谈论句子与实在的关系，仿佛可以不用借助句

① 维特根斯坦认为，包括否定在内的真值函项都不是表征性的（Wittgenstein，1961：4.0312，4.441，5.44），这与我们这里的结论一致。这里我们实际上是在解释，维特根斯坦的结论可以得到什么支持。

子来谈论实在。按照视角主义实在论，实在最终还是要纳入第一人称视角中。从第一人称角度来看，句子与实在间的这种独立性体现为，陈述有实质性意义的真假之别，并且无论真假，句子的表征内容保持不变。我们的理论显然满足这个要求。在我们的理论中，真假之别不是基于真假谓词的表征性内容获得的，而是基于不同的索引机制。这种索引特性不仅让真谓词和假谓词把表征内容与不同的评价条件联系起来，从而获得实质性的真假之别，而且让真谓词与评价条件的联系容纳收缩论直觉，而不至于让我们从“侧面”来理解真谓词。这样，实在就不是简单地作为被表征的东西参与决定句子真值，而是以部分表征、部分索引的方式参与。

可以说，我们是在收缩论直觉的基础上吸收符合论直觉，或者说，在第一人称视角基础上吸收第三人称视角。相应地，我们对真这个概念给出的解释，也就要求从主观性出发来到达实在。这是视角主义实在论的题中之义。我们是作为在世界中活动的存在物认识世界的，而这使到达实在的过程服从一种索引机制。语言的使用者参与确定了语言与实在之间的语义关系，并且这种角色不可消除。这一点也就体现为存在的索引性。索引性的本质在于，说话者按照与自己的关系来理解实在。索引性还意味着，参与建立这种语义关系的是行为模式本身，而不是可以指引行为的某种内容。这是施动理论的要点所在。与此同时，索引机制在这样一种意义上是规范性的：就像判例法中的判例规定了后来的判决应当如何进行一样，索引机制通过一种类似于“良知”的方式保持着自我一致，而不是服从于某种外来的、需要诉诸表征性内容的规则。真谓词作为评价性概念正是通过嵌入这种机制中起作用的。这种规范性所产生的结果是让句子内容具备客观性，从而保证语言能够达到实在。

第五章　命题

“传统上，命题承担了三个彼此联系的角色：真与假的载体，信念与断定这类态度的对象，句子的意义或语义内容。”（Soames，2014：91）最后一个角色使命题理论成为意义理论中至关重要的一部分。然而，只有在同时解释其他两种角色的理论中，作为意义的命题才能得到恰当的解释。这是因为，命题之所以成为句子内容或意义，无非是因为它表征了实在；而如果这种表征没有与知识，从而与命题态度联系在一起，那我们也就无从得知这是一种什么表征了；如果进而没有与真相联系，那么这种表征就将是无法想象的。前面关于意向性的考察为容纳命题态度提供了框架，而真理理论则为理解作为真值载体的命题提供了框架，于是，在这一章中我们要做的，就是利用这两个理论资源来建立命题理论，或者说，来解释句子如何具有意义。

在建立命题理论时，我们以命题统一性问题作为引导问题。

初步说来，命题统一性问题就是，是什么让一串符号成为一个完整的句子，从而表达了一个命题。由于句子与命题之间的对应关系，这个问题其实是在问，什么东西把命题的各个部分连接起来，构成一个整体。在没有连接成命题之前就只有词语，而词语与句子的区别关键就在句子有真值而词语没有。解释命题是如何构成的，自然要解释句子为什么能有真值而词语却没有。命题的统一性和真值都是使其区别于词语的东西，因此很难想象针对它们的解释竟然彼此无关。至于命题作为命题态度的对象，以及命题的表征功能，这些问题在讨论命题统一性时应该随时准备引入。选择从哪个问题开始，这也许是偶然的。但是，只要方向正确，总应该会发现所有问题都联系在一起，并可以一起解决。

第一节　命题统一性及其他问题

在弗雷格那里，命题（proposition）就是句子的涵义，即句子所表达的思想。思想则是一种抽象实体，它既非心理状态，也非物理事物。而在罗素那里，命题则是由句子所谈论的事物所构成的一种复合物。通常，这种复合物中包含了殊相（particular）和共相（universal）。例如，“苏格拉底是有死的”这个句子就表达了这样一个复合物，它由苏格拉底这个殊相和有死性这样一个共相构成。如果苏格拉底实际上是有死的，那么这个复合物就是事实本身，其中的殊相和共相就联系在一起，即殊相例示了（instantiate）共相；但是，如果苏格拉底实际上不是有死的，那么其中的殊相就没有例示共相，但是，它们仍然结合在一起，构成了一个命题。

弗雷格和罗素虽然对命题有不同的界定，但有一点共同，即命题都被认为是独立于语言表达式的实体。这种实体为不同句子所共有，从而保证这些句子具有相同的意义。这种用实体来解释句子意义的做法，在蒯因的批评之下已经难以为继了。但是，如果本章给出的理论是正确的，那么，我们还是可以在经过限定的意义上谈论命题。

让我们暂且把命题当作独立于语言的东西来谈论。命题总需要用句子来表达，这一点决定了应该如何看待命题。我们会认为命题具有句子所表明的那种结构。在这样做时，我们也不会把句子当作初始的东西，认为它的一切特征都是相关的。事实上，我们依据对于命题的表达能力来理解句子，从而只考虑句子对这一目的有用的那些特征。比如，在“苏格拉底是有死的”这个句子中，我们不能把其中的“苏格”分出来作为一个符号，但可以把“苏格拉底”分出来作为一个符号。这是因为，我们看待句子的方式决定了，独立承担语义功能的是“苏格拉底”而不是“苏格”。我们把可以这样区分出来的符号称为“表达式”（expression）。

在“苏格拉底是有死的”这个句子中，可以被认为是表达式的有“苏格拉底”“是”以及“有死的”。也可以把后两个表达式合并起来，当作一个表达式。这里不必考虑这种情况。我们感兴趣的事情是，这三个表达式都表示某种东西，比如说，它们分别表示一个殊相（苏格拉底这个人）、一个共相（有死性），以及两者之间的关系（例示关系），但是，它们都不能说是真的或假的；只有当三个表达式合到一起，才可以是真的或假的。怎么解释这种差别呢？

自然的思路是，这是因为，当这些表达式合到一起，就构成了一个整体，即一个命题，而具有真假，则是作为整体的命题区别于那些表达式的简单列举的地方。这样，只要解释了在什么意义上命题构成一个整体，也就可以解释是什么差异让命题具有真假，而表达式却并不具备。

命题统一性问题可以这样表述：命题为什么是一个整体，而不是表达式的排列？

这个问题在罗素那里首先得到了完整的表述，这种表述为后续讨论提供了良好的基础。

> 如果把所有动词都视为关系，那么其作为实际的动词和动名词的双重本性，就可以表达成关系本身和实际上起连接作用的关系之间的区别。比如，考虑“*A* 是区别于 *B* 的”这个命题。如果分析的话，这个命题的成分看来就只有 *A*、区别、*B*。但这些成分只是并排放着，而没有构成命题。命题中出现的那种区别实际上连接着 *A* 和 *B*，但分析以后，区别却成了没有连接 *A* 与 *B* 的东西。有人会说，我们应该在分析中指出把区别与 *A* 和 *B* 联系在一起的那些关系，即在“*A* 是区别于 *B* 的”中的“是”和“于”所表达的那些关系。这些关系就在于 *A* 是所指，而 *B* 是区别关系的关系项。然而，“*A*、所指、区别、关系项、*B*”仍然只是关系项的列举，而不是命题。命题实际上是一个整体，若分析摧毁了整体，列举成分是不能将其恢复的。动词当作为动词使用时，确实体现了命题的统一性，因而不同于充当关系项的动词，但我不知道如何清楚地解释这种区别的本质在哪里。（Russell，1903/2010：50－51）

一个动词当被用来说明它表示什么时，实际上就是名词；而在句子中实际上连接其他成分时，它才真正作为动词起作用。这里出现问题的关键在于，在句子中用来连接的东西，当被分析以后就成了一种列举，也就是说，实际上变成了名词。但是，一组名词并不是句子。在罗素的框架中表述，关于命题的统一性问题会直接对应到指称的层次上，从而成为关于事实或事态的统一性问题。若要解释是什么把构成句子所陈述的那种情况结合成一个整体，我们所使用的也是名词，结果也是列举，但列举并不足以说明所陈述的情况是一个整体。

在弗雷格的框架中，命题统一性问题是在涵义的层次上表述的。这就是句子中词语的涵义如何构成一个整体，从而成为一个完整的思想。弗雷格用一种形象的方式来处理这个问题。他遵循一个指导思想，即只有通过饱和的东西与不饱和的东西之间的结合，才能得到一个整体（Frege，1997d：134）。这样，命题的统一性就好像是用饱和的部分来填充不饱和部分中的空洞达到的。这种形象的解释直接与函项的符号写法联系起来。在函项符号“$f(x)$”中，“x”实际上是占位符，而不起指称作用。这样，括号中就留下一个空洞，而命题中不饱和的部分就是一个函项。

当然，我们也可以不按形象化的方式来看这件事，为此只需把不饱和性理解成结构或关系的特性。空的结构，没有连接关系项的关系，这些东西可以看作有空洞的东西。之所以这么说，是因为我们通常要联系到占据结构和建立关系的关系项，才能够真正地谈论它们。比如，只有在把上下关系加在一对假想的东西上，才能解释什么是上下关系，而不能像指着一把椅子说那是椅子一样来解释。借罗素对两类动词的区别就可以看出，这意味着不饱和的东西只能以这种需要填充的方式出现在句子中，而不能以饱和的方式出现，也就是说，不能用主目符号（在弗雷格那里就是名称）来指称函项（在弗雷格那里被称为概念）（Frege，1997e）。这种区分在一定程度上推进了我们对命题统一性问题的认识，它表明在一定程度上要通过我们谈到事物的方式来为这个问题定位。但统一性具体来说是怎样达到的，却不能从中得到回答。因为，要解释什么是饱和的东西，我们需要先理解什么是完整的句子，从而需要诉诸命题统一性的概念。

当然，并不排除命题统一性是一个初始的，不能解释的概念，但对一种哲学解释来说，却需要论证这种初始性。

近年来，命题统一性问题成为一个热门话题，而相应的意见也多了起来。[①] 这些意见为我们的讨论提供了起点。我们会分析和评价它们，从中提取有用的线索或构件，来形成我们的解释。在这样做时，事先确认一下评价的标准以及努力的方向，会让讨论变得清晰起来。

对于命题统一性问题的解决是否成功，可以以是否解释了命题的三个角色为标准来衡量，即作为真值载体、命题态度的对象以及句子意义。更

① 比如，就笔者所见，关于这个问题的讨论就出现了四部专著（Davidson，2005；King，2007；Gaskin，2008；Soames，2010）。其中戴维森与加斯金（R. Gaskin）都把这个问题与布莱德雷关于关系的非实在性论证视为同一个问题，并进而将其回溯到柏拉图所表述过的“第三人论证”（the third-man argument）。这样，这个问题也就成为哲学的一个基本问题了。罗素本人也说过，这是哲学中最重要的问题（Russell，2010a：138）。这里我们不会把这个问题回溯到那个程度，而只是将其限制在命题的范围内对待。关于一般性的讨论，可参见黄敏（2012）。

确切地说，只有当按照某种理论解释所产生的具备统一性的命题能充当这三个角色，这种理论才是可以接受的。下面依次说明一下这些角色。

当命题作为真值载体存在时，它必须能够是真的和假的。如果命题是真的，那么它就表征了事实；如果它是假的，那就没有表征事实。但无论为真还是为假，它都仍然是同一个命题。因此，对命题统一性的解释对真命题与假命题必须是相同的。

命题是真值载体，就意味着它可以充当真值函项的主目。真值函项有时会与谓词相作用，例如下列句子就是如此：

(1) 如果雪是白的，那么雪就不是绿的；
(2) 如果张三比李四高，那么李四就不比张三高；
(3) 张三比李四高，当且仅当，李四比张三矮。

这种现象说明，谓词作为体现命题结构的东西，与像否定这样的真值函项有某种相通之处。这种相通之处使两者的作用成为可能。当然，真值函项本身也是一种谓词，这也让这种感觉很自然。恰当的命题理论应该解释这一现象。如果有种关于命题统一性的解释，那么用来让命题成为一个整体的东西，也就应该可以用来解释，比如说为什么否定命题也是一个整体。

对这样的现象，一种处理办法就是将其当作相应谓词的初始事实。比如，(2) 表明高矮关系具有非对称性，这种处理方法就等于说非对称性是高矮关系的初始性质，而对其不加以解释。这种方法当然只是在对这种现象没有给出解释时聊以敷用，一旦有解释给出，也就自动废除。

命题可以充当命题态度的对象，这一点也为命题理论提出了解释任务。命题理论应当解释，一个命题经由命题态度与一个人或者其心灵建立联系，这是怎么回事。处理这个问题的一种通常的办法，就是设定在包括相信、怀疑、断定等在内的所有命题态度中都起作用的一种基本态度，命题经由这种态度被引入命题态度关系，这样就只需要解释这种基本态度是怎么回事就可以了。弗雷格所说的“把握”（grasp）就是这样一种基本态度，现在人们常用的是“持有”（entertain），即考虑、关注一个命题，或者以该命题为内容的观念，使心理状态具有相应内容。其他命题态度就在持有态度的基础上形成，比如，相信一个命题，就是持有这个命题并认同它，如此等等。

要解释持有命题是怎么回事，难点在于，把命题当作独立于心灵的东西处理时，命题就成为抽象实体，于是就会遇到心灵如何与抽象实体建立联系的问题，即著名的柏拉图主义问题。柏拉图用“回忆说”来解释人类如何能拥有关于理念的知识，我们当然不能这么做。但是，也不能用像看听嗅之类的感官来解释，因为命题作为抽象实体并无作用于感官的能力。也最好不要用神秘的直观能力来解释，那等于没有解释。

这里将要采取一条相反的思路。我们不是先承认命题的独立性，然后考虑这种独立的东西如何与心灵联系起来；而是先在与心灵的联系中解释什么是命题，然后考虑命题在何种意义具有独立性。这条思路总体上讲不会设定抽象实体，它所设定的只是心灵的一种活动方式，而抽象实体不过是这种心灵活动所建立的对象，而它之于心灵的独立性则在于这种活动方式诉诸了独立于心灵的东西，即句子。

最后，命题作为句子意义，其所拥有的就是表征能力。命题具有表征能力，就在于表达命题的句子与实在建立了对应关系，而这种对应关系可以用真这个规范性概念来加以评价。由此建立的就是表征关系。我们需要做的就是解释这种表征关系如何建立。表达式虽然不会区分真假，但也会出现表征关系，这通常就是表达式对于对象或者性质、关系的指称关系。命题理论主要处理表达式层次上的表征与句子层面上的表征之间的衔接机制。这种衔接机制一方面可以用于解释表达式语义（指称）何以能通过组合的方式建立句子语义，这就是命题统一性问题所要回答的问题；另一方面，它也应当可以说明，句子表征功能的实现，将对表达式语义产生何种制约，从而让表达式语义得以确定。后一方面将为意义理论向亚语句层次推进提供方向。第七章建立的范畴理论就是向后一个方向思考的结果。

第二节　波吉：双重语义关系论

这一节我们讨论命题统一性问题的具体性质，并把问题锁定到谓述关系上。这个问题是以无穷后退论证的形式出现的。就像大多数哲学问题一样，它关系到应该如何理解一个问题。如果这样的问题本身以论证的形式提出，我们就可能把两种观点弄混。这两种观点都可以以针对这个论证的反论的形式提出来，但其哲学结果不同。一种观点是，这样的问题根本就不存在，我们也不需要费力气去回答它；另外一种观点则是，我们承认这个问题存在，而解决这个问题的方式则是找到阻断论证的方法。应当说，前一种观点是取消问题，后一种观点则是解决问题。由于对问题的解决本身也是一种取消，即说明提出问题的那个论证是无效的，这两种观点容易被混为一谈。它们的区别在于，后一种观点在理解上得到了推进，而前一种观点则不会。当问题的解决所需要的是建立新的理解而不是新的事实时，这种混淆就更容易发生。

这一节要处理的观点，就属于取消问题的情况。它认为命题统一性问题并不存在，我们只需按照通常的理解方式，就可以解释命题如何构成一个整体，而无穷后退论证之所以被人提出，是因为没有看到这种理解方式。这种观点来自波吉对戴维森的批评（Burge，2007）。他虽然没有正面说，并没有所谓的命题统一性问题，但还是认为戴维森给出的无穷后退论证是无效的。如果戴维森表述的论证的确说明了什么是命题统一性问题，那么波吉的批评就等于说没有这个问题。通过分析我希望说明，波吉之所以认为无穷后退不成立，是因为错失了命题统一性问题的要点何在；而在对问题的鉴别上，戴维森是对的。

我们选取戴维森在《真与谓述》（Davidson，2005）中的一个段落来说明他如何理解这个无穷后退。这个段落其实也包含了他对于命题统一性问题的一种诊断。

> 对于要把所要思考和谈论的性质和关系当作实体，我无意反对，当然，除非这样的实体并不存在。我无意于怀疑它们存在，它们是否存在的问题在后面的讨论中不起作用。更为基本的问题是，关于性质和关系存在的设定是否有助于我们理解“泰阿泰德坐着”和“运动不同于静止”这类判断的结构和本质。让我们再看看。泰阿泰德坐着。我们都同意，泰阿泰德是实体，是一个人。这个人坐着。坐着这个性质是另外一个实体，这是一个可以为许多特殊实体所例示的共相。眼下，泰阿泰德是那些实体中的一个。换句话说，我们通过说泰阿泰德例示了坐着这一性质，来解释怎样才算泰阿泰德坐着。这样，这个事实本身就只是由两个实体构成的，泰阿泰德和坐着这个性质。之所以说这是一个事实，是因为那两个实体彼此间有种关系，即例示关系……这样我们就看到，可以只用两个词来描述的事实似乎包含了三个实体。但是，“泰阿泰德坐着”只包含三个实体，泰阿泰德、坐着和例示吗？肯定不是。这个事实也要求这三个实体彼此有某种关系，即泰阿泰德和坐着按照这样的顺序处于例示关系中。要解释这个事实我们又需要这第四个实体，和例示关系不同，这是一个三元关系。显然，我们进入了无穷后退。（Davidson，2005：84－85）

波吉对戴维森做出了一些显然缺乏同情的评论，分析这些评论将有助于澄清这个问题的性质。他觉得戴维森的叙述是不严谨的，他的叙述中出现了双重跳跃。第一重跳跃是在谈论判断与谈论事实之间。我们看到，在汉语译文第三句中承诺要解释判断的结构和本质，但随即却又开始谈论事实的构成。这种跳跃让戴维森在后面把句子与实在混为一谈，竟然说“泰阿泰德坐着”这个句子包含了三个实体，即泰阿泰德、坐着和例示。第二重跳跃则是从考虑关于某些实体的设定是否有助于我们理解判断，跳到后面考虑做出构成性的解释，也就是说，戴维森以设定那些实体不足以解决问题为由，得出那样做无助于解决问题的结论。（Burge，2007：592－593）这些错误如果存在，那就都是些低级错误。指控非常严厉。我们来看看戴维森是否犯了这样的错误。

应当说，戴维森那里出现的第一重跳跃并不算错误。在命题统一性问题中，无穷后退是作为引发问题的现象出现的。命题统一性问题之所以出现，是因为按照某种自然而然的方式来解释命题统一性时引发了无穷后退；如果无穷后退不可接受，我们原定对命题统一性的解释也就行不通了。而在这里，我们对命题统一性的自然解释就是利用语义来进行。命题是复合符号，我们可以按照充当其成分的符号的意义来理解命题。自然，利用充当成分的符号的意义，就应当能够解释命题符号怎样构成一个整体。在罗素的框架内，符号的意义就是符号所指的事物，因此，在讨论如何判断（命题）会构成整体时，就要借助事实或事实的成分，也就是说，要去谈论事实。在这个问题上，波吉的指责是没有道理的。不过，他之所以这么评论，还是有原因的。这个原因后面再讨论。

波吉说的第二重跳跃在一种情况下不构成问题，那就是在设定实体是解决问题的唯一办法的时候，如果它不足以解决问题，那就无助于解决问题。区别只是字面上的。波吉的不满在于，他认为把设定性质和关系一类的实体当作唯一的解决方法，实际上就等于认为词语与事物之间只有一种可能的语义关系，即词语指称对象。在只有这种语义关系时，要通过语义来解释命题的特性，就只有引入所指称的东西，比如例示关系，即戴维森希望设定的东西。但是，在波吉看来，词语与事物之间还有其他语义关系，比如波吉所说的归属关系（application/attribution）。归属关系适用于谓词。谓词通过这种关系把其所指称的那种性质或关系归属于主目所指称的对象。这样，谓词就兼具指称与归属两种语义关系。

如果波吉所说的第二重跳跃在戴维森那里真的发生，那么无穷后退论证根本就做不出来。当引入例示关系来解释“泰阿泰德坐着”是如何表达一个完整命题时，实际上得到的是另外一个命题。这个命题包含了一个完全不同的谓词，它表达了一种不同的归属关系。在“泰阿泰德坐着”这个命题中，谓词把坐着这种性质归属给泰阿泰德；但在“泰阿泰德例示了坐着这个性质”这个命题中，谓词归属给泰阿泰德的却是例示这种关系。这样，就不能用后面那个命题来解释前面那个命题。

事实上，按波吉的想法，也不需要引入新的东西来解释命题的统一性。就像罗素所说的实际的动词一样，谓词的归属性功能就已经把性质或关系与对象连接成为一个整体，因而解释了命题的统一性。因此，波吉说

> 指示关系［即指称］本质上就包含了谓述能力。谓述本质上不仅包含（至少意欲包含）指示关系，而且也包含（至少意欲包含）归属关系。最终，关于坐着这种性质的谓述不同于述及坐着的性质与个体之间的例示关系，也不能被其完全且确定地解释。这就是能够从后退论证中得到的东西。（Burge，2007：593）

如果无穷后退可以成为一种有效论证的话，那就是以归谬的方式论证了归属关系应该作为一种语义关系存在。但是，这显然是一个更强的论断。要这样理解无穷后退论证，就需要论证，对于命题统一性的解释只有两种可以选择的方案，一种是引入新的实体，另外一种就是引入新的语义关系，没有其他方案。这构成了额外的论证负担。波吉所做的就是，从一开始就接受双重语义关系的存在，然后以此为基础拒绝无穷后退论证的有效性。

波吉以这种方式引入的双重语义关系理论，需要与戴维森所接受的单一语义关系理论区分开。这种区分在波吉的论述中变成了上述两种方案间的区分，前一种方案，即引入新实体的方案，属于本体论方案，而波吉自己的则属于语义学方案。语义学方案由于所关心的是实体与词语之间的对应关系，而不限制在解释命题统一性上可以设定何种实体，波吉称这种立场为语义学上的自由主义（Burge，2007：604）。由此不难理解，他为何指责戴维森犯了第一重跳跃的错误。语义学的事情归语义学，本体论的事情归本体论。

这样看问题的一个有趣后果是，弗雷格关于名称不能指称概念的结论（Frege，1997e）也就无法得出了。谓词，即句子中不饱和的部分，同时兼有指称和归属两种语义功能。如果这两种功能被归于词语与事物间的关

系，而不取决于与词语通过语义学关系建立联系的事物是什么,[①] 那么至少，对一个名称能指称什么东西，也就不存在限制。这就是说，弗雷格意义上不饱和的东西，即概念，可以用饱和的表达式，即名称，来指称。这不会影响到命题的统一性，因为，只要有谓词在正常发挥归属作用，性质或关系就已经被归属给对象，从而与之联系成了一个整体。

这是一个非常合乎直观的理论，只要按照自然的方式理解句子，就会接受它。但是，奇怪的是，在前面第一节的那段引文中，罗素实际上已经提到过这种双重语义关系，他区分了两种动词。但罗素为何没有看到这个区分本身就可以解决问题，反而提出了一个与戴维森相似的后退论证呢?

罗素显然知道，动词当用作动词时，就在语法上与主词连接起来了，就可以由此构成一个完整的句子。但是，为什么动词可以起这个作用呢?把罗素的思路展开一下应该是这样的：完整的句子所陈述的东西与一组词语所表示的东西肯定不同，既然这种区别存在，那么，解释这种区别的东西，就应该能够解释动词为何可以连接到主词上；作为实在论者，罗素应该相信，用来解释这种区别的东西，无论是什么，都应该可以用名词来指称它，而这种名词，难道不就是动词本身的变形，即动名词吗?因此，罗素的问题是，如何能够用名词形式来解释动词的功能。然而，正是这个思路引入了无穷后退。

从罗素的问题背景来看，波吉的双重语义关系理论其实也处在问题中：归属关系是通过谓词的使用，建立在谓词所指称的性质或关系与对象之间的，那么这种归属关系是不是实际存在的呢?如果存在，我们是否可以通过指称的方式加以确定，然后以此来解释命题的统一性呢?比如，按照波吉的理论，在句子“泰阿泰德坐着”中，谓词“坐着”当用在这个句子中时，就起着把坐着这个性质归属给泰阿泰德这个对象的作用。那么，能否用比如说“归属”这个词来指称这种关系，然后用“泰阿泰德被归属了坐着（这一性质)”这个句子来描述由此得到的命题整体呢?波吉会否认，因为由此得到了不同的命题。但是，尽管如此，一个希望回答罗素问题的人仍然可以说：当然，“泰阿泰德坐着”与“泰阿泰德被归属了坐着”表达了不同的命题，但这种区别还是可以消除，方法就是指出，当说一个人坐着时，就等于对他归属了坐着这个性质。波吉在用双重语义关系理论来解释谓词“坐着”的归属功能时，其实也就是这么说的，因此他应该同意它。

---

① 当然，范畴上的区分还是需要的，比如不能把一个个体当作性质归于另外一个个体。

但他得拒绝，因为这等于回到了无穷后退。用坐着与泰阿泰德之间的归属关系，来解释“坐着”这个谓词的归属功能，就等于通过引入新的实体来解释命题统一性，于是后退再次启动。为了避免这一点，波吉必须澄清自己的立场，说明归属关系是一种初始关系，是谓词、对象与性质[①]这三者之间的这样一种复合关系：当谓词出现在句子中，它就把性质归属给了对象。不能解释成，谓词指称一种存在于性质与对象之间的归属关系，而归属关系的存在把性质与对象结合了起来。按照双重语义关系理论，谓词还兼具指称性质的作用，但它指称的不是连接性质与对象的那种归属关系。波吉这样做，就等于拒绝认为罗素可以提出那个问题，等于拒绝承认让命题结合为一个整体的是一种需要解释的东西。波吉会说，命题从来就是一个整体，这是不需要解释的。

但是，让我们把罗素的问题再回溯一步。罗素之所以要通过引入实体来解释命题整体与一组名称的区别，在于它们应该有一种实在的区别。波吉在另外一种意义上还是要考虑这样的区别：我是否成功地用“泰阿泰德坐着”这个句子陈述了一个事实，这还是取决于这里不仅有泰阿泰德和坐着，是否还有一个由二者构成的整体，因此，有没有这样的整体，必须是有区别的。

对此，波吉的回应是，这里的确有一种区别，但它仍然不是用来解释何为归属关系的东西，相反，这种实在区别的有无，是归属关系建立以后的结果。如果命题是真的，那就有一种实在的归属关系存在于坐着和泰阿泰德之间；如果命题为假，那就没有这种关系。而另一方面，无论命题为真还是为假，通过谓词的那种初始的归属关系建立的命题整体都是存在的。因此，命题“泰阿泰德坐着”蕴含命题“泰阿泰德被归属了坐着”，但它们仍然不是同一个命题。[②]

在这些回应中，问题逐渐清楚起来。在命题统一性这个问题上，波吉的双重语义关系理论中起作用的要点仍然是，为了解释命题统一性，无须假定那些起连接作用的实体。而这也正是戴维森通过考察无穷后退论证所得到的教训，即用起连接作用的实体不能解释命题统一性（Davidson，2005：85）。区别在于，戴维森是通过无穷后退论证得到这个结论的，而波吉则是在一开始就假定了这一点。波吉认为，正是因为谓词有归属性的语义关系，无穷后退才无以开始。但是，我们的追溯表明，让无穷后退无

---

① 为简洁起见，这里我们就只以表示性质的谓词为例来进行论述。

② 波吉关于这些命题之间关系的论述，参见 Burge，2007：604，n17。

以开始的原因是，谓词的归属功能独立于其所指称的那种关系起作用，而这实际上是在重复戴维森的结论。戴维森的论证可以理解为归谬。用假定实体的方式来解释命题统一性，无穷后退就开始了，于是就要推翻这个假定。当戴维森用无穷后退来说明不能假定实体时，波吉说，因为我们没有假定实体，所以无穷后退不会发生。由于没有足够同情地对待戴维森，在命题统一性问题上，波吉乞题了。

波吉认为，命题统一性在一开始就不成为问题。这应该是没有看到问题在哪里。如果用来建立统一性的是谓词的归属功能，那么这种功能就不能作为初始的、不可分析的关系出现。一个命题与其否定都是作为完整命题出现的，它们都是把同样的性质归属给同样的对象，但归属的方式不同。因此，归属关系必须具备结构性，并且，对于性质的指称应该是这种结构中的一部分，以容纳对应于肯定和否定的不同归属方式。因此，归属关系不应该是初始概念，而应该是可以分析的。从这个角度看，用设定例示关系的方式虽然不能解释命题统一性，但还是在向区分肯定与否定的方向努力。添加了例示关系，其实就是肯定命题（或命题为真）的情况，而不添加这种例示关系，即对象与性质没有结合起来，就是否定命题（或命题为假）的情况。因此，例示关系的添加与否，就把肯定与否定区分开了。

虽然波吉完全颠倒了问题，但在逆向对待的情况下，关于双重语义关系论的讨论仍然为真正解决命题统一性问题，提供了指导方向。我们不能把归属关系当作讨论的出发点，而是要当作需要解释的对象。可以说，命题统一性问题，其实就是关于如何理解归属关系的问题。既然把归属关系与指称关系区别开是结束无穷后退的关键所在，我们就要在命题的结构中保留不能用指称来解释的东西，也就是说，保留某种只属于语言而不预设实在对应物的要素，并且把建立命题统一性的那种连接归于这种要素。

第三节　加斯金：无穷后退与语言学唯心论

在解决命题统一性问题的尝试中，加斯金（Gaskin，1995；2008）的解决办法最为晦涩，也最有争议。尽管如此，我们还是可以从他的讨论中受益，从中确定无穷后退论证与关于谓述关系的非实在论立场之间的关系，而对这种关系的理解让我们得以最终摆脱无穷后退论证。

加斯金总的观点是，我们所说的无穷后退不是恶性的，相反，它解释了在什么意义上命题构成了统一体。这样看来，无穷后退论证虽然是提出问题的一种方式，但无穷后退本身同时就构成了问题的解决。

为了理解加斯金的解决办法，不妨观察一下无穷后退序列。可以用加斯金的说法，把这个后退序列称为“布莱德雷后退”。用前一节的例子：

（1）泰阿泰德坐着；
（2）泰阿泰德例示了坐着；
（3）{泰阿泰德，坐着} 例示了例示关系；
（4）{泰阿泰德，坐着，例示} 例示了例示关系；
……

在这个后退中，为了简便，我们和加斯金一样不考虑主目的顺序，而是使用集合符号“{ }”。这不会产生误导。按照加斯金的理解，这个序列是通过分析产生的，序列中的后一项构成了前一项的语义分析，这种分析的目的是表明，是什么把前一句子中的词语结合成了句子，从而使其区别于词语的列举。这样，加斯金就把布莱德雷后退解释成了一个关于语义分析的无穷后退。把词语连接起来从而构成句子的最终成分，被他称为“逻辑系词”（logical copula）。这样，这个序列就被理解成，逻辑系词的语义为无穷多个公理所决定，因此如果人们不能把握这无穷多个公理，那就不能理解句子和词语序列的区别。加斯金认为，布莱德雷后退就是因为这无穷多的公理不被人们接受（Gaskin，1995：174）。

他解决问题的方法是，说明无穷多公理并不构成理解逻辑系词的障碍。可以看出，这个后退可以机械地产生，方法就是把已经给出的有序对当作一个新的有序对的前一个元素，而用一个例示关系来充当后一个元素，由此构成新的有序对。这个序列的前一项与相邻的后一项之间，可以视为是一种外延等价的关系，两者的真值相同。这在加斯金看来就意味着，产生这个后退的机械程序可以视为一个公理模式，即

（C）R_n（x_1，…，x_n），当且仅当，x_1，…，x_n例示$_{n+1}R_n$。（Gaskin，2008：174）[①]

① 在引用时我们把单向的实质蕴涵改成了双条件句。加斯金实际上承认这种双条件句成立（Gaskin，2008：356）。

反复使用这个公理模式，就产生无穷后退。这一点的重要性在于，既然这个公理模式可以以有穷的方式得到把握，那么由此产生的无穷后退也就可以得到把握，这样，我们就不能以心灵的有穷性为理由，把布莱德雷后退看作恶性的。

然而，这个理由并不让人信服。它把这个后退仅仅理解为一个含有无穷多个项的集合，但是，它的真正要点在于这个序列没有最后一项，而这一点决定了后退是恶性的。让我们看看这是怎么回事。产生无穷后退的动机不是前面那个公理模式（C）的迭代，那只是形成无穷后退的模式。后退的动机是寻找连接主词与谓词的东西，是解释是什么把命题结合成一个整体。当我们说，连接泰阿泰德和坐着的是例示关系时，随后又发现这种例示关系本身也需要一种例示关系来连接泰阿泰德和坐着，并且，问题的关键是，只有当后一个例示关系连接了前一个例示关系，前面的例示关系才起作用。因此，无穷后退是一个追踪连接环节的过程，在这个过程的任何一个阶段，只有当最后一个连接环节被结合起来，之前的连接才宣告达成。这样，布莱德雷后退仍然是恶性的，这是因为它没有最后一项，也就是说，最终也不可能找到连接环节。

按这个思路应该可以看出，加斯金给出的辩护理由不成立。他之所以认为这个无穷后退是心灵可以把握的，是因为它可以按照公理模式（C）产生出来，而这是一个机械的过程。但是，如果按上述动机来理解后退，那么在后退过程中运用的机械模式就不能直接理解成公理模式，因为，后退序列中的每一项只有在后退完成以后才能认为构成完整的命题，只有到那时，（C）才算得上公理模式。这样，加斯金就不能以我们能够把握这个公理模式作为理由，来说明这个序列不是恶性的。只有当这个序列最终完成，我们才能把握这个模式。

不过，加斯金并非不能为自己辩护。上述批评是在形而上学层次上做出的，确切地说，它预先假定了一种对于连接环节的实在论态度。照这种态度，命题的构成成分，比如对象、性质和关系，以及用来连接命题成分，从而达成命题统一性的东西，都是以独立于命题的方式给出的，而命题统一性问题就是，如何能够从这些事先给出的东西出发构造出命题来。从这个角度看，在没有把命题的构成成分连接到一起之前，我们得到的就只是列举这些成分的一组名词，这样，我们就进入了寻找连接环节的过程。无穷后退之所以产生，则是因为每次找到的连接环节，作为独立存在的东西，都只能利用名词的指称作用引入句子，这样，句子也就无从区别于一组名词。面对这种批评，加斯金只需否认自己是实在论者即可。

事实上，他对命题统一性问题的处理是在语言学唯心论（linguistic idealism）框架内进行的。（Gaskin，2008：iv）语言学唯心论是处理语言与实在关系的一个全局性的框架，它要回答“何以能够确保我们的思考活动终究还是抓住了世界”这个问题。语言学唯心论认为，是我们思考所使用的语言决定了所思考的对象是什么。由于对象是通过词语引入的，这一立场就可以体现为这样的看法：

> 从理论角度上讲，最基本的话语单位是句子，亚语句的成分则是由此导出的理论设定，因此，我们应该认为，语言与世界基础性的联系建立在句子层次上。的确如此。正是因为陈述句实际上是真值的初始载体，语言与世界的联系才得以建立起来。（Gaskin，2008：43－44）

这种语言学唯心论在一种意义上是语境原则的后果。加斯金把弗雷格的语境原则理解为句子对于词语在概念上的优先性，即“词语是在理论上对句子进行抽象得到的，要解释词语是什么，以及词语的作用是什么，在本质上要诉诸词语在句子中扮演的角色”（Gaskin，2008：189）。而这对加斯金则意味着，“要达到实在，不存在先于语言的通道，并且归根结底，我们的语言通道对于实在本身来说，也是构成性的”。（Gaskin，2008：260）

从这个立场出发，由于命题是初始的，而词语总是在句子中才有意义，构成命题的连接环节也就始终发挥作用，（C）总是已经作为公理模式出现。照这样看，在布莱德雷后退序列中，前一项当被分析成后一项时，也不需要后一项已经由连接环节连接构成整体，它才构成一个整体；应该说，序列中的每一项都已经是统一的命题了，它对命题统一性的解释“诉诸了其他已经构成整体的命题”（Gaskin，2010：305）。在这种情况下，这种解释不是还原性的，它的目的不是解释要说明其统一性的句子的意义，以使“不理解该句子意义的人或者没有把握例示关系的人”能够理解它（Gaskin，2008：369）。

这样一来，针对命题统一性的分析就意在向理解句子的人解释，是什么把句子与一组词语区分开，从而把词语连接成句子。加斯金的回答是，连接词语构成句子的，恰恰就是布莱德雷后退本身，并且，是这个后退的无穷性。他建议这样看待这个后退：如果在某一项上停止，我们就是在用新加入的例示关系来解释前一项的统一性；然而，从罗素的论证来看，这实际上毁掉了统一性，因为新加入例示关系以后，得到的仍然是一组名词；因此，只有继续添加例示关系，从而继续后退下去，我们才得以让具有统一性的命题区别于一组名词。（Gaskin，2010：367）从直觉上看，这种无穷后退有些像连接两个点的一条线，这条线的连续性在于，我们总是可以在上面的两个点之间找到第三个点，如此以至无穷。

按加斯金的思路，严格地说，解释命题统一性的那个连接性的环节倒不应该是布莱德雷后退这个无穷序列本身，而是使这个序列无穷延续的那种机制，即我们作为理解句子的人总是可以添加例示关系这样一种可能性本身。其实，对我们有用的也在这一点上，这个序列本身倒不该存在，它没有继续延续下去的动机。这是因为，每当我往序列末尾添加一项，引入新的例示关系来解释前一项的统一性时，由于我理解这新的一项，知道它有统一性，我也就不会继续去解释它。我只会说，如果必要，可以继续添加下去，但目前还没有必要。我们已经把握了公理模式（C），事情就可以到此为止，也就没有布莱德雷后退了。

回过头去理一下思路。加斯金一开始要做的，是要独立地论证布莱德雷后退不是恶性的。但[①]仔细研究发现，这个论证只有在语言学唯心论框架下才成立；这个框架让布莱德雷后退没有机会出现，也就等于事先排除了问题；因此，对命题统一性问题的解决，加斯金实际上是乞题了。[②]

但是，如果加斯金的解决方法真的让布莱德雷后退不会出现，那就可以在不预先假定语言学唯心论的情况下，把这个后退本身当作实在论的归谬论证，从而从反面建立语言学唯心论。加斯金是独立论证语言学唯心论的（Gaskin，2019），现在姑且不去考虑这个论证是否充分。[③] 目前也没有必要考虑建立全面的语言学唯心论观点，而只需要一种局部的，关于连接性环节的语言学唯心论观点。

考虑两个相互排斥，同时又穷尽了的选项，即，用来解释命题统一性

---

① 在《辩证法》杂志（Dialectica）于2010年为他的著作《命题的统一性》（*The Unity of Proposition*）开辟的讨论专栏中，加斯金为该书写了一篇摘要（Gaskin，2010），其中对语言学唯心论只字未提，也没有把语境原则与布莱德雷后退联系起来。这就很说明问题。

② 瓦利希拉（Vallicella，2019）做出了类似的批评，不过是从实在论角度做出的。

③ 加斯金实际上给出的是一个相当弱的论证。这个论证的大意是说，如果实在论者（他直接谈论的是经验论者，而经验论在这里作为实在论起作用）断定有语言的基本范畴（比如主谓式的逻辑结构）所不能适用的东西，那么由于这种断定本身就使用了主谓结构（有这样一些东西是如此这般的，以至于不适用于主谓结构），因而陷入自相矛盾。（Gaskin，2019：1335）实在论者可以反驳说，主谓结构当然可以谈论一切，但这种谈论在形而上学上是中立的，它并不选择本体论，因此加斯金的反驳并未击中实在论。相反，加斯金由于预设了语法形式可以决定在实在论上做出如何选择（即可以产生何种本体论后果），因而预设了反实在论立场。

的连接环节是依赖于语言的使用，还是独立于语言的使用。换言之，是因为我们使用了系词，才会有相应的连接性的环节，还是因为有连接性的环节，我们才使用相应的系词。立即就可以看出，如果选择后者，认为连接性环节独立于系词的使用，布莱德雷后退就会产生，并且这个后退是恶性的。这就意味着，只能选择前者，即连接性环节依赖于系词的使用。在这种情况下，我们总是可以增加例示关系，来说明以前给出的词语所指称的东西如何连接起来。但命题统一性不是通过新引入的例示关系建立的，而是一开始在使用系词时就已经建立了。也就是说，统一性一开始是在语言层次上建立，然后投射为命题的统一性。在连接性环节上，是语言上的连接，决定了意义或者说命题层次上的连接，这就是就针对连接性环节而言的语言学唯心论。

这种观点并不是神秘的主观主义，而是我们使用句子的方式的一种写照。句子确实是一组词语排列在一起构成的，它区别于一组词语的地方在于我们把它看作句子。这种充当句子的功能通常由系词标志出来，但并不是说，系词指称某种起连接作用的东西，它把句子中其他词语所指称的东西连接起来，从而具备统一性；即使系词出现了，我们仍然可以将由此得到的东西视为一组词语，而不是句子。因此，系词的作用仅仅是表明我们把所给出的符号串看作句子。我们并没有借助什么实际存在的东西，就得到了具有统一性的句子。语言学唯心论的要点在于，这种语言层次上的统一性决定了命题层次上也会有统一性，句子会提示我们如何去建立这种统一性。比如，“泰阿泰德坐着”这个句子是一个整体，我们将其视为句子，结果就是把坐着理解为泰阿泰德的性质，从而认为这里有一个整体，即泰阿泰德具有（例示）坐着这个性质。我们用例示关系来解释命题统一性，这不是说我们可以真的通过例示关系来连接泰阿泰德和坐着，从而构成一个整体，布莱德雷后退表明这是不可能的；相反，我们这么解释，是因为已经认定这里有一个整体，例示关系正是因为嵌入这个整体中，才能把泰阿泰德和坐着联系在一起。也就是说，统一性先于解释，而不是说通过解释建立统一性。这并不意味着统一性是强加在客观事物之上的，相反，这种统一性使得真这个概念可以得到使用，而这进而使客观性得以可能。这种客观性我们会在第十章第六节专门讨论。

那么，这种关于命题统一性的语言学唯心论解释，与前一节讨论的双重关系理论有什么区别呢？这一节给出的解释仍然可以视为用谓述关系来解释命题统一性，但是，这种谓述关系不是一种一开始就给定了的关系，不是初始的语义关系。语言学唯心论的作用在于为这种谓述关系提供无限增补的能力。由于是我们自己使用系词来连接主词和谓词的，一旦把系词理解为谓词，我们就可以继续增加系词。谓述与其说是一种语义关系，不如说是一种行为，是我们自己的谓述活动连接了主词和谓词。正是因为起作用的是这种行为，而系词的使用意味着这种行为业已做出，系词的增补才能被用来解释命题统一性。因此，这是一种与双重语义关系理论完全不同的理论。

事实上，语言学唯心论的作用不仅在于可以增补系词，而且在于可以增补其他连接性的环节。例如，可以增补否定词以及其他真值连接成分，从而构成新的命题。这些增补的东西可以视为与系词相当的东西，可以与原来的谓词相结合，构成新的谓词。这样就可以解释真值函项与谓词之间的相互作用。语言学唯心论意味着无须承诺这些连接性环节的实在性，因此，这些增补的东西可以不是真实的性质或者关系，而是可以叠加和取消。这样就可以解释真值函项的各种特性，从而体现命题作为真值载体的功能。

第四节　索姆斯：意向性与谓述

在命题的连接关系上持有语言学唯心论，可以采用的一种方式就是罗素的多重关系理论。其要点在于把命题态度当作初始概念，从中导出命题概念。比如，在"奥赛罗相信苔丝德蒙娜爱卡西欧"这个句子所报道的信念状态中，"相信"所表示的命题态度不是被解释成奥赛罗与一个命题的关系，这个命题在被相信之前就已经独立存在；而是被解释为建立在奥赛罗、苔丝德蒙娜、爱以及卡西欧之间的关系，而无论"苔丝德蒙娜爱卡西欧"所表达的命题是否存在，这种关系都可以达成。这样，罗素就能够在苔丝德蒙娜不爱卡西欧时，仍然让奥赛罗相信苔丝德蒙娜爱卡西欧。由于其命题理论的特性，罗素希望假命题因为连接成分不存在而不复存在，多重关系理论满足了这一需要。(Russell，2010：ch. 4)

罗素的这个理论在对付命题这个概念时还是不让人满意。比如，维特根斯坦对此批评说，这个理论不能阻止人们相信无意义的命题（Wittgenstein，1961：5. 5422)。[①] 一个恰当的命题理论应当可以阻止无意义的命题产生，若要从命题态度来构造出命题，就应当能够满足这一要求。不过，

① 对这一理论的最新批评来自米勒（Miller，2006)。

撇开这类问题，多重关系理论还是有一个明显的特色，也就是这个特色让我们认为它在连接关系上持语言学唯心论，这个特色就是，它用主体的命题态度（而这是一种主观行为），而不是谓词所表示的东西，来连接命题。正是因为这一点，即使苔丝德蒙娜不爱卡西欧，即使没有爱这样一种关系把两人连接在一起，仍然会有一种东西来连接他们，那就是奥赛罗的猜疑。

在索姆斯看来，“罗素的多重关系理论的真理性内核就是，把命题成分连接到一起、并赋予其表征作用的，就是当主体与命题建立认知关系时所做的事情”（Soames，2010：65）。更具体地说，主体所做的就是谓述行为。在“奥赛罗相信苔丝德蒙娜爱卡西欧”所报道的关于奥赛罗的信念的事实中，如果抽象出（a）不仅由奥赛罗，而且可以由其他主体具备的要素，以及（b）不仅限于相信，而且在断定、假设以及猜测这样一些命题态度中也都共同的要素，那么主体所做的，就是“针对判断的两个成分，即苔丝德蒙娜以及之后的卡西欧，谓述判断的另外那个成分，即爱情关系”（Soames，2010：65）。从形式上看，谓述行为可以说是一种三元关系，即主体 A 对于对象 o 谓述 F,[①] 其中 o 可以是一个有序组，而 F 既可以表示性质，也可以表示关系。索姆斯认为这就构成了对于基本命题态度的解释，解释了何为持有一个命题：

（1）A 持有命题 F（o），当且仅当，A 对于 o 谓述 F。

索姆斯这样做是冲着解释命题的表征能力而来的。在他看来，像弗雷格和罗素所持有的传统命题理论都把命题当作首要的真值载体，而“其他像句子、言语、判断行为、信念状态这样的东西，则因为与真命题建立了关系才能是真的”（Soames，2014：25）。换言之，命题是“意向性的原初载体”，而这是产生命题统一性问题的原因（Soames，2014：26）。他的意思似乎是，如果注意到命题并非原初的意向性载体，而原初的意向性载体是心灵，确切地说是心灵的活动，那么通过引入谓述活动，就在解释了命题的表征能力的同时，自然而然地解决了命题统一性问题。因此，把命题看作原初的意向性载体，是因为妨碍人们看到解决问题的办法，才导致命

① “谓述”（predicate）一词的用法在英文中可以很自然地表达成“to predicate F of o”，直译成汉语则颇为别扭。不过，为了表达其逻辑形式，好像也没有其他办法。

题统一性问题。这是一条相当奇怪的思路。[①] 不过，我们这里并不关心索姆斯对命题统一性问题的诊断，而是他所引入的谓述行为能为命题理论带来什么。

与弗雷格和罗素的命题概念相比，索姆斯对命题表征能力的解释相当于一种倒转。弗雷格和罗素用命题来解释，具有表征能力的东西是怎么回事，或者说，解释什么是表征，这样，心灵的表征性与命题比起来，就是派生性的或第二性的；而按照索姆斯的解释，他自己则把心灵的表征性当作初始的，而命题的表征性则作为派生的和第二性的。（Soames，2010：107；2014：96；2015：14）

> 关键的一步是定义什么是命题，要从主体的表征活动中，让人信服地导出命题的表征特性。再次考虑 *o* 是红的这个命题。它是知觉或认知状态的内容，只要主体对 *o* 谓述红，这种状态就会发生。而每当主体做这件事，一个具体的事件就会在特定时间特定地点发生，即主体对相应对象谓述相应性质。这意味着，命题“*o* 是红的”就仅仅是一个极小的事件类型，即任意一个主体对于 *o* 谓述红。这个事件类型之所以是表征性的，是因为其每个实例都是一个主体以某种方式表征某个东西。而其所表征的，则是所有这些实例就表征来说共同的东西。在每个实例中 *o* 都被表征为红的，因此我们就在派生的意义上说，命题本身把 *o* 表征成红的。就表征而言，没有其他东西还为命题所有可设想的实例所共有了，因而把 *o* 表征为红的，这就穷尽了命题的表征内容。用另外一种方式说，持有 *o* 是红的这一命题，就是对 *o* 谓述红，而这是在做一件事，其结果则是体现为命题的事件类型的实例。命题的表征性，进而，命题的真值条件，也就归结为这些可能实例的表征特性。命题把 *o* 表征为红的，并且不会超出这个范围，这是因为持有这个命题就只是对 *o* 谓述红，因而就只是把 *o* 表征为红的。（Soames，2014：96）

在这里，说命题是事件类型，这与说它是行为类型，是一回事。持有

---

① 索姆斯对命题统一性问题颇不耐烦，他认为那是一个“形而上学的伪问题……它的唯一作用就是用来掩盖真正的问题，即如何解释命题何以是表征性的，命题何以有真值条件”（Soames，2010：106 – 107）。但是，在专门解释这一问题的地方（Soames，2014）他却未能说清楚，命题的表征性与命题统一性问题之间有什么关系。在这个问题上的一个反对意见，参见 Ostertag，2013。

一个命题，就是做出这样一种行为，而命题则是一类行为中的共同的东西。这样，每个行为实例所固有的意向性，也就传递给作为行为类型的命题。借此，索姆斯也就可以用类型之于单个实例的独立性，来论证命题之于主体具体行为的独立性。一个命题即使从未被持有，它也可以存在（Soames，2010：104）。

应当说，索姆斯的这个想法的确实现了前一节所建立的关于命题统一性的语言学唯心论立场。如果命题统一性由主体的谓述行为建立，那么谓述关系就不是由实在所提供的，而我们在命题中所看到的谓述关系，其实是其达成统一性的标志，我们可以按照自己的需要来随时建立这种关系。另一方面，谓述关系也让命题与事物联系起来。当奥赛罗对苔丝德蒙娜和卡西欧（按照顺序）谓述他所担心的爱情关系时，他这种谓述行为也就指向苔丝德蒙娜和卡西欧，这是心灵活动天然的意向性。由此也就自然地解释了“苔丝德蒙娜爱卡西欧”这个命题的意向性——要让这个命题表征那种恋爱关系，从而以那种恋爱关系的存在为真值条件，需要的只是奥赛罗的谓述行为，而这不是什么难以理解的事情。

然而，这个想法仔细看来有些可疑。索姆斯似乎在本体论层次上反驳一个逻辑观点，而这是谈论意向性的两个不同层次。在本体论上我们会讨论意向性如何“落实”，它被归于什么东西；而在逻辑上则讨论意向性是什么，具有意向性是怎么回事。在一种意义上可以说，弗雷格和罗素认为命题表征了事物，因而可以把表征能力归于命题。但是，他们之所以要把命题区别于心灵过程，是想从逻辑上建立表征概念，而不是解释表征在本体论上是怎么“落实”的。[①] 因此，我们可以这样理解他们的命题理论：命题被用来解释表征内容本身是什么，而不是被用来承载意向性。换言之，不能说命题是具有意向性的实体，而只能说，具有意向性，这本身就体现为与命题建立联系；至于命题是否具有意向性，则是提不出来的问题——它就是用来解释意向性是怎么回事的。这样，他们其实可以同意索姆斯的意见，即只有心灵才拥有意向性；但他们会继续说，心灵进行表征，也就是形成相应的命题态度，而这与心灵是怎么做的没有关系。

---

① 应当说，在建立了命题概念之后，弗雷格和罗素都不得不从本体论角度说明他们所看重的命题特性。这样就让索姆斯认为自己可以从本体论角度看待他们的理论。但即便如此，他还是得进行一番逻辑上的跳跃。与弗雷格相对照能将这一点看得更加清楚。弗雷格不排除从康德的理性心理学角度来理解命题态度，但这样理解的是规范意义上的命题态度，它受制于思想本身的逻辑特性，而不是自然主义意义上的、接受心理学定律制约的心理状态（Frege，1997f）。

如果这样看待局面，“命题为何具有意向性”就是个伪问题。需要解决的反而是命题统一性问题。在传统命题理论中，命题概念是通过区分逻辑与心理建立起来的。这让逻辑探究得以在一个相对封闭的环境中展开，以确保逻辑的客观性。但是，如果在这种一开始就营造好的封闭环境中无法解决命题统一性问题，那就不得不考虑“落实”问题了。命题具有可以解释的统一性，这一点保证了我们可以在不考虑命题如何“落实”，以及命题具有何种本体论地位（它是独立存在，还是依赖于别的东西而存在）的情况下使用命题这个概念，而这是让逻辑研究具有独立性或封闭性的前提条件。而命题统一性成为问题，就会迫使我们考虑逻辑研究在什么意义上具有独立性。索姆斯的理论在这时才与传统命题理论形成竞争。

由于解决统一性问题的需要，我们的讨论实际上也到了要考虑“落实”的地步。我们甚至要重新审视弗雷格所使用的那种区别逻辑与心理学的方法，从而以恰当的方式向逻辑的领域引入心理学要素。这样，客观上讲，我们的思路与索姆斯交汇了。现在来看看索姆斯所解释的命题是什么。

索姆斯认为自己的行为类型理论最为重要的贡献就在于解释了命题的意向性，即命题为什么能够表征非命题的东西，换言之，命题为什么有真值条件。这是通过主体自身就具备的意向性来完成的——当我针对苔丝德蒙娜和卡西欧来谓述爱情关系时，我就把这两个人表征为一对恋人，表征关系自动建立，问题解决。于是，命题“苔丝德蒙娜爱卡西欧”就是奥赛罗能做出、我也能够做出的那个谓述行为。但是，我们仍然感觉到命题不是这样一个行为类型，原因是，真值条件必须用句子，或者说被理解为命题的句子，而不能仅仅是通过做出谓述行为来陈述。①

看下面两种形式：

（2）“*o* 是 *F*”是真的，当且仅当，*o* 是 *F*；
（3）“*o* 是 *F*”是真的，当且仅当，*o* 被谓述为 *F*。

在这两种形式中，我们都是在陈述一个句子“*o* 是 *F*”的真值条件，区别在于，在（2）中用的是这个句子本身，此时我们可以将其理解为是在用

① 按照一种理解，谓述行为本身就是使用句子的行为。但这不是索姆斯所设想的那种谓述行为。他心目中的谓述行为可以脱离句子进行，那是一种心理事件，并且这种心理事件可以用来解释句子的意向性。

命题来陈述；而在（3）中，这个命题被换成谓述行为后，我们得到一个假的条件句。(2）陈述了一个句子的真值条件，(3）却没有。

但是，按照索姆斯的命题理论，(2）所表达的东西可以用（3）来表达。在（2）中，双条件句右手边的子句表达了一个完整的命题。按照索姆斯的理论，这个命题就是 *o* 被谓述为 *F* 这样一个谓述行为。于是我们就可以用对这个行为的描述来替换（2）中的那个子句，这样就得到了（3）。如果（3）不可接受，那么索姆斯的命题理论也就不可接受。

一个反对意见是，不能这样替换。在（2）中，命题"*o* 是 *F*"在右手边是被使用的，而（3）中的"*o* 被谓述为 *F*"却是在陈述一个谓述行为，而不是在使用它。因此，如果要替换的话，就应该用表明我在做这个谓述行为的东西来替换。如果这样的话，那就只能用回原来的句子"*o* 是 *F*"，因为在使用这个句子时，按照索姆斯的理论，那就是在实际上做出这个谓述行为，即用 *F* 来谓述 *o*。当然，这时也可以说，是在"使用"这个谓述行为。

但是，即使这样，区别还是存在。当把（2）中右手边的"*o* 是 *F*"理解成是在使用句子，使用这个句子的结果还是让我们把 *o* 是 *F* 当作事实，因而在（2）中我们看到了对真值条件的陈述。而在（3）中，即使把右手边换成句子"*o* 是 *F*"，同时将其理解为是在"使用"一个谓述行为，我们也还是得不到对真值条件的陈述。因为，这只是等于说，一个谓述行为被做出了，于是（3）就是在说，说一个句子为真，就等于在做出一个谓述行为，而这没有解释一个句子为什么为真。而（2）做出了这样的解释。就此而论，(3）仍然没有给出我们心目中的真值条件。

真值条件应该表明，当句子为真时，实在是怎样的。当句子被理解为命题，我们就可以用句子来陈述实在，但是，当句子被理解为做出一个谓述行为，那么谓述行为的做出在什么意义上表明了实在是怎样的，却必须借助真这个概念才能说清楚。因为，如果把真值条件理解为一种事实状态，那么，在利用命题概念的情况下，对于真值条件的把握就可以直接理解为把握了一个命题；但是，在不用命题概念，而用谓述行为概念时，我们却不能说，对真值条件的把握就等于把握了谓述行为，当然也不能说这等于做出了某个谓述行为。只有当谓述行为是真的时候，才能这么说。这说明，谓述行为与命题之间有本质性的区别。因为，在用命题来确定真值条件时，无须借助真这个概念。这一冗余论特性植根在真这个概念中，而这表明，谓述行为这个概念并不像命题概念那样与真的冗余特性相融洽。

再追究一下是什么导致这一局面，我们就会发现另外一个区别。谓述行为不像命题，我们可以使用命题，但却不能在真正意义上使用谓述行为——我们做出谓述行为，但不能使用它。前面虽然在字面上接受“使用谓述行为”的说法，但一旦我们希望不用命题概念，而只用谓述行为概念就把什么是真值条件说清楚，这种说法的不恰当性就很明显了。我们需要一个能够像在（2）右手边的命题那样供使用的东西，出现在（3）的右手边，但在把命题替换成谓述行为以后，我们找不到这样一个东西。命题之所以可以被使用，是因为它是谓述行为的结果，它可以与谓述行为分离，而我们则可以把谓述行为看作使用命题的行为；但谓述行为就是谓述行为，它不能与自己分离，因此也就不可能有对谓述行为的使用这样的东西了。

关键是，真值条件必须可以以独立于谓述行为的方式确定下来，这决定了必须用命题，而不是谓述行为，才能说清相应的真值条件是什么。为看到这一点，不妨假定，除了利用谓述行为，我们没有其他手段来确定真值条件。看起来这似乎并不构成问题。如果与一个谓述行为对应的情况发生，就让这个行为是真的，那么这种情况就是其真值条件。但在运用这种真值条件概念时，我们仍然需要一种手段来确认与谓述行为对应的情况发生，按照索姆斯的命题理论，由于使用句子的行为本质上就是在心理学上做出的谓述行为，我们应当最终能够在只诉诸谓述行为的情况下完成这件事。这样，对于谓述行为 A，我们需要另外一个谓述行为 B 来确定其真值条件，当发生的情况让我们做出 B，A 就是真的。现在的问题是，我们如何检验我们自己所做出的行为是否就是 B 呢？如果谓述行为不是通过使用某个句子（或者其他不同于行为的东西）做出的，我们就只有通过实际做出这个行为，以此来判断它是否就是 B。这样，我们就进入了一个与私人语言同样的困境。为了比较行为，我们必须实际上做出待比较的行为，而这假定对行为的比较已经完成，否则我们就不知道新做出的行为是否重复了以前的那个行为。这样的困境在借助句子时就消失了，此时需要比较的仅仅是说出的句子，而不需要重复以前的谓述行为。

命题这个概念的独特性在于，它一方面可以用来说明心灵内容，从而用来说明谓述行为是什么；另一方面又可以与心灵以及谓述行为相分离，从而充当对心灵内容以及谓述行为进行评判的依据。这种评判功能为命题赋予了规范性特征，而这进而要求命题具有双轨性。索姆斯只看到命题前一方面的特性，而没有看到后一方面。用谓述行为来解释命题，也只能解释命题在何种意义上表明了心灵的内容，但不能解释命题为什么可以用来表达真值条件。真值条件是某种独立于心灵和谓述行为的东西，而作为表达真值条件的东西，命题也就要以这种方式理解，而这意味着它不能还原成谓述行为。

索姆斯实际上把命题处理成谓述行为的类型，于是似乎可以说，在类型独立于实例（instance）的意义上，命题也独立于特定的谓述行为。这样一来，命题独立于实际的谓述行为和心灵活动，这些东西都是实例层次上的存在物。但这解决不了问题。前面说的命题的独立性，所针对的恰恰就是类型意义上的谓述行为，即作为谓述行为的那种行为，而无论那种行为具体是什么。

应当说，他所犯的错误就在对意向性的理解上。我们在第三章第一节已经看到，意向性不仅是一种性质，还是一种关系。作为性质，意向性依附于心灵及其活动，但作为关系，它却必须用对象，并且是独立于心灵的对象，来加以刻画。作为性质的意向性，通常是从第三人称看待的结果，而将其看作关系，则是以一种方式接纳了它的第一人称特性。[①] 索姆斯把意向性仅仅理解为性质，把心灵当作意向性的初始载体，这就是一件自然而然的事情，因为这是自然主义者唯一能接受的。[②] 在这种情况下，命题这个概念与意向性的联系就被扭曲了——命题被理解成意向性的载体，理解成具有意向性这种特性的东西，而不是理解成用来贯彻意向性的关系项。但是，正是在作为这种关系项的意义上，命题才能被用来恰当地表达真值条件。由于这种扭曲，他的理论无法恰当地处理命题与真这个概念的关系。

索姆斯的谓述理论是否就该全盘否决呢？应当说，在一个恰当的问题背景下，他的思考方向还是值得采纳的。借助心灵活动的意向性，确实可以有效地解释为什么表征所需要的那种朝向实在的指向关系能够建立起来。单纯借助真值条件来解释其实不够，这种解释有赖于命题统一性问题的解决。因为，只有解释了命题在何种意义上构成整体，才能说明什么叫作一个真值条件，进而才能利用真值条件来建立意向性。然而，对命题统一性问题的考察否决了这一点，也就是说，以独立于心灵的方式不可能获得命题整体，也就不可能建立有效的真值条件概念，以及相应的表征关

---

① 从第三人称视角看，只有当对象实际上存在时才会有意向性关系，但如果认可出现错误或者对象不存在时的意向性，那么意向性关系就要在第一人称角度理解。当然，要达到真正的关系，就需要一种转换。从第一人称视角我得到意向对象；而在重新回到第三人称视角后，把由此得到的意向对象与心灵联系起来，我才得到关系。

② 索姆斯认为自己给出了一种对于命题态度的自然化解释（Soames，2010：106ff）。很难想象，在这种解释中如何容纳意向性的第一人称特性。

系。这样，当我们承认表征能力必须借助心灵才能得到解释时，其实也就是承认，心灵自身的意向性才是整合真值条件的基础，从而是使命题具有表征能力的基础。索姆斯意识到了心灵的这种意向性与命题的表征能力的这种关系，但他只是从第三人称方向利用这一关系，而这种关系却需要在第一人称视角中才能恰当实现。

现在看这一点会把我们引向哪里。索姆斯对传统命题理论的不满主要在于，它把命题解释为独立于心灵的存在物，这样，命题性的内容如何得到把握，也就得不到解释。① 他自己的理论确实解释了这一点。此外，按照前面的论述，我们也需要让作为表征物的命题，成为独立于表征行为的东西，从而让其独立于作为意向性之来源的心灵活动。这是否因此而重现了索姆斯试图解决的问题了呢？并非如此，索姆斯所理解的问题，是因为让命题在意向性上独立于心灵而产生的，在那里，命题本身就具备意向性，而无待于心灵的任何作为；而按照我们这里准备提出的思路，命题的独立性却是在意向性的框架内获得的，而这种意向性来自心灵活动，因此不会重现索姆斯的疑虑。

我们的主导思想是利用语言，把语言当作让命题获得独立性的基础。这种独立性来自句子本身物质性的存在形态，它作为物质实体而独立于心灵的谓述活动。句子是被置于心灵的意向性活动之下的另外一种对象，它本身不是被表征的东西，但仍然是物质性的对象。因此，当句子被用来陈述命题内容时，它就是处于意向性框架之内且独立于意向行为的东西。

其实可以用另外一种方式论证，必须使用像说出来或者写在纸上的东西，或者说，使用一个谓述行为所使用的东西，来确定这个谓述行为的真值条件。以句子为例就可以看出这一点。不妨看下列两个谓述行为：

(a) 福尔摩斯猜测，莫里亚蒂在凶案发生前就离开了。
(b) 福尔摩斯猜测，凶案在莫里亚蒂离开后才发生。

应当说，对于凶案的发生和莫里亚蒂的离开的先后关系，福尔摩斯所做的

---

① 通常，这个问题被认为是这样的：命题态度是在心灵与命题这样的抽象实体之间建立的，但是，既然命题是抽象实体，也就不能与心灵之间产生因果关系，于是也就不能解释命题态度是怎么回事。这就是通常所说的柏拉图主义问题。关于柏拉图主义问题的表述，参见 Benacerraf，1973。在黄敏，2017 中，针对弗雷格的命题概念的柏拉图主义问题得到了回应。不过，索姆斯否认他所想的就是柏拉图主义问题，而是认为命题态度在传统命题理论框架内没有得到解释（Soames，2016：2567）。

这两个谓述行为在真值条件上是相同的。我们会认为它们表征了同样的内容，或者说，表达了同样的命题。但这一点不能只用谓述行为来解释。

用来解释命题的是作为类型的谓述行为。那么，究竟怎样才算同一个谓述行为类型呢？在（a）和（b）中，福尔摩斯对同一对对象谓述了同一种关系，但是，对同样的对象谓述同样的关系，这不能说就决定了这两种情况下出现的是同一个谓述行为类型。为看出这一点，再看下面两种情况

（c）福尔摩斯猜测，莫里亚蒂在凶案发生后才离开。

（d）福尔摩斯猜测，凶案在莫里亚蒂离开前就发生了。

（a）和（c）显然是不同的谓述行为类型，因为它们的真值条件不同。它们之间的区别在于，虽然它们都是对同样的对象谓述了同样的关系，但使用了不同的谓词。显然，是这个谓词决定了这里是不同的谓述行为。另外，（a）和（d）也陈述了不同的谓述行为。虽然它们使用了同样的谓词，也是对同样的对象做出谓述的，但这对对象以不同的顺序出现在句子中。因此，对象的顺序也决定了谓述行为的类型。我们可以说，在陈述谓述行为时，所使用的谓词以及对象的顺序分别表明了谓述行为的性质，而在这种性质上的区别会让不同的谓述行为类型区别开。按照这个思路，我们无法解释（a）和（b）所陈述的为什么是同一个谓述行为类型，因为它们既使用了不同的谓词，对象的顺序也是不同的。

一种可能的解决办法是，把顺序和谓词所对应的性质解释成可以彼此抵消，于是（a）和（b）之间在顺序上的差异就会为谓词上的差异所抵消，因而也就陈述了同样的谓述行为类型。这种解决方法的问题在于，如果用谓述行为来解释命题，那么谓述行为作为原初的东西，其性质也就不能抵消。如果承认这种抵消，那么能够解释这种抵消是怎么回事的东西，才算是初始的东西。当然，这种东西也就不可能是谓述行为了。在一个命题理论中，如果初始的东西不是谓述行为，那么起解释作用的，也就不是谓述行为。

换个角度看，可以抵消的性质不可能是自然的性质。物质与反物质似乎可以抵消，但由此产生的能量表明它们并非变成了虚无。只有约定性的东西才可以抵消。对于（a）和（b）为何陈述了同样的谓述行为类型这个问题，最为简单的回答就是，（a）中的从句陈述了与（c）中的从句相反的情况，而（c）中的从句又陈述了与（b）中的从句相反的情况，因此（b）就相当于把（a）所陈述的情况颠倒了两次。这种真值条件上的颠倒，

表明我们不能用自然的事实来确定真值条件。而这里之所以可以用颠倒来解释，是因为句子表现谓述行为上的区别，这是约定的结果。

注意要点。可能有人自然会认为，通过一种约定，句子的句法特征对应了谓述行为的自然性质，于是约定好像是路径，不同的约定可以把我们导向同样的目的地。不能这么理解。从（a）到（c）是一种颠倒，由此得到的是不同的谓述行为；从（c）到（b）也是从一种谓述行为到另外一种谓述行为。这种颠倒不是约定上的，而是约定所得到的东西的颠倒；换言之，不是路径上的变化，而是目的地本身的变化。如果说真值条件的颠倒是约定性的，那么被颠倒的东西也就是约定性的性质。这意味着，区分不同谓述行为类型的，是约定性的特征；谓述行为本身就是这种约定的结果。

如果谓述行为不是使用某个东西才能做出，那么我们也就无法解释在什么意义上谓述行为是约定的结果了。在使用的东西与谓述行为的意图之间，才有逻辑上的余地留给约定。事实上，借助句子，谓述行为约定性的特性也就表现了出来。对象的顺序是由名词在句子中的顺序表现的。只有借助句子，借助所使用的东西，我们才能确定谓述行为是什么。并且关键是，用来确定谓述行为的，恰恰就是做出该行为时所使用的那个句子。我们之所以觉得（a）陈述了福尔摩斯的谓述行为，是因为福尔摩斯本人做出的那个谓述行为类型，可以使用“莫里亚蒂在凶案发生前就离开了”这个句子来做出。只有用受制于某种约定的句子，才能确定一个谓述行为，这就是说，谓述行为本身就是约定性的东西。

在命题理论中，谓述行为不可能是初始概念，也不能用谓述行为的意向性来解释命题为什么有表征能力。在命题理论中，意向性和句子一起才构成解释的起点。意向性体现在约定性上。谓述行为是依照约定进行的，这本身就体现了谓述行为的意向性。但是，必须存在独立于谓述行为的东西，即句子，只有借助句子，才会有约定可言，从而也才会有意向性起作用的逻辑空间。这种意向性与句子一起，决定了命题是什么。

把这种方式与索姆斯的理解比较，就可以看出问题何在了。按索姆斯的理解，意向性的逻辑形式就是把对象 o 表征为 F。比如，把夕阳表征为红色的，于是“夕阳是红色的”就是对意向性内容的表述（假设针对“夕阳”也有表征性的内容，但我们不考虑这一点的影响）。如果从主体的贡献方面刻画意向性，那么这样理解的意向性的特色就在于，整个意向内容都是由主体所贡献的。当我把夕阳表征为红色，这里的红色就是我的意向性所做出的贡献。可以说，我的贡献就在于，我把夕阳“看作”红色——

我也可以把夕阳看作别的颜色，比如橙色。这就是我的意向性所在。

但是，按照我们建议的理解方式，意向性却在于主体所贡献的不是整个内容，而是确定内容的方式，这种方式与来自对象的贡献一起，才决定意向内容是什么。比如，在夕阳的例子中，我的意向性在于，我的认知机能决定了怎样算做是在看它的颜色，看颜色是确定内容的方式；按照这种方式，来自夕阳的信息进而确定了我看到的夕阳是红色的。这样理解的意向性，就不是前面所说的“看作”，而是“看出”①。它与前面那种理解的区别在于，意向对象本身对于确定意向内容是有贡献的，而前面那种则谈不上贡献（如果不考虑夕阳的话）。正是因为这种特性，意向内容才可以由其对象固定下来，从而以独立于意向行为的方式起作用。我们用句子来固定命题的表征内容，也就利用了这一点。如果句子本身以意向对象的身份出现，那么它就可以具备独立性。

在这种“看出”模式下理解意向性，我们就可以按照不同于索姆斯的方式理解表征。索姆斯直接把心灵本身当作表征物，表征意向对象的是心灵状态，而具有原初意向性的，也是这种心灵状态（Soames，2014：98）。但是，按照这里推荐的方式理解，表征却是一个意向对象与另外一个意向对象之间的关系，它们分别是表征物和被表征物。当句子被用来陈述事实，它就是一个表征物，而被陈述的事实，则是被表征物。它们之间的表征关系之所以能够建立起来，就是因为它们被按照同样的方式看待。当我们按照相同的方式去看它们，就会从句子中“看出”一些信息。我们会认为这些信息就是表征内容，它表明被表征的事实是怎样的。② 在这种情况下，由于句子拥有固定的物质形态，而这种形态参与确定表征内容（即从句子“看出”的意向内容），我们也就可以实现表征内容与表征行为的分离，从而得以容纳恰当的表征概念以及真值条件概念。

按这样理解表征，命题就是从句子中“看出”的东西，它为句子所固定，但本身不是句子，而是心灵借助物质形态的句子创造出来的。这样，命题也就拥有了表征能力，但这种表征能力要通过句子在心灵的表征行为中扮演的角色来解释。只有在这种行为中，命题才成其为命题，因为它是以某种方式从句子“看出”的东西。而这种“看”的方式就是做出表征行

① 在维特根斯坦那里，“看作”（Wittgenstein，1961：5.5423）以及“面相”（Wittgenstein，2009：§118 etc.）这样的概念，也表明他是在这里所说的“看出”的意义上理解意向性。虽然在《逻辑哲学论》中使用了“看作”（see as），但由于所看到的东西显然受制于对象的实际特征，因而实际上还是一种“看出”。

② 下一节会提供这种表征关系的进一步解释。

为的那种方式，因为要表征什么样的事实，也就要怎样去看句子。

最后，读者可以看出，被表征物与用来表征的句子清晰地分开了。被表征的事实中的对象，将以名称的形式出现在句子中，从而进入表征内容。这样，谓述行为也就不在于对象与性质（或关系）之间的关系，从而可以用一句话陈述出来；而在于我们使用句子来表征事实。是这种表征活动本身把命题统一为一个整体，而不是存在于命题中的任何一种关系。这样，我们就可以把谓述关系剥离掉，从而回到这样一个洞见上：谓述行为不是通过建立谓述关系来达到命题统一性的：它本质上就是表征行为，是一种“看出”的意向活动。而这，也就是语言学唯心论的题中之义。

第五节　杰弗里·金：句子与命题

上一节的讨论表明，我们可以利用句子的语言学特征，来说明命题是如何构造出来的。这个想法被杰弗里·金发展成一种比较完整的命题理论，这一节就通过讨论这种理论，来说明我们自己心目中的命题理论是什么样的。

金的思路实际上来自维特根斯坦的逻辑图像论。他吸收了逻辑图像论的两个要素，其一，命题本身是一个事实，其二，命题与句子之间存在同构关系。这两个要素以一种复杂的方式组合在关于命题的定义中。

为了理解这种方式，我们不妨以“麦克游泳”这个句子表达的命题为例，看如下关于命题的事实。这些事实我们用金自己的方式来表述：

(1)“麦克”以麦克这个对象为语义值；“游泳”则以游泳这一性质为语义值；

(2)“麦克”与“游泳”之间有句法关系 *Rs*，即“麦克”位于 *Rs* 的左分支点，“游泳”位于 *Rs* 的右分支点；

(3) *Rs* 表示例示关系，即 *Rs*（*x*，*y*）表示 *x* 例示 *y*。[①]

这些事实表明了命题与句子间的同构关系。从这种同构关系入手，就可以

① 金用“语义值”（semantic value），而没有使用“指称”这个术语。另外，在描述句法关系时，他采用了转换语法中的句法树方法。在后面的讨论中，这些都不会产生影响，故而也会换用普通的指称概念，并不加说明地用左右关系来替代句法树方法中的左右分支点。事实上，左右分支点仍然是一个经过限定的空间概念。

构造出作为事实的命题。命题被理解为麦克和游泳通过命题关系（记为"*Rp*"）构成的复合物，而这种命题关系不直接是例示关系，而是以上述事实为中介建立的复合关系。我们可以简单地解释为，当麦克这个对象与游泳这个性质分别充当那两个表达式的语义值，而那两个表达式分别位于表示例示关系的句法关系的左右边时，它们就具备了命题关系 *Rp*。命题是独立于语言的，这一要求通过对上述事实中的词语"麦克"和"游泳"进行概括而得以满足。这样，"麦克游泳"这样一个命题就可以写成如下形式：

> （FAST）存在语境 c、指派 g 以及语言 L，以及对于 L 中的词项 a 和 b 来说，麦克是 a 相对于 g 和 c 的语义值，游泳这个性质是 b 相对于 g 和 c 的语义值，a 出现在句法关系［*Rs*］的左分支点，b 出现在［*Rs*］的右分支点，并且 R 在 L 中表示例示关系。（King，2014：56）

这个形式中引入的指派概念，意味着词项与其指称之间可以用不同的方式对应起来。这样，只要可以有名称来指称，就可以把一个对象纳入命题，而不管实际上有没有赋予其名称。这样就允许从未被提及的事物进入命题，也允许从未被句子表达过的命题存在。①

此外，这个形式中对语境、指派、语言，以及用来构成句子的词项都运用了存在概括，由此得到的命题也就独立于这些东西。不过，这种独立性仅仅限于特例，比如说，麦克游泳这个命题也就独立于"麦克"这个词的使用——在其他语言中也可以有指称麦克的词项，它的存在可以让麦克游泳这个命题存在。但是，这种独立性并不意味着，在不存在任何语言的情况下命题也会存在。很容易从（FAST）的形式中看出，如果从来不存在语言，那么作为事实的命题 FAST 也就谈不上存在了，此时（FAST）是假的。这样，金也就实现了索姆斯相同的理论动机，即建立一种依赖于心灵的意向性的命题概念；在金这里，这种依赖性在于，命题的存在依赖于语言的存在，从而进一步依赖于使用语言的人。是否真是如此，我们后面会看到。

FAST 由麦克这个人与游泳这种性质这两个成分通过一种颇为复杂的关系连接而构成。如前面所说，这种关系简单来说就是，它们分别为两个词项所指称，而这两个词项由一种表示例示的句法关系所连接。这就是关

---

① 金的理论有两个不同的版本，即 King，2007 和 King，2009。这里是后一个版本，参见 King，2014。

系 *Rp*，它的严格表达可以从（FAST）中抽出来，具体形式如下：

> （Rp）*Rp*（*x*，*y*）＝Def. 存在语境 *c*、指派 *g* 以及语言 *L*，以及对于 *L* 中的词项 *a* 和 *b* 来说，*x* 是 *a* 相对于 *g* 和 *c* 的语义值，*y* 是 *b* 相对于 *g* 和 *c* 的语义值，*a* 出现在句法关系［*Rs*］的左分支点，*b* 出现在［*Rs*］的右分支点，并且 *R* 在 *L* 中表示例示关系。

“麦克游泳”这个命题于是就可以写成“*Rp*（麦克，游泳）”。但 *Rp*（麦克，游泳）并非麦克游泳这个事实。如果麦克和游泳之间没有例示关系，那么麦克游泳这个事实也就不存在；但是此时，*Rp*（麦克，游泳）仍然存在，因为麦克和游泳这两个东西仍然可以为两个词项所指称，而这两个词项之间有一种能够表示例示关系的句法关系 *Rs*。就这一点而论，*Rp*（麦克，游泳）确实具备命题的一个基本特征，即在其所表征的事实不存在时它仍然存在。

另一方面，就 *Rp*（麦克，游泳）的结构而言，它与麦克游泳这个事实（如果有的话）之间的关系还是清楚的。由于其中包含了 *Rs*，并且作为句法关系它表示例示关系，这样，如果 *Rp* 不表示存在于麦克与游泳之间的例示关系，那就显得不一致了。（King，2007：61）这样，*Rp*（麦克，游泳）应该也就表征了麦克游泳。

但事情并不如此简单。*Rp*（麦克，游泳）这个事实仅仅是在说，麦克这个人和游泳这个性质分别为相应的词语所指称，这两个词语之间有种句法关系，这种句法关系表示例示关系；但是，这个事实似乎还是可以没有表示麦克游泳。这种感觉来自两个事实之间的区别。在 *Rp*（麦克，游泳）中，麦克和游泳通过语言联系到一起，因为关系 *Rp* 最终还是利用句法关系 *Rs* 建立的；而在麦克游泳这个事实中，二者间就不是通过语言联系，而是它们本身相联系。语言是语言，事物是事物，凭什么它们中的一个表征另外一个，成为另外一个的真值条件呢？

比如，“麦克”与“游泳”这两个词之间的句法关系为 *Rs*，即“麦克”在左分支点，“游泳”则在右分支点，此时 *Rs*（“麦克”，“游泳”）表示麦克例示游泳；但是，*Rp*（麦克，游泳）尽管是利用 *Rs* 定义的，却可以表示其他事实，比如游泳例示麦克。由于 *Rp*（麦克，游泳）要连接的是麦克和游泳这两个东西，但它们并不像符号那样可以通过句法上的左右之别区分开，于是，在只利用命题关系的定义的情况下，我们就可能将由 *Rp* 构成的命题写成“游泳麦克”。而按照句法关系 *Rs*，这表示游泳例示了麦克，而不是麦克例示了游泳。

要点在于，当金希望通过命题关系来建立这种联系时，他需要利用在语言内部建立的关系把事物连接起来，但事物并不具备语言的句法特性。这样，当我们用句法关系 *Rs* 来表示例示，说 *Rs*（“麦克”，“游泳”）表示麦克例示了游泳时，也就预先假定麦克游泳这个事实已经由“麦克游泳”这样的句子所陈述。也只有在这种情况下，当 *Rs* 被解释为表示了一种例示关系，而相应的 *Rp* 则被解释为表示另外一种例示关系，这两者才构成不一致。[1] 这种不一致之所以产生，是因为我们已经采取了看待句法关系的方式来看待命题关系，从而也就能够针对命题关系来谈论左右分支点。

这个问题在前面关于（*Rp*）的表述中就可以看出。我们似乎不会觉得在这个表述中出现“左”和“右”这样的措辞会有什么不妥。这是因为在前面表示 *Rp* 关系时就已经使用了具有左右关系的句法形式，即“*Rp*（*x*，*y*）”这样的形式，其中“*x*”和“*y*”这两个变元分别占据了二元主目中的左、右两个位置，并在后面的定义式中继续利用这种左右之别。但是，如果不事先就利用左右之别来表示命题关系，那就根本没有办法利用句法关系来定义命题关系。因为按照我们目前的句法观（比如句子具有线型结构），句法关系中一定要区分出左和右来。

可能有人觉得不至于出现这样的问题。在建立句法关系 *Rs*（“麦克”，“游泳”）时，我们已经把麦克指派给了“麦克”这个词，并把游泳指派给“游泳”，而这种指派让我们能够利用句法上的左右来区分位于命题关系中的麦克与游泳。这样，即使在命题关系中无所谓左右，我们还是可以在对命题关系的陈述中利用左右的区别。

但这并未解决问题。如果把麦克指派给“游泳”，而把游泳指派给“麦克”，那么结果还是会把 *Rs*（“麦克”，“游泳”）解释成游泳例示了麦

① 对于句法关系与命题关系之间的关系究竟是怎样的，人们有不同意见。斯比克斯认为，只要麦克与游泳以句法关系为中介建立了命题关系，命题关系也就表示例示（Speaks，2014：152）。这样一来，命题就会“自动”具有表征能力，而无须像金所承诺的那样，通过心灵的活动才能获得表征能力（Speaks，2014：153－154）。另一方面，凯普兰和提尔曼（Caplan & Tillman，2013）则认为，即使命题关系建立起来了，它也需要被解释为表示了例示关系，才能让由此构成的命题具备真值条件，而这意味着，经由句法关系建立的那个命题，与通过解释为例示关系的那种命题关系建立起来的命题，并不是同一个东西。这两种观点恰好构成一个两难，它针对句法关系与命题关系间的关系。当命题关系被理解为构成了真正具有真值条件的那种命题时，它与句法关系之间的关系就有两种，一种是，句法关系按照（*Rp*）的形式足以建立命题关系；另外一种则是，这样不足以建立命题关系。斯比克斯表明，在前面那种情况下金并未达到用心灵的意向性解释命题表征能力的目的，凯普兰和提尔曼则表明后一种情况也不可接受。

克。在确定命题关系时，似乎也没有什么东西阻止这样做。当一种命题关系被置于我们面前，我们希望把它的两个成分分别指派给两个词。为了防止指派出错，就必须有一种方法来把命题关系的两个成分区分开。人们可能会觉得，命题理论就只负责把游泳指派给“游泳”，把麦克指派给“麦克”，至于什么是游泳和什么是麦克，那就由其他东西，比如知觉或者经验来决定。但是，我们仍然有很强的理由认为，不能阻止这种错误指派的命题理论是不充分的。

在指派指称时出现的错误可以有不同的种类，一类错误会产生无意义的句子，其他错误则不会。比如，前面关于“麦克”和“游泳”的错误指派就属于前者；而在“麦克游泳比达拉快”这个句子中，对于“麦克”和“达拉”这两个词语的错误指派，比如用“麦克”指称达拉，而用“达拉”指称麦克，却不会产生无意义的句子。由于有意义的句子才表达命题，前一类错误也就不会产生命题。作为意义理论的一部分，命题理论当然应该解释怎样会得到命题，而怎样又得不到命题。因此它有义务解释，为什么对“麦克”和“游泳”的错误指派不会得到命题，并有义务在命题关系中排除这种错误的指派。

显然，金的命题理论已经远不够用了——它没有能力把句法关系与非句法性的命题关系衔接起来，而这种衔接又是必要的。金从《逻辑哲学论》中抽取了一个启发性的思路，即把句法关系当作据以建立命题的要素，但并未从中抽取必要的配套思想，这些思想确保句法关系以有效的方式嵌入命题之中。在接下来的论述中，我们的思路就部分来自《逻辑哲学论》。但是，由于并不准备把这些想法当作解读那部著作的成果，我们下面也就主要说明这些想法的内容以及它们是如何起作用的，而不追踪其出处。

金的命题理论是利用实体来解释命题，这是其区别于索姆斯命题理论的地方。后者利用行为来解释。两者的路数虽然不同，但前面一节的讨论还是为结合这两种理论提供了机会。在那里，我们把意向性解释为“看出”，而不是“看作”。在“看出”的模式中，“看”是一种行为，而“看出”的结果，还是可以以实体的形式出现。金的命题理论经过改造后，可以作为“看出”的结果引入，而这个理论的缺陷，则可以考虑在“看”的方式层次上加以弥补。事实上，句法关系与指称指派之间的衔接问题，也就是在这个层次上解决的。

解决的方法包括两个步骤：其一，区分出主词和谓词，并通过二者在“看”的行为中扮演不同角色，来将其区分开，从而排除前面所说的那种因为“麦克”和“游泳”的指称误置而导致无意义句子的情况；其二，对主词的指称指派方式进行规定，令其与“看”的方式相匹配，从而确保由此得到的句子总是有意义。下面分别说明这两个步骤。

第一步，按意向性的模式来理解，在一个句子中谓词会扮演与主词不同的角色。比如，对“甲在乙之上”这个句子，如果按照“看出”的方式理解，关系谓词“……在……之上”就起了提示如何看的作用，它要求就上下关系来看待甲与乙。与之相比，“甲”和“乙”这两个名词作为主词，则没有这种作用。按照这种功能上的差别，主词和谓词也就可以在命题理论之内得到区分，而不会出现指称指派上的错位。

第二步，对主词的指称指派来说，当“看”的方式确定下来，主词的指称也就只能在一个有限的范围内进行指派。比如，在“甲在乙之上”这个句子中，“甲”和“乙”的指称，就只能在能进入上下关系的事物之中进行指派，而不能在比如说自然数的范围内指派。这样，也就确保了句子是有意义的，从而确保了句法关系总是可以在指称得到指派的情况下确定相应的命题。这样指派的结果就是，人们可以按照谓词所提示的“看”的方式来“看”所指称的事物，从而“看出”关于这些事物的事实。

按照这种“看出”模式，命题关系是按照特定的机制为句法关系所表示的，因此可以算是对金的理论的精致化。简单来说，句法关系与命题关系之间的表征关系是由分别在句子与事物双方“看出”的事实所决定的。比如，在“甲在乙之上”这个句子中，“甲”和“乙”这两个词之间的句法关系为，“甲”位于关系谓词的左空位上，“乙”则位于关系谓词的右空位上，这种句法关系是人们在句子中“看出”的。而在事物一方，谓词“……在……之上”提示要按照上下关系来看待句子所谈论的事物。如果与“甲在乙之上”所对应的事物情形是，一支笔放在一张纸上，而按照约定，“甲”被指派了笔，“乙”则被指派了纸，那么我们由此就确定，“甲”和“乙”之间的句法关系就表示，“甲”的指称位于“乙”的指称之上。这种理解表征关系的方式有几个值得注意的特点，下面依次说明：

其一，一种句法关系表示何种命题关系，需要依据它实际上是如何使用的来确定。一个句子中所出现的句法关系通常由其谓词确定。要理解一个句子，我们就要看其中的谓词出现在另外某个句子中时句子陈述了何种事实。需要我们去“看”那个事实。在这种意义上命题的存在依赖于我们的意向性。与此同时，谓词的使用需要某种稳定性。这种稳定性倒不在于比如说“x 在 y 之上”表示 x 在 y 的上面，这属于所“看出”的内容，而在于“x 在 y 之上”表示上下关系，属于“看”的方式。

其二，谓词要标记两个内容，一个是“看”的方式，一个是预期“看出”的内容。比如，“……在……之上”就既确定了要从上下关系上“看”，又确定了由此“看出”的是一个东西在另一个东西的上面。另外一个谓词“……在……之下”在前一个方面与这个谓词相同，而在后一个方面则与之不同。人们可以说这两个谓词的内容相反。内容相反的谓词需要同样的方式去“看”。这样一来，人们就可以通过了解一个谓词的用法，来确定通过另外一个谓词所建立的句法关系表征什么。这就解释了前一段所提到的那种稳定性是什么意思。

其三，利用谓词意义具有的双重性，可以解释句法关系是如何产生语义效果的。谓词标记出“看”的方式，而按照这种方式要“看”的，则是关于主词及其指称的情况。比如，谓词“……在……之上”所确定的那种方式，即“看”上下关系，就针对两种情况，一种是主词通过这个谓词所建立的句法关系，比如存在于“甲”和“乙”这两个词之间的那种左右关系；另一种则是这两个词的指称之间的那种上下关系。谓词“……在……之上”所负载的另外一项内容，就用于两个词指称的事物之间。按照这种双重意义模式，我们就要把“甲”和“乙”这两个词在句子中的句法关系，对照到事物之间的上下关系上，即把在“甲在乙之上”这个特定句子中所看到的那种左右关系，对应到事物之间的甲在乙上面的那种关系之上。这样一来，“甲”和“乙”在句子中位置的颠倒，就能够对应于事物之间命题关系的颠倒。这种颠倒在金的理论中是无法做到的。在那里，特定的句法关系表征了什么，这是一种初始概念，因而没有这类调整的余地。

其四，按这种方式理解表征关系，就可以解释句法关系与谓词语义之间的内在关联。比如，在第一节我们提到这样一种例子，“张三比李四高”与“李四比张三矮”这两个句子在真值上相同。这里我们就可以将其解释为，由于句法关系与谓词语义之间的连带关系，这两个句子表达了同一个命题。这种连带关系之所以存在，是因为我们可以从两个句子中看到同样的命题关系。谓词语义与由谓词在主词之间所建立的句法关系一样，都被置于同样的“看”的方式之下，并有内容相反和相同之别，这就使其彼此影响成为可能。一方面，依据谓词的语义，“张三比李四高”与“张三比李四矮”表达了相反的内容；另一方面，按照句法关系，“张三比李四矮”表示与“李四比张三矮”相反的命题关系。这样，总的结果就是，“张三比李四高”与“李四比张三矮”这两个句子表达了相同的命题关系。

总的看来，按这里给出的命题理论，命题的建立需要借助句法关系，但句法关系并不是简单地作为结构要素进入命题关系，而是充当构造基础，让句子的使用者得以展开自己的意向活动，而命题关系则是这种意向活动的成果。命题关系是通过对句法关系进行解释而得到的。这种解释具有明确的方向性，这是一种“看”，而“看”的方式由要指派的是何种指称决定。这样，作为从句子所“看出”的东西，命题关系就获得了相对于语言的独立性——“看”的方式滤掉了那些属于特定语言的东西。在这方面，我们达到了与金的理论相同的效果。

与此同时，我们的理论优于金的理论。我们解释了命题为什么不能脱离使用者的意向性。这是因为，命题的表征能力唯有在这种意向性之下才能具备。不仅如此，我们还可以解释，命题虽然有这种依赖性，但其内容为什么还是独立于使用者。这是因为，使用者只能决定如何“看”句子，但由此“看出”的是什么，还是取决于句子，而非使用者。

第六节 命题作为真值载体

到目前为止，我们获得了一种能够解决统一性问题，并且能够解释命题表征能力的命题理论。这种理论能够比较满意地解释，命题在什么意义上独立于语言，又在何种意义上独立于句子使用者的心灵。回顾第一节我们所设定的理论目标。按照那里的说明，命题理论应当解释，（1）命题在何种意义上是真值载体，（2）在何种意义上能够成为命题态度的对象，以及（3）它如何具有内容和表征能力。我们至此已经解决了最后一个问题。

至于第二个问题，可以说已经解决。由于命题是按照特定方式从句子“看出”的东西，一个心灵与命题之间建立的命题态度，就不应该是它从外面与另外一个独立于它的实体之间建立的关系——在心灵“外面”并没有这样一种作为实体的命题。从“外面”与心灵建立关系的，是从中“看出”命题的那个句子。这种关系作为命题态度建立，就意味着使用者对于句子的使用行为模式化了。他将赞同所有与之意义相同的句子，并否认与之矛盾的句子。句子表达命题，就意味着句子之间建立了相应的模式化关联。与此同时，通过相信一个命题，心灵与句子所陈述的情况之间也就建立了一种模式化了的表征性的联系。心灵将不再只是对外部刺激做出一时一地的反应，而是超出这种反应性态度，对实在形成主动的、稳定的预期。一般而言，一种命题态度就是人使用句子的一种方式，这种方式使得自己与实在以及他人心灵之间的关联成为可以预期和可以调节的。

命题态度的确切意义可以通过回答第一个问题来得到具体化，这就是解释命题在何种意义上是真值载体。在关于命题的这最后一节，我们就来处理剩下的这个问题。这时，我们处理的实际上是命题与真这个概念之间的关系。

在前一章，我们给出了一种关于真这个概念的理论。它综合了收缩论直觉和符合论直觉的合理要素，从而说明真这个概念既具备施动理论所刻画的那种语力特性，又具备符合论所强调的实在论动机。作为这两种要素的结合，真这个概念既支持一种视角实在论观点，又支持针对断定行为的规范性理解。这样，我们就获得理解心灵—世界关系的一种精细模式。之后要做的，就是把命题理论嵌入到这个模式中去。

这一章所阐述的命题理论其实已经具备了嵌入上述真理理论的条件，因为它也是由非实在论的部分与实在论的部分构成的。其中非实在论的部分之所以出现，是因为要对命题统一性问题给予语言学唯心论的解决，这决定了要对谓述关系给予非实在论的解释；而实在论的部分，则是对于命题关系的“看出”式解释。应当说，这种解释本身就是结合实在论要素与非实在论要素的结果——“看”的方式是非实在论要素，而所“看”的东西，即句子的句法关系，则是实在论要素，而命题作为“看出”的东西，则同时取决于两种要素。命题的这种混合特性，与真这个概念所具备的混合特性是一致的。

命题与真这个概念之间的联系以两种方式建立。一种方式是赋予句子以意义，此时需要把句子与真值条件联系起来；另一种方式则是对已经具备意义的句子赋予真值，此时要看句子的真值条件是否得到了满足。第一种方式是把世界的状况与假定为真的句子对应起来，从而确定句子的真值条件，进而确定句子所表达的命题；第二种方式则是在句子所表达的命题以及句子的真值条件的基础上，结合世界的状况来确定句子真值。这两种方式在一种意义上构成了循环。不过，命题与真这两个概念协同起作用的结果，却是一个动态延展过程，而不是循环。这是因为，按第一种方式被赋予了意义的句子，并不就是在第二种方式中需要被判定真值的那个句子。实际上发生的过程是这样的：一个句子在以真值条件为基础被赋予意义的同时也就被结构化了，于是句子的成分就被赋予意义；进而，由这些被拆解出来的成分构成的新句子的意义也就得到确定，而进一步依据世界状况确定真值的，就是这些构成的新句子。因此，命题与真这两者的联系，是以结构化为中间环节达成的。命题是作为有结构的实体而被赋予真值的。

按照视角主义实在论的方式理解，真这个概念主要是通过在断定行为之间建立一致性起作用。简单来说就是，如果在一种情况下断定某个句子是真的，那就应该在另外一种情况下断定另外的某个特定句子是真的或者是假的；在这种从一种情况到另一种情况的迁移中，命题以及意义提供了一种约束，从而使这种迁移达到一致性。事实上，在第二章关于分析性以及内部辩护的讨论中，意义理论与这种一致性的关系已经显现，现在要将其落实到命题理论中。

现在考虑为句子赋予意义的情形。我们对照世界中的某种情况断定一个句子是真的，从而让这种情况充当句子的真值条件。在这种情况下，句子被看作是真的——其为真，并不意味着具有任何性质，而只是“看”的结果。与此同时，我们也决定以某种方式“看”相应的事物，并将“看出”的情况对应到句子上，以便将其结构化。为了做到这一点，我们会在句子中设定一个句法特征，以表明我们是这么“看”事物的。这么做就可以确保当这个特征下一次出现在句子中时，我们会以相应的方式去“看”句子，从中“看出”其所表征的命题，以及当命题为真时事物是怎样的。这个目的可以利用前一节所说谓词的双重功能中的一种来达到，此时谓词就表示“看”的方式。在“看”的方式得到固定的情况下，就需要在句子与实在之间就“看出”的东西构成对应关系，从而让我们能够通过实在来确定句子意义，也可以通过句子意义来确定所陈述的实在是怎样的。这通常是通过限定“看出”的结果做到的。我们会用“可能性”这个概念来描述这种限定。

比如，在为“甲在乙之上”这个句子赋予意义时，我们选择“……在……之上”这个词来表明我们是怎么“看”句子和及其所表征的情况的。我们用这个词来表明，自己是在“看”所表征事物的上下关系，并希望从句子中“看出”这种上下关系。为了做到这一点，可以在事物表明的上下关系与句子体现的句法关系之间建立对应关系，从而，当一种句法关系出现时，我们就认为句子表征了事物间的一种上下关系。当然，建立这种对应关系的前提，就是把上下关系的种类限制在可以用句法关系表达的范围之内。这就是“可能性”这个概念所起的作用。对于上下关系而言，就有两种可能性，即一个在另外一个之上和之下。① 相应地，句法关系是

① 实际的空间关系更加复杂一些，比如两个东西平齐，没有上下之别，或者一个东西在另外一个的内部，等等。这些复杂性可以通过某种方式得到处理，从而让其可以在相应的句子中得到表达。第七章我们会提供处理的基本思路。

通过"甲"和"乙"这两个词的前后关系来表达这两种可能性。句子"甲在乙之上"表达上下关系的一种可能性，而"乙在甲之上"则表达另外一种可能性。当然，这种在可能性上的区分，也可以对应到谓词上，比如用"……在……之上"来表达一种可能性，而用"……在……之下"表达另外那种可能性。由于谓词的双重意义，这一点是可以做到的。

限定"看"的方式，并进而确定"看出"的内容，这些是对句子进行结构化所要做的。结构化的结果，则是确定了上面所说的那些可能性。这些可能性的确定，使得句子对事物的表征成为可能。

结构化是在为句子赋予意义时发生的，而这个过程其实是在利用真这个概念来把句子与事物的情况对应起来，从而让这种情况成为句子的真值条件。通过结构化得到确定的那些可能性，就是句子为真的可能性，不妨称其为"真值可能性"。当我们用句子来表达上下关系的两种可能性时，由此所确定的两种情况，也就是为"甲在乙之上"这类句子赋予真值的两种情况，在这两种情况下，这个句子分别是真的和假的。这两种情况也可以用两个句子来表达，比如用"甲在乙之上"与"甲在乙之下"（或者与"乙在甲之上"）这两个句子。而这时，这两个句子中当其中一个为真时，另外一个就是假的；反而反之。

有了真值可能性这个概念，就可以解释命题在何种意义上是真值载体。把真值赋予命题，并不是说命题具有"是真的"或"是假的"这样的谓词所表示的性质，而是说命题的一种结构特性得到了实现。这里所说的结构特性，就是对句子进行结构化所赋予句子的特性，在这里就是句子的真值可能性。当把命题理解为对应于句子的结构实体，这种真值可能性就可以在原初的意义上归于命题。把命题理解为具有真值可能性的东西，这就意味当其为真时，就不是从外面被添加了一种性质，而是它自身潜在的某种东西得到了"实现"。

要理解这种"实现"，恰当的方式就是使用"预期"这个概念。我们可以把一个命题理解为某种预期。比如，"甲在乙之上"这个命题就可以认为是这样一种预期：当我们按照上下关系来"看"甲和乙，就会看到如甲和乙在"甲在乙之上"这个句子中所"看出"的那样一种关系。这种预期包含"看"的方式，以及按照这种方式承诺的所"看出"的内容。当预期得到实现，命题就是真的。换言之，当按照这种"看"的方式去看事物，确实"看出"那些内容，命题就是真的。

按这种方式理解，命题态度是什么，也就清楚了。持有一个命题，就意味着产生某种预期，即当按照某种方式去“看”事物，就有可能“看出”某种情况。而相信一个命题，则意味着接受这种预期的实现，即接受当按某种方式去“看”事物，就会“看出”某种情况。这样，持有命题态度，就是建立与世界或他人的稳定的关系模式，这种模式让预期成为可能。

第六章　什么是意义理论

在一般性地讨论了命题应当是什么后，就可以着手建立关于命题结构的理论了。但是，这件事我们下一章再做。现在，条件已经成熟，有必要对意义理论的研究对象和研究方法做总体框架上的澄清。前面各章基本上以相对独立的方式处理了分析性、意向性、真和命题这样几个关键论题，我们的结论向着一个明显的中心汇聚，最终得到的是一个视角主义的图景。这幅图景的几个要素分别是：

（1）基于内部辩护的分析性概念；
（2）主观主义和视角主义的意向性概念；
（3）视角主义实在论的真理概念；
（4）透视性的命题概念。

那么，按照这幅图景，意义理论是怎样的呢？

如果把意义理解为语言与实在之间使知识得以表达的那种联系，那么它本身就是意向性理论所讨论的主题。看起来，这种联系似乎可以沿着两个方向建立：一是从实在开始，要看来自客观的东西是什么；二是从语言开始，则要着眼于主观性。我们选择后者，因此，意义理论讨论的主题就是意向能力。

对建立在主观主义的意向性概念基础上的意义理论来说，方法论设计至关重要。我们将拒绝对主观性给予客观的处理，这是意向性概念的先验性所要求的。这样一来，意义理论就是阐明性的，而不是解释性的。

第一节　意向能力

按康德的解释，命题内容（判断）由来自主观的先验形式和来自客观世界的经验材料结合而成。这构成了一种非常流行的解释方式，按这种方式，命题内容通常被分析成概念框架和经验材料，它们分别是来自主观和客观的贡献。[①] 这种理解方式最终在戴维森那里遭到质疑（Davidson，1984c）。它被称为经验论的第三个教条，与蒯因所说的那两个教条并列。戴维森之所以不满，是因为一般说来，只有在一个概念框架之下才谈得上某个东西存在；按照这个逻辑就会问，概念框架本身的存在，又要在什么框架之下表述呢？这个问题预示着一个无穷后退又要开始了，“概念框架”这个概念至少是有问题的。

他质疑的矛头指向关于概念框架的本体论承诺。要承诺某个东西存在，就必须有一个同一性标准，以确定所要承诺的究竟是哪个东西，正是这个步骤，需要在一个概念框架下完成。

不过，就我们这里所要考虑的理解方式来说，主观的东西在何种意义上需要一种本体论承诺来加以支撑，还是非常可质疑的。从戴维森的论证可以导出这样一个结论：关于概念框架的谈论不会有什么客观内容。但对这个结论康德主义者不必回避，因为，关于概念框架的谈论，其有效性不在于提供了客观内容——来自主观的贡献，其有效性当然在于它是主观的。

当然，对于康德主义中来自主观的究竟是什么形式的贡献，还需要进行检讨。戴维森的论证意味着，对这种贡献的分析不能预设一种生效的同一性标准。但康德本人的讨论还是依赖于这种预设。不仅如此，他还给出了一种解释：先天的概念框架可以作为性质，在人类学意义上归属于人这样的理性生物。这样，主观的贡献就以客观的形式出现了。这导致了理论上的不融贯。（参见黄敏，2014b：5.5 节）

来自客观的贡献在命题中当然是以被表征成分的形式出现的，来自主观的贡献则应当是非表征性的。问题是，来自主观的贡献究竟是什么。

一个合乎直觉的看法是，来自主观的贡献应该决定了什么是有意义的句子。比如，像“3 是红色的”这样的句子是没有意义的，因此，不存在为该句子所表达的命题，这应该就是命题这个概念中所体现出的来自主观的贡献所致。我们会觉得，如果用另外一种方式来定义像“红色”这样的谓词，这个句子也许就表达了一个命题。

---

① 若把他对内部问题与外部问题的区分与证实主义的意义标准联系起来看，卡尔纳普就表达了这一解释方式（Carnap，1956）。斯特劳森也直接从康德那里接受了这种思考方式（Strawson，1992：35 ff）。

这看起来好像是在说，这里确实有种主观的东西在起作用，那就是我们的某种约定。但是，如果把这里的约定理解为任意性的话，那么对命题做出贡献的那种主观性要素，还不是这样一种任意性。继续以“3 是红色的”这个句子为例，我们有理由解释为什么这个句子没有意义，而这个理由不是任意的。这个理由就是，3 不可能是红色的。这是一种关于什么可能、什么不可能的理由。它代表着一种来自主观的贡献。这种贡献不是表征性的，因为它关系到的是不存在什么。如果把表征性的成分理解为接受性的、来自“外部的”成分，那么关于什么不存在的内容，也就不可能是表征性的。但是，关于可能性与不可能性的内容，对于表征来说却构成了一种系统的、整体性的贡献，这种贡献让我们的推理成为可能，而这至关重要。

这样，我们就有一种来自主观的、非任意性的贡献。这种贡献应当是一种“能”与“不能”的约束，是句子的使用者自行遵守的规范性约束。这里有几个要点，有些要点是实质性的，有些则是方法论性质的。由于它们彼此联系在一起，这里也就按照这种联系逐个说明。

一、构成命题内容的这种主观但非任意性的成分是一种能力，一种与命题活动（构造或者把握命题的活动）主体不可分隔的东西，而不是来自主体之外、独立起作用。否则，这种东西就需要在得到认识之后才能够起作用，而这意味着它是表征性的。不需要认识就能够起作用的成分，那就是主体自身能力中的积极成分——我只需要动用这种能力，相应的成分就自动起作用，非表征性的环节就能进入命题内容。

这种成分的必要性，构成了康德主义的基本洞见，也构成了康德所谓“哥白尼革命”的确切意义。但是，我们这里所主张的立场与康德不同。康德允许从第三人称来把这种能力归于主体，并从而在第一人称角度上（即先验哲学的角度上）将其当作特定的表征性的内容，即康德所说的先天综合判断。这些内容是经验对象（作为意向行为投射的结果）得以构造的概念框架，但其客观性并不来自经验，而是视角在第一人称与第三人称之间来回切换造成的错觉。这种切换导致了前面提到过的那种不融贯性。

而我们这里所主张的立场，则来自先验现象学更为彻底的主观主义立场。我们将坚持第一人称视角，拒绝把主观的能力客观化。这是一种融贯的立场。

这种参与构成命题内容的主观能力，我们就称为意向能力。

二、意向能力所给出的贡献，体现为意向内容在模态上的特征，即意向内容的可能性或必然性。这种模态特性是意向能力投射的结果。当意向能力在一些特定情况下使用时，这种能力本身的特性，就体现为特定意向内容具有的普遍性和系统性的特征，这些特征就是意向内容的模态特性。在康德那里，这种对应关系就得到了体现。意向能力产生了对于判断来说是形式性的约束，由此构成辩护所需要的先天连接，从而是使命题内容成为可能或者必然的东西，它解释了命题内容的模态性质。

人们可以很自然地按有色眼镜的模式，来理解意向能力与模态特性之间的关系。戴上有色眼镜，就会总体性地改变视野中景物的面貌（颜色），这看起来就像改变了世界本身一样。这种比喻很好地抓住了意向能力的投射功能，它正是这样起作用的。意向能力的工作是按照对象化的模式展开的，也就是说，在主观上起作用的特性，将以对象性的方式体现出来。

三、意向能力的这种投射性，贯彻到我们对于意向性的主观主义立场上，将产生重要的方法论后果。在方法论上，对意向内容的刻画，也会表现在对于对象的描述上；而对于对象的描述，则可以理解为是在描述意向内容，是在刻画意向能力的运作方式。

这在现象学那里构成了现象学的描述方法。现象学也解释了这种描述在什么意义上就是现象学反思。我们可以沿用这种方法。区别在于，当现象学家认为自己在描述意识活动时，我们则是在描述语言活动。意向能力就是一种语言能力。如果说现象学的直觉方法就是通过描述对象来描述[①]意识自身，那么我们这里所要建立的意义分析方法，则是通过描述对象来表现语言能力的构成。

我们将采取“语义直觉”（semantic intuition）这个概念，来说明这种在意义理论中运用的现象学描述是怎样的。通过学会一种语言，我们将获得一种意向能力，一种看待事物以及世界的视角或视角系统。“语义直觉”这个概念说明这种能力是如何得到运用的。这是一种直觉式的运用，而不是中介性的。它直接在针对对象所做的行为中起作用，而不是先构成某个内容，然后按照这个内容的指引到达对象。

四、可以用“方法论实在论”（the methodological realism）这个术语，来说明这种方法论上的特色，即通过设定对象或者对象特性的存在，来刻画特定的意向内容，说明意向内容方面的特性。与形而上学意义上的实在论不同，这种实在论并不设定对象或其特性具有真实的、独立于心灵的那种实在性，而是一种有所限制的实在性。通常，我们会用对象或其特性在

---

① 用维特根斯坦的方式，应该说这是一种“显示”。对于意识对象的描述是对意识自身的显示。

一个可能世界中的存在，来实现这种设定。

与真实的、现实世界中的存在不同，可能世界中的存在是按照其模态特性所设想的，它受制于模态特性。由于意向能力体现为内容上的模态性质，而内容则以对象化的方式呈现，这种意向能力方面的贡献，也就可以通过可能世界概念来刻画。模态性质就通过可能世界体现出来。

可能世界中的存在并非真实的存在设定，我们这里仍然是在遵循现象学悬隔的方法来处理对象。只有满足一定的条件才能进入可能世界，而这些条件需要提前得到把握，因此，可能世界中的存在作为存在设定，是从关于对象的某些可把握的内容中导出的，而不是作为原初概念生效。这就使其称不上是真实的存在设定。在真实的存在设定中，存在是作为原初概念出现的。①

五、对于意向能力的有色眼镜比喻会产生误导，它让人以为，我们可以通过某种手段，来把意向能力所投射到世界图景中的东西分离出来，进而还原世界本来的、未被主观性所“污染”的样子。应当说，主观主义的意向性概念意味着，来自主观的贡献是不能作为内容从命题内容中分离出来的，也就是说，不能像在康德那里一样，把来自主体认知能力的贡献当作一种先天的准知识内容（先天综合判断）分离出来。这样分离就意味着脱离主观主义，转向第三人称视角来看待意向活动。戴维森的论证也表明，这种分离是不融贯的，因为这意味着要寻求适用于描述概念框架的概念框架。

这就敦促我们，要找到另外一种看待意向能力的方式。这里建议一种动态的、规范性模式，以取代康德的静态的、构造性模式。在康德心目中，心灵静止地面对实在的运用自己的意向能力，从而获得关于实在的表征性的内容。这是一种类似于拼接的构造过程，而表征内容中来自心灵的贡献（形式）与来自实在的贡献（材料）总是可以反向分离开，从而得到一种内容，它可以表现心灵所贡献的形式是怎样的。

而我们这里要推荐的理解模式，则是把意向能力的运用理解为心灵在实在中的活动，理解为对于实在的情况所做出的反应。这样，也就不存在一种从内容到构成要素的反向分离过程，让我们从这种反应入手，分离出来自作为刺激源的实在本身的材料。从结果到原因的回溯是做不到的。更重要的是，我们的回溯过程本身，也是这样一种反应过程，因此通过回溯

---

① 严格地说，真实的存在不是概念性的。它区别于所有的概念。如果有这样一个存在概念，那就只能是初始概念。

得到的充其量是对于经验材料的反应，而不是材料本身。

按照这里推荐的模式，我们就总是要把命题内容看作整体，而不是形式与材料按照某种方式或步骤结合构成的，或者说，不是按照某种形式来对材料做出“整理”得到的；对于命题内容的分析，实际上就是（a）看不同的命题内容有着怎样的重合部分，（b）通过给出新的命题内容，来表明这种重合部分如何在新命题中起作用。之所以要这么做是因为，一方面，在反向分离是不可能的情况下，确定命题整体中的重合部分，还是为追踪来自实在的贡献和来自心灵的贡献提供了线索；另一方面，既然我们对这些贡献的刻画也只能以给出命题整体的方式进行，那么这种刻画就不是在描述那些贡献，而是表明那些贡献在所给出的命题中已经起作用。

六、当要分离出的是意向能力，这种作用就必须能够体现为在不同命题之间形成的规范性的约束。比如，当我在命题内容中发现了一种模态特性，那么，这种模态特性就必须能够通过新给出的命题来加以表现，即通过表现我自己给出的这些新命题如何接受这种模态特性的约束，来表明这种约束是怎样的。换言之，这种模态约束是我通过让自己的意向行为服从它，而得到表现的。这样，模态特性就表明是一种规范性的约束。

应当说，命题内容中来自意向能力的贡献都是规范性的。规范性是刻画主观性的唯一有效方式。唯有通过遵从规范性的指引，我们才能确定一种主观性的东西是什么。主观性的“内容”，就是在遵从它所给出的命题中表现出来的。但是，我们不能描述它。[①] 用《逻辑哲学论》里的方式来说，主观性是在使用命题的行为所具备的规范性中“显示”出来的。

回到有色眼镜的比喻上。那个比喻的恰当之处是，可以用它来证明，拥有确定的视角是怎样成为一件有规范性的事情的。戴上眼镜以后，我可以通过视野的整体色差，来确定镜片的颜色。同样，采取一个视角，就等于接受这个视角的约束，而这种接受，不在于承认某个内容是真的，而在于在我的思考活动与既定命题（当用这些命题来表明视角是什么，或者仅仅要对这些命题展开分析）之间建立一种一致性。当我发现自己不得不接受这种一致性，那就可以断定，我目前采取的就是那个视角。

不过，这个比喻也会误导。我可以取下眼镜，通过看镜片本身来确定它的颜色；但是，我能够转向我的视角本身，通过观察来确定它是什么

---

① 这一点表现为先验性不能以实在论的方式理解（黄敏，2014b：5.5 节）。当我们描述一个东西，也就是在用实在论的态度对待它。而当以第一人称角度对待，主观性就是先验性。这样，先验性与实在论之间的排斥关系，在这里就成为主观性与描述之间的排斥关系。这个问题下一节会正面讨论。

吗？下一节，我们会从方法论角度重新回到规范性这个主题上。我们会论证，不能用描述来穷尽具有规范性的东西，而这意味着，只能让意向能力“显示”出来。这种令其显示的方法我们就称为“阐明”（elucidation）。

第二节 理解与阐明

达米特和戴维森在意义理论的形式和方法上投入的兴趣和精力，都远比在意义理论的具体观点上多。应当说，他们在哲学上的收获，也主要集中在关于意义理论的二阶讨论上。[①] 确实，意义理论是一种方法论哲学，它在哲学上的有效形态是方法，而不是理论性的内容。前面关于意向性的讨论已经说明了这一点。由此得到的意向性理论，其实就是关于要以何种方式对待意向性的一种建议。这一节就讨论意义理论的方法论上的基本特征。和蒯因与戴维森的意义理论相对照，更有助于说明我们心目中的意义理论是什么样的。

蒯因的意义理论实际上是翻译理论。由于不承认意义实体，蒯因式意义理论的目的就是建立语言之间的同义关系，而关于一种语言的意义理论，就是在它与另外一种语言之间建立翻译关系。这是一种完全意义上的第三人称理论，它不仅排除了语言的内容，而且排除了说话者使用语言所表达的信念。这种意义理论可以说是一种关于语言的动物行为学研究，它的研究对象是不具有人类心灵的主体的语言行为。这样的主体也就只能是动物。

与翻译理论不同，戴维森的解释理论没有排除信念，而是把信念理解为，在接受理性控制的条件下，语言行为与实在状况之间建立的对应关系。由于这种对应关系在语义学中体现为词语与对象间的解释关系[②]，戴维森心目中的意义理论就是一种解释理论。

我们所推荐的意义理论，则是一种理解理论。在解释理论的基础上，

① 比如，达米特就曾经这样说：“那些最让人感兴趣，并且能够通过成功建立一种关于我们语言的意义理论而得到解决的许多哲学问题，只要我们展示出建立这种意义理论的一般思路，也就得到了解决，为此没有必要从细节上实际构造这种理论”（达米特，2019：133）。

② 当一个对象作为语义值被赋给词语，逻辑学家就把这个对象称为该词语的解释（interpretation）。可以认为，戴维森的意义理论在这种意义上是一种解释理论。此外，由于这里的对象是为说话者和解释者所共享的对象，因而要通过对说话者进行信念解释工作才能获得，戴维森的意义理论也可以在这种解释学的意义上是一种解释理论。

把信念理解为针对特定的实在状况运用意向能力的结果，从而在这种意向能力的约束下建立语言行为与实在状况之间的对应关系，这样建立的就是一种理解理论。之所以称其为“理解理论”，是因为它需要在共享说话者意向能力的条件下才能建立，而共享这种意向能力，其实就是认同说话者作为意向行为的主体地位，分享说话者的视角，而这是一种理解的过程。

就“理解”这个词的一般意义而言，理解一种语言，就是知道这种语言的意义。而把意义理论置于意向性框架之中，就等于把意义看作人类行为的主观产物，于是，理解语言就是理解人类行为的结果。理解人类行为就是站在人的角度上看待事物，对行为的理解也就等于理解人，等于认同人的主观性和视角性。这就是理解理论所要做的。

意向能力是一种双轨能力，它既是形成信念的能力，又是构造和把握命题的能力。信念的形成以及命题的构造，这些都被归于意向行为之中，从而都是运用意向能力的结果。我们已经论证过，虽然信念的形成与命题的构造分别属于意识活动和语言行为，但只有在两者编织在一起的情况下，意识才能达到客观性，语言才能与实在建立关联。这样，意向能力也就作为意识与语言的共生机制起作用。具有客观有效性的意识是运用语言能力的结果，而语言能力则是被归于意识的能力。

体现在语言与意识上，意向能力的这种双轨性，就分别作为结构和能力出现。意向能力有结构极和能力极，结构极体现在语言的形式上，而能力极则被归于意识活动。可以说，对结构的描述说明了那种能力是什么，结构表明了意向能力的可描述性。但不能说对结构进行描述就毫无遗漏地确定了意向能力。正是因为这一点，我们才说结构极与能力极共同构成了意向能力。下面我们就用一种方式来说明为什么意向能力不能为结构所穷尽。

由于意向能力是一种从事规范性活动的能力，要用结构来确定这种能力，一种自然而然的做法就是，给出一种关于这种活动的结构性描述，并说明，所从事的活动就是遵照所描述的结构进行的。问题似乎就这样解决了。这里描述的结构以规则的形式出现，而意向能力则通过遵守这种规则而得以体现。于是人们就会认为，给出这种规则，也就解释了那种规范性的活动是怎样做出的；而既然意向能力就是用来解释这类活动的，那就可以说，作为规则给出的结构，也就完备地确定了这种能力是什么。

在《哲学研究》中，维特根斯坦实际上对上述想法做出了回应。对于一种规则来说，遵守的方法是多种多样的，比如，我们可以不是按照水平对应的关系来查对表格，而是按照错位交叉的方式来查。规则也没有告诉我们应该如何去遵守它。于是，要让规则得到确定的遵守，那就要进一步追加关于如何遵守规则的规则。（Wittgenstein，2009：§§85－86）这样就进入了无穷后退。这说明，规则并不足以解释相应的活动是怎样做出的，也就是说，规则不足以完备地确定做出相应活动的能力是什么（参见黄敏，2014：7.3节）。

同样的结论可以通过另外一个论证得到，并且，就当前的主题而言，这种方式要更说明问题一些。这个论证是刘易斯·卡罗尔最先给出的（Carroll，1895），我们可称之为“卡罗尔论证”①。

这个论证的大意是这样。对于以 A 和 B 为前提，C 为结论这样一种形式的推理，如果我们不接受“如果 A 并且 B，那么 C”这个句子（简记为“D”）为真，那个推理是无法做出的。因此推理的完整形式就应当是以 A、B、D 为前提，由此得出 C。但是，对于这样添加了前提的推理，我们也可以提出同样的要求，即要求保证“如果 A 并且 B 并且 D，那么 C”这个句子是真的，因此这个新的句子也需要添加在前提中。这样就进入了无穷后退。

这个论证直接针对的问题是，如何能够保证一个推理是有效的。在把其中的“B”换成“A 实质蕴涵 C”的情况下，这个论证仍然成立。这构成卡罗尔论证的一个更加尖锐的形式。但是，按照这个论证的思路，连肯定前件的推理规则都不能保证这个肯定前件推理是有效的。容易看出，没有哪个推理规则能够保证相应推理的有效性，因为，按照同样的思路，总是需要新的前提来保证推理的有效性，而这是一个没有止尽的过程。

卡罗尔论证与我们目前讨论的问题直接相关。如果一开始就认可从 A 和 B 得到 C 的推理是有效的，那么“如何保证这一推理有效”这样一个问题，其实也就是在问，用推理规则怎么能够解释推理活动。如果推理规则能够解释推理活动，那么相应的推理能力就能够用这种推理规则来充分地确定。当然，推理能力属于我们这里所关心的意向能力。

针对这个论证，标准的回应是区分推理的规则与前提（参见亚里士多德，1990）。还是用肯定前件推理的形式来看。卡罗尔似乎接受了这样一个前提：如果不接受“如果 A，并且 A 实质蕴涵 C，那么 C”，那就不能从 A 和 A 实质蕴涵 C 得到 C。正是这个前提造成了无穷后退。但是，接受这一点，就相当于要求把推理规则变换成前提的形式，因为这里的推理规则所要求的，就是要从 A 和 A 实质蕴涵 C 得到 C。一旦看到这种联系，我们

---

① 关于这个论证的最新讨论，参见 Padro，2015。

就可以发现，只要承认了推理规则，就可以直接按照这个规则来推理，从而从 A 和 A 实质蕴涵 C 推出 C，而那个新前提不起作用。既然这样，那个规则就不是前提，并且，也不能以前提的形式起作用。于是，卡罗尔论证本身就可以当作归谬论证，它表明，一旦把规则当作前提，就会导致不可接受的后果。

对这样的回应，让我们检查一下，在什么意义上，在所考虑的情况下，肯定前件推理规则所要求的就是从 A 和 A 实质蕴涵 C 得到 C。从同情的角度看待卡罗尔论证，问题恰好在于不能断定这一点。假设我处在这样一个时刻：面前摆了两个命题，A，以及 A 实质蕴涵 C，现在要我决定由这两个命题推出什么。当然，如果我认为这个例子构成了肯定前件推理的一个实例，那么接下来我就由此推出了 C；但是，如果我不这么认为，那就推不出这一点。卡罗尔所添加的前提恰好就是要保证，眼下的情况就是肯定前件推理的实例。毕竟，肯定前件推理的规则并不是直接针对眼下的 A 或 C 之类的命题给出的。

因此，对卡罗尔论证的标准回应如果仅仅是在说，只要是肯定前件推理的实例，它的有效性就由推理规则本身所保证，那么它确实达到了目的；但是，如果我们的问题是，推理规则如何能够解释推理活动，那么问题还是没有解决。要回答这个问题，就不能假定特定的规则已经适用了。

要解释一种行为能力是怎么回事，一般做法就是给出一套规则，然后说，所谓具有那种能力，就是在按照这套规则做事情。比如，要解释语言能力是怎么回事，人们会列举一套语法，用这套语法来说明，怎样叫作会说这种语言。这样，人们就通过给出一套结构性的描述，来确定一种行为能力是什么。卡罗尔论证表明，这是做不到的。这套描述并不表明在特定的情况下应该怎么做，而在特定情况下却总是可以运用相应的行为能力，因此，结构性的描述并不确定行为能力是怎么回事。

有趣的是，我们对卡罗尔论证的讨论其实还是说明了，结构性的描述可以在何种意义上确定一种行为能力是怎么回事。这就是当这种行为实际上被做出来时，或者说，在特定情况下一种行为已经可以确定是运用这种行为能力的实例时。如果已知一种行为是在运用肯定前件推理，那么它是否合乎这个推理的规则要求，这是可以确定的，而这意味着，通过比照推理规则，我们可以确定这种推理能力在这里是怎么运用的。在这种情况下，我们是通过对运用行为能力得到的结果（即所做出的行为本身）进行结构性的描述，来确定这种行为能力是怎样的。

这样，对于意向能力我们就得到了一个否定性的结论和一个肯定性的结论。否定性的结论是，在不确定意向能力本身是什么之前，我们不能通过规则来确定它；肯定性的结论是，对于已经得到运用的意向能力，我们可以通过规则来确定它。这种否定性的结论意味着，对于意向能力不能做出解释（explanation）；肯定性的结论则意味着，可以对意向能力是什么做出一种阐明（elucidation）。下面我们分别说明这是什么意思。

这里所说的解释，不是前面提到的那种解释理论的解释（interpretation）。后者确切地说是“赋值”或者“指派”的意思，这里所说的“解释”则是说明一个东西是什么的一种方式。要解释一个东西是什么，通常就是说，对于原本不知道这个东西是什么的人，通过对它给出的描述，就可以确定这个东西是什么。[①] 如果需要事先知道要解释的东西是什么，那么给出的解释就是循环的，人们并没有通过解释获得新的信息。循环解释就不是解释。

至于阐明，也是像解释一样，针对某个东西的概念，不过，它是通过给出运用这种概念的结果，来反向地确定这一概念的内容。如果我们把意向能力当作通过把握某种概念获得的，那么通过给出运用这种意向能力的结果来说明这种能力是什么样的，那就相当于对相应的概念进行阐明，也可以说就是在阐明这种能力是什么。

解释与阐明之间的区别，可以与第二章第二节所做的显式定义与隐定义的区分做对照。为避免循环解释，用来解释的概念就应当比被解释的概念更加基本。这样，当要解释的概念达到足够基本的程度，解释就行不通了，只能诉诸阐明。对一个基本概念的阐明，就通过看这个概念与其他概念之间怎样连接起来完成。这在形式上就像是在进行隐定义。其实可以看出，隐定义如果是要求充分地确定所定义的概念，那么，至少在对这样的概念的把握体现为意向能力的情况下，这种定义是不能无条件获得的。这样的概念不能“无中生有”。这样的定义在什么意义上确定了相应的概念，取决于阐明在何种程度上有效。

其实已经可以看出，对意向能力的阐明只能是在这种能力已经得到运用时，针对运用的实例进行。而这是综合前面得到的肯定性结论与否定性结论得到的结果。当然，这对于隐定义来说是个坏消息，它意味着被定义的概念不能通过隐定义引入；只能是在被定义概念已经引入并付诸使用后，我们利用隐定义来抽引出一些可以表述的规则，并且，在这一概念已经给定的使用实例的基础上，把这些规则扩展到新的实例上。这样，与隐

---

① 当然，不要把这种意义上的解释，与科学解释中的那种解释弄混。

定义相关联的，就将是一种内部辩护（参见本书第二章第六节）。

肯定性结论与否定性结论的结合，揭示了意向能力的一种单向透明特性，也就是说，只能从能力极确定结构极，而不能反过来，从结构来确定能力。换言之，在拥有这种能力的情况下，可以确定这种能力按何种结构运用，但是，不能反过来。通过运用一种能力所获得的结构，我们不能确定这种能力是什么。只有当这种能力已经确定下来，从而能够把一些行为当作运用这种能力的实例，我们才能通过某种结构来表现这种能力。

这种单向透明特性很好地印证了意向能力的主观性。能力极就是主观性的一极，而结构极则是客观性的一极。单向透明性意味着，只有当我们占据了能力极，才能由此确定结构极。不能以客观的方式来确定能力，只有在拥有了意向能力之后，才能客观地表现能力；而能力本身的确定，则是主观的。

在本书的后续章节中，我们会描述命题、词项以及推理中让意向能力得以运作的结构性特征。这些特征都将作为意向能力的阐明起作用。它们不会充分地确定这种能力是什么，但对拥有这种能力的人来说，它们会揭示意向能力客观上的确定性，从而确定从中投射出来的视野是怎样的。作为意义理论来说，这样就揭示了意义一般而言是如何构成的。

作为意义理论，翻译理论和解释理论都希望对意义给出解释，即在排除了意义概念及其实例的情况下，通过其他概念的实例来确定这些东西。翻译理论所利用的是一套动物行为学概念，而解释理论则利用了理性心理学概念。它们都从翻译者或解释者所占据的第三人称角度出发，着意于在语言与实在之间建立对应关系，并希望在这种对应关系的基础上构建我们直觉上称为“意义”的那种结构。

同样作为意义理论，理解理论从不同角度对待意义理论。意义不再是基于语言与实在的对应关系建立的结构，而是让语言的使用者透过语言的结构，以正确的方式看到的那种实在；它可以体现为实在的系统性的特征，也可以就是特定的实在。这样，意义理论就是让意义得以确定的机制，即那种语言结构。把意义理论当作理解理论，其实就突出了这样一点：意义是站在语言的使用者位置上确定的，它是一种系统化结构化了的主观性，这种系统化和结构化使客观性得以可能。而阐明，则是在第一人称角度，以合乎主观性要求的方式展示这种结构。

第七章　范畴结构

这一章我们讨论命题的结构，这是一种范畴理论。范畴理论既是命题结构理论，又是意向能力理论，它揭示意向活动的主体，即句子的使用者，是怎样对命题内容做出贡献的。随着本章论述的展开，我们会看到命题结构中非表征性的成分，即主观的成分，如何与表征性的成分或者客观的成分区分开，又如何能结合到一起。这两种成分分别来自意向主体和实在，它们共同构成了命题内容。

此外，范畴理论也会为关于谓词性意义（predicative meaning）的理论提供基础，因为它要做的，其实就是解释谓述关系和谓述结构是怎么回事，而谓词的意义也就取决于其如何实现谓述功能。此外，由于谓词的意义是一般而言的指称词项中的基础部分，关于范畴结构的讨论，就会对关于一般词项的意义理论提供基础。

第一节　历史回顾

“范畴”（category）一词来自希腊语，意为“就某事起诉某人”。这个词引申为“就某个对象说某事”，进而“谓述”。比如，说“苏格拉底是有死的”，就是在就苏格拉底说有死性（say mortality of Socrates）。

“范畴”这个概念由亚里士多德最先赋予哲学意义，他用它来表示存在物的最高的种。这样，范畴理论就是关于存在物的分类学研究。在《范畴篇》中，这些类别或形式包括实体（ousia）、数量、性质、关系、何地、何时、所处、所有、动作和承受（亚里士多德，1990：1b25－27），而在《论题篇》中，第一个范畴换成了本质（ti esti）（亚里士多德，1990：103b20－25）。

另一方面，存在物又是“存在”一词的名词化，后者也会以系辞的形式得到理解。因此，“范畴”当被理解为“being qua being”的各种形式时，也与谓述关系联系在一起。此外，谓述关系还构成了“范畴”一词的词源意义，这样，“范畴”似乎就是一个有歧义的术语。这影响到如何理解范畴理论。对于存在物，范畴理论似乎允许两种不同的分类法，《范畴篇》中的分类主要针对一般词语及其表示的事物，而《论题篇》中的分类则着重于谓词或谓述关系（王路，2003：160）。有人认为，前一种研究方式也把事物的存在方式（是否有独立的存在）作为分类标准，因而超出了通过研究语言来建立范畴理论的目的，也超出了逻辑研究的范围（威廉·涅尔、玛莎·涅尔，1985：34）。也有人强调《论题篇》中的分类法在亚里士多德范畴理论中的重要性（王路，2003：161）。不过，亚里士多德本人还是可以这么解释：范畴构成了事物本身的类别，语言以及谓述关系只是分类的辅助途径，它未必能够解释为什么会有这样一些范畴。这样，范畴理论就只是一项经验性的工作，它不一定会导向必然的结论。亚里士多德本人似乎无意于解释，为什么恰好有这些范畴。

不过，亚里士多德给出的范畴理论还是可以按词项在谓述句中的功能加以整理（Bar-On，1987：6－7）。设想这样一个谓词序列：白色—颜色—性质。我们有这样三个句子：（1）苏格拉底是白色的；（2）白色是一种颜色；（3）颜色是一种性质。在（2）中，“颜色”是谓词，而在（3）中则作主词。（2）必然预设了（3），因为白色不可能是一种颜色而不是一种性质。性质在逻辑上先于颜色，是比颜色更有普遍性的谓词。这样，通过谓述句（2）和（3），我们就从“颜色”这个谓词上升到“性质”。如果没有其他的谓述句给出更普遍的谓词，那么作为具有最高普遍性的谓词，“性质”就代表一个范畴。这种识别范畴的方法我们不妨称其为“谓述阶梯法”。

亚里士多德所理解的谓述关系基本上是一种种属关系，即主词所表示的对象作为种包含在谓词所表示的属中。按谓述阶梯法得到的是一个关于谓词的分类体系，这个体系由谓述关系构成，谓词的功能可以通过该谓词在这个体系中的位置加以确定。例如“白色”作为谓词是对颜色的确认，而“颜色”作为谓词则是对于性质的确认。谓词的意义就部分地取决于它在这个分类体系中的位置。

亚里士多德本人没有讨论过范畴的形而上学性质，没有讨论哪些类别究竟是因为表明了事物本身的类别，而谓述关系的建立则是这些类别之分的结果，还是说，这些谓述关系解释了为什么会有这样的类别之分。采取不同顺序来解释，就会赋予范畴以不同的形而上学地位。如果认为类别关系更基本，由此解释谓述关系，那么范畴就应该是独立于语言的东西，在这种意义上会有关于范畴的实在论立场；如果反过来，认为类别之分是谓述关系的结果，那么范畴就不是实在的，而是依赖于语言。[①] 在这两种不同的立场之间，亚里士多德应当是前一种立场。他对待范畴划分的经验主义态度说明了这一点。如果把谓述关系当作寻找范畴的指导线索，而不是当作解释范畴的东西，那么，能够有什么范畴，就不是语言所能够解释的了。

在康德那里，范畴是作为"纯粹知性概念"给出的（康德，2004：A78/B104 以下）。"赋予一个判断中的各种不同的表象以统一性的那同一个机能，也赋予一个直观中各种不同表象的单纯综合以统一性，这种统一性用普遍的方式来表达，就叫作纯粹知性概念"（同上，A79/B105）。

康德通过对可能的判断形式进行分类来划分范畴。这种分类体系中包括量、质、关系和模态这四个最大的类别，其中每个类别之下又都包含三个子类，它们分别是：

量：单一性、多数性、全体性

质：实在性、否定性、限制性

关系：依存性与自存性（实体与偶性）、原因性与从属性（原因与结果）、协同性（主动与受动之间的交互作用）

模态：可能性—不可能性、存有—非有、必然性—偶然性

这些子类之间可以按照排列组合产生不同的判断形式。

按康德的理解，知识是由概念与表象分别作为形式与内容结合而成的。形成和运用概念的能力就是知性。判断则在这个基础上得到解释。判断是一种表象，它所表象的是"不同表象的意识的统一体"，或者说是"让这些表象构成一个概念的那种关系"（Kant，1992：597）。构成判断的那种谓述关系也构成概念，这样，判断作为整体来看就等价于一个概念。对于判断所表象的是一个概念，还是构成概念的关系，康德并无偏好。

带着这些看法回头看，范畴实际上就是形成概念的方式。由于概念的形成方式决定了概念的内容，通过范畴的划分，就会得到概念分类体系。

与亚里士多德不同，康德所做的范畴区分不直接针对事物本身，而是针对概念得以构成的方式，进而针对概念。基于他的先验唯心论，这样的

---

① 当然，这在某种程度上是简化的看法。这会把谓述关系理解成语言性的。若按其他方式理解，得到的立场可能会有所不同。这里暂时忽略这种复杂性。

类别体系最终会落实到关于经验对象的形而上学中，从而以存在物类别的形式出现。究竟有哪些范畴，这通过意识内部的反思就可以确定。这是一种先验的研究。当我们针对具体事物运用在这些范畴之下的概念，这些事物也就会接受范畴的约束。范畴的特性，也就会投射到事物上。最终，范畴划分也就落实为事物的类别。

胡塞尔对范畴的划分则基于系统的方法论考虑。[①] 我们这里所要使用的方法，就在这种方法论基础上加以改造得到。胡塞尔用来划分范畴的方法，我们不妨称为“组合替换法”。简单来说，这种方法就是，考虑一个由一些表达式构成的有意义的组合，它可以是句子，也可以是复合短语；[②] 在这个组合中任意取一个表达式，如果用另外一个表达式来替换，由此得到的仍然是一个有意义的组合，那么用来替换的表达式与被替换的表达式就指称属于同一范畴的事物。[③] 这样，要划分范畴，所要考虑的就是可能的组合，而不是既存的组合；对这些组合，所考虑的也是可能有的意义，而不是其所说的东西实际上是否存在。

胡塞尔自己的说明是这样的：

> 举个例子。表达式“这棵树是绿的”有一个统一的意义。如果对该意义（即独立的逻辑命题）进行形式化，从而得到意义的纯形式，就得到“这个 S 是 P”。这是一种理想的形式，它的值都是独立的（命题型）意义。把这种形式落实到具体的命题中，这可以说是一种“实质化”。显然，可以有无穷多种可能的方式进行实质化。但这种实质化也不是毫无约束，而只能在特定范围内进行。我们不能随便用什么意义来替换变元“S”和“P”。在形式的框架内我们可以把“这棵树是绿的”这个例子替换成“这块金子……”“这个代数数……”“这只蓝色的乌鸦是绿的”，等等。任何名词性的材料（宽泛意义上的）都可以放到这里。显然，任何形容词性的材料也都可以来替代“P”。在每种情况下我们都得到了统一的意义，即具有相应形式的独

① 这种方法经过赖尔的发扬（赖尔，1992），已经成为划分范畴的一种标准方法。

② 没有直接的文献证明胡塞尔会用短语而不是句子来充当这里的组合。但是，在区分范畴时，他没有利用句子的独有特征（即句子具备真值而短语没有），因此他也没有特殊的理由来反对使用短语。

③ 胡塞尔实际上区分了意义范畴与本体论范畴，其中意义范畴适用于表达式（并在扩展的意义上适用于意向行为），本体论范畴则适用于表达式所指的对象。这里所说的组合替换法被用于区分意义范畴，但既然本体论范畴与意义范畴存在对应关系，我们在叙述中也就不再区分它们。（Cf. Thomasson，2019）

> 立的命题。但如果偏离这些意义—材料的范畴，统一性的意义就会消失。在名词性材料所处的位置上，可以放上任何名词性材料，但不能放形容词性的材料，也不能放命题性材料。而在有其他范畴的材料的地方，可以换上同类的其他材料，换言之，总是可以用同一范畴的材料来替换，而不能用其他范畴的材料替换。对于所有意义，无论形式多么复杂，这一点都适用。（胡塞尔，1998：344－345。译文依据Husserl，2001 有改动）

这里，胡塞尔区分的是意义范畴，其所采纳的标准则是语法标准。按照这种标准，只要是合乎语法要求的组合就是有意义的。比如，像“这个代数数是绿的”以及“这只蓝色的乌鸦是绿的”这样的句子都算作是有意义的。这从一个角度上看有些古怪，“这个代数数是绿的”当然是无意义的。不过，胡塞尔的用意似乎是说，这里无须考虑“这个代数数”所指的具体对象是什么，我们就可以按照他心目中的这个标准来判定“这个代数数是绿的”是否有意义；至于后来说这个句子是无意义的，则是进一步看“这个代数数”指什么具体对象得到的结果。当然，这个句子是无意义的，这一点先天地就可以断定，它受制于事物的本质。这里我们可以按照胡塞尔的术语，把违背语法标准所造成的无意义就称为“无意义”（Unsinn/nonsense），而把后一种无意义称为“背谬”（Widersinn/absurdity）。[①]

但是，胡塞尔把逻辑矛盾也看作背谬，即形式背谬，以区别于像“这个代数数是绿的”这样的实质背谬。形式背谬依据“思想的形式”（Husserl，2001：72）就可以判定，而无须考虑其所谈论的具体对象，这样就区别于实质背谬。按这个标准，胡塞尔把“正方形是圆的”归于实质背谬（Husserl，2001：72），而会把“圆形不是圆的”归于形式背谬。他显然承认，对思想来说，存在一种独立于一切对象的形式，这种形式会独立地对思想施加约束，从而让思想避免这种形式背谬。

在前面的引文中，胡塞尔描述的只是如何区分出意义范畴的方法。在运用组合替换法来划分意义范畴时，所参照的是无意义性标准。如果按照统一的思路来看待范畴划分的方法，那么可以预期，在运用组合替换法时若参照背谬性标准，就会得到不同的范畴系统（Thomasson，2019）。胡塞尔本人也确实得到了多个范畴系统（Smith，2007：157），但对于意义范畴之外的其他范畴系统是如何得到的，他却没有明确说明。

① 关于这两类无意义的区分，可以参见胡塞尔，1998：351－352。

其实已经可以看出，组合替换法体现出了一种洞见：对于意义，或者说对于可思考的内容来说，什么样的要素能够参与组合，这与组合关系本身之间存在对应关系，这样，我们就可以利用组合关系来对参与组合的要素进行分类。对这种对应关系的具体性质我们还可以进一步明确。由于在划分范畴时所用的替换针对所有可能的要素，因此组合关系就具有一种在先的特性，这种特性决定了什么东西能够参与组合；如果组合关系仅仅是组合要素到场并起作用的结果，那么这种选择也就谈不上了。组合替换法背后是一种结构（或者用胡塞尔的术语，形式）优先的思想，结构定义了填充结构的东西是什么。

但是，这种洞见并不是很清晰，它甚至没有得到明确的表述。关键是，胡塞尔与康德一样，把组合物的统一性当作组合关系是否真正建立的标准。在康德那里，这种统一性以一个新概念的存在为准，而组合关系则是用于建立新概念的那种包含关系。而对胡塞尔来说，简单句子以事态为对象（Smith，2007：149），它只是众多对象中的一种。因此，事态是否可能存在，也就是统一性是否建立的标准。无论是对康德还是胡塞尔，组合关系都只是建立统一性的过渡环节，至于这种组合关系是谓述关系还是其他关系，这只能是巧合。他们都没有利用谓述关系的特性。这样，我们就不能说，进入谓述关系的东西因受谓述关系的制约而划分为不同范畴，而只是说，产生这种制约的是概念或事态这类东西的形而上学特性，而这些东西则是统一性的保证。这样，上述洞见就消失了。

康德和胡塞尔都是在亚里士多德逻辑的框架下理解谓述关系的。按这个框架，谓述关系在概念之间建立，但是，这些概念本身是怎样的，并不受制于谓述关系。这样，谓述关系对这些概念属于何种范畴，也就没有解释力了。这实际上抵消了上述洞见。

应当说，他们都有充分动机来阻止亚里士多德逻辑对范畴理论的影响。作为先验哲学家，他们都意识到，概念之间的连接方式对概念内容有约束作用。这种作用不仅合乎直觉，而且是先验哲学本身的一种内在冲动。（黄敏，2014b：第5章）在康德那里，先天综合判断的必然性最好就解释成概念间的连接对概念内容的约束性。而在胡塞尔那里，这种约束性则体现为，意向行为的模式性特征，或者说，意向行为彼此的关联状态，限定了意向对象的构造方式。这样，先验哲学与亚里士多德逻辑之间的张力也就出现了。

这种张力在胡塞尔那里体现为“形式背谬”这个概念。这个概念实际上是向亚里士多德逻辑妥协的结果。胡塞尔设想，有一种针对思想的形式约束（其中的一些约束可以用逻辑连接词表达出来），这种约束无须对象性的考虑就可以起作用。由于亚里士多德逻辑把命题解释成事先建立起来的概念连接而成的，这种连接关系可以在概念的内容之外建立起来，它就会欢迎胡塞尔用这种形式约束来解释那种连接关系。“形式背谬”之为形式的，是因为它位于所连接的概念的内容“之外”。但另一方面它属于思想的内容，因为它毕竟构成了具有统一意义的命题。但现在我们还是可以问，这种形式约束究竟是怎么回事，它来源于哪里，怎样起作用。他很愿意用一种逻辑语法学来刻画这种形式约束（胡塞尔，1998：354），从而从语言上来解释它。但这样一来就需要解释，在没有付诸语言的意识行为中，这种形式约束又如何起作用。另一方面，如果设定一种属于思想本身的形式特征，比如用逻辑联结词所表达的连接关系，以此来解释这种形式约束，那么胡塞尔就不容易解释，违背这种约束所产生的那种背谬为什么不是实质性的背谬。“形式背谬”这个概念为亚里士多德逻辑留出了空间，但最终说来形式背谬要么是无意义，要么就是实质背谬，而很难获得一种独立的解释。

第二节　命题结构与范畴结构

本节的任务是为范畴理论给出一种设计。我们会为命题结构分析建立框架，并在这个框架内为范畴理论找到位置。这个框架最终会让我们引入范畴结构这个概念。

范畴理论是本体论的基础，如何划分范畴，决定了能够有什么样的本体论。应当说，范畴理论本身就是广义的对象理论的框架，它对于广义上讲的对象（即我们可以思考的东西，或者说，意向对象）如何进行分类提供指导。在意向性理论之下，这就意味着要为心灵—对象关联的建立提供更为具体的模型，从而让对象的类别通过这个模型的运作得到解释。意向性理论与范畴理论之间的联系就在于，范畴理论虽然是以对象的分类学形式出现的，但按先验哲学的思路，这种分类的依据恰恰在于对象被思考的方式；而对这种思考方式的解释，则是由意向性理论完成的。

在意向性理论的背景下讨论范畴理论，就让范畴理论成为对意向能力的阐明。我们可以站在一个掌握了语言的主体角度上考虑他是如何思考对象的，相应的思考方式则体现为对象的某些范畴特征。若以适当的方式把这些范畴特征分离出来，对这些特征的描述，也就表明了主体思考这些对象的能力是怎样的。这些特征能够为拥有类似能力的主体所识别，而对这些特征的恰当描述（这就是范畴理论），也将让这些主体理解这种能力的构成。

意向性理论就其与语言的关联而言，就是意义理论。这样，范畴理论与意义理论的关系也就可以理解了。意向能力就是语言能力，思考对象的活动总是借助语言的脚手架进行，相应的思考方式则可以通过对语言行为的描述得到描述。这样，对象得到思考的方式以何种方式决定了对象的范畴特征，对象得到谈论的方式也就以何种方式决定这种范畴特征。而表明对象得到谈论的方式，恰恰是语言的意义的功能。事实上，语言以何种方式谈论对象，也就必须以相应的方式确定所要谈论的是什么对象。对象属于何种范畴，则是在确定对象时要予以确定的最为基础的内容，对于谈论对象或者思考对象所动用的意向性框架来说，这些内容则描述了这种框架的基础构件。

一旦为范畴理论建立上述关联，我们就可以为如何设计一种范畴理论提供指导线索了。

上一节在讨论胡塞尔的范畴理论时，就已经解释过组合替换法，还提到组合关系优先，并利用组合关系来解释范畴划分的洞见。在那里我们说，这种洞见受到了亚里士多德逻辑的抑制。当亚里士多德逻辑为当代数理逻辑，特别是弗雷格首先建立的函项逻辑所取代时，这种抑制也就解除了。现在，让我们来考虑在这种情况下前面提到的洞见应当以什么方式体现出来。

函项逻辑与亚里士多德逻辑之间最为核心的区别，是用不同方式解释谓述关系。亚里士多德逻辑把谓述关系解释为概念之间的包含关系。当用集合来表达概念的外延时，这种包含关系就可以解释成集合之间的关系。在亚里士多德逻辑中，一个命题就是主词和谓词所表达的概念通过这种关系连接而成的。而在函项逻辑中，谓述关系以及命题的结构则得到不同解释。弗雷格把谓词所表达的内容（即命题中对应于谓词的那个部分）理解为不饱和的、有空缺的，而把主词所表达的内容理解为饱和的、没有空缺的；这样，谓述关系让它们结合起来，就可以形象地看作一个饱和的东西填充不饱和的东西，从而构成一个完整的整体。

对于函项逻辑，人们对什么是饱和性，什么是不饱和性做出了一些解释。[①] 但也可以对此不做解释。如果把整个句子或者句子所表达的命题当作初始的东西而不加解释，把构成句子或命题的东西看作通过分解完整的句子

---

① 对于不饱和性较近的解释尝试，参见 Textor，2009。

或者命题得到的成分，那么不需要解释什么是饱和的部分什么是不饱和的部分，利用几个简单的规则，[①] 我们就可以说明分解句子或命题得到的所有成分中，哪些是饱和的，哪些是不饱和的。这意味饱和性本身单独不具有意义，而是可以利用完整的句子或命题来加以定义的概念。这样，对句子或命题的成分究竟是什么，也就可以通过什么是完整的句子或命题来解释了。

弗雷格曾经做过一个著名的范畴区分，这就是区分对象与概念（Frege，1997e：181－193）。对象是句子中饱和的成分所指称的东西，而概念则是不饱和的成分的指称。按达米特的解释，弗雷格的主导思想是，要能够"依据在语言中使用的方式，就可以判断每个表达式所属的逻辑范畴或类型。专名［即主词、完整的成分］与其他类型的表达式之间的区分，一定能够完全按照语言学的方式得到，而不必对各自所代表的东西进行任何考察"（达米特，2019：69）。这里我们接受这个解释。这意味着，弗雷格这种区分范畴的方式，是康德和胡塞尔式的，而不是亚里士多德式的。对于范畴，弗雷格并不持有一种实在论。

至此就可以清晰地看到弗雷格建立范畴区分的思路：先用什么是完整的句子或命题来解释什么是句子或命题成分的饱和性（以及什么是谓述关系），然后，按照这种饱和性上的不同，来建立范畴间的区分。由于谓述关系与饱和性的概念是一同建立的，这样做也就等于利用谓述关系来建立范畴区分。在前一节我们提到，如果需要由别的东西来保证谓述关系所建立的统一性，那就会损害在康德和胡塞尔那里体现出来的洞见。由于谓述关系所建立的就是句子或命题，在这里要看的就是用什么来解释完整的句子或命题，从而解释句子或命题与名称之间的区别了。

应当说，弗雷格提供了一个保护机制，来避免谓述关系蜕变为对象，这个机制包括：（a）把命题与真值联系起来，用是否具有真值，来解释什么是完整的命题；（b）确认真作为初始概念是不可定义的。[②] 这个机制的

---

① 这几条规则分别是：a）所有表达式要么有空位，要么没有空位；b）有空位的表达式的空位数目确定，并总是在确定的位置上；c）只有当一个无空位的表达式填充不完整的表达式的空位，两个表达式才能连接起来；d）只有当不完整的表达式的所有空位都得到填充，才能得到完整的命题。（黄敏，2018：29）

② 在一份重要的非正式文档（Notes for Ludwig Darmstaedter）里，弗雷格这样说："我的逻辑观的特殊性在于，在一开始我就赋予'真'这个词以很高的地位，然后立即就引入思想这个概念。我把思想当作原则上可以问'是真的吗'这样的问题的东西。因此，我不是从概念开始，用概念来构成思想或者判断；而是通过分析思想来得到思想的构件"（Frege，1997b：362）。这里，一个思想就是一个完整的命题。而"真"这个概念在逻辑中是一个初始概念，它表明逻辑所研究的对象是什么。（Frege，1979：126）

前半部分确保了要用真这个概念来解释谓述关系，因为谓述关系就是用什么是完整的命题来解释的。机制的后半部分则确保谓述关系不再由其他东西提供形而上学的保证。因为，假若真这个概念可以用其他概念，比如与事实的符合来定义，那么让谓述关系得以建立的，就会是某种事实性的东西，这样就抵消了前一节所说的先验哲学洞见。

在弗雷格那里，意义被区分为涵义与 Bedeutung①，按照谓述关系被划分为不同范畴的东西是 Bedeutung，即分别作为主词与谓词 Bedeutung 的对象与概念。弗雷格用了一种独特的方式来表明它们与真这个概念之间的关系——他把真值当作句子的 Bedeutung。他说，“是对真的追求，才让我们总是要从涵义进到 Bedeutung”（Frege，1997c：157）。对于像“俄底修斯在睡梦中被放到了伊萨卡的海岸边”这样的句子来说，只有当考虑这个句子是否为真时，我们才会要去确定“俄底修斯”这个词的 Bedeutung 是什么。这样，句子成分的 Bedeutung 就是可以确定句子真值的东西。如果把真值当作句子的 Bedeutung，我们就得到了一个用来解释谓述关系的框架，按照这个框架，主词与谓词之间建立的谓述关系，就是它们各自的 Bedeutung 决定句子 Bedeutung 的那种关系。但是，对这种关系究竟是什么，弗雷格并没有发展出一种足够明确的解释。句子中的主词和谓词分别以对象和概念作为 Bedeutung，然而，概念是以对象为主目（argument），以真值作为值的函项，这样解释虽然很贴合函项结构的理论设计，但没有实质性的内容。

至于真作为初始概念的地位，在弗雷格那里则是通过论证这个概念不可定义建立的。这个论证简单来说就是，如果要用某个特征来定义比如某个句子是真的，那么“在任意特定情况下运用［这个定义］时，就总是会出现该特征是否真的出现这样的问题。这样一来我们就进入了循环”（Frege，1997f：327）。比如，如果用某个特征 F 来定义“p 是真的”（其中“p”为一个陈述句），那么说“p 是真的”就等于说“$F(p)$”。但是，弗雷格的论证就相当于说，这就意味着要回答“$F(p)$ 是否为真”这样一个问题。

一种很自然的观点是，说“p 是真的”就等于说“$F(p)$”，这应该没有问题，但要是继续说，这就等于要回答“$F(p)$ 是否为真”这样一个

① 德文“Bedeutung”大致上对应于“意义”和“指称”，许多学者也会这么翻译。但在弗雷格这里，这个词被赋予了非常技术性的意义，我们也难以用汉语来对应翻译。既然这里是在严格按照弗雷格的方式谈论，我们就使用德文原文。

问题，那就没有道理了。要回答的仅仅是“p 是否 F”，而“为真”则没有必要添加。比如，对符合论者，要判断句子 p 是否为真，就是要判断 p 是否符合事实，而不需要判断 p 是否真的符合事实。（达米特，2019：582－3）

不过，对于弗雷格的论证可以换一个角度理解。他区分了判断与思想，判断就是“承认某个思想为真”（Frege，1997f：329）。并且，他认为真这个概念起作用的地方就在于断定语力，就在于实际上做出的断定行为，而不在于说出的句子、语言形式或者思想。[①] 如果这样，那么他在前面的那个论证中提到的要探究“F（p）是否为真”这样一个问题，就应当理解为是否要做出“F（p）”这样一个判断，而循环之所以出现，就不在于在问题的表达中出现了“真”这个词，而在于是否要做出一个判断。只要在运用关于真的定义时需要做出判断，那就会进入循环。运用这种定义时，我们就是在做判断，而这意味着真这个概念已经被预设生效了。因此，真这个概念之所以不能定义，是因为对这个概念的把握和运用，是一切判断的先决条件。[②]

弗雷格的这个论证的确是有效的。对真这个概念的把握，是从事判断活动的先决条件。[③] 并且，正是因为真内在于判断行为，这个概念也就成为初始的了。如果从我们的意向性理论的角度来看待此事，那就意味着，对真这个概念的把握，是使用句子做出断定行为的那种意向能力的构成要素。我们可以在范畴理论中利用这一点。

我们的主要构想是，既然真作为判断的意向能力的构成要素起作用，那么我们就可以联系到前面关于真的收缩论直觉的讨论，从而利用第四章第三节之三关于假谓词得到的结论。这样我们会得到一个更加丰富的真概念。进而，当用真这个概念来作为衡量命题统一性的标准，而这种统一性在形式上正好是由谓述关系得到时，第五章关于命题统一性的讨论就可以和真概念相联系，从而解释谓述关系是什么。由此，我们也就得到了据以建立范畴理论的基础。关于这一构想的各要点依次如下。

---

① “我们用断定句的形式来表达对真的承认。这么做不需要‘真’这个词。即使我们真的用这个词，真正的断定语力也不在于此，而在于断定句的形式。如果这种形式丧失了断定语力，用‘真’这个词是无法将其恢复的。”（Frege，1997f：330）

② 达米特在对这个论证的讨论中并未抓住这个要点。他虽然以不同于上一段的那种方式看待这个论证，但也仍然认为这个论证是无效的（达米特，2019：581 以下）。斯鲁格（Sluga，2002）对这个论证的解读与我们一致。

③ 虽然也承认真这个概念与判断行为的联系，但达米特对这个概念的理解要复杂得多（达米特，2019：548 以下）。

一、命题的构成是运用意向能力的结果，于是我们就可以通过分析命题的构成，来对意向能力做出阐明。进一步说，把构成命题的东西中来自实在的东西与来自主体的东西区分开，其中来自主体的部分，就表明了相应的意向能力是怎样的。而区分这两类东西，其实就是把命题（进而表达命题的句子）中表征性的东西与非表征性的东西区分开。

需要注意的是，把这两类东西区分开，并不意味着可以通过列举的方式，把命题的各个成分归为两组。我们在第五章第五节所讨论的“看出”模式中，那两类东西就不是作为命题成分区分开，而是作为构造命题的方式，确切地说，是构造命题的过程性特征区分开的。按这个模式理解，来自实在的东西与来自主体的东西就不是在命题中拼合起来的［比如戴维森（Davidson，1984c：192）的比喻，衣柜和放在衣柜里的衣物］，而是一种类似于原料与工艺之间的关系，在缺少一方的情况下，另外一方不可能出现在命题中。脱离了加工原料的工艺甚至不可能存在。

在这种不可分别列举的情况下，可以考虑的方式就是采取替换程序，来标出相同要素和差异要素。更具体地说就是，在已经确定某个指标（比如真值）可以用来衡量一种成分（比如来自实在的东西）的情况下，当某个命题成分被替换，而该指标保持不变时，用来替换的东西与被替换的东西共有的要素，就是所要寻找的那种成分（比如对应于实在的什么东西）。当然，这并不意味着我们可以把这种共同的东西分离出来，而只是意味着，我们可以以某种方式说，那种东西“就在那里”。我们得使用某种概念工具，来指出它们。

二、对于用句子做出断定的行为运用替换程序，就可以用真值可能性标出命题的表征性内容。这种替换程序具体来说是这样的：找出断定句子 p 的行为，和一个否定 p 的行为；它们所表达的命题中共同的东西，就是同一个命题为真时实在的情况，和其为假时实在的情况中共同的东西；这种共同的东西无论是什么，都是一种真值可能性；这种真值可能性既存在于断定 p 的行为所表达的命题中，也存在于否定 p 的行为所表达的命题中，因而包含了两个命题中表征性的内容。

解释一下这一程序的设计思路。基于第四章的讨论，不仅真谓词，而且假谓词的意义也是非表征性的。它们都首先是断定行为的特征，经由这种行为，这些谓词才与不同的真值条件相联系。这样一来，让一个句子为真的情况，与让这个句子为假的情况之间的差异，就不是肯定与否定或者真谓词与假谓词在表征内容上的差异，而是一种非表征性内容方面的差异。于是，双方的非表征性内容都不会包含在两种情况共有的内容中。如果句子的命题性内容所包含的非表征性内容是由于真（以及假）概念的运用而带来的，那么表征性的部分也就包含在这种共有内容中。

至于这种共有内容为何被称为真值可能性，则是基于一个非常直观的理由。同一个句子为真的情况和为假的情况可以解释成同一个真值可能性的两种不同的实现，比如正向的实现和反向的实现。这样一来，让句子为真的情况，与让这个句子为假的情况，它们之间共同的东西就是同一个真值可能性了。“真值可能性”是一个形式上的概念，它可以指不同的情况，称其为“真值可能性”，是就其既可以让一个句子为真，也可以让一个句子为假而言的。比如，这支粉笔反射光线，这样一种情况就其可以让“这支粉笔是白色的”为真，也可以让其为假而言，就构成了一种真值可能性。

到现在我们就可以解决在第四章第三节之三就会产生的一个疑问。它是这样的：真（以及假）这样的概念在断定行为中起作用，这意味着它连非表征性的内容都不具备——它根本就没有任何内容。事实上，关于真的收缩论直觉也支持这一点。在区分了真值与真值可能性之后，这个问题就可以解决了。既然假谓词与真谓词同属一类，都要求有相同的解释，那么我们就不能像弗雷格那样，认为真谓词适用于收缩论但假谓词不适用。收缩论应当是一种更为基本的现象在真谓词上的一种体现，这种现象就是真以及假谓词都拥有非表征性的内容，只是真谓词所拥有的非表征性内容使其看起来对命题内容无所添加，但假谓词却有所添加。在有了真值可能性这个概念之后，我们就可以说，真谓词表明这种可能性是“正向实现”，而假谓词则表明它“反向实现”。由于“正向实现”就是这种可能性原样呈现，看起来真谓词就好像没有任何内容一样。

三、我们对命题统一性问题的讨论结果是，达成命题统一性的东西不是实在物，而是属于语言的东西，因而命题统一性要通过语言学唯心论来解释。这其实就是说，命题中连接性的东西，即达成谓述关系的东西，是非表征性的。考虑到我们已经把真以及假这样的概念当作命题中非表征性的部分，那么一种自然而然的看法就是，这些概念通过断定行为的运用，本身就是达成谓述关系的那种非表征性的东西。也就是说，确立谓述关系的就是断定和否定的行为本身。

第五章第五节我们把让句子得以构成整体的那种连接关系解释为在“看”的行为中建立的句法关系，这里，我们就可以进一步把这种“看”的行为描述为断定或者否定的行为。断定某个情况，就是把句子的成分连接起来，从而获得一个整体，进而以此来确定由此所“看出”的那个命题也是一个整体。

从物理形态来看，一个句子仍然是一串词语，它无法与对这些词语的列举区别开。词语的离散性决定了这一点。当考虑句子如何由词语构成整体，这仍然可以构成布莱德雷后退，依据第五章第三节的讨论，仍然需要一种外来的、非实在的东西来确保句子的整体性。

现在，我们用来达到句子整体性的，就是断定或否定的行为。真或假这样的概念通过这种行为所起的作用，也就在于用来做出这种行为的符号要能够被称为真的或者假的。当然，这不是说，我们需要先看符号能不能为真或为假，然后再来决定是否用来做出断定；而是说，我们用它来做出断定，这就等于说我们会把它看作能够为真或为假的东西。这样，既然真假被赋予那串作为整体的符号，用来断定的句子也就作为整体，而不是词语的列举而存在了。于是，真和假所拥有的非表征性内容，与构成句子整体、从而构成命题整体的唯心论要素，也就是一个东西，即断定或否定的行为。进而，命题的非表征性内容，与谓述关系据以构成的那种非表征性的东西，也就应当是同一个东西。

在上述推论过程中，需要注意区分两种情况。在做出断定时，我们当然要选择合乎句子语法要求的符号串，比如，我们不会用“李四张三打”这样的一串符号来做出断定，因为它不是一个句子。但是，这是“什么是一个完整的句子”这个问题已经得到回答，我们要决定使用什么句子的情况；而我们这里所要考虑的则是要确定什么是一个完整的句子。句子的语法标准是这个问题得到回答之后才给出的。因此，按照我们这里的问题，如果我真的使用“李四张三打”这串符号来断定比如张三打李四这一情形，那么这就是一个真正完整的句子。① 我们会按照这个句子的形式来确定句子的语法标准。

四、命题中非表征性的东西是什么，到此也就比较清楚了。首先，这是关于真值的断定行为，其次，这种断定行为构成了连接，从而体现为谓述关系。这种断定和连接在某种意义上与表征性的东西区分开。由于表征性的东西是真值可能性，那么这种断定和连接，就应当是真值可能性的实现。

比如，我给出一个句子“张三打李四”，但我没有断定它，也没有否定它。单是这个句子的给出，就表明了一种真值可能性，这种可能性为张三打了李四和张三没有打李四这两种情况所共有。作为表征性的东西，这

① 比如，在拉丁语中就有这种动词在后、宾语前置的结构。

种真值可能性也可以被理解成事物的未连接状态。如果按照汉语句子呈现的方式在实在中达成连接，那么张三就打了李四，也就是说，真值可能性得到了实现。当我们从命题中区分出这种表征性的内容，非表征性的东西就是可能性的实现，以及事物的连接。按照前面的分析，这两者是一回事。

要点是，表征性的内容与非表征性的内容之间是什么关系。显然，实现和连接都是针对某些东西进行的，因此，非表征性的东西建立在表征性的东西的基础之上。确切地说，二者的关系在意向性的框架中可以这样表述：表征性的东西确定了意向行为的方式，而非表征性的东西则在此基础上进一步确定了意向行为的结果，或者说意向对象。

比如，当张三、李四和打作为真值可能性给出时，它们决定了我们要以何种方式看待它们所构成的整体。按照这种真值可能性，我们会预期看到张三打李四、张三没有打李四、李四打张三、李四没有打张三。进一步，在这个基础上，当给出的句子整体是“张三打李四”时，那就确定了我们从这个句子中看到的情况是张三打李四。这种最终被确定的情况，就是作为那个句子所表达的命题出现的，或者说，就是作为我们从句子中“看出”的情况出现的。

五、我们可以按断定行为的结构，来对命题结构进行分析，而不是像在弗雷格那里一样，利用句子或思想已经预设的整体性，来区分命题的结构关系。我们引入了行为—结果的区分，这个区分在把命题放进断定行为（作为意向行为）框架后才能做出。这样就可以区分看的方式和看的结果，于是，命题结构就可以在命题构造过程中得到分析。我们可以用“对于对象……按照……方式看到……”这样的模式来分析命题结构，从而把使用句子所断定的对象、断定的方式（就何种真值可能性来断定）以及所断定的情况（“看出”的情况是什么，或者说，断定了什么）区分开。

比如，就前面那个例子来说，从“张三打李四”这个句子所表达的命题，我们就可以分析出它所断定的对象是张三、李四以及打，而断定的方式则是指，这个断定针对的是一个人打另外一个人，最后，所做出的断定是，张三打李四。当然，也可以不把打当作对象，而是当作谓词所表示的东西，从而充当断定方式的一部分。

按这个模式分析命题结构，就和索姆斯提供的分析不同。他的分析框架不允许以独立于谓述行为的方式确定真值条件，这样就不能有意义地说一个命题是真的或假的。而按我们这里给出的模式，通过断定所给出的东西可以与断定行为区分开。一个命题本身就把自己的真值条件包含在内，这就是所断定的情况，或者说，就是断定这样一种意向行为的结果。当这个命题被用于断定，其所断定的就是，当按照某种方式去看某个对象，就会看到某种情况。这样，理解命题的人就知道如何判断它是真的，知道在什么情况下它是真的。只有当做出断定的方式（作为意向行为）与断定的结果（作为意向对象）可以区分开，才能有意义地谈论真值条件。

六、既然用来构成句子以及命题整体的东西是断定行为，我们就可以在构成句子或命题的成分中，区分出不能加以否定的部分和可以否定的部分。其中不能加以否定的部分就是主词，而能够否定的部分则是谓词。谓词作为可以否定的部分，表明断定行为断定什么；主词则表明什么被断定。这样做就让主词与谓词体现在句子中的结构关系，在断定行为框架中得到了自然而然的解释。谓词与主词的连接，是通过对主词所表示的对象进行断定这样一种行为建立的。

简单来说，谓词就是在句子中体现断定力的成分。这样，谓词就拥有两种功能：体现所断定的情况是什么，并充当连接性的成分。断定行为同时完成这两种功能。可以从谓词的行为特征上，看出这两种功能之间的这种联系。“张三打李四”与“李四打张三”表明了不同的连接方式，[①] 同时也在断定功能上有所区别。当断定其中一个句子时，肯定就没有在断定另外那个句子。

这种联系可以用一种结构来表现，这种结构表明了不同的连接方式[②]如何成为同一种真值可能性的不同实现，从而，在表明断定行为可以以何种方式做出的同时，也表明了由对象所参与的真值可能性是什么。这种结构我们就称为“范畴结构”。

当落实到谓词上时，对做出断定的方式就可以进行分析。比如，当“打”这个词用在“张三打了李四”这个句子中，它就在两种意义上表明了断定的方式。一种意义是说，这是在断定关于一个人打了另外一个人的情况，这是一种更为抽象的意义，它允许有不同的具体实现，比如“张三打李四”和“李四打张三”都属于这种方式。另外一种则是更加具体的意

---

① 我们既可以把“打”当作谓词，也可以将其当作指称对象的主词。比如前面就把它当作主词，而在这里则当作谓词。这对我们的分析并不构成影响。如果把它当作主词，谓词就不再是文字了，而是一种不含文字的纯结构。这对行文造成不便。后面我们都按相同的方式，把语法上的谓词当作谓词。

② 位于不同的连接方式中的同一个词语可以理解成不同谓词，比如“张三打李四”与“李四打张三”中的两个“打”表示不同的谓词。这里，我们仍然把谓词理解为带有空位的结构。于是这里的两个“打”在空位的顺序上有区别，因而是不同谓词。

义，在这种意义上，“张三打李四”和“李四打张三”是以不同方式做出的断定。如果说前一种意义上的使用方式对应于真值可能性，后一种意义上的使用方式就对应于真值可能性的具体实现。

做出断定行为的方式（后一种意义上的）与对象的哪种真值可能性得到实现，这两者必须对应起来，因为理解一个断定，就是看断定如何做出，来确定所断定的情况是什么。“张三打了李四”与“张三没有打李四”在断定方式上的区别，让它们得以断定不同的情况。其实我们也常常用所断定的情况，来说明断定是如何做出的。由于有这样的对应关系，当我们需要一个结构来描述要断定的真值可能性时，这个结构也就能够表明，针对同样的对象可能做出的断定行为是怎样的，进而也就能够表明，构成句子与命题统一性的那种谓述关系是怎样的。范畴结构的作用也就在于，它在系统地描述了谓述关系的同时，揭示了所断定的真值可能性是怎样的。

七、有了范畴结构，也就可以系统地揭示谓述关系对于参与这种关系的东西的限定作用，从而用类似于胡塞尔的组合替换法的方法，来建立范畴。

表面上看，范畴结构只关乎谓词，但其所表明的实际上是主词和谓词的搭配关系。主词把对象引入命题，因此，主词为命题贡献的是表征性内容，它参与确定了命题所表现的真值可能性。为说明一种真值可能性是什么，我们总是要在某种程度上提到其所涉及的对象。此时，对象可以不是很具体，而是以具备这种可能性的东西出现。比如，当我们以“一个人打了另外一个人”这种说法来描述一种真值可能性时，就会提到相应的对象是人。一块石头不会打另一块石头。

一个范畴结构会以系统的方式描述一组句子的谓述关系是什么样的。联系到范畴结构所描述的是真值可能性，而谓述关系则以建立能够拥有真值的整体（句子或命题）为其目的，我们就会明白，范畴结构所描述的就是可能建立的谓述关系。能够用什么谓词来断定什么对象，这是有限制的。这样的断定必须构成有真值的东西，从而必须构成真值可能性。这种限制于是就体现为可能性方面的限制。“一块石头打了另外一块石头”之所以是没有意义的句子，我们之所以不能断定一块石头打了另外一块石头，是因为石头不可能打石头。

这样，我们就可以对胡塞尔的组合替换法进行改进。胡塞尔方法的缺点在于，它用一种含有形而上学负担的东西来保证组合表达式的统一性。我们则不是用随便一种统一体来充当替换操作的对象，而是使用句子，而体现统一性的东西则是真值。这样就摆脱了形而上学负担，因为真值不是命题实体的特征，而是做出断定行为的方式。这样，我们所使用的替换法就只以命题为基础进行，我们称其为“命题替换法”。后面正式开始建立范畴理论时，我们就使用这种方法。

八、范畴结构理论可以充当谓词意义理论的基础，利用范畴结构来确定谓词性意义。由于谓词性意义是其他种类的意义的基础，范畴结构理论也就拥有一种非常基础的地位。

范畴结构表明了谓词是怎样使用的。这样，确定了一个谓词属于哪个范畴结构，再配合某一满足该谓词的对象，就可以确定该谓词的意义是什么。范畴结构所确定的是做出断定行为的方式（较抽象的意义上），或者说，是看对象的方式。当这种方式对某个特定对象加以运用，就确定了该对象的某个性质。进而，我们可以用这个性质来确定一个谓词的意义。

比如，各种颜色谓词构成了颜色范畴结构。现在已知“天青色”属于该范畴结构，于是这件事就意味着，用这个谓词做出的断定行为是针对对象的颜色；再已知比如“天青色”这个谓词被硫酸铜水溶液所满足，那么我们就可以通过看硫酸铜水溶液的颜色（用别扭但是“准确的”语言说，就是用看颜色的方式来看硫酸铜水溶液这一对象），来确定“天青色”的意义。

显然，这种确定意义的方式中观察者是必不可少的。范畴结构在这里规定的是观察者的行为方式，而不是观察者所观察到的东西。所观察到的东西只能通过实施观察行为来确定。这样，我们就无法排除掉作为行为主体的观察者，直接用所观察到的东西来确定谓词的意义。

第三节　语义直觉

作为意义理论的一个局部，范畴理论的建立也遵循意义理论一般意义上的方法论。语义直觉是这个方法论的一部分。

意义理论不考虑意义实际上是如何被理解的，但却可以以理解理论的形态出现。在这种情况下，意义理论所要做的，就是描述当意义得到理解时，情况应该是怎样的。理解是做出努力的过程，其结果则是理解的达成。通过说明一种过程的结果是什么，这个过程本身是什么，也就得到确定。正是在这种意义上，以理解理论的形态出现的意义理论，就构成对意义概念的阐明。

语义直觉就在这种意义上隶属于意义理论。它说明了怎样才算达成理解的状态，从而构成意义理论中的阐明环节。

简单来说，语义直觉就是说话人通过理解语言所获得的能力，他直接就可以从语言得知所谈论的实在的状况。理解让说话人进入一种从语言直达事物的状态，我们会说这是一种直觉。下面的两个原则是按照方法论实在论的方式来说明意向能力如何起作用，因而，看起来是在谈论可能世界和事实，实际上谈论的却是看待世界与事实的方式。

我们通过两个原则来说明语义直觉的基本性质。

原则 1：对于不含冗余成分的句子 P，如果它有意义，则至少存在一个可能世界，使得它在其中为真。

设想某人断言句子 P 有意义，但否认有使其为真的可能世界存在。他只能在认 P 为假的意义上拒绝其为真，因此，他就认为在所有可能世界中 P 都是假的。这样，他必定知道 P 在其中为真的是一个什么样的可能世界，而只是认为所有的可能世界都不是这样一个可能世界。这就构成了一个矛盾。因为他所设想的 P 在其中为真的那个可能世界，也包含在所有可能世界之内。

这里的关键在于不能有意义地否定后件（使 P 为真的可能世界的存在），而不同时否定前件。如果要否定后件，就只能或者认为 P 无意义，或者认为 P 总为假。如果认为 P 假，就只有在能谈论 P 真这种前提下才能谈论 P 假，因而就否定了 P 不可能为真。只能认为 P 无意义，因为只有在 P 无意义的情况下才能同时拒绝为真和为假这两种情况。而这就是说，为了有意义地否定后件，必须否定前件，这又意味着承认了原则 1 的等价命题。

不过，这里对句子 P 有所限定。所谓冗余成分，就是指在判断句子真值时，其中的某些成分的意义不起作用。当把它换成意义不同的其他成分时，句子的真值不受影响。比如，一个逻辑假的句子（矛盾式）毋须要求能够谈论其为真的可能性就可以判定其为假，此时上述论证是不适当的。之所以如此，是因为对矛盾式可不按对其意义的充分理解来判定真假。在这种情况下，句子的意义就不能通过确定使其为真或为假的可能世界来加以阐明了。

但是，对含冗余成分的句子，其意义仍然建立在其他句子的基础上。这种句子的真值条件是通过对可能世界本身进行概括得到的，而这意味着已经预设了有可能世界，这些可能世界需要不含冗余成分的句子来加以说明。

这个原则是可能世界的存在性原则。它是说，凡是被认为有意义的句子，就应当被认为可能为真；可能为真也就意味着至少存在一个可能世界使其为真。这个原则也可以称为投射原则——我们把关于意义的理解投射为一个世界的存在。

投射原则的等价命题是：如果不存在使 P 在其中为真的可能世界，则句子 P 无意义。这一表述展示了原则 1 的消极功能，即，关于可能世界的信念对关于意义的信念具有限制功能。因此我也称这样表述的原则 1 为“限制原则”。

> 原则 2：如果存在一个可能世界，使得 P 在其中为真，那么句子 P 有意义。

设某人知道存在一个可能世界，使得句子 P 在其中为真，他必定知道 P 为真是何种情形，因而他必定知道句子 P 的意义。反之，如果他认为句子 P 无意义，那么他就不知道 P 为真是何种情形，也就不可能知道是否存在某个可能世界使其为真。

这个原则表明关于可能世界的信念对关于意义的信念具有影响力；我们是通过可能世界知道意义的。因此它可以视为限制原则的一部分。这样，限制原则所说的就是，如果存在使 P 为真的可能世界，那么 P 有意义；如果不存在这样的可能世界，则 P 无意义。

原则 2 的等价命题是，如果句子 P 无意义，则不存在使其为真的可能世界。这个命题与投射原则有同样的形式，可以看成投射原则的消极运用，因此也可把它合在投射原则中。这样，投射原则所说的就是，如果句子 P 有意义，则存在使其为真的可能世界；如果 P 没有意义，就不存在这样的可能世界。显然，投射原则和限制原则在逻辑上是等价的，它们的区别仅仅在于运用的方向不同。

上述两个原则展现了有意义的句子与可能世界之间的相互关系，语义直觉就是在有意义的句子与可能世界间建立关联的能力。这种能力的运用使得对句子的理解对应于知道具有存在性的东西（可能世界）。存在是直接的和无须解释的，因此对句子的理解是直接的和无须解释的，这就是其直觉性之所在。

句子的语义特性和可能世界的存在性之间究竟有什么关联呢？从意义

是无法推出存在的，一个有意义的句子不可能保证某个东西存在，我们无须重复本体论证明就可以确认这一点。从存在也推不出意义，因为离开了有意义的句子，这种推演根本无从开始。意义与存在之间的关联不是逻辑上的关联；逻辑上的关联也是一种语义上的关联，如果要从逻辑上把二者联系起来，就实际上撇开了存在。这种关联也不是存在上的关联；存在上的关联是不具有真值的因果关联，而语义特性是包含真假的，如何能够用不具有真值的东西来得到真值呢？因此，使上述两个原则有效的东西既不是逻辑上的蕴涵关系，也不是存在上的因果关系。这是一种针对信念的规范关系。如果对这两个原则的表述形式做一下调整，这一点就更加清楚。对原则 1 我不说"如果句子 P 有意义，则至少存在一个可能世界，使得 P 在其中为真"，而说，"对于任何一个具有语义直觉的主体，如果他知道句子 P 有意义，则他知道至少存在一个可能世界，使得在其中 P 为真"；对原则 2 我不说"如果存在一个可能世界，使得 P 在其中为真，那么句子 P 有意义"，而说，"对任何一个具有语义直觉的主体，如果他知道存在一个可能世界使得 P 在其中为真，那么他知道句子 P 有意义"。事实上，相应的说明也是在信念之间的关系这样一个层次进行的。

之所以不采取这些不易误解的表述，是因为意义与存在之间建立的关联是一种规范性的关联，它不仅在主体的信念内部建立一致性方面有效，而且在把信念本身确认为主体间可认同的这一方面有效。规范的一种形式是，如果我相信 A，那么我就应当相信 B。这是一种含有索引词的形式，它指向说话人。但是，如果我真的处于说话人的位置，那么我就会采取一种客观的说话方式，直接说"如果 A，那么 B"。当上述规范性关联采取这种形式，这种规范性关联就成为主体间可以交流的了——我们可以通过争论情况是否是 A 和 B，来要求对方也接受它们。在这样做时，我们也会站在对方的角度上理解，当对方说"A"时，我们也会理解为对方相信 A。

假设某人认为句子 P 有意义，但否认存在使其为真的可能世界。这在逻辑上并非不可能，因此这似乎可以看成使投射原则失效的反例。但我们并不这样认为，相反，我们会依据投射原则来对此人的信念做出判断。我们会说他在不同的意义上谈及可能世界，比如说，他所说的"不存在"是在物理意义上的不存在，而这个可能世界在逻辑上是存在的。如果此人坚持说在逻辑上也不存在，那么我们只好说此人对逻辑的看法与我们不同。如果此人坚持逻辑不允许矛盾，那么我们会认为此人的信念自相矛盾。我们不可能认为投射原则是无效的，它是我们得以识别理解的依据。对于一个知道存在一个使 P 为真的可能世界，但又否认句子 P 有意义的人，我们或者说他实际上并不知道这个可能性，或者说他对 P 的理解出现了问题。我们假定此人具有一定理解力，但认定他的理解力受到了限制。这种解释是在限制原则的指导下做出的，这个原则使我们得以对说话人的理解力做出判断。一旦否认这个原则的有效性，我们就陷入了无法解脱的困境。我们作为会说话者的理解方式就是这样造就的，以至于无法以其他方式理解。

作为意义理论，这里实际上预先假定了理解，也假定一些句子已经有意义，这就构成了循环解释，因为意义理论的任务就是要解释何谓有意义以及何谓理解。但是，按照阐明的方法论，这种循环不仅是允许的，而且是有价值的。阐明的方法就是一种循环，它在假定了理解的基础上说明理解是怎么回事，从而说明意义是怎么回事。阐明的理论价值在于方法论上的系统性，这样就可以让停留在直觉状态的理解和意义上升到理论的层次，在这个层次上，意义的一致性和完备性就可以以一种自觉的方式达到。虽然最终得到的成果仍然需要在直觉的基础上才具有意义，但对这种直觉的运作方式，我们却会获得清晰的理解。

第四节　范畴以及范畴结构的构成

范畴结构就是可能的谓述关系所构成的结构系统。如果把范畴理解成对象的类别，那么范畴就是范畴结构的一部分。因此，范畴与范畴结构是同时确定下来的。下面我们就一步一步看逻辑结构如何建立。

一　谓词间的相关性与相容性

为方便起见，先对研究范围做出限制。

这里考虑的陈述句都是简单句（或者说原子句），即不含真值函项以及量词的陈述句。可以按谓词与主词的语法关系把谓词区分为关系谓词和非关系谓词。这里先考虑非关系谓词；关系谓词可作为其扩展形式。

非关系谓词按其语法形式可分为简单谓词和复合谓词。复合谓词由简单谓词组合而成。这里先考虑简单谓词，复合谓词则是其扩展形式。

对于包含了逻辑连接词的谓词，可以将其分解为数个简单谓词，进而将包含复合谓词的陈述句分解为数个只包含简单谓词的陈述句的连接形式，而不必改变其意义。而对于包含否定词的谓词，则可以把否定词从谓词中分离出来，置于陈述句的前面，其意义不变。

有些复合谓词在语法上是把两个简单谓词连接起来，但并不是用逻辑连接词连接的，例如这样的句子，“斑马是黑白相间的”。如果把谓词“黑白相间的”分解为“是黑的并且是白的”就改变了语义。但我们仍然可以在不改变语义的情况下把复合谓词分解成简单谓词，方法是分解主词的内容。这样，这句话的分析就是，“斑马的有些部分是黑的，并且斑马的有些部分是白的，这两个部分是相互间隔的”。分析后的句子是一个复合句，其中包括由简单谓词构成的简单句，和由关系谓词构成的简单句。

有些简单句的谓词由名词来充当，例如“这就是水”这个句子。这不属于这里考虑的情形，而应当归于识别的情形；在这里我只考虑谓述关系构成的简单句，也就是说，谓词用来描述对象，而其本身没有用来指称对象。

通过分析由简单谓词构成的简单句之间的关系，我们可以确认简单谓词之间的关系。观察这样几个简单陈述句：

(1) 2是素数；
(2) 这朵花是白的；
(3) 这朵花是红的；
(4) 这朵花是芳香的；
(5) 柏拉图的胡须是黑的。

这几个句子中出现的谓词可以按这样的方式考虑其相互之间的关系：a) 看它们的主词是否可以交换；b) 在主词所指对象相同时是否可以同为真。如果主词交换仍然能构成有意义的句子，我们就称其谓词间有相关关系。(1) 的谓词对于其他各句的谓词是无关的，因其主词不能与之交换。其谓词相关的句子，如果在对象相同时可以同时为真，就称其谓词间具有相容关系；否则为相斥关系。在 (2) — (5) 各句中，(2)、(3) 和 (5) 中的各谓词之间是相斥的，而 (4) 的谓词分别与 (2)、(3)、(5) 的谓词相容。主词相同而谓词相容的句子既可同为真，又可同为假；主词相同而谓词相斥的句子，不能同为真，但能同为假（能同为假并不是一个必要条件）。

相容和相斥关系的判断是以主词能够换位为前提的。只有相关的谓词之间才会有相容和相斥关系。因此，凡是相容或相斥的谓词，它们之间都必定相关。不过，可能有这样的疑虑：例如“此刻的天空是蓝色的”这样一个句子，由于“蓝色的”与“芳香的”相容，因此它们必定相关，而这意味着这两个谓词的主词可以换位，由此得到一个看来很难说有意义的句子，“此刻的天空是芳香的”。这个句子之所以很难说有意义在于它很难理解。但它并非不可理解。我们很难嗅到天空的气味，天空对于鼻子来说可能太大太远，以至于只能通过视觉来感受它。但这个困难会在另一个句子面前消失——“空中弥漫着芳香”①。

为何有些谓词是相关的，而有些谓词无关呢？无关的谓词不能都与同一对象构成有意义的句子。“2 是白的”这个句子，如果说的是 2 这个数，这句话就是不可理解的。这种情况的产生我们可以归咎于对象，因为很容易就可以看到，所有能够用来对数 2 有所陈述的谓词，都与“白的”这一谓词不相关。

对于相容和相斥的谓词，该如何解释呢？“白的”与“红的”相斥，但与“芳香的”相容。这与对象是什么似乎是无关的，因为任何一个对象，当它是白的时，就不是红的，但它可以是芳香的。这意味着，我们按同样的方式理解“白的”和“红的”，而这就使同一个对象最多只可能是其中之一；按同样方式，我们不可能一次看到两种不同的东西。正是因为“白的”和“芳香的”要求两种不同的理解方式，它们才可能同时为真。从意向性角度讲，这是一种视角上的区别。

从同一个视角建立的谓述关系就构成一个范畴结构。

二 范畴结构的初步构成

一个范畴结构是由两个域 Σ 和 Ω 构成的，前者称为对象域，后者称为谓词域。给定一个由简单谓词 f_1 构成的简单句 f_1（α_1），将其主词 α_1 所指的对象置于对象域 Σ 中，谓词 f_1 则置于谓词域 Ω 中。然后搜索与这个谓词相关并且相斥的其他简单谓词 f_2，f_3，…，f_n，所有这些谓词都纳入域 Ω。所有能与 f_i（i 为从 1 到 n 的任一整数）构成陈述句的主词 α_1，α_2，…，α_n，其所指称的对象都纳入 Σ 中。这样，我们就得到了一个范畴结构。该范畴结构由 Σ 和 Ω 构成，可以表示为一个有序对 $<\Sigma, \Omega>$。

范畴结构具有如下基本特征：

(1) 对象域是由对象而不是词项构成的。谓述关系首先是建立在谓词与对象之间，② 在派生的意义上，也可以说谓词与主词之间有谓

① 请注意这段分析中语义直觉是如何起作用的。

② 这是一种不够准确的说法，在后面第七节会加以修正。

述关系。谓述关系由分别处于范畴结构的两个域中的两个元素之间的配对关系表示。

(2) 一个谓词可以与一个对象建立谓述关系，当且仅当，它们共属一个范畴结构。

(2a)[①] 一个由简单谓词构成的简单句是有意义的，当且仅当，该句主词指称的对象和谓词共属一个范畴结构。

(3a) 两个范畴结构的谓词域重合，当且仅当，它们共享一个谓词 f。

显然，若两个范畴结构 $<\Sigma_1, \Omega_1>$ 和 $<\Sigma_2, \Omega_2>$ 的谓词域重合，则至少共享一个谓词。反之，如果它们共享某个谓词 f，即 f 既属于 Ω_1 也属于 Ω_2，那么对任何一个不是 f 但属于 Ω_1 的谓词 f_1，f_1 与 f 相关且不相容，因此 f_1 也属于 Ω_2；据此，所有属于 Ω_1 的谓词都属于 Ω_2；同理，所有属于 Ω_2 的谓词也属于 Ω_1。因此两个范畴结构的谓词域重合。

(3b) 如果两个范畴结构的谓词域重合，则其对象域也重合。

对象域由那些可以与谓词域中的谓词构成谓述关系的对象构成，因而对象域的构成取决于谓词域的构成。如果谓词域重合，则对象域也重合。

(3) 两个范畴结构同一，当且仅当，它们共享一个谓词。

如果两个范畴结构共享一个谓词，根据（3a），它们的谓词域重合；根据（3b），它们的对象域重合；因此这两个范畴结构重合。

(4) 两个不同的范畴结构可以共享一个对象域，但不共享任何谓词。

两个范畴结构共享一个对象域或对象域有重合部分，就称这两个范畴结构是相关的。

谓词域与对象域在范畴结构中充当不同的角色。谓词域或谓词是范畴结构的区分性要素，范畴结构是通过谓词和谓词域个体化的。但从对象域

① 命题号码后面使用“a”“b”“c”等字母意在标明命题之间的逻辑关系。

不一定能够区分范畴结构。对象域具有相对于范畴结构的独立性。考虑到范畴结构实际上是对视角的刻画，这种角色上的不对称就意味着，对象独立于特定视角，而谓词从属于视角。

三 范畴结构与可能世界

结合投射原则，范畴结构可以在可能世界的构造方式这个层面上理解。

可能世界可以按照不同的方式建立起来。我们可以认为，可能世界由一系列事态构成，这些事态彼此之间有逻辑上的支持（辩护）和被支持（被辩护）的关系[①]。不过，这种支持与被支持的关系也只有在事态所关涉到的对象之间存在时空关系时才能建立。按空间关系建立的是事态间的共存关系，按时间关系建立的则是事态间的先后关系。在前一意义上，我们有状态这一概念，而在后一意义上，我们有过程这一概念。值得指出的是，这种理解要在假定了对象的存在这一前提下才有可能。状态是对象所处的状态，过程则是对象所完成的过程；对象是一种时空常项。作为时空常项的对象也被称为个体。如果没有这一常项，时空关系也就失去了承载者。因此，可能世界的构造最终以对象的存在与不存在为基础。它要求诸对象的共存。

投射原则说，如果句子 P 是有意义的，则存在一个可能世界使 P 为真；如果 P 无意义，则不存在这样的可能世界。考虑到谓述句的一般形式 $f(\alpha)$，投射原则的表述就是：如果谓述句 $f(\alpha)$ 有意义，则存在这样的可能世界使得 $f(\alpha)$ 为真，换言之，存在具有性质 f 的 α 在其中存在的可能世界；否则，不存在这样的可能世界。由此可见，投射原则表述了单个对象在可能世界中存在的必要条件。

引入可能世界，使我们得以谈论句子的真值以及对象的存在。句子的真，是指在某个可能世界中为真；对象的存在，是指在某个可能世界中的存在。这样就有下述结论。

(5)[②] 不存在这样的可能世界，使得对于同一个对象 α，以及属于同一范畴结构的两个不同谓词 f_1 和 f_2，句子 $f_1(\alpha)$ 和 $f_2(\alpha)$ 同

① 一般来说，辩护关系存在于命题之间。不过，在一种不严格的意义上，也可以说这种关系存在于命题所描述的事态之间。我们暂时忽略这两种说法之间的区别。

② 关于范畴结构的性质，我们采用统一的编号方式，以便于引用。

为真。

显然，这几个命题不能同时成立：f_1（α_1）和f_2（α_2）同时为真；f_1和f_2属于同一范畴且不等同；α_1和α_2存在且同一。其中任何一个命题的否定均为其余命题的合取所蕴涵，因此有下面的结论。这个结论可以由反证法得到。

（5a）对于同一对象α，以及属于同一范畴结构的谓词f_1和f_2，如果存在一个可能世界，使f_1（α）和f_2（α）同为真，则f_1与f_2同一。

另一个结论也成立：对于同一对象α，以及属于同一范畴结构的谓词f_1和f_2，如果存在一个可能世界，使f_1（α）和f_2（α）不同为真，则f_1与f_2不同一。这个命题的依据很简单。如果f_1和f_2是同一个谓词，则f_1（α）和f_2（α）总是同为真。

谓词同一性判据：对属于同一范畴结构的谓词f_1和f_2，f_1与f_2同一，当且仅当，存在一个可能世界，在其中有一个对象α，使f_1（α）和f_2（α）同为真。结合紧前的两个命题很容易得出这个结论。

（5b）范畴结构的区别条件：对于同一对象α，以及两个不同的谓词f_1和f_2，如果存在可能世界使f_1（α）和f_2（α）同为真，则f_1和f_2分属不同的范畴结构。

（5c）对象的同一性条件：对于对象α_1和α_2，以及属于同一范畴的不同谓词f_1和f_2，如果存在可能世界使f_1（α_1）和f_2（α_2）同为真，则α_1和α_2不是同一对象。

这个命题可以结合莱布尼茨定律进行扩展。莱布尼茨定律说，两个对象是同一的，当且仅当它们不可区分。它之所以成立是因为，如果两个对象不可区分，那么将其作为非同一的区分开就是无意义的，而如果两个对象是同一的，就不可能进行区分。对于接受莱布尼茨定律的理由，我们在第九章第三节还会加以讨论，在这里只是简单说明一下。莱布尼茨定律的价值在于把形而上学上的同一性与知识论上的可区分性联系了起来，并允许我们通过知识论上不可区分导出形而上学上的同一性，即导出对象本身是同一个。当我们按照知识论的方式理解陈述（参见第一章第一节之二的区分）时，这种联系是自然而然的。事实上，我们也可以通过承认莱布尼茨定律，来确保我们是按知识论的方式来理解同一性陈述。

这样，（5c）就成为：对于对象 α_1 和 α_2，α_1 和 α_2 不是同一对象，当且仅当，存在可能世界使 f_1（α_1）和 f_2（α_2）同为真，其中 f_1 和 f_2 是属于同一范畴结构的不同谓词。

在此之所以要加入“f_1 和 f_2 是属于同一范畴结构的不同谓词”这样一个限制条件，是因为借助属于不同范畴结构的谓词不能区分对象。对两个分属不同范畴结构的谓词 f_1 和 f_2，f_1（α_1）和 f_2（α_2）同为真总是可能的，无论 α_1 和 α_2 是否同一。

第五节 谓述句的直觉语义

对于使用简单谓词组成的谓述句，其语义由在其中为真的可能世界所确定，而这种可能世界的存在由语义直觉直接保证。这样，这类谓述句的语义立即就得到了一种直觉的解释。范畴结构既是简单谓词谓述句的构造形式，又是可能世界的构造形式，因此简单谓述句的直觉语义可以通过范畴结构得到阐明。在此基础上，我们可以阐明一般谓述句的直觉语义。

一 语义可确定性

谓述句是对事态的描述，而事态则在特定可能世界中被给予。说一个谓述句的意义是确定的，这有两重意思，其一，这个句子描述的事态可以直接构成一个可能世界的一部分，因而可以作为具有存在性的东西被给予；其二，这个事态可以以区别于其他事态的方式独立给出。如果一个谓述句描述了一个具有存在性的东西，那么它的意义实际上就已经确定了；而它的意义如果已经确定，那么它就必定描述了一个可独立给出的特定事态。因此，前一层意思表达了确定性的充分条件，后者表达的则是其必要条件。给出充分条件，这对于我们来说也许是一个过分的要求，因为这就要求给出特定的可能世界，而在语义学中能够给出的只能是某一类可能世界——某一个可能世界只能够作为某一类可能世界的极限情况给出。因此必须满足于研究必要条件。满足必要条件的谓述句我们称其具有“可确定的意义”，借以研究其构成可确定意义的形式则可称为“意义的可确定形式”。

简单谓词直接满足了上述可区别条件。因此，简单谓词构成的谓述句的意义是直接可确定的。其他谓词构成的谓述句，如果能够以某种方式表明是由简单谓词谓述句构成的，那么其意义也是可确定的；这种构成的形式就是其意义的可确定形式。

是否必然如此呢？这里划分简单谓词和复合谓词的依据是其语法形式，这种划分是在语言内部做出的。但无论如何，谓词之间相互区分的关系必定可以表达为我们已经在范畴结构名下建立的简单谓词之间的区分。只要是没有影响互斥关系的语法结构，在范畴结构中都可以忽略，因而都可以以简单谓词来表达。由此可以看到，简单谓词是唯一具有直接可确定意义的一类词项。至于为何首先取语法标准来划分简单谓词和复合谓词，其原因在于，在考虑互斥关系时可以忽略的结构在语法中也常常被忽略。至少，在可区分的局部语境中，这种忽略并不影响语义。因此，作为研究的起点，语法上的区分可以作为启发性的线索。

二　否定和逻辑连接词的直觉意义

在后文的叙述中采用的符号分别是：否定，“～”；合取，“∧”；析取，“∨”；蕴涵，“→”。在适当的时候还将使用括号。

为了研究一般谓述句的直觉意义，必须首先确定关于否定和逻辑连接词（它们通称为真值函项）的直觉意义。由于直觉意义是借助可能世界来确定的，这实际上就是研究，这些真值函项如何使可能世界与谓述句联系起来。建立这种联系的形式就是谓述句的语义可确定形式。

不消说，简单谓词谓述句的意义可确定形式就是其自身。我们用同一种形式来给出这种谓述句的意义和说明使该谓述句为真的情形。如果这个谓述句就是“P”，我们说所有使它为真的可能世界中事态 P 存在。此时我们说“P”被满足了。如果我们以不同的方式，例如用“Q”来给出使“P”满足的事态，那么除非断定“Q”与“P”具有相同的意义，我们不能找到其他的正当理由来这么说。因此，我们可以用同一种形式来表达这种谓述句的意义和满足这个谓述句的事态，例如都用“P”这个符号。

对于合取，由于可能世界是以事态共存状态的形式给出的，合取具有无可争议的意义，它表示事态在可能世界内的共存关系；任何一个合取支为假，这种共存关系就不复存在，其合取就为假；而若合取为假，就意味着相应的可能世界被排除了。

在第四章第二节关于否定事实的讨论基础上，我们可以确定否定的直觉意义。说这朵花不是红的，并不是因为它有一种颜色叫“非红”，而是因为它有与红色相排斥的颜色。说金山不存在，则是说在特定可能世界中的所有东西都不是金山；而这些东西不是金山，是因为这些东西都不具有金山的性质。由于“存在”一词的索引性意义，关于存在的否定句也要联系到特定的可能世界才有意义。

因此，否定的直觉意义是，在某个存在的可能世界中相应事态被排除了。

作为真值函项的蕴涵（实质蕴涵），其意义在于排斥前件真而后件假的情形。对于 P 蕴涵 Q 这种情况，只要不存在 P 真而 Q 假的情况，这个蕴涵关系就得到满足。因此，作为逻辑连接词，蕴涵的直觉意义并不在于被连接的两个事态之间的共存关系，而在于某种事态组合被排除。因此，P 蕴涵 Q 就意味着排除这样一种可能世界：P 存在于这个可能世界中，而 Q 在其中的存在被排除了。

至于析取，首先要问的是，是否有析取事态呢？如果有析取事态，那么这种事态是不确定的事态，但事态就其存在而言，则应是确定的；因此没有析取事态。析取所表达的是这样一种不确定性，或者是这样一种对确定性仅仅有消极要求的情形，只要任何一个析取支被事态所满足，该析取式就被满足。析取式的这样一个特性就被突出出来：它表达某种可能性，而这种可能性并不是事态本身的就其存在而具有的特性，而是由表达式的运用引入的。如果利用可能世界来刻画这种可能性，那么析取式的直觉意义就在于表明，各析取支在其中为真的诸可能世界中至少有一个未被排除，或者说，同时排除所有析取支的可能世界被排除了。

总结一下，各真值函项的直觉意义如下所述：①

(1) $P \wedge Q$——事态 P 与事态 Q 共存于一个可能世界；

(2) $P \vee Q$——事态 P 在其中为真的可能世界与事态 Q 在其中为真的可能世界至少有一个未被排除；

(3) $\sim P$——事态 P 存在于其中的可能世界被排除了；

(4) $P \rightarrow Q$——事态 P 存在于其中而事态 Q 被排除的可能世界被排除了。

这样就很清楚，一般谓述句的直觉意义是通过确定何种事态存在于何种可能世界中得到确定的。事态和可能世界之间的各种组合形式，就构成了一般谓述句的语义可确定形式。这些组合形式与真值函项之间有着如上所述的对应关系，这就使它们可以相互阐明。

---

① 可以证明，如此确定了直觉意义的真值函项具有真值表所表达的特性和关系。

这里有一个易混淆的地方。当说某个可能世界被排除时，并不是指这个可能世界被判定为不存在，而是说这个可能世界被某个事态所排斥。也就是说，对某个可能世界而言，不存在它与该事态的组合，使得该事态在这个可能世界中存在。这里的区分实际上与意义与真的区分相关。联系到意义，我们说某个可能世界本身的存在；联系到真，则说某个事态与可能世界的组合关系，或者说某个事态在可能世界中的存在。要谈真值，就预设了意义。因此，说某个事态排除了某个可能世界，实际上就预设了该可能世界的存在。我们不能从字面上理解“排除”和“排除某个可能世界”，它们并不意味着这个可能世界不存在；而要联系到事态与可能世界的组合关系来理解这些说法。

三 语义蕴涵与同义性

对于真与意义，我们有不同的理解。真是在某个可能世界中为真，可以表达为事态在某个可能世界中的存在；而一个句子有意义，则意味着存在一个与其所构成的事态具有组合关系的可能世界。给定可能世界，我们可以谈论真；而为了给出可能世界，则需要借助意义。

因此，不同谓述句之间的语义关系，就体现为不同的可能世界之间的关系。这种语义关系中最受重视的是同义性。两个谓词的同义性可以表达为共对象的两个谓述句之间的同义性，进而可以表达成两个谓述句之间的语义等价性。如果定义出一种语义蕴涵关系，那么语义等价就可以表达成双向的语义蕴涵关系。

谓述句 P 语义蕴涵 Q，这一点经过恰当定义后应当表达这样一种关系：所有 P 在其中为真的可能世界，Q 在其中也为真。满足了这一点，如果 Q 也语义蕴涵 P，那么所有 Q 在其中为真的可能世界，P 在其中也为真；于是 P 与 Q 同义，就意味着 P 与 Q 总在同样的可能世界中为真。根据语义直觉，这种关系就是同义关系。如果二者不同义，就可以构造一个可能世界，使得 P 为真 Q 不为真，或者 Q 为真而 P 不为真；反之，如果能够如此构造可能世界，则二者不同义。

定义语义蕴涵的主要困难是，语义蕴涵关系实际上是可能世界之间的关系，而这种关系不能由真值函项关系单独表达。真值函项关系在事态与可能世界之间相关这个层次上起作用，而不能直接对可能世界做出限定。幸好，可能世界受范畴结构的限定，因此可以借助范畴结构来谈论可能世界，进而得到 P 语义蕴涵 Q 这一关系的定义。

可以在实质蕴涵的基础上做这件事。P 实质蕴涵 Q，就排除了 P 在其

中为真而 Q 在其中不为真的可能世界。但它不能排除这三种可能性：（a）P 在所有的可能世界中都不为真，而对 Q 无所规定，（b）P 在其中为真的可能世界 Q 也在其中为真，但不是依据语义为真；（c）Q 在所有可能世界中均为真，而对 P 无所规定。就第一种情况而言，如果 P 在所有的可能世界中都不为真，那么按照语义蕴涵的要求，Q 在所有可能世界中也应当不为真，但实质蕴涵不能排除这种情况；对实质蕴涵来说，此时蕴涵式是真的。由于实质蕴涵不涉及语义，第二种情况也就不能排除。相应地，第三种情况也需要排除。再者，（a）、（c）还涉及重言式和矛盾式这两种语义无涉的情况，在定义语义蕴涵时应当排除。

引入了范畴结构，就可以规定，P 与 Q 共享范畴结构并且相容。在它们都是简单谓词谓述句并且共主词的情形下，如果 P 与 Q 共享范畴结构，那么依据（5a）就得到其谓词是同一个谓词。此时不必引入实质蕴涵。但是，如果 P 与 Q 并不共主词，或者它们都不是简单谓述句，那么借助实质蕴涵就是必要的。在 P 与 Q 满足实质蕴涵的前提下，新增加的限制条件可以排除上述（a）、（b）两种可能性。如果 P 与 Q 相容，那么至少存在一个可能世界，使得二者同为真。这样就排除了（a）。如果它们共享范畴结构，那就可以排除（b）。共享范畴结构就意味着，我们以同样的方式理解 P 与 Q，因而它们之为真，必定是以同样的理解方式为真，因而其实质蕴涵关系之成立，是依赖于语义的。为了排除（c），我们可以加入这样一个限制条件：$\sim P$ 与 $\sim Q$ 相容。满足这个条件，就意味着至少有一个可能世界，Q 在其中为假。值得指出的是，关于相容性的要求不仅排除了需要排除的情况，即 P 是永假的，以及 Q 是永真的，而且要求至少有一个可能世界，使得 P 与 Q 同为真，以及至少有一个可能世界，使得 P 与 Q 同为假。如果 P 确实语义蕴涵 Q，那么这两个要求自然满足，因此这里没有排除过多的东西。

由此我们可以给出关于语义蕴涵的如下定义：

> 语义蕴涵：谓述句 P 语义蕴涵谓述句 Q，当且仅当，（1）P 实质蕴涵 Q，（2）P 与 Q 共享范畴结构，（3）P 与 Q 相容，（4）$\sim P$ 与 $\sim Q$ 相容。

如果说语义规则是限定同义性的规则，那么这样的规则就是真值函项规则与范畴结构共同构成的。只要给出范畴结构，同义性就是可以判定的。

四 语义可确定性标准

简单谓词谓述句与一般谓述句的关系可以这样表述：简单谓词谓述句提供了描述事态的基础，一般谓述句通过在这个基础上运用真值函项来使事态与可能世界之间的关系得以确定，从而在与可能世界建立组合关系的层面上谈及事态。这种关系限定了我们理解一般谓述句的方式。事态存在于可能世界中，就使描述该事态的句子在这个可能世界中为真，或者说这个句子可能为真；谓述句只有在可能为真的情况下才有意义。所以，一般谓述句的意义，最终要在事态存在于可能世界中这样一种前提下理解，也就是在简单谓词谓述句的合取这样一种形式中理解。简单谓词谓述句的合取形式是一种基础形式，它把事态与可能世界最终联系起来，并表明谓述句在可能世界中为真。如果一般谓述句不以这种形式为基础，其意义就是不可确定的。尽管其他形式的谓述句是必不可少的，但一定不能与这种形式相冲突，我用下述命题来表达这种关系：

> 语义可确定性标准：一个谓述句 Q 的意义是可确定的，当且仅当 Q 至少为由简单谓词构成的谓述句的一个合取 P 所语义蕴涵。

在此也可以不说“简单谓词”而说“肯定谓词”，这意味着语义确定性标准也适用于扩展了的范畴结构。一个谓述句的意义可确定形式，最终应当表达为与之共范畴的肯定谓词构成的谓述句的合取形式。这样，确定性这一概念就可以用范畴结构的结构特征来刻画。

如果 Q 仅仅为一个所述的谓述句 P 所语义蕴涵，我就称其语义是直接可确定的；而若为一个以上这样的句子 P 所语义蕴涵，就称其语义是间接可确定的。如果一个句子的意义是间接可确定的，就需要引入一些语境要素来消除某些可能性，从而确定其语义。

第六节 范畴结构的扩展

范畴结构不仅能够确定简单谓词的语义，还能在此基础上处理复合谓词。这就需要对范畴结构进行扩展。从语义上讲，复合谓词有多种形式，我们这里只考虑比较简单的复合谓词，即利用简单谓词通过否定和逻辑连接词构成的复合谓词，以表明范畴结构的扩展是怎么回事。由简单谓词的否定构成的复合谓词可以在范畴结构内部加以研究，而由简单谓词通过逻辑连接词构造的复合谓词则可以在相关的范畴之间建立关联。这样，我们就要在两个层次上考虑范畴扩展：单个范畴的扩展和在范畴间进行的扩展。本节依次处理这两种情况。最后，将是对关系谓词的一个简单说明。

事先说明一下：由共主词谓述句的真值函项连接而成的复合句，具有在语义上等价的简单句，这个简单句的谓词是由这些函项构成的复合谓词。例如复合句“张三会游泳，并且并非张三个子高”，就具有语义上等价的简单句“张三会游泳并且个子不高”，其中“会游泳并且个子不高”是一个复合谓词。这就意味着，我们可以把真值函项（其辖域为句子）变换成构成谓词的连接成分；而在考虑谓词连接成分时，可以借助与之语义等价的真值函项的逻辑特征。在本节后面，我们将不加说明地运用这一等价关系。

一　谓词域的扩展：否定

每个简单谓词都可以通过加上否定构成一个否定谓词。但这样得到的谓词具有与简单谓词不同的逻辑特性。为了不至于混淆，我把简单谓词构成的谓词域与否定谓词构成的谓词域分开，各自构成一个子域。由简单谓词构成的子域称为“肯定域”，由否定谓词构成的子域称为“否定域”。上一节在“谓词域”名下讨论的性质限制在肯定域中，仍然是成立的。为方便起见，肯定域仍然记作“Ω”，否定域记为“ω”，一个范畴结构可以简记为一个三元的有序对 $<\Sigma, \Omega, \omega>$。

显然，对属于 Ω 的任意谓词 f，总会有相应的否定谓词 $\sim f$ 属于 ω。这是由这样一个直觉保证的：一个谓述句具有意义，则其否定句也有意义。把这个否定句改写成由否定谓词构成的肯定谓述句，我们就得到了一个相应的否定谓词。例如“这匹马不是白的”与“这匹马是非白的”等价，后一个句子是由“非白的”这个否定谓词构成的肯定句。

否定谓词之间的关系可以由肯定谓词之间的互斥关系得到。两个肯定谓词 f_1 和 f_2 之间的互斥关系可以表达为，对任何与之共范畴的对象 α，$f_1(\alpha) \wedge f_2(\alpha)$ 在任何可能世界中总为假。依据德摩根律进行变换就得到 $(\sim f_1(\alpha) \vee \sim f_2(\alpha))$ 总为真，这意味着，由两个否定谓词分别与同一个对象构成的谓述句，其析取总为真。这种关系可以这样从直观上理解：这样的析取句为假，除非同一个对象同时具有互相排斥的性质，而这是不可能的。例如，“这朵花不是红的，或者这朵花不是白的”，这个句子只有在这朵花既是红的又是白的时才能为假，而这是不可能的。为了方便起见，我们称否定谓词之间的这种关系为“DT（disjuctively true）关系”。

要识别否定谓词，一方面，可以借助语法标志，即否定符号“不”或“非”。也可以不借助语法标志来识别。对于同一个对象，一个肯定谓词和一个否定谓词不可能构成真值相同的谓述句。这种关系不同于肯定谓词之间的互斥关系。互斥关系是一种可能同为假的关系，但否定关系却不是如此；[①] 另一方面，否定关系也不同于 DT 关系。因此，肯定域和否定域的划分，基本上可以借助谓词之间的关系来进行，而不必借助语法标志。

把语义可确定性标准运用于否定谓词，可以得到一些有价值的结论。

> （6）一个否定谓词的意义是可确定的，当且仅当，仅仅存在一个肯定谓词与之相容。

这个结论可以从语义可确定性标准推出。由于共属一个范畴的肯定谓词是互斥的，至多有一个肯定谓词与该否定谓词相容；依据语义可确定性标准，这样的谓词至少有一个；所以仅仅有一个肯定谓词与该否定谓词相容。

> （6a）任何一个包含了否定谓词的范畴都至少包含两个肯定谓词。

如果一个包含否定谓词的范畴只包含一个肯定谓词，则该否定谓词就是这个肯定谓词的否定。此时，对该否定谓词就不存在与之相容的肯定谓词，因而不为任何肯定谓词所语义蕴涵，因而不具有可确定的意义，而这是不可能的。

> （6b）任何一个范畴都至少包含两个肯定谓词。

任何一个范畴中的特定肯定谓词都有一个对应的否定谓词，依据（6a），任何一个范畴都至少包含两个肯定谓词。由此，自然而然地就有：

> （6c）任何一个范畴都至少包含两个否定谓词。

---

① 不过，在有些情况下互斥关系和否定关系是不可区分的。例如“是素数”和“是合数”，它们之间是互斥关系，但它们也像否定关系那样不能同假。这个困难要在第六节之三解决。

二　范畴内的扩展：析取与合取

共范畴的肯定谓词不可能以合取的方式组合（因为它们之间是互斥的），但可以以析取的方式组合。不过，这样得到的谓词与原来的肯定谓词之间不都有互斥关系。例如，$f_1 \vee f_2$与f_1和f_2不相排斥。除了f_1和f_2，新谓词$f_1 \vee f_2$将与所有其他的肯定谓词相排斥。因此，为了把新谓词容纳进来，就必须把构成新谓词的析取支从肯定域中排除掉。由此得到一个新的肯定域。在否定域中，如果把与f_1和f_2相否定的谓词也排除掉，就可以把～（$f_1 \vee f_2$）加入否定域。这样，我们就得到了一个新的范畴结构，在这个结构中，各子域中的谓词之间的关系保持不变。

对否定谓词也可以做类似处理。否定谓词之间不能以析取的方式组合，而只能以合取的方式组合。这样得到的谓词也只能与部分否定谓词建立 DT 关系。例如～$f_1 \wedge$～f_2，就只能与除了～f_1和～f_2之外的否定谓词有这种关系。如果把～f_1和～f_2排除掉，就可以把～$f_1 \wedge$～f_2加入到否定域中。同时，要在肯定域中排除f_1和f_2，并加入$f_1 \vee f_2$。

依据德摩根律，上述两种组合方式是对称的。在肯定域中对f_1和f_2进行析取组合，就要在否定域中对～f_1和～f_2进行合取组合。

不同子域的两个谓词组合不产生语义后果。依据语义可确定性标准，象$f_1 \wedge$～f_1和$f_1 \vee$～f_1这样的组合不具有可确定的意义。至于有可确定意义的组合，以合取的方式得到的组合谓词与肯定谓词等价，以析取的方式得到的组合谓词与否定谓词等价。例如，$f_1 \wedge$～f_2与f_1等价，因为～f_2的意义可确定形式中包含析取支f_1；同理，$f_1 \vee$～f_2与～f_2等价。

上述组合的逆过程是分解。对于肯定谓词，可以有通过析取引入的分解；对于否定谓词，则可以有通过合取引入的分解。这种分解导致了范畴内的扩展。例如对于肯定谓词f，这种分解采取的形式是：引入肯定谓词f_1和f_2（f_1和f_2在原来的肯定域中不出现），使得$f_1 \vee f_2$语义蕴涵f。分解以后得到的新谓词f_1与f_2可以以析取形式替代原来f的每一次出现，并且这两个新谓词也可以独立构成谓述句，此时范畴结构的表达力增强了。

这样的组合也可以在多个谓词间进行，可以在两个谓词组合的基础上以类推的方式处理。

三　给予性范畴与构造性范畴

可以看到，对某范畴结构的否定域的两个谓词取合取，得到的新谓词否定了对象具有相应肯定谓词所表示的性质；如果对其否定域内的所有谓词取合取，由此得到的否定谓词就是对于对象具有任何一种已知性质的否定。但是，按照语义可确定性标准，这种否定至少应当为一个肯定谓词或者多个肯定谓词的析取构成的肯定谓词所语义蕴涵。可能有两种情况：（a）至少存在一个可加入原范畴结构的新谓词；（b）不存在这样的新谓词。下面分述之。

对第一种情况我们就以颜色范畴为例。假定有一种比汉语贫乏的语言，它的颜色谓词在肯定域中只有“红的”“黄的”和“蓝的”，在否定域中有相应的三个否定谓词。取这三个否定谓词的合取，就得到“非红的并且非黄的并且非蓝的”这样一个复合否定谓词，这个谓词为一个新的肯定谓词“是绿的”所语义蕴涵，因而满足可确定性标准。新谓词可以加入到原有的范畴结构中，我们得到了一个扩展了的范畴结构。

对第二种情况我们以自然数的素性范畴为例。这个范畴结构中有两个肯定谓词，“是素数”与“是合数”；否定域中有相应的否定谓词。现取这两个否定谓词的合取，就得到谓词“既非素数又非合数”这样一个复合谓词。可以说，语义蕴涵这个复合谓词的肯定谓词中有“是负数”“是小数”等，那么，这些谓词能够加进原来的范畴结构吗？比较这样两种情况：有个刚学算术的小学生说，2.3 是一个素数，另一次说，4 是一个素数。这两种情况都是错误的，但发生错误的原因不同。对第一种情况，我们会说这个学生还没有理解“素数”这个概念；对第二种情况，我们会说他可能算错了。这意味着，说“2.3 是素数”是无意义的。因此，不能把“是小数”这个新谓词加到素性范畴中去，这个范畴不能扩展。

这种区分极有意义。前一情况下，谓词域可以无限扩展，因为对新加进的肯定谓词，总可以运用同样方式构造更新的肯定谓词；第二种情况却不能扩展。为标明这种区分，我称可扩展的范畴结构为“给予性范畴”，不可扩展的范畴结构为“构造性范畴”。这样使用术语的用意是想表明相应的范畴结构是依赖于语言的还是依赖于对象的。如果一类性质是取决于对象的，相应的范畴结构就总是可扩展的。为了能够刻画依赖于对象的性质，在谓词多样化方面必定不能有所限制，因此这类范畴我们称为“给予性范畴”。至于构造性范畴，则依赖于语言，这一点从它的不可扩展性就可以看出。

在一个不可扩展的范畴结构中，如果其谓词的肯定域只包含两个肯定谓词 f_1 与 f_2，那么与其对应的否定谓词的合取就不能构成一个新的肯定谓词。这两个肯定谓词不能与同一个对象构成同时为假的句子，因此 $\sim f_1(\alpha) \wedge \sim f_2(\alpha)$ 不可能为真；也就是说，这两个肯定谓词之间构成否定关系，这就是否定关系与互斥关系相重合的情形。如果不可扩展的范畴中包含多个肯定谓词，那么这些肯定谓词也不能与同一对象构成同时为假的句子。因此，这类范畴使我们可以不借助语义直觉，就能从足够多的否定谓述句中得到肯定的结论；这就使不可扩展的范畴结构具有推理的约束性。

一般来说，对于构造性范畴，其范畴结构的对象域是有限定的。由于其谓词域不可扩展，我们取谓词域中的肯定谓词的析取，就得到关于其对象域的限制性条件；如果能够把相关的范畴结构化约为一个范畴结构，甚至可以给出某种构造方法，把所有的对象都构造出来。

构造性范畴具有这样一个重要性质：对于属于一个不可扩展的范畴结构的所有对象，如果没有可扩展的范畴结构对这些对象进行区分，那么存在一个范畴结构，其中的谓词与这些对象之间具有一一对应关系。如果这种对应关系成立，那么只要谓词确定，对象也就确定了。

证明是这样的：考虑所有这些对象的枚举，我们假定在所有对这些对象的枚举中，同一对象总具有相同性质，即对象总有固定性质。这个假定可以这样保证，如果有对象在不同枚举中性质不同，我们就把它算作是不同的对象，由此得到的新的枚举必定满足同一对象总具有相同性质的要求。如果任意对象都是可区分的，那么必定存在一个范畴结构，其中包括足够的肯定谓词对其进行区分。如果没有可扩展的范畴结构来得到这种区分，那么用来区分的肯定谓词域必定是不可扩展的。一个足以得到这种区分的范畴结构中的肯定谓词数目必定不少于对象数目，否则就有某些对象是不能区分的，按莱布尼茨定律，这些不可区分的对象不能是不同一的。由于所有属于该范畴结构的对象都已经包含在内，每一肯定谓词都至少被一个对象满足。因此肯定谓词数目也不能多于对象数目。肯定谓词数既不多于对象数，也不少于对象数，因而是一一对应的。由于对象具有固定性质，这种对应关系也是固定的。

不妨把判定某对象是否为给定对象的标准称为该给定对象的个体化原则（individuating principles）。由上述可知，构造性范畴能够提供个体化原则。与之相比，给予性范畴则不能。由于给予性范畴是可扩展的，对于任意两个对象，都可以通过构造新的谓词使两者得到区分。其结果是，如果认定某两个对象由于共同满足某给定谓词而是同一的，那么总是可以构造出新的谓词使之区别开。给予性范畴总是可扩展的，因而在其下只能够断定差异而不能断定同一。

如果一个范畴结构所提供的肯定谓词只是能够充分地识别对象，那么它在一种较弱的意义上是构造性的。一种较强意义上的构造性是指，这样得到的肯定谓词可以决定相应对象的所有其他性质。关于某种对象的公理系统就属于后一种情况。这种情况是否可能，依赖于对象的类型和范畴结构的特性，在此还不能给出一种普适的论证。

不过可以证明，一个构造性范畴如果是强构造性的，那么它的所有谓词都是关系谓词，即所有性质都表示关系。假定情况不是这样的，看会导致什么结果。如果这样的范畴结构的肯定谓词都是简单谓词，那么所有对象都具有固定的性质；如果其他性质都是由这些简单谓词决定的，那么那些其他的性质也必定是固定的。这样一来，属于这个范畴结构的任一对象的所有性质都是固定的。这使我们不能谈论其中的某对象具有两个不同的性质，而只能说对这个对象的所有表述都是对同一个性质的表述，因为能够归于该对象的任何性质都是由同一个性质决定的。但是，就其能够构成范畴结构而言，关系也是一种性质，对于同一个对象，我们可以说它对不同的其他对象构成了不同的关系，也就是说它具有不同的性质。因此，一个强构造性的范畴结构不可能仅仅包含简单谓词。另一方面，作为一种普适的结论，一个范畴结构的肯定谓词中不可能既包含简单谓词，又包含关系谓词，因为简单谓词不与关系谓词相斥。因此，如果一个范畴结构是强构造性的，那么它的所有谓词都是关系谓词，也就是说，属于该范畴结构的所有对象的性质都是关系。

事实上，所有关于数、空间和时间的范畴都是构造性范畴。构造性范畴可以是高度依赖于语言的，以至于可以不参照可能世界，独立地确定每一个谓述句的真值。这种对于可能世界的相对独立性赋予构造性范畴以普遍性。精确科学所使用的谓词常常属于构造性范畴。

在构造性范畴中谓词域不可扩展，因此，所有否定谓词的合取构成的新谓词不能为属于该范畴结构的肯定谓词所蕴涵。这不是语义确定性标准失效的情形。相反，按照语义确定性标准，我们需要引入一个新的范畴结构来处理这种情况。在原有的构造性范畴中，所有否定谓词的合取构成的新谓词可以借助另一范畴结构的肯定谓词来获得意义，而这个新的肯定谓词与原有否定谓词的合取之间的语义等价性，是由两个范畴结构的对象域重合来保证的。此时我们利用了构造性范畴中对象与谓词之间的对应关系。

四　范畴间的扩展

不同范畴结构之间可以建立多种关系。

在第四节之二我们看到不同范畴结构间可以有相关关系。当两个范畴结构的对象域有重合部分时，这两个范畴结构就是相关的。这种相关性意味着，属于不同范畴结构的谓词可以同时与同一个对象建立谓述关系。谓词之间的这种关系也是一种相关关系。

对具有相关性的范畴结构来说，如果它们的对象域是完全重合的，那么这种相关性可以用全称命题来表达。这类命题就属于康德的先天综合判断（命题）。例如，"所有有颜色的东西都具有形状"。它的意思是，所有能够以颜色谓词加以谓述的对象都可以用形状谓词来谓述。即使一个色块的形状是不定型的，它还是可以用形状谓词来谓述，可以有"不定型的"这样一个形状谓词。

多个范畴之间具有相关性，就构成了范畴聚合关系。一组这样的范畴构成了一个范畴聚合。例如颜色、形状、质量、大小，这些范畴通常构成一个范畴聚合。范畴聚合通常是日常推理的依据。例如，"凡是有颜色的东西必定具有形状"，"凡是具有形状的东西都具有质量"，这些常识就承担了推理前提的作用。严格说来，这不是一种通常意义上的推理，因为这不是从一个确定的前提得到确定的结论；这里的结论不是确定的，说是一种"预期"可能更好些。某个东西是方形的，又被告知它没有质量，这是令人惊异的。我们有一种关于质量的预期，但这种预期并不确定，它所确定的只是，某些事态是可能的；方形的东西没有质量，这是不可能的，除非我们的实际意思是说它的质量为零。当然，质量为零就是说具有一个为零的质量，而不是没有质量。

需要强调，由于范畴结构最终体现为判断行为的特性，范畴聚合也就是不同种类的判断行为之间的结合关系，而不是分属不同范畴的判断内容之间的结合关系。前面关于预期的说明也就意在突出这一点。在范畴聚合中，不同范畴之间的联系以预期的方式建立，而预期在这里就是当按照一个范畴进行判断的同时就要按另一个范畴判断的倾向。这种预期当然会体现为内容上的联系，但它本身不是直接在内容之间建立的。这是因为，如果在一个判断之后是通过内容上的联系来预期另外一个判断，那么我就应该已经知道所预期的是什么内容了，而这等于我已经预先进行了判断，这就是构成预期的那个判断。应当说，范畴聚合体现为判断行为上的模式，在此基础上才形成判断内容上的联系。判断的内容由于"嵌合在"行为模式上而联系到一起。这一点在第八章第二节之二提出的关于对象实在性的语义学条件中会起作用。

一个范畴聚合，如果其中各范畴结构的对象域重合，就可以合并为一个范畴结构。有多种形式的合并，其中最简单的方法是，在各范畴结构的肯定谓词集中各取一个谓词，求合取后把得到的新谓词纳入合并了的范畴结构的肯定域，然后在此基础上构造否定域。合并了的范畴结构，其肯定域中的每一个谓词都是由各初始范畴结构的肯定谓词构成的合取式，每个合取式都是依次从各初始范畴结构的肯定域中抽取一个谓词得到的。可以赋予每个合取式以一个语法上简单的名称，这样就得到合并后的范畴结构的肯定谓词。这些肯定谓词的语义可以理解为相应有序组内的初始谓词的合取。显然，这样构成的肯定谓词相互之间满足互斥关系。至于否定域，则可以依次取肯定谓词的否定得到。这样构造的范畴结构我们称之为一个"范畴合并"。易见对每一个对象域重合的范畴聚合，其对应的范畴合并是唯一的。

范畴结构之间可以建立对应关系。具有对应关系的范畴结构不一定具有重合的对象域，但在对象之间建立了对应关系。这种对应关系也许是依赖于可能世界的，但如果其中一个范畴结构是构造性范畴，那么这种依赖性可以降低到低于另一个范畴结构（给予性范畴）的水平。如果这种对应关系足以使谓词间的对应关系也建立起来，那么这样一种使给予性范畴对应于构造性范畴的对应关系就构成了解释。对应于颜色范畴的波长范畴就是一种解释，这是用波长来解释颜色。在这种解释中，新的对象域，即光波，与具有颜色范畴的对象域之间的对应关系使得波长谓词与颜色谓词的对应关系建立起来了。这种解释使颜色范畴不再依赖于这样一类可能世界，在其中人必须有充分的色觉。事实上，建立在微粒论传统中的经典物理学，就基本上是在这种解释模式下工作的。另外一个突出的例子是，用遗传密码来解释生物性状。

通过范畴对应在给予性范畴与构造性范畴之间建立的关系属于一种形式化约关系。这种关系可以表达成：对于分别属于两个不同范畴结构的谓词f_1与f_2，f_1（α）当且仅当f_2（α）。其中构造性范畴的引入使得在给予性范畴内做出的陈述成为可推理的。

第七节　关系范畴

关系谓词也可以在谓述关系的框架中讨论。与非关系谓词不同，关系谓词涉及位置的概念。对象的名称必须放在正确的位置上，才能与谓词结合成恰当的陈述句。比如，"亨利四世骑上马"这个句子，如果把"亨利四世”与“马”放到错误的位置上，得到比如“马骑上亨利四世”这样的句子，所构成的就不是恰当的陈述，甚至不是有意义的陈述。因此，如果继续沿用关于非关系谓词的范畴结构的讨论方式，就需要为对象域划分位置。比如，对于“骑上”这个谓词，就需要区分第一对象域与第二对象域，其中第一对象域中的对象能够被放到“骑上”一词前面的名词所指称，第二对象域中的对象则能被放到后面的名词所指称，从而构成有意义的句子。

关于关系的范畴结构明显具有一种拓扑性质，它要求把对象域与空间位置对应起来，而不能像在非关系范畴中那样不考虑空间位置。其实，一旦明白谓述关系本身就是空间性的，我们就会把要求考虑位置的情况视为是一般情况。非关系范畴中之所以不需要考虑空间位置，是因为在这种情况下只有一个空间位置，它留给了拥有性质的那一个对象。

对关系命题的考虑有助于我们摆脱一个刻板印象，那就是，谓述关系是一种关系。前面第四节之二在描述范畴结构时已经把谓述关系解释成谓词与对象之间的关系，但这不是严格的说法。这种说法不适用于关系命题。

当用“亨利四世骑上马”这个句子做出陈述时，我们可以说，这里的谓词是“骑上”，或者说是“……骑上……”（加上弗雷格格式的空位），而对象则是亨利四世和马。我们可以说，对象是一个有序对<亨利四世，马>，以确保让亨利四世填到谓词的前一个位置，而把马填到后一个位置上。但是，这里的位置不是亨利四世或马的性质，甚至不是它们之间的空间关系，而是指称它们的名称在句子中的位置。我们甚至不能确保这两个对象构成了一个有序对，因为构成有序对的顺序关系的，也不是对象本身，而是它们的名称。而如果把这种顺序恢复到它本来的解释上，我们得到的实际上就是“亨利四世骑上马”这个句子。也就是说，我们不得不用这个句子来解释什么是谓述关系，而不能简单说谓述关系就是存在于对象<亨利四世，马>与谓词“……骑上……”之间的关系。

只有经过更多解释后，我们才能勉强说这里有种谓述关系。比如，我们先说出“哈利·波特骑上扫帚”这个有意义的句子，然后说，我们可以用亨利四世替换哈利·波特，用马替换扫帚，并且这种替换是在对象之间进行，在这种意义上，这些对象按那个句子所例示的方式为谓词“骑上”所谓述。当然，要这么做，就要求哈利·波特与扫帚实际上已经被谓述了，因为这一点支持了那个句子的意义。对于使用这个句子的人来说，使用“哈利·波特骑上扫帚”这个句子，本身就是在谓述哈利·波特和扫帚。这样就建立了最初的谓述关系。

要解释谓述关系如何在其他对象那里建立，我们必须以某个句子为参照才行。在这种意义上，范畴结构不再是描述语言与实在之间的抽象关系，而是本身就构成一种类似于框架的东西。给定一个句子作为模型，然后按照句子的拓扑结构，在它的若干位置关联上相应的替换序列，这些序列中有的构成对象域，有的则构成谓词域。这些对象域和谓词域，接受来自谓述关系的约束。范畴结构的建立，也就在于体现这种约束。

第八章　词项意义

如果说上一章讨论的实际上是命题中的非表征性内容，那么这一章讨论的，就是表征性的内容，也就是讨论，关于实在的信息如何进入命题，以及命题以何种方式与实在中的对象相联系。我们会区分谓词性意义和指称性意义。一般说来，谓词性意义的核心功能是“抓住”来自实在的信息，而与对象建立对应性的联系，则是指称性意义的作用所在。当然，并不排除一些混合性、过渡性的意义类型。有指称功能的表达式常常被用来充当谓词。由于可以充当谓词，这类名词与对象的关系也不属于典型的指称性意义。它不仅可以用于建立与对象的对应关系，而且可以传达信息。其传达信息的功能也具有一种能为指称性意义提供基础的特征。不妨把这种过渡性的意义称为名词性意义。在这一章中，我们先讨论谓词性意义，然后讨论名词性意义。下一章讨论典型的指称性意义。

第一节　谓词性意义

一　简短的回顾

亚里士多德逻辑学把词项都理解成谓词性的，并用概念来解释谓词性意义。概念具有普遍性，因而属于共相。罗素的逻辑则把主词分离出来，认为其所具有的不是谓词性意义，也就是说，不是概念或共相，而是殊相；但他仍然用共相来解释谓词性意义。

吉奇（Peter Geach）给出了一个论证，间接证明了共相理论所预设的一个前提是荒谬的。这个前提是，句子的主谓关系是两个名称之间的连接。当用在共相理论时，谓词就被解释成共相的名称，这样，在一个表面上只包含了一个名称的句子中，实际上就有了两个名称。因此，这个预设被吉奇称为“双名理论”。依据这个预设，“苏格拉底成了一位哲学家”

这个句子中的谓词“一位哲学家”是一个名称，它命名的肯定不是一个不是哲学家的东西。如果这个谓词命名的是苏格拉底，那么这个句子说的就是“苏格拉底成了苏格拉底”——显然不是这样；而如果它命名的不是苏格拉底，那么这个句子就是荒谬的，因为它所说的是，苏格拉底是某个不是苏格拉底的东西。因此这个谓词什么也没有命名。（吉奇，1998：364）

吉奇所对付的想法是，如果不解释成名称，我们就很难说明谓词意义以何种方式包含了来自实在的信息。这个动机是值得同情的，但是采取这种方式来实现这个动机，就不得不把句子中语法上的谓述关系解释成实在的关系，并用这种关系来解决命题统一性问题。我们已经用了第五章整整一章来处理这个问题。

从另外一个角度看，共相理论与关于谓词意义的抽象理论有关。这种理论认为，谓词指称多个对象的共同特征，因此谓词之有意义取决于人们的抽象活动，把多个对象的共同特征抽象出来，这种共同特征就构成了谓词意义。这样，一个有意义的谓词指称这种共同特征，或者说，它的意义就是表征这种共同特征。抽象理论初看起来似乎是合乎情理的，它甚至在某种意义上可以避免吉奇的批评。如果把抽象看作一种主观的活动，共同特征也只是一种观念性的存在，而不是真实的实在物，那么，就像贝克莱（1973：§12）和休谟（1980：34－35）一样，我们只需要说，一个对象拥有某个用共相表达的性质，只不过是我们把它看作是与某些特定的东西相似而已。

然而，抽象理论成立与否取决于这样一个预设：世界恰恰是按照这种方式安排的，使得我们恰好不会把不同特征的识别方式弄混。也就是说，比如，我们恰好不会用识别形状的方式去识别颜色，在对所有红色对象进行抽象活动时，恰好没有把例如圆形这种特征算进来，没有把红色与圆形这种混合特性当作“红的”这个词所对应的共相。这个预设包含了我们要回答的问题，它预先假定了“红色”和“圆形”这两个谓词的意义。如果不预设这种意义，我们无法把适用于这两个谓词的对象分开，也不可能设想它们适合于一个对象的情形。

集合论给出了解决谓词意义问题的另外一条思路，这条思路为很多人所接受。这就是把谓词的意义理解成一个集合；谓词在句子中并不命名什么对象，而是断言某个对象属于这个集合。例如，在“苏格拉底成了一个哲学家”这个句子中，“哲学家”表示一个集合，谓词“成了一个哲学家”就表示对象苏格拉底成为这个集合的一个元素。然而这一主张是否有效，还很成问题。用一个来自蒯因（1987：29）的论证就可以说明这一点。谓词间的同义关系与集合之间的外延重合关系，显然不是等值的关系。尽管可能所有有肾脏的动物都有心脏，但“有肾脏”与“有心脏”这两个谓词并不同义。

即使在集合论中，集合与谓词之间的对应关系也要受条件限制。罗素悖论可以作为一个归谬论证，表明这种对应关系不成立。[①] 通过公理化可以避免这个悖论，达到这一目的的方式是对这种对应关系做出限制。在 ZF 系统中，这一对应关系由分离公理来表达。这个公理说，在任一集合 s 中，都必定存在一个子集 y，使得某对象 x 属于 y，等价于 $f(x)$ 且 x 属于 s；也就是说，在任何一个集合内部都可以分离出一个由满足谓词 f 的对象构成的子集。按照分离公理，只有在一个给定的集合中，集合与谓词之间的对应关系才能够建立起来；但是在谓词的实际使用中，并没有这样一个限制条件——我们对谓词的理解，必须能够在所有可能的对象中得到运用。

分离公理说的是，一个适合于某谓词的子集是存在的；这是关于集合的存在性的公理，而不是关于谓词的隐定义。把谓词理解成集合，能够在一定程度上表达谓词的语义特性，例如谓词的二值性（肯定和否定）；但很难说集合就构成了对谓词的语义解释。情况恰好相反，只有在谓词拥有确定意义的前提下，它与集合的对应关系才能够建立起来。

二 谓词性意义的确定

在意向性的框架中，由范畴结构，或者说，由范畴结构所确定的视角，为确定谓词意义提供了识别方式上的限制，从而，比如说，把识别形状的方式与识别颜色的方式区别开。在这种情况下，谓词的意义就可以解释成表达了对象在某范畴内的可区别性。这种解释来源于对谓词意义的一种素朴解释。例如对于“红色”，我们可以解释成“这朵玫瑰花的颜色”。在这个解释中，我们把一个对象（这朵玫瑰花）置于一个范畴（颜色）之下，这就意味着，“红色”这个谓词是通过一个对象和一个范畴建立的关系（对象处于范畴之下）得到确定的。当我们从颜色上辨别，这朵玫瑰花就确定了什么是红色。

对这种解释方法，需要做如下说明：

一、这种解释方法实际上是用人对于对象做出的反应来确定谓词性意义，这种反应是通过使用谓词的语言行为做出的。一个人学会了比如“红的”这个词，就相当于学会了按照颜色范畴来使用这个词对红色的东西做

① 这个论证在标准的公理集合论教材中出现了（汪芳庭，1995：1）。

出反应。这样解释，我们就不需要实际上有种被称为“红色”的性质存在，因为，关于这个词的使用是否正确，取决于说话者对于一个用来定义这个词的对象，是否使用“红的”这个词做出反应。假设在一个语言社群中，人们把硫酸铜溶液当作样本来定义“红的”这个词，那么，当一个人把硫酸铜溶液称为“红的”，他就正确地使用了这个词。在这种情况下，“红的”一词的意义与人们是否看到了红色无关，而只要求人们对颜色相同的东西做出一致的反应。

按照这种解释，谓词性意义具有普遍性，就是因为人们对不同的东西做出了相同的反应。我们不需要这些东西都有一个共同的东西，也不需要借助抽象能力，来解释普遍性。

二、谓词性意义与区分度相联系。对于一个给予性范畴，对其谓词域进行范畴内的扩展，用来替换掉谓词 f 的新谓词（对肯定谓词，f 为这些新谓词的析取所替换；对否定谓词，则为这些新谓词的合取所替换）个数与 f 的区分度成反比。这样的新谓词越多，就说明使用 f 所忽略的区别越多，因而其区分度越低。例如对于“黄色”这个谓词，它可以用“橙黄”“金黄”“鹅黄”等谓词来加以扩展，用来做出这种扩展的新谓词越多，“黄色”这个谓词的区分度就越低，因为这表明它所忽略的差异越多。显然，这样的区分度概念是相对于对谓词域的实际扩展的，因而可称为相对区分度。

如果从连续统的观点来看给予性范畴的谓词域中的一个子域，并且用一条直线来表示这个子域，那么一个谓词的区分度就可以用该谓词在这条直线上截取的区段长度来表示；区段越长，谓词的区分度就越低。这样表达的区分度由于并不取决于对谓词域实际的扩展，因而不是相对的，而是绝对区分度。

可以在区分度概念的基础上定义对象的相似性。两个对象如果在范畴 C 中所满足的谓词不同，但其差异在允许的区分度范围之内，那么它们就该范畴来说就是相似的。相似性不仅相对于范畴，而且相对于允许的区分度范围有多大。

三、谓词的普遍性与区分度是两个不同的概念。普遍性是针对谓词与对象的关系而言的，区分度则取决于谓词之间的关系。

谓词意义的普遍性可以通过这一事实得到阐明：对于范畴 C 而言是相同的对象总是能够因为其他范畴得到区分，这使得属于范畴 C 的性质总是可以为不同的对象所满足。而谓词的特定区分度则意味着，为该谓词 F 所满足的多个对象就 F 所属的范畴 C 而言仍然是不相同的。我们可以通过谓词域的扩展来表述这种差异。

四、一旦确定了谓词f的意义，其否定谓词的意义也就确定了。这样就解释了谓词意义的二值性。谓词意义具有二值性，这就是说，同一个谓词既可以用来构成肯定，又可以用来构成否定。把肯定和否定加在谓词上构成一个整体，二值性就是谓词具有成对分布，并且每对谓词相互否定这样一种特征。这种特征由范畴结构直接保证。

五、谓词意义具有内涵性，这一点可以通过谓词的意义取决于范畴而不仅仅是对象这一点得到解释。谓词意义的内涵性是指，两个被同样的对象所满足的谓词仍然会具有不同的意义，因而在内涵语境中，共外延谓词的替换可能不是保真的。如果谓词的意义只取决于满足该谓词的对象，那么这种情形就不会发生，谓词意义就可以有纯外延的表达；但是谓词意义受制于范畴，范畴不是对象，所以谓词意义具有内涵性。

六、谓词的符号形式不影响语义。谓词的意义可以由范畴结构和对象来确定，因而不受谓词符号形式的影响。这一点使不同语言之间互译成为可能。

三　谓词用于断言

当谓词用于断言时，其意义与单独通过某个样本确定的意义有所不同。区别在于，当单独考虑时，只要对人们用来充当样本的对象使用该谓词，这种使用就是正确的；而当用于断言时，这种使用必须针对特定对象，这时我们说，谓词被用来做出了一个或真或假的断言。断言所针对的对象，必须是样本之外的对象，这就是导致区别的地方。

断言是关于对象的。关于对象的断言，就是把谓词适用于对象。这里我们讨论，把谓词适用于对象，这是怎么回事。

可以把句子理解为通过与真值相联系而具有内容，也可以理解为与对象相联系而具有内容，这是对句子内容的两种不同的处理方式。这两种方式联系在一起。按照我们在第四章讨论的结果，当实在就是当我们定义某个句子的真值条件的那个样子时，那个句子就是真的，但是，如何确定实在就是那个样子，到哪里去寻找那个样子，这却取决于句子所谈论的对象是什么。这里，句子与对象的联系就像锚一样，让句子与实在对接起来，从而让二者的比较成为可能，而谓词则确定比较的内容是什么，或者如何比较。

在功能上，主词与谓词具有两方面的不对称性。一方面，我们可以说主词具有指称，但谓词却没有。在弗雷格那里，主词以饱和的东西作为

Bedeutung，谓词的 Bedeutung 则是不饱和的，而不饱和的东西很难说有独立的存在。我们也会认为，谓词不会独立地对应实在的东西。只有在确定了它出现于何种句子中，从而确定了其所属的范畴结构，才会有意义，而这依赖于包含它的句子是否是真的；另一方面，从直觉上看，单独的主词虽然对应于实在，但还谈不上有断定性的内容；单独的谓词却有这样的内容。主词和谓词在句子中的结合构成的整体就是把某个内容与某个对象联系起来，从而形成关于某个对象的断言。这里所说的内容，是可以否定的东西，或者说，具有二值性。我们可以否定谓词，但不能否定主词。直观上看，主词确定对象是“什么（what）”，谓词则说对象“怎么样（how）”，只有对于“什么东西怎么样”的形式，才有真值可言。

谓词是如何具有这种功能的呢？这个问题可以借助谓词从属于范畴结构这一点来回答。

就其从属于范畴结构而言，任何谓词总是谓词域中的一个。因此，把这个谓词用于某个对象，就意味两件事：其一，这样就预设了对象属于一个范畴结构，进而意味着要从相应的视角来识别这个对象；其二，承诺了当这样识别时，会发现对象满足那个谓词。预设和承诺，这两件事一起，让断言具有了真值。

其中的逻辑机制并不复杂。当我们比如说断言“硫酸铜溶液是红的”，那么这就意味着把硫酸铜溶液置于颜色范畴中，进而，这就意味着要从颜色方面来识别它。于是，拥有相应意向能力的人就应该能够确定它的颜色是什么。这就是前面所说的第一件事。在此基础上，当断言硫酸铜溶液是红色的，那就承诺了，当动用这种意向能力在颜色方面识别硫酸铜溶液时，就会发现它是红色的，或者说，就会发现它与用来定义“红的”这一谓词的样本具有相同的颜色。于是，当这个承诺得到实现，断言就是真的；否则，就是假的。

把上述机制与前面确定谓词性意义的程序相比较，就会看出这里多出了一种预设—承诺机制，而这种机制让断言成为受规范约束的行为。如果断言是错误的，那么说话者就有义务修正，或者有义务放弃原来的断言。当断言作为承诺给出，这本身就意味着承担承诺带来的义务，并依据这些义务决定自己此后应该怎么做。与简单的符合论（融贯论也是如此）相比较就会看出区别。在符合论中，断言之为真是由是否与实在相符合解释的，但是，这根本没有解释为什么应该做出真的断言——除非另外规定应当做出真断言，从符合论本身是无法解释真这个概念的规范性的，因为符合本身就只是一个事实性的状况，可以不带规范性地出现。我们这里给出的解释则与之不同，真作为断言行为的承诺性特征加以确定，当做出这个行为时，也就把真当作承诺了的东西。这样，真本身就是规范性的目标了。

与符合论相对照就可以看到这个机制的另外一个要点。人们一般认为，符合论的主要困难是，很难说清楚究竟什么是句子与实在之间的符合。弗雷格就认为，只有同属一类的东西才能通过比较发现其是否符合，比如，我们可以说一张支票与真支票符合，因而也是一张真支票；但要是说支票与黄金相符合，那就不知道从何谈起了。因此，真正说来，符合导致重合，从而导致符合的双方不能是不同的东西。（Frege，1997f：327）一旦引入范畴结构，这个困难也就消失了。范畴结构，或者说，与之相应的视角，决定了比较要以何种方式做出。并且，这种比较也不是两个完全不可比的东西之间的比较，例如，不是像弗雷格所说的观念与实在之间的比较，而是同类的、同属于一个范畴结构之间的比较，是被断言的东西与用来确定谓词意义的样本之间的比较。

范畴结构规定的是与谓词对应的视角，规定的是可能的谓词，而不是已经确定的谓词。这一区别使断言成为一个双层次的行为，一个是视角，另一个是谓词，一个是预设，另一个是承诺。这种双层次结构使得承诺得以自然地内置到断言之中。再次与前面谈到的符合论对照。那种符合论按一种单层次结构来理解断言，断言仅仅是给出真值条件，从而确定自己（即断言本身）什么时候是真的。这样，如果把承诺的要素加进断言行为中，那么被承诺的就只能是真值条件得到满足。但是，这样就不能解释，为什么要承诺这一点——就像霍金打赌一样，我们也可以承诺自己的断言是假的。[①] 一旦加进预设的层次，检验承诺的方式就与承诺本身区分开了，所预设的，恰恰就是检验承诺的方式。在断言中，我们预设了一种识别对象的视角或者方式，并且在所断言的内容中表明按这种视角或方式得到的结果，这样，预设与承诺之间的关系，就依附在识别的方式与结果之间的关系上——只有在承诺的是按照预设的方式得到的结果时，我们才获得一种连贯的行为模式。[②] 这样，通过双层的断言行为，我们得以解释真（或

① 在《时间简史》中，霍金记录了他就自己的黑洞理论与人打赌的趣事，由于担心理论被天文学观察所推翻，自己一无所获，他就用一年的《花花公子》杂志作为赌注，来赌自己的理论被推翻。这样，即使理论宣告失败，他自己还有杂志聊以安慰。这是承诺（打赌）与断言（理论）相分离的情况。

② 看起来，否定似乎就是在承诺与预设相反的结果。其实并非如此，对否定的解释可以放到谓词的内部特性上，而这里解释的是谓词被纳入断言的方式。正如在范畴结构中肯定谓词是作为否定谓词的基础建立的，对于断言的解释，也要优先于否定。否定是使用了否定谓词的断言。

者说追求真）何以是断言这种行为的规范性特征。

只有在引入了预设性要素的前提下，我们才能解释断言在何种意义上具有确定的内容。

确定性是不确定性的反面，因此，解释了什么是不确定性，也就解释了什么是确定性。人们很容易就把不确定性理解成任意性，理解成限制条件的缺乏。这样，确定性就可以通过添加限制条件得到。用另外一种方式表述，确定性就是通过消除不确定性得到的；如果把不确定性理解成可能性，那么确定性就可以通过消除某些可能性得到；在理想的情况下，最终得到的是一种可能性。这种理解无疑合乎直观。但它有一个缺点：如果最初的可能性是无穷多的，那么消除了任何的有限数目的可能性之后，剩下的可能性仍然无穷多，此时我们很难说得到了确定性；为了得到确定性，必须消除无穷数目的可能性——我们能够以何种方式这样做呢？这个反对意见很可能是决定性的，因为如果把不确定性理解成限制条件的缺乏，那么在不存在任何限制条件的情况下，能够承认的可能性的数目必定是无穷的。因此这种理解是不完全的。

为解决这一问题，我们用“自由度”这个概念来解释可能性。可能性（或者说，不确定性）本身不是一个缺乏规定性的概念，而是规定性的产物，这种规定性就来自范畴结构。范畴结构决定了不确定性是什么样的不确定性，并且决定了无须考虑其他的不确定性；它决定了要在什么范围内消除不确定性。

我们可以用“自由度”这个概念作为类比来说明问题。这个概念在机械动力学中用来描述刚体运动的可能性，与之相对立的是“约束”这个概念。对刚体运动的约束常通过使该刚体与其他刚体保持接触得到。一个自由的刚体与其他任何刚体都不接触，因而不受任何约束；此时我们说它有六个自由度，即分别沿着三维坐标系的三个轴作平移和旋转。自由刚体的任何运动都可以用这六种运动的矢量和来描述。与一个平面相接触，就使得刚体运动的三个自由度被消除，即垂直于该平面的平移，以及绕平行于该平面的两条坐标轴的旋转。通过添加约束，使刚体的自由度只剩下一个，就得到可确定的运动；此时刚体的运动可以由动力源所提供的动力唯一的决定。

类比地说，在句子中，范畴结构的功能就是提供自由度，即界定可能性；谓词的功能就是在这个界定了的范围内消除部分可能性，从而达到确定性。

确定性是对句子内容的标度。如果把一个句子的内容理解为这个句子所提供的信息，那么这种信息就可以用确定性来衡量。从上述对确定性的阐明可以看出什么是信息。

我们从句子提供的信息中区分质的方面和量的方面，质的方面是由构造这个句子的范畴确定的，量的方面则由相应的谓词确定。例如对句子“珠穆朗玛峰的海拔高度超过了七千米”所提供的信息，我们可以区分出这样两个方面：其一，这个句子是关于珠穆朗玛峰的海拔高度描述；其二，这个句子说的是珠穆朗玛峰的海拔高度超过了七千米。前一个方面是关于这个句子所属范畴的说明，它给出的是信息的质；后一个方面则在此基础上做出了进一步的限制，如此给出的是信息的量。

称后者为信息的量，并不是因为这里涉及了数量关系，而是因为这一方面的限制可以不借助内涵性的东西得到表达，它体现为符号形式的可区别性。例如“这朵花是白的”这个句子，在确定了信息的质（这个句子是对这朵花的颜色的断定）之后，这个句子提供的信息的量不必依赖于“白的”这个谓词的意义也能给出。也就是说，不必知道“白的”一词指什么颜色，就可以确定这个句子在说什么；唯一需要追加的条件是，与“白的”一词所说颜色不同的颜色要用不同的谓词来说。这个条件由“白的”这个词的符号形式直接保证。表示其他颜色的谓词有不同于这个词的符号形式。

质的限定与量的限定结合，构成完整的信息，或者说，构成句子内容。

第二节　名词性意义

在范畴结构中，对象构成了对象域。句子是关于对象的谓述，而对象是通过名词引入的。本节我们将着手讨论名词性意义。

前面说过，名词兼有指称对象和传达信息的作用。这两种作用都与对象相联系。当名词用来传达信息时，通常与对象的识别有关。指称一个对象，这或多或少要求识别这个对象。因此，名词性意义与识别能力相联系，拥有这种能力，并在使用相应名词时让这种识别能力发挥作用，这就叫作把握了名词所表达的概念。因此，名词性意义就是我们常常称为“概念”的东西。①

---

① 注意与弗雷格所说的“概念”区别开。他以一种非常专门的方式使用这个术语。

一 识别

比较这两个句子：

（1）托尔斯泰长着一部大胡子。

（2）那个长着一部大胡子的人就是托尔斯泰。

前一个句子是对托尔斯泰这个人的陈述，如果不知道托尔斯泰这个人是谁，这个句子说的是什么，就不能真正确定。后一个句子就不同，即使不知道托尔斯泰是谁，这个句子之所说也是可以确定的；这个句子被用来识别托尔斯泰这个人。“托尔斯泰”这个词在这两个句子中都表示某个对象，即托尔斯泰这个人，但对象在这两个句子中被提及的方式不同，前一个句子是通过指称，后一个句子则通过识别。

这种差别使得在这两个句子中出现的谓词（“长着一部大胡子”）以不同的方式与主词（“托尔斯泰”）相关联：前一个句子预设了托尔斯泰没有大胡子是可能的，而后一个句子不如此预设。如果把“托尔斯泰可能没有大胡子”这个句子分别加在这两个句子后面，就可以看到这个差别。加在（1）后面只是使整个句子变得有些啰唆。但是，如果把这个句子加在（2）后面，就与说话的目的相抵触。如果托尔斯泰没有大胡子，那么按大胡子这个特征来识别托尔斯泰就是无效的；因此对（2）来说，托尔斯泰必须有大胡子。之所以造成这种差别，是因为（1）已经预设了对托尔斯泰的足够的了解，在此基础上就可以设想一些别的可能性；但在（2）中，却必须预设相应的谓词与对象之间的联系，否则识别的目的无法达成。

对于对象来说，具有不同的可能性是完全允许的，即使是在识别的情况下也是如此。上述区别之所以出现，是因为主词的功能不同。在（1）中，“托尔斯泰”这个词被用来指称对象，在（2）中则用于形成一个概念，这个概念确定了托尔斯泰是谁。

假定要形成的概念是 X，断定某个对象 x 是或不是 X 的依据我们称为识别 X 的识别标准。识别标准通常可以表达成这种形式：

（SI1）x 是 X，当且仅当，$f(x)$。

其中的谓词“f”可称为识别性谓词。在句子（2）中，我们可以分离出这样一个识别标准：“如果 x 有大胡子，那么 x 是托尔斯泰”，其中“有大胡子”就是识别性谓词。在上述形式中，识别性谓词是作为判断某个对象是否 X 的充分必要条件。在很多时候，充分条件不容易甚至不可能得到，我们需要的也常常是必要条件。比如，大胡子就是用来识别托尔斯泰的必要条件，它让我在一张合影中认出托尔斯泰这个人就可以了。

识别标准并不构成概念的定义。在提及托尔斯泰时，我们不会总是把“托尔斯泰”这个词与大胡子联系起来，我们也不会总是采取这个标准来识别托尔斯泰。尽管不能排除某个对托尔斯泰怀有近乎偶像崇拜热情的人会这样做，我们总是可以把青年托尔斯泰的照片拿来作为反例。但是另一方面，把识别性谓词与对象概念紧密联系起来又似乎是必要的，否则我们凭什么来识别呢？为了解除这一张力，我们可以利用可识别性，而不用识别性谓词来说明概念是如何构成的。

识别标准的作用是把一个对象概念与识别性谓词联系起来，使得该概念之下的对象满足识别性谓词；与此同时，识别标准也就把对象概念与识别性谓词所属的范畴结构联系了起来。这种联系使我们从识别标准本身回溯到识别方法，这种方法由识别性谓词所属的范畴结构给出。例如，如果红色是一个识别性谓词，那么对照颜色就是识别的方法。在此基础上，与一个对象概念相联系的范畴的存在就保证了关于这个概念的可识别性，我们称这个概念是关于某范畴可识别的。如果一个对象概念关于某范畴是可识别的，那么这个概念就具有可识别性。

引入了可识别性，再联系到谓词意义的确定方法，我们就可以修改识别标准的表述形式。设谓词 f 属于范畴 C，且由对象 α 所满足，那么 f 的意义就可以由 C 和 α 共同决定。这样，x 满足 f，就可以表达为，x 就 C 而言与 α 是同样的（较弱的说法是“x 就 C 而言与 α 相似”）。因此，识别标准就可以改写为：

（SI2）x 是 X，如果 x 与 α 就范畴 C 而言是同样的（或相似的）。

这个形式中，α 作为概念的样本而被实际给出。在这一新的识别标准中，识别性谓词与对象概念之间的联系为样本与对象的范畴比较关系所取代，因而在形式上取消了关于对象概念的固有内涵的理论预期。这种预期在一定程度上支配着传统的分析性概念。由于把分析性与意义概念联系在一起，蒯因对分析性的批评导致一些人放弃意义这个概念。这里采取的形式让这变得不必要了。取而代之的是这样一种推理关系：因为对象 x 与对象 α 相同（或相似），所以 x 是 X。

到这一步可以看到，对象概念不是通过识别性谓词的叠加或合成得到的，而是通过把样本置于相应的范畴结构之下构成的。这种形式与用来确定谓词意义的形式相同，区别只在于这里起作用的是什么范畴结构，以及对范畴结构有什么要求。比如，下一节我们会要求范畴聚合以及范畴的可增补性。后面还会逐步添加进一步的细节，从这些细节就可以看出名词性意义与谓词性意义的区别在哪里。

二 对象的实在性

识别一个对象，就是对象的存在或在场让主体产生某种反应，借助这种反应，主体得以把该对象与别的东西区别开。这里我们讨论，这样的识别概念如何能够容纳对象的实在性。

在给予性范畴与构造性范畴的区分中我们已经可以看到，有些对象之属于某范畴结构，是由于该对象受谓词域的限制，这样的对象属于构造性范畴。这种限制关系可以用对象的构成来表达，也就是说，对象就其是什么而言可以通过谓词构造出来。另一类对象则不能构造出来，它们属于给予性范畴。只是对于后一类对象而言，才会有识别问题。因为它们是什么，是不依赖于谓词的，所以问它是否满足该谓词才是有意义的。构造出来的对象，其存在与否直接取决于构造方法，因而不存在识别问题；对于这类对象，一旦它被构造出来，它是什么就是确定的，因此就能够说它必然是什么。一般来说，水、空气、猫、关节炎、托尔斯泰等属于自然类、自然现象以及个体的对象是给予的对象，而像数、质点、刚体、空间等则是构造性对象。在本节中谈论的问题要限制在前一类对象，也就是给予的对象范围内。注意这一点，可以使我们不会因为把构造性对象也拉进来，而导出一些荒谬的结论。

对于实在性，人们通常理解为不依赖于认知条件和语言而存在这样一种独立性。因此，只有对被给予的对象，才会有因为实在性而引发的问题，即关于该对象的识别是否正确的问题。具有实在性的东西是概念必须与之相符合的，识别必须依据它进行校正。对于语义学来说，要容纳实在性就必须在语言之内想象一种相对于语言的独立性，而这是一个悖论。语义学无法直接表达这种独立性，因此只能把实在性当成语义学据以自我设计的理想。这意味着，需要为实在性寻求一种语义学上的表达，这种表达虽然不能直接体现什么叫作对于语言的独立性，但能够在某种规范性的运作中，使得实在性能够作为对象概念的一种极限起作用。

这里，我们从通常判断一种识别是否正确的方式入手。我们要借用的是法学中的“证据连锁”这一概念。例如在一起枪击案中，A 持五四式手枪击中 B 的头部。对于这起案件有这样几个证据：

（1）所有的目击证人都看到 A 和 B 扭打在一起，

（2）所有的目击证人都听到两声枪响，

（3）五四式手枪不具有连发功能，在打出一枪后必须上膛后才能打出第二枪。

这几个证据构成了一个证据连锁，证明

（C）A 有意开枪击中 B。

仅仅有证据（1）不能支持（C）这一结论，因为有可能是在扭打中 A 或 B 无意击发了手枪。附加上（2）后，无意击发手枪的可能性减小了，但不能被排除；因此（1）和（2）合起来也不能支持（C）。再附加上（3）。由于在扭打的情况下不可能恰好使得已被击发的手枪重新上膛，因而（3）排除了无意击发的可能性——这三个证据以互相支持的方式证明了（C）。这里的要点在于，构成证据连锁的诸证据，其作用不在于联合起来能够重现案发当时的事件，而在于能够排除在其中证据不能支持结论的那些可能性，在于当其中的某个证据加入以后，能够使得其他证据与结论之间的证据支持关系建立起来，即使新加入的证据与当时的事件本身是没有关系的（例如关于作案动机的某个证据）。

现在再来看看识别的情况。假定我们出于某个识别标准 S1 断定 x 是 X，这样，识别的成立与否就取决于 x 满足 S1 是否能成为断定 x 是 X 的证据。必须排除其他可能性。为此我们要引入其他证据来支持这种证据关系。新引入的证据是一种“高阶的证据”，它的作用在于支持一种证据关系，而不是为原来的结论追加新证据。如果最初的识别是错误的，那么新证据的加入就应当能够锁定并进一步排除错误；而如果最初的识别是正确的，那么新的证据就应当能够排除其他识别的可能性，从而支持最初的识别结果。

依据识别标准（SI2）进行的识别可能有两种方式为错：（1）被选为样本的对象 α 不是 X，（2）α 与 x 就范畴 C 而言不同或不相似。这两种错误的性质有所不同，但其表现却可能是没有区别的。例如，我把眼前的这头美洲豹识别为猎豹，我说，“这是一头猎豹”。我的错误可能是，我用来充当样本的是动物园里的另外一头美洲豹，而眼前的这只猫科动物与那个样本相同；也可能是，我作为样本的另外一只动物的确是猎豹，但我错误地认为眼前的这只动物与之相同。这两种错误具有不同的性质。在前一种错误的情况下，如果我参照样本（美洲豹）说，“这头猎豹生活在美洲”，那么我对眼前的这头动物做出了正确的描述，但我使用的概念是错的；而在后一种情况下，如果我参照样本（猎豹）说，“这头猎豹是陆地上短跑最快的动物”，那么我做出了错误的描述，尽管我使用的概念是正确的。听我说这些话的人如果能够断定我并不是根据眼前的这头动物来做出这些描述的，那么他就可以确定我是使用了错误的样本，还是对样本做出了错误的比较。在做出初步的识别时，作为识别标准的范畴是外观特征，例如皮毛的颜色、体形大小等，而在追加的描述中，我引入了新的范畴，例如生活的地区和奔跑的速度。如果追加的描述仍然处在原来识别时所属的范畴中，那么识别错误的两种类型之间是无法区分的，因而错误就无法排除。在其他范畴中追加描述，就使得排除错误成为可能。

因此，为了使识别的正确与否成为可以判定的，这样的条件是必要的：在样本 α 与对象 x 之间，至少存在与 C 不同的范畴，使得 α 与 x 之间是可比较的。一个自然而然的推论就是：关于一个概念的识别是可判定的，仅当属于这个概念的对象属于至少两个范畴。

这里，说“关于一个概念的识别是可判定的”，意思就是，对于“x 是 X”这个句子，我们可以断定其真假。但这里只把给出的条件当成是必要条件，是因为在有些满足该条件的情况下，我们只能够判定其是否为假，而不能判定其是否为真。一个对象 x 与样本 α 在多个范畴中足够相似，但仍然不属于一个概念，这在很多情况下是可能的。例如，在上述第二种错误的情况下，如果眼前的那头美洲豹碰巧跑得很快，那么就短跑速度而言，区分它与猎豹就是不可能的。在这些情况下，如果出现了差异，我们就可以判定识别结论为假，但如果没有出现差异，就不能判定识别结论为真。因此，新引入的范畴通常要是看起来最不可能混淆的范畴，也就是说是比较的双方差别最大的范畴，这样利用的就是最不容易出错的证据，也就是最可靠的证据。

如果说由属于不同的范畴给出的描述构成了一个证据连锁，那么为了达到最终确定的结论，对于这个连锁延伸到何处为止，也就不会有限制；实在的东西就是对识别进行最终判定的证据，就是处在这个连锁最末端的东西。这就是说，实在性可以作为一种理想来理解，我们用这种理想来为对象概念提出一种规范，使得关于对象概念的识别能够按照这种规范得以判定。我用“对象实在性的语义学条件”来表述这种规范：

> 对象实在性的语义学条件：某对象概念是实在的，仅当对处于这个概念之下的对象属于何种范畴，没有一种先在的限制。

这里有几点需要说明：(1) 同一对象同时属于不同范畴，这不是说该对象同时拥有属于不同范畴的性质，而是说，该对象可以用不同范畴的方式区分出来。依据我们在第三章关于私人语言的讨论，不同范畴的区分方式之间的相互连接，是一种行为方式上的连接。比如，当我看到一个对象的颜色时，就会预期该对象有某个形状。这里，颜色范畴与形状范畴之间的连接，就是我的识别行为方式上的特征——我会预期看到形状，而这种预期不是因为我记得形状与颜色之间的联系，这种联系是我行为模式上的。(2) 实在性对于语义学来说是规范性的，这一点并不体现在句子内容的层次，也就是说，“语言表述实在”，这种说法不能从字面上理解；应当把实在性理解为句子内容构成的方式所具有的合规范性——它对概念的构成提出了要求，进而间接对句子内容的构成方式提出了要求，当我按照相应的行为模式识别对象时，也就意味着我满足了这一要求，从而把握了相应的概念。(3) 实在性在这里并不是识别行为的目的或终点；毋宁说实在性是概念构成的起点，它所提供的约束是过程性的。作为规范，它所要求的是，在对概念的使用中必须预设和承诺在其他范畴中进行检验的可能性，并且这种可能性本身是没有终点的——就概念的有意义使用都实际上承诺了这一点而言，可以说意义“处于实在性之中”。

按范畴理论的术语来表达这种要求就是，实在对象必须属于多个范畴结构，这些范畴间具有相关关系，它们构成了一个范畴聚合。在第七章第六节之四我提示过范畴聚合与先天综合命题之间的关系，而在这里先天综合命题可以得到进一步的理解。不同范畴结构之间的共对象域关系通常就是由先天综合命题来表达的，对属于其中一个范畴结构的对象，如果我们对它的实在性提出了要求，那么先天综合命题就表明何种范畴结构与这个范畴结构相关，使得对该对象的识别能够得到判定。因此，先天综合命题的存在是由对象的实在性所预设的；如果不存在这类命题，就不能谈论对象的实在性。即使要有意义地否认某对象的实在性，也必须预设先天综合命题。

三　概念同一性

所谓的概念同一性问题，就是说如何断定在两种不同的情况下所使用的是同一个概念。概念的同一性与识别紧密联系在一起。“同一性”（identity）是“识别”（identify）的名词形式，“识别”可以理解为“使……同一”。这意味着我们是通过识别达到同一性的。在这一小节中，我们通过讨论普特南关于自然类词项的刚性的观点，来解释概念是如何建立同一性的。

像普特南和克里普克这样的外部主义者相信，同一性首先是形而上学的同一性，这是一种先于识别，而不是通过识别建立起来的同一性；通过识别建立起来的是知识论的同一性。这里我们处理的是描述性意义，在涉及指称性意义时，我们再回到形而上学同一性主题上来。

普特南的自然类（natural kinds）理论（Putnam，1994）在形式上与我们在第二节之一给出的解释接近。自然类概念的使用也是基于样本进行的，当所谈到的对象与样本有一种可以被认为同类的关系，它就属于那个自然类。既然在所有可能世界中，人们都采取同一个样本来判断，自然类名的指称就具有刚性（rigid）[①]，也就是说，在所有可能世界中指称同一个对象。这样，概念同一性就通过指称刚性表现出来，解释了指称刚性，也就解释了概念同一性是如何获得的。正是在这种意义上，普特南的自然类理论可以成为我们讨论概念同一性问题的参照。

按照普特南的理论，形如（SI2）的公式中，样本 α 是以“隐标志”的形式给出的，也就是说，一方面，我们是通过指称得到 α 的，而这种指称相对于可能世界是刚性的；但另一方面，如果自然类由样本所确定，那我们就完全可以用同一个词指称不同的东西，因此势必承认 α 又不是刚性的。例如对于榆树，甲所参照的样本可能是他家门前的那棵榆树，乙的样本却可能是路旁的那棵榆树，二者并不是同一个样本，但由此得到的“榆树”概念却应当是相同的。于是问题来了，如果概念是通过样本（个体）来确定的，那么不同的样本何以能够确定同一个概念呢？

样本相对于语境的非刚性可以延伸到语境内部，从而使概念脱离样本。例如在对一个出现在某语境的某概念的解释中，由于解释语境（解释活动所处的语境）不同于被解释语境（被解释概念最初出现于其中的那个语境），概念的同一性便不能通过样本的同一性来保证，此时我们是透过

① 在汉语文献中，“rigid”一词通常被译为“严格性”。“刚性”应该是一个更加贴切的词。

概念来了解样本的。记忆力的局限性是另外一种决定性的因素：在对过去的回忆中，我们只能依据当下的信念来证实这种回忆，而这意味着样本的同一性不可传递。既然如此，概念的同一性如何能够通过样本的同一性得到保证呢？

要提出这个问题，需要这样一个预设：作为样本的对象，必须是实在的对象，而不是关于对象的信念。实在的对象不能通过信念来传递，而概念则必须以某种信念的形式存在，因此，诉诸实在对象的同一性来保证概念的同一性，这是不可能的。

让我们把思路再推进一步。即使我们以某种方式，例如通过某种诉诸因果律的解释，使得实在对象能够通过信念来传递，其结果也是不会令人满意的。因为这就意味着，在对于对象的识别上我们不会犯错误，而这是不可能的。因此，这里误解了对象同一性与概念同一性之间建立联系的方式。不是说，只有当对象（样本）的同一性得到确保，我们才能确立概念的同一性。情况应该是，即使关于概念的识别是错误的，这种错误也只有在具有同一样本的前提下才能得到决定性的判定。因此，是概念的同一性预设了对象（样本）的同一性。

设想我在谈话中提到，“榆树是一种阔叶乔木”，另一个人予以否认，他认为榆树是一种针叶乔木。我们的意见形成对立，其基础是我们使用了同一个概念。如果我知道他所谈的实际上是柏树，那么尽管我们使用了同样的词“榆树”，但谈论的是不相关的两种东西，因而不构成对立。如果我们都同意双方意见互相对立这个事实，那么将采取的判决性步骤就会是，找一棵树来进行比较。之所以要采取这样一个步骤，是因为在使用“榆树”这个概念时，我们都同意，如果要使用的是同一个概念，那么与该概念的每次出现相关的识别必须能够以同一个对象为样本来进行。因此，在这个例子中，我和我的对手都承认，如果我们使用的是同一个概念，那么找到的那棵树只要被我认为是榆树，就应当也被他认为是榆树。

不过，如果他不认为这是榆树，那么我就可能有这样一种解释：他使用的概念与我相同，只不过错误地识别了我们找到的这棵树。这只是一种猜测。这种猜测的前提仍然是，他的样本与我的应当是同一对象，否则我不会认为他错误地识别了这棵树。关于样本同一性的这个预设决定了我做出判断的基本方向。

同一个概念必须使用同一个对象作为样本，这不是说，我们先确定样本是什么，然后在此基础上决定使用什么概念，从而，使用不同对象作为样本会导致概念的不同一。在确认概念之前，说样本是否同一是没有意义的。概念之同一预设了样本的同一，这种预设决定了概念应当如此使用，使得它的每次出现所要求的识别都能以同一个对象为样本进行。这说明我们引入样本同一性的方式并不是指称，从而，概念的同一性也不是通过指称得到保证的，而是通过预设。

这就解释了隐指称为何必须是刚性的，并且解释了为何这种刚性是一种形而上学的规定性而不是一种知识论的规定性。这种刚性由预设来保证，正是通过预设，刚性，或形而上学的同一性，才与对象联系在一起。即使谈及其他可能世界中的自然类，我们所要采取的样本也不会不同于在现实世界的样本，尽管不必采取某个特定的样本。因此，在概念的正常使用中，样本的引入尽管要借助指称，但样本的刚性却不是指称的刚性，而是概念在其使用中对于样本所施加的规范性要求。

与此同时，我们也可以看到，即使对概念的学习要通过实指定义（ostensive definition）来进行，实指定义所使用的样本也可以不是在概念的使用中所要援引的样本——概念在使用中必须脱离样本。概念的同一性依赖于对样本同一性的预设，但不依赖于对某一个样本的预设。使用概念是一种特定的行为方式，这种方式是关于样本同一性的预设所要求的。（SI2）所界定的识别形式仅仅说明了概念与样本有对应关系，但未能表明这种对应是使用概念的行为所预设的。如果把样本理解成特定的个体，以至于样本的不同一决定了概念的不同一，那么（SI2）就被误用了。以这棵树为样本和以那棵树为样本并不导致两个不同的"榆树"概念。学习概念和使用概念是两个不同的过程。只有懂得了概念可以使用不同的对象作为样本或者识别的参照物，而不依赖于特定的对象，才具备学会（任何一种）概念的能力。具备这种能力，就相当于学会了相应的行为方式。

当然，样本仍然是我们对概念的使用是否保持同一的最终标准，它在概念的不同使用语境之间起了连接这些语境的作用。我们总是有一个概念传递的链条，以此来保证概念的同一性。这个链条不必由同一个样本贯穿始终，不同的环节之间可以有不同的样本来连接。这样做之所以可能，就是因为样本的同一性是概念同一性所预设的标准，而不是它所依赖的标准。概念的同一性本质上是概念使用活动的自我一致性，而样本是确保这种一致性所使用的标尺。我们可以使用不同的标尺来测量长度，但只要这些标尺之间可以化约，即可以通过统一的方法进行校正，那么不同测量的结果也就可以相互比较了。

不过，似乎还是可以反驳说，这些不同的标尺之间之所以可以化约，还是因为有一个统一的标尺来充当标准；而这意味着，不同使用语境之间之所以能够通过不同样本来确定概念同一性，是因为这些样本已经属于同一概念，进而是因为，这些样本所属的概念已经通过同一个样本来保证同一性了；因此，最终还是需要同一个样本来确定所有概念同一性。

我们的立场区别于这种本质主义的地方是，我们承认，使用者对概念的把握在确保概念同一性上起实质性的作用。在有些时候，我们使用样本的目的不是直接来保证概念同一性，而是检验使用者是否有能力正确使用概念，以及他在某个语境中使用是否正确。一旦确认他的使用正确，我们就可以认为他的使用本身就确保了概念同一性。这样，我们就不总是要用样本来保证概念同一性，使用者的行为模式的稳定性也会参与保证。有了这种同一性机制上的双轨性，也就无须同一个样本来贯彻所有的使用语境。回到标尺的情况，我们的确会用标准尺一类的东西来充当统一的长度标准，但我们是基于一些物理学原理来做这件事的，这就让我们能够换用不同的标准尺，而这些标准尺所衡量的也是同一个长度单位。

四　对象类

继续厘清概念同一性与识别之间的关系。我们先引入“对象类”这一概念，以区别于另一个概念，“特征类”。特征类是指特定集合中具有同样特征的对象构成的类，一个特征类可以按 ZF 系统的分离公理得到确定。例如地球上所有红色的对象就构成了一个关于红色的特征类，所有属于这个类的个体 x 都满足“是红的”这个谓词。对象类则是以另外一种方式构成的，属于对象类的个体都是被称为“X”的个体，我们用概念“X”来表征这个类。① 特征类与对象类的区别在于界定这两种类的方式不同。特征类是通过对象的特征来界定的，对象类则通过对象本身是什么来界定。因此，特征类是外延性的，而对象类则不是。我们这里所要反对的是一种本质主义观点，按这种观点，任何对象类实际上都是特征类，对象类的界定要依赖于被称为本质的特征。

关于识别有这样一种通行的看法：识别是一种知觉过程，而通过知觉所获得的是对象的特征。这种看法为像从休谟、马赫到罗素这样的哲学家所信奉。这些哲学家相信：关于对象的概念实际上是对象的感觉特征复合而成的。在休谟那里，这一信念以知识论的方式体现出来。他说：“除了心灵的知觉或印象和观念以外，没有任何东西实际上存在于心中，外界对

① 在此，我们忽略了词项与概念之间应当有的记法上的区别，而用同一个记号来表征词项和相应的概念，用记号之前或之后的说明文字来区别这两者。

象只是借着它们所引起的那些知觉才被我们认识。”（休谟，1980：83）马赫把这一信念看成一个本体论原则：“物、物体和物质，除了颜色、声音等等要素的结合以外，除了所谓属性以外，就没有什么东西了。”（马赫，1986：5）休谟和马赫以不同方式赞同把对象概念还原成特征的组合。罗素则用这一看法来解释摹状词分析（罗素，1996：49－50）。对于罗素来说，用于指称的普通名称可以分析成谓词形式，这种分析就是按上述还原的方向进行的。

蒯因推广了这个看法。他认为所有名称都可以视为摹状词，因而都可以纳入到摹状词分析的框架之下进行还原。他进而提出这样一个口号，“没有同一性就没有实体”，以支持他关于本体论承诺的基本想法。按这个想法，一个概念“A”能够表征对象，仅当存在谓词 f，使得当对象 x 满足 f 时，x 是 A。这里采用的是（SI1）式的识别标准，谓词 f 就是识别性谓词，f 同时也是一个特征类的分类标准。这一口号与本体论承诺标准之间的关系是：本体论承诺所承诺为存在的东西是对象的存在，即主词变项在其中取值的值域；当我们使用概念“A”为主词时，经摹状词分析后得到一个子句“x 是 A”，其中的变项 x 在相应特征类中取值，这个特征类就构成了主词变项的值域。蒯因式的实体标准，其要点在于认定：存在着关于实体资格的判决性谓词，使得一对象是否属于一概念，能够得到非贫乏（non-trivial）的判定。

蒯因的口号遭到斯特劳森的反对（Strawson，1997）。斯特劳森先是给出了两个理由：（1）有大量的概念并不符合这样的分类标准，（2）这种还原必然涉及无穷后退。对于（1），他所列举的例子包括特定的颜色、智力特征（intellectual qualities）、性格特征（qualities of character）、情感态度（affective attitudes）、特定的气味、触感、音色、步态、说话方式、语言风格、建筑风格以及发型等。斯特劳森争辩说，这些东西都是直接识别的，并不存在相应的识别标准，或者说，并不存在满足蒯因要求的谓词，使得满足这些谓词的东西就是概念所涉及的对象。斯特劳森的论证是这样的：这些东西是可以识别和再识别的，这表明相应的表达式有固定的意义，换言之，属于相应概念的对象具有实体资格；但对这些概念不存在独立的分类标准，或者在识别时无须借助这种分类标准；因此“没有同一性就没有实体”的口号是错的。至于（2），斯特劳森的理由是，如果关于某些概念的识别需要分类标准，通过使用这些标准我们得到一些类，那么关于这些类的形式的识别又需要新的分类标准，如此可以导致无穷后退；为了避免这一点，就必须说，关于有些概念的识别必须是不依赖于分类标准的。

对于这两个反驳，蒯因有不接受的理由，因为在理由（1）中斯特劳森引入了一个他所不同意的预设，即对谓词可以进行量化。这些概念实际上都可以处理成谓词，因而不属于蒯因所要讨论的本体论承诺的范围。理由（2）很可能借用了理由（1），因为它所诉诸的是对识别标准的再识别，而识别标准，按蒯因的理解，是典型的谓词，因此也涉及对谓词的量化。斯特劳森必须说明，即使对于蒯因所理解的典型实体，识别标准也不是纯粹谓词性的。

在斯特劳森看来，蒯因心目中的典型实体是时空对象，即物质实体。斯特劳森认为对这种对象的识别不可能不涉及物质类（substantial kind），因此，只要能够证明物质类不可能还原成谓词性的特征要素，他就反驳了蒯因的方案。下面我们看看斯特劳森是如何完成这个任务的。

对于为何物质类是必须的，斯特劳森给出了两个理由（Strawson，1997：39）。一个理由是，如果没有物质类，我们甚至不能正确地谈论特定的个体。他举了这样一个例子：约翰死在自己的床上，而威廉却死无全尸；如果不借助物质类的概念，我们将会说，约翰就是那具尸体，而威廉不是。[①] 在这个例子中，仅凭空间特征无法确认个体对象的同一性。不过可能有这样一个反对意见：如果再加上时间上的连续性，我们就能确认威廉就是那具尸体。但这仍然是不可能的。因为这就意味着，如果一条狗处在一条表征其狗性（caninity）的连续时空线的每一个点上，那么这就是同一条狗。但这并不能排除某种魔幻力量，使得在这条连续的时空线上德国猎犬变成狮子狗（Strawson，1997：41）。

另一个理由是一般性的。斯特劳森说："除非把某个东西设想成在任何一个时间中占据某个或多或少确定的空间，我们对它运用这里所要给出的标准，否则我们如何开始运用这个标准呢？我们又如何能够至少在原则上使这种运用是可观察的和可检验的呢？通过把一个对象看作或想成是处于某个物质类的概念之下的对象，我们得以满足这一要求。"（Strawson，1997：39）除非预设某个作为识别对象的东西，我们甚至无法开始运用这样一个标准；换言之，必须要有一个词项来占据主词位置，以便开始运用识别标准。斯特劳森实际上是在主张，作为主词的单称词项是不能消去的，因为它联系到特定的对象概念。

这个理由是蒯因很难反驳的。在蒯因所设想的涉及本体论承诺的句子

---

① 斯特劳森的原文正好与之相反："…we should have to say that William is identical with his body while John is not." 这里按文意做了调整。

分析中，对象是通过约束变项引入的，但被约束的变项仅仅是占据位置的项（place-holder），或者说仅仅是一个句法上的填充物，而不能表征被识别项；令人难受的是，在谈论同一性标准时，恰恰需要这种表征。因此斯特劳森的辩驳切中了要害。这样斯特劳森就证明了涉及物质类的必然性。

我们可以从斯特劳森的论述中抽取出这样一个论证：不存在一种能够成为某个物质类的完整分析的形式概念。[①] 斯特劳森承认，在心理发育的早期，儿童在掌握物质类概念之前就能够识别和再识别特定的形式特征，但这不足以成为支持物质类概念可以分析成形式概念的依据。为了能够达到这种分析，必须满足这样两个条件：（1）形式概念必须在理论上独立于物质类概念，（2）物质类概念可以按形式概念进行分析。但条件（1）无法满足。尽管特定的外观特征和特定的物质类可以区分开，但前者是从后者导出的。也就是说，对形式概念的理解是以对物质类概念的理解为前提的。例如，为了能够形成关于马的形式（horse-form）的概念，必须先形成关于马的物质类概念。（Strawson，1997：42－43n.）至于为何说关于马的形式的概念预设了关于马的物质类概念，斯特劳森没有明确解释，但我们可以从前面关于狗的例子中得到一点线索。在关于狗的例子中我们可以看到，如果没有关于狗的物质类概念，那么我们既不能肯定某个形式概念是关于狗的概念，也不能否定这一点——除了在运用形式概念来识别时预设物质类概念，我们不可能把某个形式概念与某个类联系起来。

这样斯特劳森就完成了对蒯因式的识别观念的驳论。[②] 与此同时，斯特劳森得到了一种较为"宽松"的识别概念，其大意是，除非有某种识别方法，否则谈论某个对象是没有意义的，这种识别方法被确认为就对象属于某个类而言的可区别特征。用形式化的语言来说就是，如果对象 x 与对象 y 具有关系 R，那么它们就 α 而言是同一的（Strawson，1997：43）。他进一步说，就对象属于某个类而言，就实际上构成了一个关于这个对象会具有某些特征的预期。（Strawson，1997：44）显然，这种预期就对应于识别方法，而不是据以识别的具体特征，否则就回到蒯因的立场了。用范畴理论的语言来说，物质类标出了范畴结构的对象域，而识别方法则由相应

① 这里所说的"形式概念"就是指关于对象外观的概念。

② 在《个体》（Strawson，1963）一书中，斯特劳森紧扣识别概念，试图论证一种不涉及殊相的语言的可能性。在他看来，某些殊相的识别依赖于另外一些殊相，即基本殊相，而基本殊相的识别又依赖于类共相。总体来说，这本著作中的论述思路远没有十余年后的这篇论文（Strawson，1997）来得清晰和成熟，所以这里的阐述主要依据后来的这篇论文。

的范畴结构规定。我们不难看到斯特劳森的这个表述与（SI2）之间的关系：可通过斯特劳森表述中的“α”引入（SI2）中的范畴结构，该表述中的关系 R 大致上对应于（SI2）中的相同或类似关系。

不过要注意，斯特劳森并没有本文所述的范畴概念。当他说 x 与 y 就 α 而言同一时，“α”就是指物质类；只有他把物质类与关于可识别特征的预期联系起来时，我们才说物质类与范畴结构相联系。尽管如此，“关于可识别特征的预期”并不是一种令人满意的说法，因为很难以什么确定的形式来把这种预期的特征与具体的（即实际的）特征区分开；而如果不进行这样的区分，斯特劳森就回到了蒯因的立场。这种区别在范畴理论中很容易做出，在那里，对特征的预期其实是指向范畴结构，范畴结构不是具体的特征，而是识别对象的方式，按照这种方式识别，特定对象总是会具备其中的一种特征。因此范畴理论更好地表述了斯特劳森的洞见，即物质类确定了对象与识别方法的相关性。

另外一个值得提醒的地方是，斯特劳森表述中的关系 R 并不直接是相似或相同关系，因为他心目中的 R 关系包括了通过时空连续性构成的时空关系。确切地说，x 和 y 同处于一条时空连续线，就构成了 R 关系。R 关系和基于范畴结构的相同或相似关系之间的差异可以用技术性的方式加以处理。如果把时空处理成构造性范畴，并把这个范畴结构与 α 所对应的范畴结构联系起来，构成一个复合范畴结构，那么，R 关系就可以改写成基于这个复合范畴结构的相同或相似关系——x 和 y 具有同样的时空线，并且属于同一个物质类。关于时空关系的思路在第十章会进一步起作用。

更为宽泛的理解，物质类就是前面所说的“对象类”。在“对象类”这个概念中，我们忽略了斯特劳森讨论的对象限于时空对象这一点，只取其要旨，即性质并不先于对象类，相反，性质预设对象类。对象类与对象概念是一回事，它们都以不特定地设定对象资格的方式与对象相联系。这意味着说“性质决定概念”或“性质就是概念内容”是不恰当的。使概念得以生效的，是识别方法，而非所识别出的性质。

这样，我们就可以看到识别与同一性之间的关系。同一性涉及对象的同一性和概念的同一性，我们只能使用满足同一性要求的概念来达到对象同一性。因此概念同一性处于核心地位，它使得关于对象的谈论是可检验的。另外，识别体现为关于对象的特征描述，这就预设了特定的识别方法；识别方法与概念相联系，而概念通过与对象类的对应关系使得识别方法能够通过范畴结构加以界定。于是，这一小节和上一小节的结论就可以联系起来考虑：在上一小节，通过重新解释概念的同一性，概念与对象的联系方式得到阐明，这一小节则阐明了概念与识别方式或者说范畴结构之间的关系——通过概念，对象与范畴结构得以联系起来，名词性意义的功能就在于建立这种联系。不难看到，为了发挥这样的功能，对象概念无须具有特定内容，也无须预设任何特定内容。

第九章　指称

通过讨论名词性意义，我们解释了把对象纳入某个概念之下，这对概念来说意味着什么。关于指称的讨论则是要进一步明确，对象如何与名词对应起来，指称关系是怎么回事。事实上，名词性意义确定下来，名词与对象的一般性联系就建立起来了；而关于指称的讨论要处理的则是，名词如何与特定对象建立对应关系。由于实在总是特定的存在物，语言要与实在关联，就要以与特定对象的关联作为基础。因此，关于指称问题的讨论，将决定语言与实在一般意义上的关系是什么性质。这个问题集中体现在专名上，这一章的讨论，也就主要以专名作为典型来讨论指称。

关于指称，通常存在两种对立的看法。一种看法是，存在一种语言性的中介，指称关系依据这种中介建立；另一种看法则否认这种中介的存在，指称关系应当以一种非语言的方式建立。前一种看法就是描述主义（descriptivism）或描述理论，后一种看法则被称为直接指称理论。直接指称理论并不排除指称关系通过非语言的途径（比如语言行为的因果链条）建立的情况；而是说，就语义学所考虑的范围而言，指称关系仅仅是由词项与对象构成的。

初步看来，描述理论与直接指称理论是两种意义理论的特殊情形，这两种意义理论就是在第一章第一节之三描述的涵义理论和指称理论。如果在意义理论方面持有涵义理论，对于指称就会采取描述理论；而若在意义问题上接受指称理论，在指称问题上就会偏向直接指称论。

但也不尽如此。罗素在意义理论上的立场是指称论的，但在专名的指称问题上却接受描述理论观点。这种错位之所以出现，是因为专名只是一类词项，于是就有可能在专名上持描述理论，因而把专名的指称关系还原到用来充当中介的其他词项上，然后在这些词项的指称问题上接受直接指称论。事实上罗素就是这么做的。他利用摹状词分析，把专名[①]的指称问题还原到约束变元和谓词上，而这些词项则直接与相应的对象（感觉材料以及共相）建立指称关系，这里，指称是通过“亲知”这样一种非语言的途径建立的。（Russell，1992：7－9）只有在这些更为基本的词项遭到质疑，从而要由专名来承担基础性的指称功能时（这要归咎于亲知理论的失势），在意义理论上持有指称论，才意味着在专名的指称问题上要接受直接指称理论。

鉴于这种对应关系，我们这一章的讨论，实际上就回应了第一章埋下的伏笔，即在涵义理论与指称理论之间究竟该如何选择的问题。我们会看到，借助范畴结构理论，我们可以把两者纳入同一个结构中。

第一节　描述理论的退缩

克里普克在《命名与必然性》中对描述理论做出了几乎是决定性的抨击，从而使直接指称理论至今仍然拥有压倒性优势。不过，在指称与描述之间直觉上的差异面前，描述理论自身实际上已经经历了一种退缩。这一节我们就来观察一下这个退缩过程。这有助于我们看到直接指称理论为什么能够击败描述理论。

罗素与弗雷格一样，被认为是描述理论者。在克里普克的《命名与必然性》出版以后，这几乎已经成为对罗素的一种标准理解。虽然罗素并不支持弗雷格的涵义概念，但他的摹状词理论还是可以提供一种相当于对专名涵义的解释。在这样做时，我们忽略一个非常重要的事实：按照不完全符号理论，罗素并不认为摹状词有指称（Russell，2010b：80），因此用摹状词来对指称词项进行的分析并不是一种关于指称的理论，而是关于表达式的理论，是对表达式逻辑形式的揭示，这种逻辑形式决定了相应句子的真值条件是怎样的。不过，抛开不完全符号理论，假定摹状词是指称词项，这对我们的讨论不会构成影响。

按摹状词理论的思路，一个指称词项（无论是专名还是摹状词）之所以能指称对象，是因为它含有一种谓词性的内容（按照弗雷格的方式说就

① 在罗素那里实际上是语法专名。约束变元应当与逻辑专名同属一类，都不能分析成摹状词。我们略去这些细节，而只在语法专名的意义上使用“专名”一词。

是涵义)[1]，而词项所指称的，就是满足这些谓词的东西。例如我用“启明星”来指称启明星，按这一看法，情况就是，“启明星”这个词具有某个涵义，例如“黎明时分东边天空最亮的星”；“启明星”之所以指称启明星，是因为启明星满足“启明星”的涵义，即启明星是黎明时分东边天空最亮的星。这一理论包含两个要点，1）据以确定指称的是描述性的意义，2）意义与对象之间具有满足关系。

人们之所以把罗素划为描述理论者，是因为按他的看法，摹状词分析后所得到的是句子的真值条件。例如“启明星升起了”这个句子的真值条件可以写成：

存在 x，使得（x 是黎明时分东边天空最亮的星，并且 x 升起了）。

在这种分析中，如果并没有事物满足“x 是黎明时分东边天空最亮的星”，那么用这种方式分析的那个指称词项，无论是专名还是摹状词，都没有指称，而此时整个句子为假。这样，在我们的例子中就得到这样一种结果：“启明星升起了”为假，并且这是因为“启明星”并没有指称什么东西。

唐纳兰对这种观点提出了挑战。他针对的问题是，用来确定指称的手段如果是描述性的，那么这种描述性的要素与指称功能究竟有什么关系。[2]描述性的要素不一定会与指称功能相吻合，而这出现在说话者利用摹状词对所指做出的识别是错误的时候。于是，摹状词理论所面临的问题就是，说话者使用了错误的摹状词，为什么却还能谈论正确的对象。这个问题我们不妨称为“误识别问题”。

唐纳兰（1998）区分了定摹状词的指称性用法（referential use）与归属性用法（attributive use）。按归属性用法，陈述所谈及的就是满足摹状词的对象，而无论这个对象具体是哪个，此时对象与摹状词之间的满足关系必不可少；而指称性用法使用的摹状词仅仅是识别对象的工具，即使对象并不真正满足摹状词，这种用法仍然可能成功。

他用这样一个例子来说明什么是指称性用法：假设在一个酒会上有人问“那个饮马丁尼酒的人是谁”，但这个人所指的方向没有人饮马丁尼酒，只有一个人正在喝水，他错误地识别了所指，但对用来指称的摹状词来

---

① 但是，弗雷格意义上的涵义不必理解为描述性的（达米特，2019：163）。这里为了讨论描述理论的主要思路，我们暂且不理会这些细节。

② 唐纳兰所讨论的是摹状词的用法，但由于我们所理解的摹状词理论不仅涵盖摹状词，还涵盖专名，这一点对我们的论述不构成影响。

说，“那个饮马丁尼酒的人”仍然正确地确定了指称。如果那人说，“那个饮马丁尼酒的人看起来很滑稽”，那么，虽然所指称的对象并不满足摹状词，但这个陈述能够被理解为有意义的陈述，它说出了某种事实情况。

对于这个句子是否能被认为是真的，唐纳兰语焉不详；肯定这个句子为真，就相当于承认，对象是否满足摹状词，这对于确定上述句子的真值条件不是必要的。不过无论如何，唐纳兰的讨论至少表明，在摹状词的指称功能与描述功能之间的确存在某种区别，这种区别通过我们对这两种功能的不同理解体现出来；问题在于，这种理解上的区别究竟该怎样定位。这是一种语义学上的区别吗？这种区别应该体现在句子的真值条件中吗？

克里普克（1998）建议把摹状词的描述功能与指称功能的区分置于语用学层次，而不是语义学层次。他把格赖斯（H. P. Grice）关于说话者意义（utterer's meaning）与语词意义（word-meaning）和句子意义（sentence-meaning）的区分用于这里，指出所谓归属性用法与指称性用法不过是另一种区分的派生情况，这就是说话人指称（speaker's reference）和语义性指称（semantic reference）之间的区分。语义性指称由关于语言的约定结合说话人在特定语境中的一般意图（即一般的语义意图）确定；而说话人指称则是说话人想要谈论的对象，它体现为说话人的特殊意图。唐纳兰所说的归属性用法，相当于说话人的特殊意图与一般的语义意图重合，而指称性用法则是两种意图不相重合的情形。这样，唐纳兰所给出的区别就对摹状词理论失去了威胁，因为，摹状词的指称性用法并不说明，摹状词的指称功能在语义学上没有为一种描述性的要素所实现。

克里普克的目的不是要保护摹状词理论，他也不主张指称功能可以通过描述性要素来实现。他只是想论证，唐纳兰在一个错误的层次抨击摹状词理论，或者说，唐纳兰的抨击至少是不清楚的。

不过，克里普克还是可以对唐纳兰的区分报以更多同情。唐纳兰的问题仍然可以在克里普克的框架中表达，这就是，为什么说话人指称在与语义性指称不重合的时候，却仍然能成功指称，并且是利用了语义性指称？如果说，在语义学层次上我们能够从描述过渡到指称，那么为什么当说话人使用这种描述手段时，却能够绕过描述，转向一个与之不同的指称呢？如果在语义学层次上真的没有任何东西促成这一点，说话人怎么能够成功呢？解释这种成功仅仅是语用学的任务吗？毕竟，语用学与语义学联系在一起，并常常以语义学为基础才能运作，在语义学层次为一种语用学现象寻找解释的基础，也是自然的。

因此，唐纳兰仍然提了一个直觉上有说服力的问题，即指称与描述这两种功能之间有种实质性的区别，以至于不能用描述性的内容来解释指称。这个问题为关于专名的摹状词理论设置了障碍。事实上，塞尔的簇摹状词理论就是在试图跨越这一障碍。

这种张力体现为摹状词理论所面临的三个问题，我们将其依次表述为（1）分析性疑难，（2）同一性疑难，以及（3）可交流性疑难。所谓分析性疑难是指，如果我们用一个摹状词 F 来确定专名 n 的语义，那么命题 F（n）就依据其意义为真，是分析命题；但是，这个命题却陈述了一个关于对象的事实，因而不应当是分析命题。所谓同一性疑难是指，如果不同的人用不同的摹状词来确定同一个专名的语义，那么对这些人来说，专名的语义就不同，此时如何确定它们所谈论的是同一个对象呢？由这个疑难自然导致交流上的问题。如果对于 A 和 B 来说，他们用不同的摹状词来确定专名 n 的语义，那么在 A 使用 n 时，B 并不知道 A 在说什么。由于我们总是可能用不同的摹状词来对应于同一个专名的标记，通过这个标记，我们就总是可能并不知道其语义是什么。（塞尔，1998）

不妨通过与摹状词理论相对照，来说明簇摹状词理论是怎样的。对摹状词理论可以这样表述：专名 n 成功地指称对象，当且仅当存在摹状词 P，使得存在唯一的对象 o，P（o）为真。塞尔的精致化在于，把原来那个唯一的摹状词 P 改成一组数量不确定的摹状词，只要对象 o 满足了这组摹状词中足够多的摹状词，n 就指称了 o。例如，对于“摩西”这个专名来说，这组摹状词中就包括“把犹太人领出埃及的那个人”“与上帝订立十诫的那个人”“埃及幸存的希伯来男婴”“法老女儿的义子”等等。一个对于《出埃及记》不大了解的人知道摩西是与上帝订立十诫的那个人，也知道他是带领犹太人逃出埃及的人，即使不知道他曾经因为法老下令杀掉所有希伯来男婴而被遗弃，不知道他曾被法老的女儿所收养，也仍然知道“摩西”这个专名指谁。

在这个框架之下，描述性要素与指称性要素这样区分开：专名对应于一组数目和内容没有严格限制的摹状词，这些摹状词给出了关于指称对象的描述，而专名的指称性使用则“预设这些陈述中充分多的、但迄今尚未明确规定其数量的一个对象的存在性”（塞尔，1998：525）。这样，专名就

> 能够使我们共同指称对象，而无需说明有关对象的同一性问题关系到什么样的描述特征，并在这个问题上达成一致意见。专名的功能不同于摹状词，而类似于在上面挂住摹状词的挂钩。因此，专名标准

> 的不严格性是使语言的指称功能脱离于描述功能的一个必要条件（塞尔，1998：526）。

如此使用的专名不等于本身就是不确定的一簇摹状词，因为这就意味着，专名指称的是具有不确定特征的对象；毋宁说，专名是一个提示物，它提示了一簇其成员不确定的摹状词构成的模糊集（fuzzy set）。用一种较严格的方式说，专名是一种函项，它的每次使用都把一组摹状词映射为一个对象，每次映射所涉及的摹状词组是不同的，但只要是映射到同一个对象，彼此相关的使用就会在摹状词组中有重合的部分。

这样，与专名相对应的一簇摹状词就像一条由若干纤维编织起来的绳子，依靠这条绳子，专名在不同使用者之间传递；位于绳子末端的纤维也许就不是组成绳子起点的那些纤维了。这一情形就像是维特根斯坦所说的，"实际情况像不像是：我准备着一系列支撑物，抽掉一根，我就依靠另一根；反之亦然？"（Wittgenstein，2009：§79）[①]

专名这种提示物的功能可以用到唐纳兰设想的那些关于摹状词的例子。在摹状词中即使不包含专名，也应当包含发挥相应提示功能的部分。如果摹状词不为对象所满足，那么只有当存在着这样的提示物，它所给出的描述性内容为语境内的对象所满足，指称对象才能被正确地识别。此时，提示物的作用就是在语境中挑出相应对象；由于它所挑出的对象是什么，这依赖于语境，提示物就具有索引功能。[②] 例如"那个喝马丁尼酒的人"这个摹状词指称那个喝水的人，"马丁尼酒"这个指称词项就是一个提示物，它所提示的某些视觉特征在当时的语境中被水所满足，因而使听者得以正确地识别说话人所要指称的对象。使这种提示作用成为可能的，是对于"马丁尼酒"这个指称词项的一种不严格的理解。从簇摹状词理论的角度来看，这个词项对应于一簇数目不确定的摹状词，而这簇摹状词中的一部分为说话语境中的水这一对象所满足，因而，虽然说话人并不是在用"马丁尼酒"来指称水，但他使用这句话的效果却是指称了水；他所需要的也正是这一效果。这里，用来识别指称对象的东西与语境联系在一

① 关于纤维的比喻出现于（Wittgenstein，2009，§67），在该节中，维特根斯坦把这个比喻用于家族类似这个概念。

② 由此可以看到索引（indexical）功能是指称的一个必要部分。索引功能对于指称的重要性被包括卡普兰（Kaplan，1994）在内的众多哲学家所注意到。在索引词的框架内解决指称性使用的摹状词问题，这一方法为威特斯坦（Wettstein，1981；1983）、戴维特（Devitt，1981）、瑞坎纳提（Recanati，1993），以及瑞摩尔（Reimer，1998）所采用。

起，而这就是一种索引功能。

簇摹状词理论可以解决这些误识别问题，这是在指称问题上的一个推进。但是，如果听者对马丁尼酒的特征有足够多的不同看法，这种解决很可能不会成功。这涉及指称所需要的同一性标准问题。

簇摹状词理论实际上回避了同一性问题。一个对象究竟要具备何种特征，才算是满足了专名所对应的摹状词簇，这就是同一性问题。簇摹状词理论的优点是以在同一性问题上不置可否为代价获得的。从塞尔对这一理论的阐述中既找不到对这一问题不能如此表述的理由，也找不到对如此表述的这一问题不予回答的理由。

他只是给出了一个建议。在一处括号中我们读到："不过我建议，亚里士多德具有通常归之于他的那些特性的逻辑和（可兼析取），这也就是说，任何不至少具有其中某些特性的个体不可能是亚里士多德，这是一个必然的事实"（塞尔，1998：527）。这个答复相当含混。如果这是在说，与所有使用"亚里士多德"这一专名的情形相联系的摹状词簇中总有不变的部分，而这些部分构成了使指称得以确定的摹状词，那么塞尔就回到了一般的摹状词理论。此时他将重新面临前面所说的三个问题。如果并不存在这样的不变部分，那他就面临着关于同一性的悖论。例如，说话人 *A* 和 *B* 使用该专名时，相应的摹状词簇中有重叠的部分，这使他们所谈论的是同一个对象；这种同一关系可以依次从 *B* 传到 *C*，*D*，…，*X*，直至 *X* 与 *A* 所使用的摹状词簇中没有重叠；此时不能说 *X* 与 *A* 谈论的对象是同一个，但依据同一关系的可传递性，他们谈论的对象应当是同一的。

簇摹状词理论所面临的问题看来是这样的：为了确定句子真值，我们需要考虑的只是被确定的所指；但是，若要把确定所指的方法也纳入到真值条件中，却又不能找到一种固定的描述性的成分。我们可以说，簇摹状词理论达到了描述理论路线所能达到的最好状态，但相应的代价是，实际上能够进入真值条件的，已经没有确定的东西了。

不过，描述主义者仍然有收缩的余地。他可以不把真值条件的构成当作语义学首要主题，而是转而研究一种比真值条件更为基本的东西，在这种更为基本的层次上，描述性的成分才最终与指称汇聚为一个东西。在这种情况下，描述主义者甚至可以抛弃语义学这个平台，转向一种心灵哲学或者其他更加广阔的理论视野。

如果以足够同情的方式看待塞尔的工作，我们就可以说，他需要这样一种机制，使得在使用专名的特定语境中怎样才算确定了对象，总是会有一种确定的标准。拥有了这样的机制，即使在不同语境之间不能建立共同的同一性标准，这也不见得是一种缺陷。在把注意力转向比真值条件更加基础的层次上之后，这一机制就应该并且可以得到揭示。而这也使得我们有机会解决关于指称的同一性问题。

塞尔选择转向心灵哲学。在这个领域，指称如何确定的问题，就相当于如何确定或者识别意向对象的问题。在意向性理论中，他给出了一种基于背景（the Background）的识别概念。它不是直接联系到对象，更不是以某种可以用描述性的手段来加以表达的内容为基础，但是，在需要的时候，我们总是可以从这种识别概念中构造出这样的内容，并以此说明对象如何得到确定。

塞尔（Searle，1983）联系到“信念网络”（the Network）这一概念来界定背景。信念网络是信念通过彼此相关的关系结合而成的一个整体。一个信念只有在其他信念支持下才成其为信念，这是我们已经在蒯因和戴维森那里看到的整体论观点。基于这种观点，某些信念的存在预设了另一些信念，而这些被预设信念的存在又有自己所预设的信念，由此可以得到一个信念的整体。这种预设关系的递推将使我们最终来到一个几乎不能称其为信念，但地位又如此基本，以至于支撑着其他信念的“前意向性的”层面，这就是塞尔所说的背景。为说明这一点，他举了一个例子：我们伏案工作的行为甚至并不意味着我们会无意识地想到“桌子能够提供足够的支持力”，但这一行为的确是以这一信念为前提才是可能的（Searle，1983：142）。

关于“背景”这一概念，他写道（Searle，1983：143）：

> 背景是一整套使所有的表征活动得以发生的非表征性的（nonrepresentational）心理能力。只有依靠本身不是意向状态的能力背景（Background of abilities），意向状态才具有它们所具有的满足条件，才能如其所是地是一种状态。为了使我能够具有我现在具有的意向状态，我必须在某种意义上 know-how；我必须知道事物是怎样的（how things are），必须知道行为是怎么做的，但这里所说的 know-how 并不是 know-what 的另一种形式。①

① 这里的“know-how”大体上是指知道一件事是怎么做的，比如知道怎么画画。这通常是一种技能，而不是有心理内容的知识。而“know-what”则是指知道事物是什么，通常是有心理内容的。塞尔在这里想用这种区别来说明，背景是一套没有内容的东西。

在这一说明中有三个要点需要注意。其一，背景所包含的是意向能力，即意向内容或意向状态得以可能的条件；其二，背景不是意向状态，也不是表征性的；其三，背景与意向内容之间的关系是 know-how 与 know-what 之间的关系。依据第二个要点，我们可以把背景与信念网络区分开；信念网络由信念构成，而背景则不是。依据第一个要点，背景与信念网络的关系是，背景既然是产生信念的条件，就应当是使信念之间建立网络关系的条件，因而背景是形成信念网络的条件。依据第三个要点，可以解释为何需要背景概念。塞尔解释说，由于构成信念网络的要素都不是自我解释的，信念网络的确定性就需要本身不属于信念网络的东西的支持，这就是背景（Searle，1992：176）。这个解释展开来就是：虽然信念内容是确定的，但构成信念内容的概念总是允许附加的解释，使得在不同的语境中表征不同的满足条件——信念内容本身并不决定自己的满足条件；这意味着信念内容作为 know-what 的表征，不同于使这一内容与其满足条件相联系的 know-how；我们需要能够构成这种联系的 know-how 的成分；因此，为了得到确定的解释，必须设定不同于信念内容的背景。

塞尔给出背景概念的问题背景是字面意义的不确定性。他表明，在一些特殊的情况下，即使是对于例如“猫在席子上”和“开门”这类字面意义极为明确的句子，我们也很难确定其真值条件是否满足。（Searle，1979/2001：ch. 5）因此，不可能有“空语境”（null context）下的意义，不可能有纯粹的字面意义。既然如此，为何我们又感到，句子总是表达了确定的内容呢？背景概念提供了回答。背景就相当于在特定语境下识别句子真值条件的能力，借助这种能力，我们补足了确定句子字面意义所需要的条件。因此，塞尔首先是把背景当成理解字面意义的能力。此外，他还把背景与对隐喻的理解联系在一起——理解隐喻无疑需要对语境的高度敏感性。

塞尔把很多东西放到背景中。其中包括被称为“深层背景”（deep Background）的与人类的生物性质相关的能力，例如行走、进食、抓握、知觉、辨别（recognizing）等的能力，以及可以解释例如事物的充实性（solidity）和对象存在的独立性诸如此类观念的前意向性态度；包括被称为“局部背景”（local Background）的与特定的文化形态相联系的实践能力，例如开门、从瓶子里喝啤酒，以及我们对于像汽车、冰箱、钱以及鸡尾酒会等的前意向性看法（Searle，1983：143 - 144）。

随着作为意向能力的背景概念的提出，需要追问的问题就是，这种意向能力是如何构成的，又是如何运用的；这个进一步的问题在塞尔处似乎还没有出现。他的论述有时让人觉得，他并不准备去研究这种背景能力如何得到运用。比如，他设想了一种直接识别的情况。由于是背景能力的直接运用，在这种识别中我们无须将当下给予的对象与先前关于该对象的心理表征进行对比，“我们仅仅是识别事物和对象”（Searle，1983：69）。但是，这并不妨碍我们去研究，这种直接运用究竟是怎样一回事，它需要何种条件。这些研究在塞尔那里并未出现，背景能力这个概念始终只是一种设定。我们还在意义理论中等着他的心灵哲学研究成果，如果这些成果不能以让人满意的方式进入语言哲学，那么描述理论的问题最终还是没有解决。

第二节 直接指称理论

接下来，我们会通过一些分析与质疑，迫使直接指称理论也面临一种退缩的过程。最终，它将在某处与描述理论汇合，从而得到我们想要的那种立场。这一节我们就来分析，直接指称理论是如何反对描述理论的。

关于专名的直接指称理论，学者们常常援引密尔的表述（Mill，2001）。密尔主张，专名没有内涵而只有外延，或者说专名的内涵对于确定外延没有贡献。例如“Dartmouth”作为地名，其字面意思是“达特河口”，但即使所指称的地方不在达特河的河口，也不会影响这个地名的使用。克里普克、唐纳兰、卡普兰（David Kaplan）、普特南、佩里（John Perry）以及其他人发展了这一观点。[①] 沿着这一路线，卡普兰（Kaplan，1994）发展了一种关于指示词和索引词的理论，普特南（Putnam，1994）则给出了一种关于自然类名的指称理论。我们的考察不涉及特定种类词项的语义学，而是关注一般意义上的指称功能，因此将不深入这些分支领域。

直接指称理论是一种普遍的指称理论，其核心概念是指称刚性。主要是经过克里普克的阐发，这一理论导致了一系列深远后果，其影响已经超出了语义学，而扩展到形而上学和知识论领域。因此，我们将以克里普克（Kripke，1971/1977；2001）的论述（它集中于专名的指称功能）为参照

① 这一理论首先是由谁提出的，这在哲学史上仍然有争议。昆汀·史密斯（Quentin Smith）主张应当把关于指称的新理论的首创权归于马库斯（R. B. Marcus）而不是克里普克（Humphreys，& Fetzer ed.，1998）。这一争论对本文不构成影响。

来理解直接指称理论。

对于克里普克来说，指称词项是用来指称的，而所指对象可以通过摹状词或者说描述性的成分来确定，这些来自描述理论的观点都可以接受；他否认专名在语义上依赖于描述性的成分，从而否认专名在内容上传达了描述性的成分。这样，他实际上更加彻底地贯彻了罗素的实在论立场，并且，由于人们不再信任亲知理论以及逻辑专名理论，而是把指称主义的意义理论直接落实到普通专名上，这种立场更加自然和更具有说服力。

按公认观点，克里普克对于描述理论的批评主要包括模态论证（the modal argument）、知识论论证（the epistemic argument）和语义学论证（the semantic argument）。这些论证既可以看成对描述理论的批评，也可以看成对专名或者指称功能的语义学性质的刻画。

语义学论证实际上已经为塞尔的簇摹状词理论所避免，这里不拟赘述。另外两个论证分别针对描述理论的两种不同版本。看下面两个命题：

> （A）对于任何专名都存在摹状词，把专名替换成该摹状词得到的命题不变；
>
> （B）对于任何专名，任何情况下，都存在摹状词，使得专名的指称为摹状词所确定。

它们之间的区别是，（A）要求专名对应固定摹状词，（B）则不要求固定摹状词，但在任何可能世界中，都要有对应的摹状词，以此来建立指称关系。显然，（B）是一个更弱的立场，只要反驳了它，（A）也就难以为继了。对这两种不同的立场，克里普克分别予以反驳。对于（A）来说，克里普克的驳论是模态论证，对于（B）的驳论则是知识论论证。模态论证既是驳论又是立论，它建立了专名是严格指示词的观点，而这个观点在克里普克那里又极为重要，因此人们普遍认为模态论证更为重要。我们先看模态论证。

在说明模态论证之前，需要一些背景性的说明。

首先，关于模态概念，克里普克持有我们通常所说的“现实主义”（actualism）观点。他认为可能世界不是实在的对象，不是除了现实世界之外的另一种世界，而是现实世界的“非真实情形”（Kripke，2001：20），是“由我们与之相联系的描述性条件给出的”（Kripke，2001：44）。因此，我们可以把不同的描述加于一个对象，构成不同可能世界，而在不同可能世界中的被描述对象之间的同一性问题则不存在。这一观点区别于以大卫·刘易斯（Lewis，1986）为代表的可能主义（possibilism）观点。按这种可能主义观点，可能世界由彼此独立的东西构成，这些东西间可以建立一种对应关系，或者如克里普克所说，一种跨世界同一性关系（trans-world identity）。在这种可能主义的模态概念中，现实世界只是所有可能世界中的一种。如果存在一个可能世界，其中的某个对象是现实世界中的某个东西的对应物，那么这个东西的存在就是可能的。而如果在所有可能世界中的对应物都存在，那么这个东西就必然存在。在同一性问题上，可能主义观点所理解的跨世界同一性在各个可能世界中的事物先确定下来以后才建立。

所谓刚性指示词（rigid designator），就是在所有可能世界中都指称同一对象的指示词。刚性指示词的定义性特征是，如果一个刚性指示词 d 所指的对象 o 在可能世界中存在，那么 d 就指称 o。但如果 o 并不存在，那么 d 就也许是指 o，也许不是指称 o。这个差别不会影响对于克里普克的刚性指示词理论的理解。不妨抛开这个问题。这样，我们就可以这样定义刚性指示词：

> R）指示词 d 是刚性指示词，当且仅当，如果在现实世界中 d 指称 o，那么在所有可能世界中，如果 o 存在，那么 d 指称 o。

指称刚性这个概念要经过一些限制才能用于模态论证。有些指示词也是在所有可能世界中都指称同一个对象，但不是这里所要求的直接进行指称的刚性指示词。例如“4+5”这个指示词在所有可能世界中都指称 9 这个数，但它却是通过 4+5=9 这个必然的事实做到这一点的，也就是说，要得到这种刚性，需要相应的形而上学事实。这类指示词所具有的刚性被克里普克称为“事实刚性”（de facto rigidity）。与之相对照的指示词则不借助这类事实，而是直接由语义规则所保证的刚性，克里普克称其为“法定刚性”（de jure rigidity）。就现在的目的而言，所要关心的是刚性指示词的语义，因此只有法定的刚性指示词才是相关的。

在上述背景下，模态论证就相当容易理解了。它利用专名与摹状词在指称刚性上的区别。专名是刚性指示词，而摹状词则不是，因此，专名在语义学上肯定不能还原成摹状词。与此相对应，指称功能在本质上就不能还原成描述功能，因为前者要求表达式与实在之间的对应关系具有刚性，而后者并不需要这一点。

现在来看看知识论论证。这个论证的一种形式涉及了误识别问题。用最简单的形式来表述，这个论证就是：无论是否在任何情况下都使用同一个摹状词，只要是用摹状词来确定专名指称，那么在发现错误时就将撤回专名；但对专名的实际使用并非如此。在出现误识别时，被撤回的是摹状词而不是专名。

关于这个论证，克里普克给出的是关于哥德尔的例子。假定我们依据"证明算术不完全性定理的人"这个摹状词来确定"哥德尔"这一专名的意义，但后来发现算术不完全性定理由另外一个人证明，比如说这个人叫施密特。我们会这样表述这一发现："证明算术不完全性定理的人不是哥德尔"，而不会说，"最初叫哥德尔的那个人实际上是施密特"。面对错误，我们收回的是"证明算术不完全性定理的人"这一摹状词而不是"哥德尔"这一专名。假如收回"哥德尔"这一专名，而改为"施密特"，那么以前的误识别就不是一种错误了。能够表述这一错误的前提是，我们已经用"哥德尔"这个专名把所要谈论的对象固定下来了，这个对象无论是在发现错误以前还是在这之后，都仍然是哥德尔。（Kripke，2001：87n37）

知识论论证的另一种形式是考虑无知的情况。它不仅适合于标准的描述理论，而且适合于一种弱化了的描述理论，这种理论并不主张摹状词构成了专名的意义，而只是主张二者之间有逻辑联系（即专名指称满足摹状词的对象）。设想某人关于哥德尔只知道他是算术不完全性定理的证明者，那么对他来说"证明算术不完全性定理的人"就是确定"哥德尔"指称的那个摹状词。如果证明算术不完全性定理的人不止一个，假定另一个人是施密特，那么对于这个说话者来说，就不能认为他用"哥德尔"也指称了施密特。这说明，尽管摹状词对于确定指称可能是必要的，但绝不是充分的。

知识论论证会导致这样一个看法：专名的使用无错误可言。如果一个专名已经被用于一个对象，那就没有任何机会使我们把这个专名从其对象那里收回。因此，一个对象具有一个专名，确定这一点的唯一依据是，该对象已经为这个专名所指称。这与专名无意义这一看法一致；一个词使用得对与错，要依据这个词的意义来判定，而对于专名，这个依据不再有效。要判断专名使用是否正确，唯有看所指称的对象是否正确。

这个看法与我们的一个直觉相联系，即单纯借助指称性的手段，我们无法说明一种错误。比如，除非说，"我原来想谈论的是哥德尔"，我们没有办法说明我弄错人了。而在这种说法中，我们使用了一种描述性的成分，即"我原来想谈论的……"，这是个摹状词。所以，我们常常会把错误归于描述性的成分，并用否定谓词的方式来纠正错误。与此不同，我们不能否定一个纯粹指称性的成分。

第三节 同一性与模态

本节与第四节集中处理克里普克的指称主义立场。与描述主义相似，我们也将看到逐步弱化的过程。这种弱化是通过对指称主义的立论依据进行深度剖析获得的。这类似于解构。这一节解构形而上学同一性和形而上学模态，下一节则针对刚性指示词概念，我们将引入指示词的语境敏感性。

一 两种同一性

指称与“同一性”这个概念联系在一起。指称究竟是一种什么样的关系，这取决于在何种条件下我们会说两次指称的是同一个对象。这就是指称同一性问题。对这个问题，人们多半会回答说，这取决于两次指称的对象本身是否是同一个东西。但这种回答的确切意思，却又取决于什么叫作“同一个东西”。

通常，人们会把“不可区分物同一”以及“同一物不可区分”这两个原则都称为莱布尼兹定律。这两个原则中的“不可区分”可以从知识论的角度来理解。这样，“不可区分物同一”原则就对同一性给出了知识论的解释。如果我们把不可区分当作同一性的必要而非充分条件，那么关于同一性，我们就否认了知识论解释，于是，同一性就是形而上学上的。

从关于同一性的两种解释，我们可以过渡到两种不同的模态概念，即知识论模态和形而上学模态；而这两种模态概念，又分别对应于前面区分的两种可能世界概念，即可能主义与现实主义。

不妨考虑我们在什么意义上对另一个可能世界的情况做出断言。对这个问题的一种回答是，这是在断定现实世界的可能状况，因此，所断定的还是现实的事物本身，只不过它们以不同的方式出现。这就是现实主义者的回答，其要点是，此时所断定的东西与现实世界的事物之间的形而上学同一性，保证了所断定的是我们想要断定的那种情况。在这种情况下起作用的就是形而上学模态，得到断定的是形而上学可能性和形而上学必然性。

另外一种回答则基于可能主义的可能世界概念。按这种看法，当断定另外一个可能世界时，我们并不是在断定现实世界中的事物；我们之所以将其说成是现实事物的可能的状况，是因为所断定的可能事物与现实事物是不可区分的。按照这种理解，当我说自己知道一种可能的情况时，不是位于现实世界中的这个我知道另一个可能世界是怎样的，而是位于那个可能世界中的我的对应物知道那个世界是怎样的。我在另一个可能世界中的对应物，就是一个与在现实世界的我不可区分的存在物。我并不知道自己此刻是在哪个世界中。在这种情况下，当断定某种情况是可能的，所表现的首先就是我自己的知识论状况，是我自己的认知条件，我无法区别希望断定的东西与实际上断定的东西。这样理解的模态命题，就建立在一种知识论模态的概念基础上。

克里普克既不同意这种可能主义的模态概念，也不同意对同一性做出知识论意义的解释。他同意对同一性做出的形而上学解释。对他来说，形而上学同一性就是事物与自身同一这一“内在的”同一性，这是一种自明的和毋庸置疑的同一性。

克里普克这样刻画形而上学同一性：如果两个对象事实上（在现实世界中）是同一的，那么它们在任何可能世界都是同一的，因而这两个对象必然同一。他认为这个结论可以在模态逻辑中得到严格证明（Kripke，2001：3）。用符号来表示这个命题就是：

$$\forall x \forall y\ (x = y \rightarrow \Box\ (x = y))。$$

不妨把这个命题称为“克里普克命题”，简称“K 命题”。这个命题的证明要援引公理

$$\forall x \Box\ (x = x)$$

以及莱布尼茨同一律的一种形式，即“同一物不可区分”原则，

$$\forall x \forall y\ (x = y \land Fx \rightarrow Fy)。$$

通过简单的形式变换就可以得出。

在他看来，K 命题是真的，这个事实本身就支持形而上学的模态解释，因为它与知识论模态概念不相容。假定两个东西 a 与 b 在现实世界中不可区分，于是按照“不可区分物同一”原则，在现实世界中就有 $a = b$。即便如此，也会有某个可能世界使 $a = b$ 是假的。这是因为，虽然在这个世界中的 a 与 b 分别与现实世界中的 a 与 b 不可区分，但由于不可区分关

系在不同可能世界之间不可传递（一个东西在不同可能世界中可以有不同性质），现实世界中的 a 与 b 同一，就并不保证在一个不同的世界中也会有 a 与 b 同一。

但是，克里普克的这种想法让我们担心，他所给出的这种关于同一性的解释并不足以让我们在理解指称同一性上有所收获。

莱布尼茨定律所说的是"同一对象是不可区分的"，而不是"同一对象的指示词可以互换"（把命题模式理解成形式推演规则就会如此），因此莱布尼茨律是一个关于对象本身的命题而不是关于表达式的命题。与此相应，K 命题试图表达的是关于对象本身的直觉，或者说是一种形而上学直觉，因而是关于对象的同一性的刻画而不是关于指称的同一性的刻画。

从对象的同一性过渡到指称的同一性，这对于我们的目的来说是至关重要的。我们的目的是理解两个指称词项何以能够指称同一对象，而这个问题的另一种形式是，对同一词项（type）[①] 的两次使用（token）何以能够是对于同一对象的指称。对任何词项的一次性使用当然在事实上会对应于某个对象，但除非这一指称是可以复现的，否则我们既不可能确定地指称，也不可能谈论指称，而指称的同一性问题要解决的恰好就是这一问题。显然，形而上学同一性与指称同一性是两个不同的概念，前者并不具有语义学意义，后者则直接是一个语义学概念；前者针对的是对象，后者除了关系到对象，还关系到表达式。因此，形而上学同一性是一个比指称同一性更加贫瘠的概念，从这个概念中我们不能收获足以理解指称同一性的东西。

二　知识论模态

克里普克借助形而上学同一性来解释指称关系，致使他无法解释这样两个句子在语义上有什么区别：

（1）启明星 = 启明星；

（2）启明星 = 长庚星。

① "type"（类型）与"token"（个例）对词项、行为以及事物都有区分，前者是就一类事物而言的，后者则指事物个体，并且通常是指物理意义上的个体。比如，"AA"这个字符串中，就类型而言只有一个字母（"A"），而就个例而言则是两个。当谈到某个词项、行为或事物并且需要区分时，我们就在后面括号中注明是就类型而言，还是就个例而言的。

而我们知道，这两个句子表达了不同的东西，后者表达了知识，而前者没有。

在克里普克那里，由于从专名的语义中排除了描述性的要素，“启明星”与“长庚星”这两个专名就具有一模一样的意义，因而这两个句子表达的内容不复有任何区别。

这种情况也可以按照形而上学模态来说明。按 K 命题，只要启明星与长庚星在现实世界中同一，那么在所有可能世界中都将同一，因而不可能有它们不同一的情况。但是，如果句子（2）表达了知识，那么这只能是因为，这个句子按照语义有可能是假的，而事实排除了这种为假的情况——这意味着，只有当这个句子有可能为假，它才表达了知识。

如果按照知识论模态来解释，即使在现实世界中句子（2）是真的，这也不能排除在另外一个可能世界中，启明星不是长庚星。其原因就是，同一性如果按不可区分来进行判定，那么它就是一种在可能世界之间不传递的关系。这样，在一个可能世界中是启明星的东西，在另外一个可能世界中可能就不是了。

这种情况对克里普克式来说违反直觉，因为同一个东西不复有同一性，这看起来似乎是不可能的。这种直觉来自于一种先后顺序。如果确定同一性在先，那此后就不会有机会打破这种同一性。比如，如果我们认为启明星与长庚星是同一个东西，那么以后也就不可能将其分开了，因为，我们无法把一个东西既等同于启明星，又等同于长庚星，并且还不让启明星等同于长庚星。但是，如果我们考虑的是，在一种可能的情况下我们认为是同一个东西，但在另外一种情况下却又不是同一个东西，并且这两种情况并不先后接续，那么这种直觉实际上也就不起作用了。

克里普克实际上是通过诉诸直觉来赢得论辩的。在假定启明星实际上是长庚星之后，克里普克（Kripke，2001：102－103）问，什么样的情形能够构成反例呢？可能有这样几种情形：1）某人两次指着金星，一次称其为“启明星”，一次称其为“长庚星”，这种情况可以说是启明星就是长庚星的例子；2）两次指称中有一次没有指称金星；3）两次指称都没有指称金星。对于情形 2），由于启明星就是长庚星，但现在用这两个名称所做的两次指称中指称了不同的对象，因而其中的一次指称必定没有指称启明星，因此这不是启明星不是长庚星的例子（Kripke，2001：87）。对于情形 3），由于这两次指称都没有指称启明星，因而也不是启明星不是长庚星的例子。当然，如果金星根本就不存在，那么启明星就是长庚星这一说法就无从谈起，但这并不影响“如果事实上启明星是长庚星，那么启明星必然是长庚星”这一命题的必然性（Kripke，2001：88）。这里的要害在于，不管是这三种情况中的哪一种，启明星与长庚星是同一个东西，这一点都已经确立了。因此，真正的底牌是，已经建立起来的同一性不能被打破。但是，若要把克里普克拉到与对手平等的水平，我们需要考虑，在同一性没有建立起来时，非同一是否是与同一性同样可能的可能性。由于论证情境的设计，真正的争论从未开始过。

如果从知识论模态的角度看，事情就有所不同。让我们想象这一情况：在古代有这么一个时期，人们通过观察断定启明星与长庚星不是同一个天体，后来某个天文学家在改进了的仪器的帮助之下，发现两者是同一个天体；这一情况该如何处理呢？作为经验科学家，古人和天文学家都不会陷入克里普克所指责的语言哲学圈子里流行的坏习惯，而是按照正常的方式使用专名，当他们提到“启明星”和“长庚星”时，是在指称相应的对象，而不是在指称任何满足某些摹状词的东西；他们也相信，如果情况发生了变化，专名的指称是不会变的——但是，该如何理解这一点呢？

按照K命题，既然那位天文学家认为启明星事实上就是长庚星，那么他就不会认为存在某个反事实情况，其中启明星不是长庚星。同时，他也不认为古人以不同的方式使用这两个词，因而会认为古人断定两者不同一这一点是错的。正是因此，他认为自己纠正了一个错误，从而做出了一个天文学发现。

但是，实际情况可能是这样的，启明星与长庚星（让我们假定它们是恒星）属于一种我们称之为“伴星”的天文现象。两颗恒星以固定的周期围绕公共质心旋转。在古人观察的时期，这种旋转恰好使得在一天的同一个时刻看到的总是其中的同一颗星，而在另外的那个固定的时刻看到另一颗星，因此，古人以不同的名称命名它们，并认为它们不是同一颗星，这是对的。这两颗伴星在某个未被观察的时刻，由于其中一颗星（让我们假定它是超新星）突然爆发，并吞噬了另一颗星，这一切并没有使它们的位置和其他表观性质发生变化。在这种情况下，我们会说，那个天文学家的观察也是对的，但他对古人的判断是错的。

该如何处理这个例子呢？对我们来说（我们知道整个事实，这是我们构造出来的），这是否是指称发生变化的情况呢？由于两颗恒星的合并，一颗新的恒星诞生了，它不同于原来的那两颗恒星，因此我们指称的对象发生了变化。在天文学上，我们完全可以用一个新的名字来命名它。但是，用新名字不过是出于谈论上的方便，因为用原来的那两个名称已经不能说明问题了。当然，指称的对象是发生了变化，但这种变化是一种事实的变化，而不是具有语义学价值的变化——月球每天都在与其他天体合并

（无数陨石落到月球上），但这不足以使月球不成其为月球。具有语义学价值的是，我们以某种方式识别对象，并用名称来指称它，而这使我们能够正确地谈论这个对象。发生合并以后的情况是，无论用“启明星”还是以“长庚星”来指称，它们都既指称了同一个对象，又都指称了各自的对象。启明星还是启明星，长庚星还是长庚星，这并不取决于启明星是否就是长庚星。

那么，我们的天文学家处境又如何呢？如果按照K命题来进行推理，他会认为古人犯了一个错误，当然，这会使他不可能发现双星合并这一比纠正历史错误更有趣的天文学现象。但是，他若对事实持一种开放态度，认为双星合并是可能的，那就将意识到，虽然事实上启明星就是长庚星，但存在着这样一种可能性，使得启明星不是长庚星。天文学家只能在K命题与经验事实之间选择一个，这意味着K命题在经验上具有封闭性。

双星合并的确是一种可能发生的天文学现象。承认这一可能性就意味着，必须在启明星就是长庚星这一事实状况下，考虑启明星不是长庚星这一反事实情况，而这意味着K命题是假的。

天文学家之所以能够发现双星合并这一情况，是因为他按照这样一种方式理解可能性：即使在一种可能的情况下启明星等于长庚星，这也不排除在另外一种情况下，这种同一性并不成立。这正是按照知识论模态来理解指称的结果。

第四节　指称刚性

一　什么是指称刚性

如果希望对形而上学同一性概念做出某种松动，那就需要重新思考指称刚性这个概念。形而上学同一性与指称刚性之间的关系是，如果同一性首先是对象本身的自我同一性，那么只要把可能世界解释成现实对象的可能情况，就会认为对于对象本身的指称不受可能世界的影响，由此我们就得到指称刚性。①

---

① 这个概念不限于所使用的是专名还是摹状词，即使所使用的是摹状词，我们仍然可以得到刚性指示词。这一点为瑞坎纳提所注意。他依据这一点发展出了一套具有折中意味的直接指称理论（Recanati，1993）。塞尔则指出，“事实上发明双光眼镜的人”也是刚性指示词，因为在任何可能世界中它都指称同一个人，即富兰克林（Searle，1983：258）。不过我们现在不必讨论这一点，后面会得到自然的回应。

我们认为某些指称词项是刚性指示词，这究竟是怎么回事呢？更加仔细的思考为我们揭示了事情中容易被忽略的方面。

以“小布什”这个专名为例。克里普克用小布什只能是小布什这一点来论证专名的刚性。小布什只能是小布什本人，而不能是其他东西。小布什这个人与自己本身同一，这就是前面所说的形而上学同一性。有趣的是，即使承认形而上学同一性，也仍然不能得到专名的刚性所需要的那个区分，即区分“小布什”这个专名指称小布什和不指称小布什的情况。对于克里普克是如何得到专名具有刚性这个结论的，我们的回答只能是，专名的实际使用本身就使得形而上学同一性等价于专名的刚性。下面看看这是怎么回事。

对照下列句子：

(1) 小布什不可能不是小布什。

(2)“小布什”不可能不指称小布什。

句子（1）所表述的是形而上学同一性，（2）表述的是专名的刚性。克里普克所做的就是从前者过渡到后者。然而，从（1）到（2）的过渡要成立，我们还需要下述一般性的原则：

P）对于任何 x，x 是 D，当且仅当，“D”指称 x。

当我们把小布什这个人作为变项 x 的值，而用“小布什”这个专名来代换“D”，就可以从（1）得到（2）。P）的特殊之处在于，指示词“D”出现了两次，一次是被使用，被用来指称，另一次则被提及，因而表明了一个专名本身是如何为使用专名的方式所限制的。

这个原则说了什么，这不难理解。如果承认可以用“小布什”来指称另外一个人，那么我们就没有用我们实际上使用这个指示词的方式来使用它；而一旦按照实际使用的方式来使用，就不会承认它可以指称另外一个人。因为，如果我们承认这一点，就意味着我们实际的使用是不确定的；必须排除这些可能性，我们的使用才达到确定性。就这种意义而言，P）表明了什么是对于指示词的确定的使用。

但 P）在某种意义上却有些难以接受，因为，一个东西本身是什么，与我们使用什么指示词来指称它，似乎是两回事。之所以这么看，是因为我们没有站在指示词的使用者角度上。确实，作为旁观者，我们可以认为这是两回事。一个人用“小布什”这个词来指称一个人，由这一点不能推出那个人就是小布什；同样，那个人是小布什，也不足以推出非要用“小布什”这个词来指称他。但是，对专名的使用者来说，如果我们已经用“小布什”来指称，所指称的那个人就不能不是小布什，否则我们用“小布什”所指的又是谁呢？当然，旁观者也许会说，“小布什”所指的其实是本·拉登。但是，能够这样断定的前提是，旁观者对于“本·拉登”这个词的使用，又是不得不满足P）的。这样使用“本·拉登”这个词，这给我们断定“小布什”所指的其实是本·拉登提供了支点。

关于P）的分析为我们揭示了指示词的视角性，也就是说，指示词的语义性质对于使用活动的依赖性。模态论证就利用了这种视角性。这使模态论证本质上就是说话人直觉起作用的结果，因而是一个直觉论证。这个论证简单来说就是这样的，小布什不可能不是小布什，因此“小布什”这个指示词是严格指示词。我们可以从形而上学同一性直接得到专名的严格性。之所以能够如此，是因为对于说话者来说，这个专名所指的就是小布什本人。

专名要作为专名来使用，这个要求结合形而上学同一性就可以排除“小布什”不指称小布什的情况。如果我们直接说“‘小布什’不指称小布什”，那么这就相当于说，“小布什不是‘小布什’这个名称所指的那个人”，这种情况不是足以证明“小布什”这个专名不具严格性的反例，因为在这个表述中我们使用了不是专名的指示词，即“‘小布什’这个名称所指的那个人”。而如果非要用专名，那么能构成反例的只能是“小布什不是小布什”，而这与形而上学同一性直接冲突。

但是，这样理解的指称刚性也就表现出了与形而上学同一性的另外一种关系——我们不能说，形而上学同一性保证了指称刚性，而只能说，我们同意形而上学同一性支持了指称刚性，这一事实表明了指称词项是怎样得到使用的。指称刚性是词项使用活动的某种特征。①

由此得到的指称刚性概念可以与知识论的同一性相联系。我们可以这么理解指称刚性：之所以不能说“小布什不是小布什”，是因为如果真的要说“小布什不是小布什”，那么我们所说的“小布什”是谁，也就无从知晓了，而这意味着我们不能有效地否认小布什是小布什。②

---

① 这就意味着，无论所使用的是专名还是摹状词，都可以获得指称刚性。

② 当然，如果我们已经以其他方式固定了“布什”一词的指称，那就还是可以否认他是布什。不过后面我们自然会明白，这并不妨碍我们的论证。

这让我们回忆起关于误识别的知识论论证。在那里我们已经看到，专名之所以在语义学上不同于摹状词，是因为在发生识别错误时，我们实际上不会收回专名。现在不妨重新定义指称刚性这个概念，把它定义为对于误识别的不敏感性，即在出现误识别时免于收回的特性。

这个定义显然是基于知识论模态做出的。按照这种模态概念，一个可能世界就是一种与当前认知条件相容的情况，既然错误是认知条件所允许的，在出现误识别时免于收回的指示词，也就是在相应的可能世界中仍然指称同一个对象的指示词。如果用可能世界概念来表述这种新的指称刚性概念，在形式上就将与基于形而上学模态概念的刚性概念一致。我们不妨把新的指称刚性称为"知识论刚性"（epistemological rigidity），而把原来的指称刚性称为"形而上学刚性"（metaphysical rigidity）。

知识论刚性有一个显而易见的好处，那就是可以直接把第二节所讨论的事实刚性与法定刚性区分开，而这个区分是形而上学的刚性概念无法做到的。

比如，如果我们错误地认为，5+4是8，并用"5与4之和"这个摹状词来确定专名"8"的指称，那么当发现这个错误时，我们的反应就会是，"8不是5与4之和"，而不是，"原来称为8的实际上不是8"。我们会收回摹状词而不是专名。

与此相对照，事实严格性与法定严格性的区分并不清楚。具有事实严格性的指示词通过某个中介（必然的形而上学事实）来指称，而具有法定严格性的指示词，则依据指示词的语义规则直接进行指称。即使不考虑"中介"这个词在某种意义上是一种形象的说法，我们还是可以问，为什么这里所说的中介不是语义规则本身所规定的。毕竟可以设想，语义规则要求对象在任何可能世界中都与指示词对应，而这种对应可以借助关于对象的事实建立起来。例如，卡普兰认为索引词是严格指示词（Kaplan，1994），但索引词指称什么对象，却依赖于关于该对象的事实。例如"我"所指称的对象是什么，依赖于当时是谁在说话这个事实。

按知识论刚性去理解克里普克对描述理论的反驳，我们就把重心放到了知识论上，而不是模态论证上。这实际上是换了一个角度看待指称关系。我们会区别出能够收回的指示词与不能收回的指示词，前者是严格指示词，后者则不是。进而，一些指示词之所以不能收回，是因为我们用它来确定我们要谈论的对象；而那些能够收回的指示词，则以派生的方式确定指称。这样，那些指示词之所以不能被收回，是因为相应的指称关系是通过预设建立起来的。

这种知识论刚性很容易以形而上学刚性的形象出现，对这两者的区别与联系，需要仔细分辨。

仍然用关于“启明星”与“长庚星”的例子。关于“事实上指称同一对象”这一短语的解释可能是：1）我分别用“启明星”和“长庚星”来指称了相应的星体，这两次指称的星事实上是同一颗，即使我并不知道这一点，对我来说它们可能是同一颗星，也可能不是；或者2）我知道这两次指称的是同一颗星。如果K命题被认为是关于指称的同一性的命题，那么第一种情况就是，无论我知道与否，在任何情况下我用这两个名称指称的都是同一颗星，这是一种关于我的指称行为的第三者观察报告。第二种情形则是，如果我知道这是对同一颗星的指称，那么在任何情况下我都不会认为它们的指称是不同的。第二种情况可以说是一种关于我指称行为的知识论状况报告。

从直观上看，就第一种理解而言，即使我不知道启明星就是长庚星，甚至认为启明星不是长庚星，事情都必须理解成，我指称了同一个对象；而就第二种理解而言，如果我不认为启明星是长庚星，那么即使“事实上”启明星就是长庚星，也不能认为我指称了同一个对象。这两种理解的差别在于，在第一种情况下，报告中不必提及我关于对象同一性的信念，而在后一种情况下则必须提及。第一种情况只关涉到指称行为与其对象之间的外部联系，第二种情况要与我的知识论状况相联系。因此，这两种理解所对应的可能世界概念也有所不同。对前者来说，可能世界是依据我的指称行为在其中发生的那个世界来确定的，而在后者来说，构造可能世界所依据的则是说话人认为自己处身于其中的那个世界。前者是把可能性归于对象“本身”，按克里普克这是形而上学模态；而后者则把可能性与知识论状况联系起来，是一种知识论模态。如此理解的可能世界都是克里普克所说的现实世界的非真实状况，区别在于对于“现实世界”的理解，这一区别可以看成是“自在的世界”与“为我的世界”的区别。K命题只是对同一性的模态性质做了规定，而并没有涉及对“现实世界”在解释上的差异，而这两种理解的区别就在于这种解释，因此二者都与K命题相容。

从直观上看，如果把K命题所表达的必然性看成一种形而上学的必然性，即事实“本身”的必然性，就会导致在经验上的封闭性——它排斥了某些实际上可能的事实；但是，如果把这种必然性看成一种与知识论状况相联系的必然性，那么它所限制的就会是指称行为而不是对象。让我们看看这是怎样一回事。

假定我们提到的那位天文学家按一种形而上学的方式看待指称，那么指称的同一性就直接意味着对象的同一性。如此一来，对他来说，如果“启明星”与“长庚星”指称了同一个对象，那么启明星事实上就是长庚星；如果这一点是真的，那就不存在启明星不是长庚星的可能性；如果有人断言说启明星不是长庚星，那他肯定是错的。以形而上学的方式指称，这位天文学家所要做的就是，把关于指称行为的事实直接投射为关于对象的事实。

如果他是以知识论的方式看待指称的，指称行为就与知识论状况相联系，于是他不仅关注指称的对象，而且要关注做出指称的知识论背景。这两种关注共同导致的结果是，他把指称刚性当作规范性的，它与知识论状况一起确定对象的同一性。如果他用“启明星”与“长庚星”指称了同一个对象，那就意味着在没有其他事实证据表明知识论论证背景发生变化的情况下，它们指称的都应当是同一个对象。这样，默认的情况下，启明星与长庚星对他来说就是不可区分的。他会认为，对于他来说启明星不可能不是长庚星。但是，作为一名成熟的科学家，他会把这一点当作自己知识论状况的体现。于是，当有一天通过观察发现那颗星是双星合并的结果，而且两颗星原来的公转周期恰恰能让地球上的人在一个固定的时刻看到其中一颗，另外一个时刻看到另外一颗，他就能够设想一种与自己不同的知识论状况。这就是古人所处的状况。这时，天文学家就可以既接受古人用“启明星”与“长庚星”指称不同的对象，又接受在他们那里这两个名称与在自己这里指称相同。这意味着，他不准备让自己的判断受制于K命题，因为他等于接受了启明星不是长庚星的可能性。

应当说，K命题仍然在知识论状况不变的情况下成立。当对模态做知识论解释时，知识论状况的变化，就等于模态算子的意义发生了变化。因此，从在一个知识论状况中得到的等同陈述，不能导出另一状况下的必然等同陈述。但另一方面，K命题在其中成立的情况，应当就受制于同一种知识论状况。这样，我们就得到了一种更有弹性的指称刚性概念。

二 语境敏感性

这一小节考察克里普克为了捍卫直接指称理论而做出的一个论证，它处理直接指称理论所面临的认知意义问题。我们在第三节之二已经讨论过这个问题。克里普克知道，从指称主义立场出发不能解决这个问题，但他给出了一个论证，以免人们以此为理由说明描述理论的立场要优于直接指称理论。这个论证是要说明，描述主义者对认知意义问题的诊断是错误的，它实际上不是一个语义学问题，而是一种关于信念理论的问题，因此，指称主义者没有义务来解决这个问题。如果这个论证是对的，那么我们前面关于知识论模态以及知识论刚性的讨论也就是误入歧途。我们自然有义务处理这个论证。

此外，这件事有助于我们理顺指称和语境的关系。知识论状况与语境联系在一起。对理性主体来说，知识论状况表明了信念应当如何随同语境而发生调整。由于信念总是关于对象的信念，要恰当地理解知识论状况，就要理顺指称和语境的关系。

第三节之二讨论认知意义问题时，我们考察的是外延语境中的句子；这种讨论也可以使用信念语境中的句子来进行。似乎可以认为，指称主义将被信念语境中的替换问题所否证——既然指称词项的语义值就是对象本身，那么当用指称相同的专名来替换原来的专名，整个句子的真值就不变，但情况显然不是如此。比如，当我们把“张三认为启明星 = 启明星”中的第一个“启明星”换成“长庚星”，得到的句子可以不是真的，但替换之前句子不会不是真的。

对此，克里普克辩解说，由于刚性指示词是在形而上学模态中定义的，而信念语境中的指称问题涉及的是知识论的可能性，因此信念语境中的替换问题不会威胁到刚性指示词理论。（Kripke，1994：n10）

克里普克试图进一步证明，产生这个问题的原因在于我们不具备一种合适的信念理论。他的论证策略是这样的，给出一种自然而然的信念解释手段，即去引号原则（Disquotation Principle），然后论证，即使不借助替换，借助去引号操作也能独立产生类似问题。（Kripke，1994：365）按克里普克的想法，这就说明弗雷格理论在指称上做文章是找错了方向，信念语境内的替换问题不足以说明涵义概念是必要的；相反，这个问题对于指称理论是中立的，这是一个关于信念的难题，而不是一个关于指称的难题。

克里普克给出了两种信念难题，一种涉及去引号原则，另一种不仅涉及去引号原则，还涉及翻译原则。为简明起见，这里只讨论第一种。去引号原则有强和弱两种形式，这里只讨论弱的形式。假定下面的“p”表示不含代词、索引词和歧义的句子，去引号原则可以表述成这样的形式：

(D) 如果一个正常说话者审慎而又真诚地赞同句子"p",那么他相信 p。(Kripke, 1994: 360)

我们使用一个关于电影《超人》的例子。在《超人》这部电影中,作为肯特在报社的同事,路易丝不知道经常打交道的这个高大英俊但又笨拙不堪的男人就是超人,所以她相信,超人会飞,但肯特不会飞。按照去引号原则,她审慎而又真诚地赞同(1)和(2)。

(1) 超人会飞。
(2) 肯特不会飞。

路易丝是一个正常说话者,她以正常方式理解句子,"超人"对她来说就是指超人,而"肯特"指肯特,"会飞"的意思对她来说也与其他人相同。这样,路易丝就满足(D)所规定的前件,由(D)推出她既相信超人会飞,又相信肯特不会飞。问题出现了:既然超人和肯特实际上是同一个人,那么路易丝的这两个信念就互相矛盾;但她完全可以由于没有意识到超人与肯特就是同一个人,而没有持矛盾信念。

利用替换可以得到相同的矛盾。由路易丝相信超人会飞,利用替换就得到路易丝相信肯特会飞,而这与路易丝相信肯特不会飞相矛盾。克里普克因而认为问题不是出在替换原则上,而是出在两个难题共同的东西上,即信念或者关于信念的理解方式上,这种理解表现为去引号原则和关于信念融贯性的假定。

这个设计简单但立意深远的论证既在关于专名理论的争论中起作用,又具有独立价值,因而受到广泛关注。马库斯试图修改去引号原则和信念概念,使产生矛盾的合取式在信念描述中不会出现(Marcus, 1990)。萨尔蒙(Salmon, 1986)、欧文斯(Owens, 1995)以及索萨(Sosa, 1996)则试图以某种方式接受信念不融贯的情况。在语义学方面,这个论证使描述理论处于不利境地。既然问题不是出在替换原则上,指称主义者就可以认为,即使路易丝不相信肯特会飞,但她相信超人会飞,依据替换原则,"路易丝相信肯特会飞",这个句子仍然是真的——其为真是语义上的,而其不可接受之处仅仅在于语用上的误导。使用"肯特"这个专名来报道路易丝的信念,这是在用错误的方式陈述一件正确的事情。(Frances, 2000; Moore, 2000)

但在我们看来,这个难题出现的方式却不能清楚明白地表明,问题就出在信念上。路易丝真诚而又审慎地赞同（1）和（2），依据（D）得到的是（3）和（4）：

（3）路易丝相信超人会飞；

（4）路易丝相信肯特不会飞。

但在超人和肯特是同一个人的前提下，应该得到（5）或（6）才算得到所需要的矛盾。

（5）路易丝相信，超人会飞并且超人不会飞；

（6）路易丝相信，肯特会飞并且肯特不会飞。

之所以这么说，是出于论证的需要。如果仅仅是（3）和（4）同时为真，还不能得出结论说路易丝持有矛盾信念。按照弗雷格的理论，在信念语境内名称并不具有通常意义上的指称，而这意味着矛盾并未出现。因此，克里普克不能通过否认弗雷格理论的解释来坚持说矛盾存在，这样就乞题了。

要得到（5）和（6），有两个候选办法，其一是直接用信念语境内的共指称替换，这正是克里普克一开始就声明要避免使用的方法；其二则是把（3）中的"超人"和（4）中的"肯特"从命题态度词的辖域中提出来，然后在信念语境之外进行替换。第二个办法也有问题。把一个 *de dicto* 命题转化成 *de re* 命题①，这在句法上没有保障。在语义上，则要预设专名语义的跨语境不变性，即在信念语境内和在信念语境外时，专名的语义性质相同。但是，问题仍然是，描述主义者不会接受这个预设。通过假定跨语境不变性，克里普克仍然乞题了。

信念难题不能达到克里普克的目的。孤立地看，它不是一个单纯关于信念的难题，而是关于信念以及一种指称理论的难题。这个指称理论承诺了专名语义的跨语境不变性。信念难题表明它和去引号原则与信念融贯性

---

① 在陈述信念的句子中，如果信念的对象是通过位于信念内容从句之外的指称词项引入的，那么这种陈述句就是 *de re* 命题，或称为"从物命题"；否则就是 *de dicto* 命题，或称为"从言命题"。比如，"路易丝相信肯特不会飞"属于从言命题，而"对于肯特，路易丝相信他不会飞"则是从物命题。路易丝不知道超人就是肯特，从前一个命题就不能得到"路易丝相信超人不会飞"，但从后一个句子却可以得出"对于超人，路易丝相信他不会飞"。后一个句子恰恰说明了路易丝出现了戏剧性的误解。

假定一起会导致不一致。

事实上，即便不利用去引号，仅仅是语义的跨语境不变性，就可以产生信念难题。索萨（Sosa，1996）设想了只引入一个解释原则的情况，这个原则就是，一个日常语言的专名如果具有单一指称，就可以正确地表征为一个逻辑常项。即使不借助去引号原则，这一解释原则也会引入悖论。如果彼得承认，“帕德罗斯基有音乐才能”，同时又承认，“帕德罗斯基没有音乐才能”，我们把专名“帕德罗斯基”处理成逻辑常项，就会得到彼得持“帕德罗斯基既有音乐才能又没有音乐才能”这样的矛盾信念。这个解释原则与去引号原则不同：去引号原则预设了，指称同一性必定可以表达为不依赖于信念语境的同一性，即对象“本身”的形而上学同一性；而解释原则则预设了，指称同一性独立于一般的语境，其中当然包括信念语境。解释原则是去引号原则的一般形式。如果去引号原则失效，那么解释原则也会失效。

摩尔（Moore，2000）认为去引号原则是错的，理由是指称受制于语境，而去引号操作使指称脱离原来的语境。如果指称的跨语境不变性被否定，去引号原则就站不住脚。而如果指称具有跨语境不变性，就没有理由认为去引号原则是错的。因此，去引号原则和指称的跨语境不变性要同时被否定或者保留，关键在于是否保留融贯性假定。

我们建议保留这个假定，但要对其加以限定。人们的信念有很多实际上不融贯，但就单个人而言，信念至少应当趋于融贯。融贯性更多是一种规范性的要求，而不仅仅是描述实际的信念状况。有各种各样的再解释机制保证这种融贯性。比如路易丝在意识到肯特就是超人之后，她会认为自己以前并不知道肯特的真实身份，但不会认为“肯特”这个名称没有指称。换言之，她会认为自己以前关于肯特的想法都是错的，而不会认为自己关于肯特的所有信念都没有对象。她会结合自己以前对肯特的认知状况来评估自己的信念，而这意味着，她不会用“超人”这个新的专名来替换“肯特”，“肯特”的指称具备语境敏感性。

克里普克难题的要害在于，他所使用的语义值概念不具备语境敏感性。指称词项的语义值被认为是一种实体，而句子的真值是这个实体的函项。从去引号操作得到的信念表述句入手直接得出关于信念本身融贯性的结论，这就预设了信念表述句的语义对语境不敏感。这并不合乎我们的一些直觉。比如，即使“大卫像”和“那块橡皮泥”所指称的是同一个东西（用那块橡皮泥捏出大卫像），也不能认为其语义值相同——我们会认为“大卫像表情庄重”是真的，但“那块橡皮泥表情庄重”却没有意义。分别用专名来指称大卫像和那块橡皮泥以消除摹状词字面含义的影响，能够与“表情庄重”一起构成有意义句子的，也只能是指大卫像的那个专名。语境以某种方式限定了指称，而这种限定通过在词项与对象之间建立不同的关系起作用。把语义值当成实体，把语义学的任务限于为词项指派这种实体，就恰好掩盖了起限制作用的语境。

如果承认指称的语境敏感性，那么对指称同一性的形而上学解释也就难以为继了。前面讨论指称刚性时已经把形而上学同一性当作指称词项的一种用法所产生的直观上的结果，我们也就可以在直接指称论的立场中看到某种松动的迹象。我们可以把知识论刚性的概念插入其中，并对指称的概念加以改造。下一节就来着手进行这种改造。

第五节　指称与语境

指称所具有的语境敏感性与索引词不同，索引词的语境敏感性相对于说话的物理语境，而指称的敏感性则与认知条件有关。前一节一方面在一种意义上承认了指称刚性，另一方面又论证了指称对于语境的相对性；这一节要做的，就是把这两个看起来矛盾的要求包含在一幅融贯的图景中，从而全面地呈现指称与语境的关系。这样做的结果，就是把描述理论与直接指称论结合到一个指称理论中。

一　指称问题的性质

把指称当成在指称词项与对象“本身”之间建立的直接关系，这是直接指称理论的核心观点。它会遇到麻烦——这里的“本身”究竟是什么意思，其实并不清楚。要说明一次指称的对象是什么，需要诉诸来自外部视角的另外一次指称，因此，除非后一次指称给出了对象“本身”，我们不能说要谈论的那次指称就给出了对象“本身”。这样一来，关于“本身”的谈论已经乞题了。直接指称论仅仅是对指称者关于对象的直觉的表述，而不能算一种关于指称行为的理论表述。指称刚性被认为表达了指称者直觉，因而也会遇到相同的麻烦。如何找到确认指称刚性所需要的对象“本身”呢？当然，我们可以找到对象，但那是从作为指称者的我们的角度上看到的对象，是已经预设了指称刚性才能确认的对象，我们无法保证这就是对象“本身”。由于不存在谈论对象“本身”的基础，这个概念不能承担有效的解释功能。

需要换一个角度来看待指称，把它看作指称行为。指称行为当然是对特定对象本身的指称，而不是先做出指称行为，然后发现所指称的对象；指称行为有意义，恰好在于它要指称特定对象本身。但这只是指称的意图，而不是指称行为实际上实施的方式，更不是实施行为的逻辑条件。换个角度说，指称刚性仅仅是这些逻辑条件满足后得到的结果，而不是逻辑条件的一部分；关于指称，我们要问的恰恰是这些条件是什么。

对已经熟悉了意向性以及视角性的读者来说，指称理论要回答的就是，指称究竟应该是一种什么样的行为，才能让说话者正确地认为自己是在指称对象“本身”。

只有知道指称什么，才能进行指称，因此，指称的逻辑条件会体现为信念内容，或者体现为对指称对象的识别。在这种意义上，指称与信念是紧密相连的。

即使指称词项出现在信念语境之外，这种关系仍然存在。信念语境并不能说明什么问题，问题关涉到关于指称的确认事实上如何进行。当指称词项在句法上出现在信念语境之外时，识别活动由对句子做出理解的听者或者作为语言哲学家的我们来完成。

应当说，这正是先验现象学看问题的方式。从原初的意义上讲，在知识论探究中追溯到知识的主观条件，这就是先验哲学；但是，如果要探究的知识覆盖了整个世界，那么我们关于世界的所有谈论都应当是主观主义的。即使是在谈论世界而不是信念，这种谈论也必须被理解为是意向活动，而不是给出对象“本身”。

指称理论所要采取的框架与意向性框架高度平行，而我们也正是要在意向性框架之内，来勾勒一种指称理论。

二　关于可能性的范畴解释

第四节之一的讨论已经给出了一种知识论刚性的概念，从这个概念出发，有希望解决这样一个问题：当我们把对象本身理解为超乎认知条件的东西，指称对于语境来说就是不敏感的；而当我们把关于对象的谈论当作传达了知识，指称就必须具有语境敏感性，这两者是如何协调起来的呢？之所以有希望，是因为对指称刚性所做出的知识论解释使得“对象本身”这种说法得到了某种松动。这里继续推进这一想法。

从做出指称的说话者角度上看，任何指称都必须是对于对象本身的指称，这是支配克里普克做出模态论证的直觉。但是，这不是关于指称行为的正确理解。假定我指着启明星这个天体告诉孩子说“启明星”，这当然可以算一次指称行为。但是，这不是事情的全部。假设在另外一种情况下，在一次合作游戏中，我被蒙上眼睛并在别人的引导下用手指向启明星，然后发出“启明星”的音节。能够说这是在用“启明星”指称启明星吗？在这种情况下，虽然我事实上用“启明星”指称了启明星，但我们还是不能把这种行为理解成指称启明星的行为。当然，我指称了启明星“本身”，但没有把启明星当成启明星来指称。如果我按正确理解的方式指称了，就会说我指称的是启明星本身，但这是在什么意义上这样说呢？我是以把启明星当成启明星的方式指称的，而这正是“我指称了启明星”，“我指称启明星本身”的确切涵义。在意向性的框架中表述就是，只有当对象被理解成意向对象，才能谈及对象本身；或者说，只有当以某种方式去指称，才是对于对象本身的指称。“对象本身”不是一种类似于“物自体”的概念。

换个角度来谈这个问题。我们可以保留“形而上学同一性”这一术语，但要区分使用这个术语的不同层次。第一个层次是从指称者本人的直觉层次来谈的。对于指称者本人来说，他所指称的是对象本身，对象本身的同一性与知识论状态无关，并且，唯有如此，谈论指称才有意义——他必须把对象的同一性看成超越信念而有效的逻辑真理，对象的同一性必须是一种形而上学的同一性。第二个层次则是一种“元层次”，在这个层次上，对象必须是被知道的对象，唯其如此，谈论对象之被指称才有意义，因此，对象的同一性很难说是一种形而上学的同一性。可以说第一个层次是指称直觉所处的层次，而第二层次则是对指称行为的理解所处的层次。只有当听者知道指称者以何种方式知道对象，才能理解指称者的指称行为，才能知道指称者的指称。

指称同一性与两个层次同时相关，它要求以可理解的方式进行指称，以可理解的方式产生关于对象的直觉。简单来说，指称同一性就是两次指称行为指称同一个对象。使指称同一性成为可能的条件是，这两次指称都是可理解的，因而，对象是以何种方式知道的，这一点是确定的或者说是可复现的。这恰恰是第二个层次上的要求。指称同一性又必须在直觉层次做出规定；如果不是对于对象本身的指称，就不成其为指称。因此，指称同一性的条件就可以表述成，要以规范性的方式形成关于对象的直觉。

可以说，指称就是元层次的规范落实到直觉层次的结果。这建立了指称同一性。这里的想法是，元层次上的规范性以对象本身的可能性的形式进入直觉。换言之，指称者的知识论状况通过限定对象本身的可能性作用于指称行为，因此，受到知识论状况限定的，恰恰是对象的形而上学可能性。我们的想法可以表述得很简单：只有能够认识的东西，才能够被指称。

克里普克把形而上学的可能性与对象本身相联系，而把知识论的可能性与知识论状况相联系，这种区分在直觉层次上成立。在这一层次上讲，只有能把对象本身与主观的知识论条件区别开，才能够有意义地谈论指称。但这种区分不适合于元层次。在这个层次上，我们把指称理解成一种行为，而不是像在直接指称论中一样，简单地理解成对象的直接给予。把指称对象与这种行为的知识论条件联系起来，是理解这种行为的前提。但对指称者本人来说，却不可能采取这种本质上是一种旁观者的角度来看待自己的指称行为；因为这意味着要放弃对象的独立性，而指称就是对于独立的东西的指称。但另一方面，指称者又必须使自己的指称行为成为可理解的，否则，他甚至不可能使以前的指称行为与当下的指称行为联系起来，因而不可能得到任何具有同一性的指称。那么指称者如何使自己的指称行为成为可理解的呢？通过与他人共享的指称机制。

把使用指称词项的行为与对象联系起来的一般模式，我们称为“指称机制”。为建立这一联系，指称机制必须具有这样两个性质：首先，它必须使指称行为成为可理解的，其次，它必须使这种可理解形式表现为对象本身的性质。除非这种可理解形式就是对象本身的可能性，这两个要求不能同时得到满足。

不过，作为一种主观的知识论条件，可理解形式何以能够限定对象本身的可能性呢？为了说明这一点，就要求助于先验现象学。先验现象学的基本思想，即意向对象本身的存在是意向行为的先验构造物，可以自然地用到这里。

就指称而言，我们所获得的洞见就是，除非知识论状况有施加于对象本身的约束性，否则指称行为是不可理解的；如果这种约束性体现为对象本身的可能性，那么这种约束就是指称者在直觉上可以把握的。因而，指称者使自己的指称行为可理解的方式就是，按照对象本身的可能性去进行指称。这当然是一种完全合乎直觉要求的方式。

这样就揭示了对可能性的形而上学理解与知识论理解可以以何种方式结合起来。这种结合发生于指称行为的元层次，而这是一个先验的层次。

这两种理解在克里普克那里是区分开的，于是先天—经验与必然—偶然是两对外延不重合的概念。克里普克认为，存在着先验偶然命题，也存在着经验必然命题。对这个观点这里不准备讨论，而只是指出，克里普克忽略了先天性这一概念背后的先验哲学动机。这种动机在康德和胡塞尔这样的先验哲学家那里得到了充分重视。康德区分了“先天的”（a priori）与“先验的”（transcendental）两个概念，前者具有与“经验的”一词相对立的意义，后者则有“使经验知识成为可能的”这一意义。先天性是某些命题的性质，先验性却主要与认知能力而不是与命题相联系。这样，先验的内容在康德那里总是以先天命题的形式表达出来，因此，在处理先天命题时，就需要顾及先验哲学的动机。克里普克的论证只针对命题，而完全忽略了这一动机。

按照先验哲学动机，先天性与必然性的联系是通过先验性达到的。使经验知识成为可能的条件必定以与经验知识不同的方式得到满足。先验条件是以规范性的方式满足的，它要求认知主体按照相应的方式从事认知活动。因此，如果经验知识是可能的，那么其先验条件的具备就是必然的，或者说是必需的；关于先验条件是什么的断定所需要的不是证实，而是一种阐明或辩护，主体通过这种阐明和辩护保持自我一致性。就经验知识需要证实而言，我们说它之为真是偶然的，因为这是一种有条件的真；但说先验条件是偶然的，这就是一种概念上的悖谬了，因为先验条件是由承诺保证为真的。对于主体来说，这种保证就体现为一些命题必然为真。

当然，这样得到的知识论可能性就不直接是被归于命题或对象的模态性质，而是构造命题的一般规范。我们已经用“范畴结构”这一非命题性的概念来刻画这种规范。何种命题具有认知意义，这要受制于这种规范。主体之所以具有认知能力，就是因为把握了这种规范。于是，范畴结构规定了何种命题是可能的，而把握范畴结构的认知主体则看到，特定对象的何种性质是可能的。这样理解的模态不是基于直觉从对象那里发现的东西，而是直觉本身所遵守的约束。我们把这种对可能性的理解称为“范畴理解”。关于可能性的范畴理解构成了形而上学理解的基础。

三　作为规范的指称同一性

我们已经看到形而上学理解的同一性与我们称为“范畴理解”的可能性概念之间的关系，而后者又可以过渡到一种经过修正的描述理论，如此一来，就可以得到一种既合乎克里普克关于指称的直觉理解，又能够容纳指称机制的指称理论。不过，为了得到这一理论，还缺少一个环节，这就是把指称的同一性与描述性的成分结合起来。克里普克把指称同一性理解成对象本身的同一性，这就把描述的成分从指称中排除掉了。正因此，克里普克的指称理论与描述理论是不相容的。虽然我们已经把形而上学同一性置于范畴理解的可能性之下考虑，但在直觉的层面我们仍然承认，由于指称的同一性是以对象本身的同一性为依据的，因而不能把描述的成分纳入指称。如何把描述性的成分纳入指称中呢？回答这一问题，就是眼前要解决的问题。

前面已经说明，对象本身的概念是一个构造性的概念，而对象本身的可能性，又是通过以范畴理解的方式引入的可能性得到的，这是一种规范性的构造。因此，虽然在直觉的层面上指称同一性与描述不相容，但在指称机制的层面上，或者说在指称同一性实际上被达成的方式这一层面上，却不一定如此。若能在这一构造的规范中同时容纳描述成分和指称同一性，问题就解决了。

试考虑这样一个问题：指称同一性是基于何种先验的必要性而必须引入的。回答了这一问题，就可以弄清指称同一性在规范的层次上如何实现。

对于克里普克来说，K 命题表达的是，形而上学同一性决定了同一性是必然的。这种解释无法与有些同一性陈述能表达经验事实这一事实协调起来，因而导致经验上的封闭性。这说明 K 命题引入形而上学同一性这一点是不适当的，它也不足以揭示什么是指称同一性。让我们抛开 K 命题，从直觉的层次上回退到较高的层次，即对指称行为做出规范的元层次。在这个层次上界定指称同一性就是：如果两个词项指称同一个对象，或者说如果某词项（type）的两次使用（token）所指称的是同一个对象，那么就不存在于其中它们指称不同对象的可能世界。如果表述成规范性的形式，就要把“不存在”这种说法改成“不应当存在”。这种新的解释使我们避开了同一性陈述的事实性内容，而来到规范性的层面；这种解释的结果是，同一性被理解成关于指称的而不是对象本身的。

下面看指称同一性的先验依据。由于指称行为的目的是确定所谈论的对象，指称行为的相关性质将取决于对象概念对于识别的知识论要求，及其对相应陈述的语义学要求。这两项要求将体现为与指称词项相关联的限制，而指称同一性是这种限制的体现。因此在正式进入主题之前，先定义两个概念，一个是关于对象的识别的，另一个是语义相关性。

对于某对象的识别是独立的，当且仅当对该对象的识别依赖于该对象本身。否则就是非独立识别的。例如对于牛的识别，除非我见过牛，或者与牛相似的东西，例如牛的雕塑或者画像，否则我不能识别什么是牛。这种独立性有时也表现为识别标准对于参照类的不确定的依赖性。如果在一个参照类中除了牛是有角的，其他东西都没有角，那么我可以通过是否有角这一标准在这个参照类中识别出牛；但是，如果在这个参照类中有其他有角的东西，那么这个标准就失效了，必须依赖其他的标准。显然，如果一个对象属于给予性范畴，那么对它的识别就是独立的。一般说来，属于非独立识别的对象是构造性范畴的对象。例如数字 2 和数字 3，对于 2 的识别依赖于对 3 的识别；如果不知道什么是 3，就不能算是知道什么是 2。对于这类对象，一般不存在关于如何识别的问题。关于这类对象的识别，完全依赖于它所属的范畴结构。对象概念本身是通过这种范畴结构界定的。这两类对象在识别上的差异使得对它们的指称行为也具有完全不同的表现，我们应当将它们分开讨论。

再定义语义相关性概念：某行为要素对于某行为具有语义相关性，当且仅当该行为要素满足使该行为具有表意功能的必要条件。这种必要条件也可称为“语义相关性条件”。语义相关性的概念也可以用于某个行为，此时该行为本身满足使其具有表意功能的必要条件。一个使用指称词项的陈述具有表意功能，因此指称词项的相应使用应当具有语义相关性。引入语义相关性这一概念意在表明，要使陈述具有语义，要对指称及可能世界提出何种要求，进而表明这种要求能以何种方式得到满足。通过梳理语义相关性条件，我们得以弄清，为了让意义得以呈现，需要哪些东西以何种方式配合到一起。

使用语义相关性这个概念，会为关于指称同一性的阐明提供线索。我们会有如下一些论断：

> （1）对于独立识别的对象的陈述行为具有语义相关性，仅当能够存在至少两个不同的关于该对象的指称行为（token）。

一个陈述行为具有语义相关性的前提是能够给该陈述赋予真值。陈述的目的是描述事实，一个描述了事实的陈述就是真陈述，从而，一个能够描述事实的陈述就是一个能够赋予真值的陈述。因此，具有认知意义的陈述就是能够赋予真值的陈述。对一个关于事实的陈述，只能通过另一陈述的辩护来为它赋予真值。为此，一个陈述必须含有一种使其能够为其他陈述所验证的要素，而这种要素是使陈述具有语义相关性的条件。

如果两个陈述是关于不同对象的陈述，并且对其中一个对象的识别能够独立于对另一个对象的识别，那么这两个陈述是不相关的。关于陈述之间的相关性，可以得到这一论断：如果两个陈述是不相关的，那么它们不能构成辩护关系。因此，如果没有陈述与某陈述构成辩护关系，那么该陈述不能被赋予真值[①]，因而该陈述不具有认知意义。由此可见，某陈述具有认知意义的前提是，对于作为其主词的指称词项（token），至少可能存在另一指称词项（token），能够构成与之相关的陈述。

对于独立于其他对象而得到识别的对象，关于这类对象的陈述要具有认知意义，就必须能够存在关于同一对象的不同陈述，因而必须能够存在关于同一对象的不同的指称行为（token）及相应的不同的指称词项（token）。由于承诺了不特定的指称行为及词项与其共指称，我们就说，指称行为与指称词项具有语义相关性的条件是指称的“类型化”[②]。

对于独立识别的对象与非独立识别的对象，其类型化方式不同。为了使对于非独立识别的对象的指称具有语义相关性，必须在与对其他对象（这个对象在识别上依赖于它们）的指称的关联中来理解这种指称，因此它也承诺了不特定的其他指称（token），这种情况我称之为“依据结构的类型化”。而对于独立识别对象的指称，则通常采取依据记法的类型化方式，我们通过词项在记法上的相似性来达到类型化。

类型化是指称行为具有语义相关性的条件，是指称行为成其为指称行为的条件——当我们谈及指称行为时，总是在其所使用的是类型词项的意义上这样说的；当我们说一个包含指称词项的句子是一个陈述时，这个指称词项必定已经是类型词项。所使用的类型词项是指称行为的个体化条件。对于独立识别的对象来说，这就意味着，使用记法上相同的词项来进行的指称行为应当视为同一个指称行为，应当视为是对同一个对象的指称。不过，这还不是这种指称行为使陈述有所说的条件，后者涉及可能世界的构造，这就需要可能世界的语义相关性条件。

> （2）对于关于可独立识别对象的陈述，某可能世界相对于该陈述具有语义相关性，仅当该陈述中主词指称的对象存在于该可能世界中。

一可能世界相对于某陈述 S 具有语义相关性，就是说该可能世界的存

① 这实际上是我们在讨论私人语言论证时已经利用过的思路。在那里我们看到，命题能被赋予真值的前提是，我们可以给予其形式上合法的（即非循环的）辩护。可辩护性就意味着命题有独立的真假标准，因而是真假有别的。

② 从字面意思解释（这也是正确的解释），“类型化”就是指“成为类型”。这里的“类型”（type）是与个例（token）相对立的概念。一个词项不是因为指称的东西是一个类而成为类型的。像“拿破仑”这样的词也可以是一个类型。

在与否，对于 S 是否有意义有影响。如果存在一可能世界使一陈述 S 为真，则 S 有意义，否则 S 无意义。因此，如果一可能世界的存在与否影响陈述 S 是否有意义，那么依据该可能世界就应当可以为 S 赋予真值。这意味着，在对该可能世界的描述中至少存在一个陈述 S_1，S_1 与 S 构成辩护关系。依据（1），如果 S 是关于独立识别对象的陈述，构成这种辩护关系的前提就是，S 的主词所指称的对象与 S_1 的主词所指对象同一，因而 S 的主词所指称的对象存在于该可能世界中。

由于非独立识别的对象无须参照该对象本身就能识别，对于对相应陈述具有语义相关性的可能世界的界定，就无须以该对象存在于这个可能世界中为条件。①

（3）对于关于独立识别对象的陈述，作为其主词的指称词项具有语义相关性，仅当在所有对该陈述语义相关的可能世界中，该指称词项都指称同一对象。

这个结论可以由（2）直接得出。它所揭示的是指称刚性的有效性条件。只有当可能世界作为对于具有语义相关性的可能世界得到界定，才能够通过这些可能世界得到指称刚性。这些可能世界绝不是一般意义上的或者说任意的可能世界，而是使陈述具有认知意义所必须预设的可能世界，因而可以说是一切可能世界构成的集合的子集。如果说一切可能世界的集合界定了“逻辑的可能性”，这个子集所界定的就是形而上学的可能性。②

这就等于说，对关于独立识别对象的陈述，所有具有语义相关性的可能世界都是在其中该陈述主词指称同一对象的世界。对具有正常语义的陈述，作为其主词的指称词项都已满足语义相关性条件，因此这一结论可自然得出。这个结论也可以当成关于可能世界的构造原则。我们可以说，指称刚性是通过构造和描述具有语义相关性的可能世界加以保证的。

这就能说明指称刚性为何能够用来区分摹状词与专名。指称刚性是基

---

① 事实上，基于后面第十章第三节之四所给出的关于可能世界封闭性条件，只有借助构造性范畴才能有意义地谈及可能世界，因此构造性范畴的对象实际上“存在于”（在“存在”一词不严格的意义上讲）所有的可能世界中，或者说无须特定地存在于哪一个可能世界中。鉴于这种考虑，对于非独立识别的对象（或者说构造性范畴的对象）的指称行为的讨论，是完全不适合于关于独立识别对象的。

② 关于逻辑可能性与形而上学可能性的区分是与对可达关系的界定联系在一起的（cf. Smith，1998：259）。

于指称功能而对词项语义性质提出的要求。从指称功能的要求上讲，一个指称词项必须能够在所有的可能世界中指称同一对象，而摹状词则不能做到这一点。摹状词的指称功能依赖于可能世界。这样得到的就是克里普克的模态论证。

在此基础上可以说明克里普克关于误识别的知识论论证在什么意义上有效。如果把一个专名错误地加于一个独立识别的对象，当换上正确的专名后，由此得到的陈述在其中为真的那个可能世界就不与原来错误的陈述具有语义相关性。也就是说，没有什么能够表明修正后的陈述与原来错误的陈述之间的关系，因而无法表明这里确实发生了错误识别。

(4) 某可能世界是否是另一个可能世界的部分，这是可判定的，仅当这两个可能世界共有同一个独立识别的对象。

这里我们引入“语境化”（contextualization）的概念，以表明可能世界与语境之间的关系。这种关系建立起来以后，我们就可以在指称刚性与语境敏感性之间找到接合点。

所谓语境化，就是可能世界由于共享可独立识别的对象而渐次合并的过程。我们可以把对现实世界的认识看作这样一个过程。在某个时刻，我们发现了一个事实 F_1，于是就可以把包含 F_1 的可能世界 W_1 合并到现实世界中；在下一时刻，发现事实 F_2，就把包含这个事实的可能世界 F_2 合并到现实世界中……这样依次合并的结果就是，现实世界的细节得到了逐步的填充。[①] 这个过程实际上也是对语境逐步充实的过程。每次对新事实的发现，都以旧事实为基础，都是在旧事实的语境中得到的；而每次发现的新事实，都会进入语境，成为发现下一事实的基础。这个过程就是语境化。这个概念表明了认知过程的动态特性。这是一种路径依赖特性，或者说，是一种自我建构过程。语境化，实际上就是可能世界以一种路径依赖的方式合并到现实世界中，从而构成语境的过程。

考虑语境化过程中的一个环节，即一个世界（或者说，世界片段）如何作为另一个世界的部分合并到后者中。到后一章我们会比较详细地解

---

① 这个过程也可以反过来看。当发现 F_1 时，我们把与之不相容的可能世界排除掉；当进一步发现 F_2 时，就在剩下的可能世界中把与 F_2 不相容的可能世界排除掉……如此持续，最终剩下的就是现实世界，此时我们也就确定了现实世界是怎样的了。

释，一个世界是怎样构成的，这里就只是从直观上给出一个观点，这就是，除非借助独立识别的对象，我们不可能确定一个世界。这里，用来确定一个世界的东西，我们就称为“世界标志”（world indicator）。依据这样的对象，我们才能把一个世界（片段）合并到另一个世界中。而这意味着，这样两个世界必须分享同一个可独立识别的对象。因此，语境化就是一个由一系列这种可独立识别的对象所标出的过程。

（5）关于独立识别的对象的同一性陈述 $a=b$ 是部分可判定的，也就是说，该陈述为真这一点不可判定，而其为假则可判定。

同一性陈述的定义是这样的：关于独立识别的对象的同一性陈述 $a=b$ 为真，当且仅当在任一与该陈述语义相关的可能世界中，对任一谓词 F，$F(a)$ 当且仅当 $F(b)$。如果在所有这样的可能世界中均满足此条件，但仍然说 a 与 b 不同一，那么这种说法是没有认知意义的。如果不满足此条件，那么说 a 与 b 同一是不可能的。正是通过这一定义，对象的同一性概念才与描述性的内容联系起来。

再者，同一性陈述中的指称词项“a”和“b”必须是两个不同的类型词项。如果这是两个个例词项，则它们不能算是做出了指称，从而没有得出同一性陈述。如果它们是同一个类型词项的不同出现（token），那么“$a=b$”就只是在确认它们被算作同一个指称行为，而不是一个关于对象的陈述。

要有意义地判定该陈述是否为真，必须先独立地识别“a”与“b”的指称，然后对每一谓词 F 构成的陈述 $F(a)$［或者 $F(b)$］构造相应的可能世界，在该可能世界中判定 $F(b)$［或者 $F(a)$］是否为真。如果后一陈述不为真，则同一性陈述为假；若对每一 F 及相应任一可能世界，后一陈述皆为真，则同一性陈述为真。这一判定过程的长度取决于所有相关谓词与具有语义相关性的可能世界构成的有序对个数，而这个数目是无穷的。[①] 如果同一性陈述实际上为假，则这样的判定过程是有限的；如果这个陈述为真，则判定过程是无限的。因此，同一性陈述是部分可判定的。

这意味着，对关于这类对象的同一性陈述来说，即使所有已完成的判定都不表明其为假，我们也不能认其为真。这样，当我们说两个独立识别

① 可独立识别对象属于给予性范畴，依据第八章第二节之二给出的对象实在性条件，这类对象应当属于无穷多的范畴结构，因而有无穷多可适用的谓词。

的对象不同一时，我们陈述了事实；但说两个独立识别的对象同一时，却并非如此，此时我们说这个陈述表达的是一个设定或一个承诺。

> (6) 如果两个关于独立识别对象的指称词项被认为指称同一个对象，那么除非事实表明它们所指称的对象不同一，在任何与包含这些词项的陈述语义相关的可能世界中，它们都将指称同一个对象。

这个命题是综合（2）、（4）及（5）得出的。由（2）可以看到，如果单独处理这两个指称词项，就可以得到分别与包含它们的陈述具有语义相关性的两套可能世界。依据（4）所给出的方式，可以将这两套可能世界一一对应地归属到一套可能世界中，只要存在世界标志使这种归属是可判定的就行。在新得出的这一套可能世界中，我们可以运用（5）所给出的定义来理解由这两个指称词项所构成的同一性陈述。容易看到，对于以这两个指称词项中的一个为主词的每个陈述，都会以这套可能世界为语义相关性条件，但不必为此承诺，在其中的每一个可能世界中两指称词项都指称同一对象。仅从语义相关性的要求来看，在每一可能世界中两词项指称不同对象总是可能的。因此，指称的对象是否同一，这一点可以依据事实情况来修正。这种修正不会影响语义相关性。

这表明我们将如何运用和理解指称同一性。一方面，指称同一性既能表达对象在事实上的同一性，又具有规范性。从表征事实这一层面上讲，两个指称词项指称同一对象，必须被理解成关于对象的同一性，因而可以表达成一个关于对象的同一性陈述；这个同一性陈述之所以具有认知意义，在于其为真与为假会使不同的可能世界进入语境化过程；另一方面，指称同一性的规范性在于，它是构造与使用相应词项语义相关的可能世界的依据；指称同一性排除了那些所指对象不同一的可能世界的语义相关性。当然，这并不意味着在逻辑上所有这样的可能世界都被排除了，被排除的只是这类可能世界在形而上学上的可接受性。如果有新的证据表明两词项的所指对象不同一，我们关于形而上学可能性的概念就会得到修改，结果是一套不同的可能世界进入语境化过程。这是一种在语义上有限定但又依赖于事实的形而上学可能性。

由此可以确定，指称同一性的依据不是形而上学同一性，也不是事实“本身”，而是一种语义上的要求。只要陈述具有正常语义，这一要求就必须得到满足。指称同一性界定了一整套所指称对象必须在其中存在的可能世界。从规范的层次讲，这等于规定了承诺这些可能世界的陈述行为；而从直觉的层面上讲，这些可能世界界定了对象本身的可能性。因此，指称同一性是一种以规范陈述行为的方式界定形而上学同一性的规范。

在以上分析中，克里普克显然同意（3），但他为何得到在经验上封闭的 K 命题呢？如果不引入语境化过程，从而引入作为指称规范的命题（6），那么我们将不可避免地同意 K 命题。如果两个词项所指称的对象是判定任何可能世界是否具有语义相关性的依据，那么只要同一性陈述为真，在其中同一性陈述为假的那些可能世界对该陈述就不具有语义相关性，因为总有一个词项指称了不同的对象。这就是为什么对于真的同一性陈述给不出反例的原因。而在语境化过程中，如果一个同一性陈述被认为是真的，那么虽然这意味着两个指称词项指称的是同一个对象，但却与这样一种知识论状况相关联，此时既没有发现足以区别两者的事实，也没有证据表明能够找到这类事实，因而即使同一性陈述被认为是真的，它也是可以撤回的。

同一性陈述可以看作是关于这样一类事实的陈述，这类陈述不是在某些可能世界中排除某些事态，而且以限定语义相关性的方式选择了那些可能世界。这是一种“高阶的事实”。同一性陈述体现了语境化过程中的路径依赖效应。为了发现某个曾被认为是真的同一性陈述是假的，必须抛弃一整套形而上学设定，这些设定曾经使我们能够断定某些事态是可能的或者不可能的，进而使我们断定某些陈述具有认知意义，而另一些则不具备。这样一来，就有不同的可能世界进入语境化过程，而按后文第十章第五节的论述，这也是产生认知意义的。

第六节　指称机制，或新描述理论

至此，指称同一性，以及指称刚性，已经松动得足以容纳描述理论的主要想法了。这种想法就是，说话人要完成指称行为，就必须用某种自己能够把握的方式来确定指称。这一节我们就进入指称机制的层次，来讨论指称行为是如何达到确定指称对象的程度的。我们的讨论将在一种意义上回到描述理论。①

① 指称主义者为指称给出的正面解释是因果理论，持这一理论的主要是克里普克和唐纳兰。因果理论无法说明，仅仅包含名称的等同式何以能够有认知意义，这使它远没有描述理论的解释力。有些人转向把描述理论与因果理论结合起来的一种混合理论，典型的代表例如埃文斯（Evans，1973）以及戴维特（Devitt，1981）。

作为描述理论的退缩形式，塞尔的簇摹状词理论来到了这样一个临界点上：对于专名的意义来说，没有哪个摹状词必不可少，但摹状词总的来说仍然必要。从这个临界点推进一步有两种可能性，其一，放弃专名具有固有意义这一看法，寻求关于意义概念的进一步根据，其二，放弃对意义的摹状词解释，寻求刻画意义的新的方式。这两种可能性都涉及对意义概念的反思。果然，他后来转向了对意义的意向性解释，并发展了关于识别的新观点，主张一种不依赖于摹状词的识别方式（Searle，1983）。这与他关于固有意义的概念的不满是一致的，他主张一种基于语境理解的意义概念（Searle，1979/2001：ch. 5）。塞尔不知道范畴理论。这些想法可以在范畴理论的框架下得到很好的整合。关于谓词性的意义，关于识别，我已经在第八章第二节之一讨论了。这一讨论就是在范畴理论的框架下进行的，这里不再赘述。这里只讨论一下识别的一般条件。

对一个对象的识别是通过摹状词进行的，但何以能够在对象并不满足摹状词的情况下，仍然能够使识别顺利进行呢？这是因为，识别并不依赖于摹状词。这里我们给出一种关于摹状词的分析：一个摹状词用于识别时，既需要范畴提示（category indicating）的功能，又需要语境提示（context indicating）的功能。

设想在昏暗的灯光下，某人指着地上对我说："那滩黑乎乎的东西就是血。"这是一个用摹状词来识别对象的例子。血并不是黑的，虽然它在此时看起来是黑的。"那滩黑乎乎的东西"这个摹状词在这里起两个作用，其一，提示我要注意它的颜色，让我从颜色方面来识别它；其二，提示我要在眼前的语境中来注意，例如要考虑灯光的影响。后一功能使我不会以为说话人是在误导我，因为血实际上是红的。但并不是因为我相信说话人，才会去注意语境，而是因为，结合语境来识别是一件自然的事情——要识别的对象就在语境中。前一种功能就是范畴提示，后一种功能则是语境提示。这两种功能结合在一起，就能够使我在特定的语境下掌握对于识别来说是足够的信息。

另一个例子是本章第一节已经讨论过的唐纳兰关于饮马丁尼酒的人的例子。用"那个饮马丁尼酒的人"这一摹状词来识别一个实际上手拿一杯清水的人，如果没有这两种提示功能，这是不可能的。在西方，酒会是一种模式化的场景。人们在酒会中饮用包括马丁尼酒和水在内的各种饮料，一般会有一些点心。人们可以手持饮料四处走动，可以或站或坐地随机聚成一个一个的谈话圈子。当然，也会有音乐，甚至有小型室内乐队伴奏。

对于这类模式化的场景，可以用脚本（script）的形式来描述。如果把脚本当成一些有固定搭配关系的陈述，我们还可以把这些陈述形式化成一些范畴结构。例如，我们会有这样一些主谓词构成的有序对：<参加者，饮料>，<参加者，谈话圈子>，<背景音乐曲目，演出时间>，如此等等。只要为某个有序对的变量赋值，并添加适当的动词，就可以构成一个有意义并且适合于酒会场景的陈述。唐纳兰的例子中使用的摹状词就属于第一个范畴结构。它提示了这个范畴结构，并要我们注意手中拿的杯子(虽然摹状词说的是“饮马丁尼酒”，但在酒会上人们的兴趣往往不在于此)。至于语境提示，则把关于识别方式的信息包含在内了。在说话的语境中（一个真正的酒会，在酒会上总会有一些素不相识的人)，不会用品尝的方式去识别别人手中的马丁尼酒；远观是无伤大雅的。此时，马丁尼酒与清水之间的区别也就作为不相关的因素被排除了。如果实际上那里有一个人在喝马丁尼酒，另一个人在喝水，说话人会追加一个形容词说“那个饮马丁尼酒的高个子”。尽管实际上饮马丁尼酒的是较矮的那个人，我们仍然知道他指的是谁。

如果没有相对固定的字面意义，范畴提示功能是不可能的。这种相对固定的字面意义与其所属的范畴联系在一起。范畴提示功能通过对象和谓词与范畴结构之间的归属关系得以发挥。因此，无论是名词性的成分还是形容词性的成分，都可以起范畴提示的作用。在像“那条狗”这样的摹状词中，名词成分“狗”就提示了适合于狗的范畴结构。我们可以用这个摹状词按这些范畴结构中的谓词来识别这样一些对象：远看像一条狗的石头、一个卑鄙下贱的人、一个忠心耿耿的人，如此等等。至于在这些谓词中选择哪一个，则取决于语境。形容词性的成分则既可以直接用于识别，也可以以范畴提示的方式结合语境来达到识别。当然，我们也可以把直接用于识别的情形归于语境，这取决于通常采用何种样本来确定形容词的意义。

语境提示的功能并不体现为摹状词的语法成分，而是体现为语境本身那些相关的方面。在具体语境中该以何种方式通过摹状词达到指称，可以通过研究语用推理加以揭示，在此不必赘述。对于语义学来说，关键是语境如何构成。

语境是一个说话行为在其中发生并得到理解的世界（即现实世界)，当一系列事态被渐次引入，这个世界得到相应的丰富、修正甚至重构。这个使语境发生变化的过程就是语境化过程。如果说陈述之被理解依赖于语境，那么一个陈述所给出的是何种事态，也取决于语境，或者更准确地说，对应于使语境所发生的变化。这一点可以表述成，陈述的认知意义在于该陈述之为真对于语境所导致的边际效应。

在语境化过程中，对于独立识别对象或者说给予性对象的指称起了一个尤为重要的作用。在前一节的讨论中我们已经看到，给出一个这样的指称，就等于说给出了一整套相应的可能世界，其所指称的对象在这些可能世界中都存在。因此，可以说指称行为的功能就是引入构造语境的生长点。用形象而又简化了的方式说，一个可能世界就是从一个节点向后发散的有若干分支的辐射线，所有可能世界就构成了由这些辐射线构成的网络；这个网络中的每个节点都是一个对象，每两个节点之间的线就是事态；构造性范畴以及不特定的实例通过构造推理模式保证这些辐射线在经过节点时的连续性；现实世界是这个网络上的一条线，它连接了足够多的节点；语境就是这条线连同从这条线上的各节点向外发散的那些辐射线，它向新的节点扩展以使现实线延伸下去。只有引入新的节点，这种延伸才是可能的；引入新的节点，正是指称的功能。

那么，指称是如何与描述性的成分，或者说与使对象得到识别的成分相结合呢？

事情至此已经很明显：描述性的成分不是通过语义分析可揭示的方式与指称词项相结合的。一方面，这一看法所导致的困难已经为克里普克的批评所揭示；另一方面，如本节所述，描述性成分对于识别所起的作用是通过范畴提示和语境提示才得以发挥的，而这两者所需要的归根结底是一种推理能力，这种能力以对范畴的把握为前提，并与推理模式相联系。描述对于识别是不充分的。而指称对于识别的要求也没有停留在语义的层次，而是深入意向能力的层次。只要能够识别，就能够指称。虽然指称可能不正确，但它总能够成为正确的；指称的意向能力使我们能够有意义地谈论什么是正确的指称，这就是识别对象的能力。

因此我们也可以针对指称来分析范畴提示与语境提示，指称毕竟与识别要求同样的条件。虽然在使用专名和自然类名所做的指称中，语义上可分析的成分已经下降为零，但这并不妨碍这两种提示功能。我们需要的不是语义分析，而是一种概念分析。这种分析的要点是，阐明在一般的指称活动中，基于意向行为模式，什么与什么相联系。它揭示的是以概念为节点的意向行为结构，这些节点以一种规范性的方式指明了认知推理的方向和路线。

还是用来自克里普克的一个例子。某人对另一个人说，“琼斯在干什么”，后者回答说，“在耙树叶”——他们透过浓雾看到的实际上是一块石头（Kripke，2001：25n3）。虽然这场对话完全建立在一个错误的基础上，他们并没有谈论想要谈论的那个对象，即琼斯，但这表明了指称所需要的要素并不完全来自对象，否则，回答的一方不会认为自己做出了一个有意义的回答。使他认为自己的回答有意义的基础是这样一个事实：琼斯是一个人，说一个人在耙树叶是有意义的。如果琼斯是一条狗，那么他的回答就可能是“在摇尾巴”，而不会是“在耙树叶”。显然，“琼斯”这个专名提示了某个以人作为对象的范畴，这就是指称词项的范畴提示功能。通常我们会说，任何一个专名都是把对象当成某个类的成员来指称，就是基于这一点。

专名所提示的范畴构成了与特定指称词项固定连接的部分，所指称的对象无论发生何种非事实的变化，与之相联系的范畴将保持固定；只有当这个范畴固定下来，这些非事实情况才是可设想和可谈论的。我们可以谈论关于琼斯发生过或未发生的任何情况，琼斯在耙树叶，在洗脸，琼斯是个哲学博士，琼斯死了，琼斯化成了灰，如此等等，甚至可以说琼斯在摇尾巴（琼斯变成了一条狗）；但是如果说话人突然发现琼斯不是人，那么他会认为自己当初并不知道琼斯是谁，或者认为这不是琼斯。发现琼斯不是人与发现琼斯变成了一条狗，其中的区别是，前一种情况使我们一下子失去了谈论琼斯的基础，原来当我谈论琼斯时，谈论的实际上是一条狗；而在后一种情况下则基础还在，我们面对的是人变成狗的情况。关键是，当发现琼斯不是人时，我很难让自己关于琼斯的谈论一致起来。如果我说琼斯是一条狗，这就推翻了关于他是人的预设。但这个预设并不妨碍我说琼斯变成了一条狗。“变成”这一说法是使“琼斯是一条狗”这一说法与我已经把琼斯预设为人相一致的一种方式。有人会争辩说，琼斯既是一条狗又是一个人，这为何不可能呢？当然，在童话故事里狗还会说话呢。对此的回答是，他还不知道什么是人，他还没有学会“人”这个概念。这个概念并非一种被称为“本质”（essence）的东西，作为人并不是琼斯的本质，因为他可以变成狗而继续是琼斯；[①] 也不是一种被称为“基质”（substance）的东西，基质是构成对象并属于对象的一部分的东西，但我们不

① 这里不能正面讨论克里普克式的本质主义，虽然这是在反对这种本质主义。由于克里普克对模态性质与形而上学性质之间的关系的把握是基于直觉得到的，所以他论证本质主义的方式也可以与指称刚性和指称同一性概念一样加以对待。

能说琼斯的一部分是由人构成的。“人”这个概念也不是对琼斯的描述的一部分，虽然它可以作为摹状词的成分，例如“这个人”这个摹状词。如果这就相当于说琼斯具有人通常具有的那些性质（这类似于“人性”这个说法），但琼斯可能恰好不具有这里所说的那些性质，例如当琼斯变成了一条狗之后就是如此。“人”这个概念不过是我们的语言网络上的一个枢纽，通过这个枢纽，我们才能到达一系列关于琼斯的事态。

再看另一个例子：*A* 对 *B* 说：“亚里士多德真讨厌，写这么多枯燥无味的书还要人去读它们。” *B* 答道：“那你当初干吗不告诉他这些书毫无趣味呢？” *B* 不知道谁是亚里士多德。那么他是怎样确定“亚里士多德”的指称的呢？这里有一系列语境提示。亚里士多德无疑是一个著作等身的人，这些著作的文风枯涩，这个人有一定权威，并且 *A* 对这个人可能有一定的影响力，否则这种抱怨毫无意义。但这些提示对于确定谁是亚里士多德是充分的吗？当然，没有什么语境提示能够把对象作为对象“本身”充分地确定下来。但语境提示的特殊之处在于，它决定了对指称的确定要达到何种程度才是够用的。对关于指称的知识的充分性不存在一个固定的标准。新知识的获得要依赖于旧知识，关于指称的何种知识才算充分，这一点也要依赖于已掌握的信息。因此，关于指称的知识如何才是充分的，取决于我们对语境的把握程度，在这种把握的基础上，我们确定对于指称的何种程度的识别是充分的，并理解说话人所说的话。

对于 *B* 来说，究竟谁是亚里士多德，亚里士多德与柏拉图之间究竟有什么样的分歧，这些对于语境来说是不必要的。即使 *B* 对亚里士多德一无所知，他仍然能够理解 *A* 的抱怨，此时相关的语境提示是充分的。

关于指称的知识也会揭示语境的某些方面。如果 *B* 知道亚里士多德生活于古希腊时代，那么他的回应就具有反讽的意味。他暗示 *A* 的抱怨是无意义的牢骚。对于语境的这种理解来说，关于亚里士多德的生活年代的知识是必要的。这种揭示也依赖于语境，语境决定了关于指称的何种知识是相关的。

设想有人对我说，“亚里士多德其实背叛了他的老师”，但我不知道亚里士多德是谁。虽然谈话的主题就是亚里士多德，但我不会去问谁是亚里士多德，而是问“他的老师是谁”。根据亚里士多德的老师来确定“亚里士多德”的指称，这恰恰是语境所要求的。当然，没有什么阻止我直接问亚里士多德是谁，但这是一个不得要领的（pointless）问题。面对这一问题，对方会反问，你想知道什么。这个问题的弦外之音是：“关于亚里士多德这个话题你知道什么？如果你什么都不知道，我就不知从何说起了。”

为了确定指称，我们依赖语境给出的充分性标准；我们不会脱离语境去确定被指称的到底是哪一个，也不会去确定对象“本身”（在克里普克式的形而上学的意义上讲）。当然，我们知道对象本身，这是一种有认知意义的“知道”，这种意义来自语境化过程的连续性。为了保证这种连续性，我们按使语境得以构成的方式形成关于对象本身的概念。

第十章　知识

意义理论的哲学动机是知识分析，就是要理解语言为什么能够表达知识，陈述句为什么能够承载认知意义，并进而能够用于展开推理以及辩护。最后一章作为本书的总结，就是给出一个回答这些问题的基本框架。

在第一章第一节解释弗雷格主义与罗素主义时我们就已经看到意义理论的两种形态，它们分别通过真（以及辩护）和指称（以及表征）来说明意义是什么。但是，这两者都不让人满意。弗雷格主义完全从语言内部出发，通过建立初始真理来达到对象。弗雷格把命题当作先于词语的东西，这样，命题原本就是整体。对他来说，如果一个命题被确认是真的，那么在具备同一性条件的情况下，这个命题中的指称词项就拥有指称。（Frege，1980：§62）弗雷格实际上排除了经验对于指称所做出的贡献，而这让他无法表明对象如何能够具有对于语言（以及心灵）的独立性，因而不具备一种健全的表征概念。[①] 罗素主义则从单个词项的指称出发来理解句子的意义。词项的意义由亲知来保证，而亲知作为非语言的手段，也就确保了对象对于语言（以及心灵）的独立性。罗素据此建立了实在论者所接受的表征概念。但是，如第五章第一、二两节所见，在这个基础上不能解决命题统一性问题，这使整个真理理论失去了基础。而与之相比，弗雷格主义则不会面临这一危险。

其实，我们已经具备了同时解决命题统一性问题与表征问题的途径。范畴结构就能够同时满足两方面的需求。一方面，范畴结构能表明命题在何种意义上构成了一个整体，它本身就是从命题整体中提取出来的；另一方面，范畴结构还是一种足以把经验内容纳入模式的结构，按一种习得的方式进行知觉活动，就是在运用对应于范畴结构的那种意向能力，而由此获得的经验就已经在范畴结构的约束之下，从而进入相应的命题内容。这

---

① 弗雷格所关心的主要是像数这样的可以通过逻辑手段构造出来的对象，识别这样的对象当然不需要经验手段。他承认数作为对象是不独立于理性的（Frege，1980：§26）。

样，范畴结构就构成了一个接口，我们可以由此解决弗雷格和罗素各自的问题，一个整合的意义理论也就是可能的了。

把我们的处境与逻辑经验主义相比较会说明一些问题。从逻辑经验主义的角度来看，语言与实在只能通过经验相联系。这样，认知意义就被等同于可证实性。但可证实性与句子的推理性的特征联系在一起，要兼顾这些特征，就迫使逻辑经验主义从一种原子论观点向一种整体论观点靠拢（亨普尔，1998）。原子论观点把具有认知意义的东西当成单个句子，而整体论则认为是一个理论整体。但是，正如我们在第一章第三节表明的那样，整体论其实表明了一种由哲学解释的缺失导致的不确定状态。戴维森引入的结构约束与经验约束，由于彼此缺乏关联，而无法结束这种不确定状态。范畴结构可以充当此任，它一方面提供了足够的结构约束，另一方面则提供了经验约束，或者说为经验约束提供了接口，这样，就在利用经验连接语言与实在的同时，我们得以把语言推理性的特征纳入到这种连接机制中。

第一节 知道与理解

认知意义这个概念把句子意义与“知道”这一命题态度联系了起来。我们也把句子意义与“理解”相联系。这两种联系的区别在于，当句子之所说与“知道”相联系时，所知道的是事实，而与“理解”相联系时，所理解的则是句子意义。比如说，理解“天下雨了”这个句子，就是知道下雨是一种降雨过程，知道天下雨了是怎么回事，但这种层次上的知道却并不等于知道天下雨了，不等于知道现在的天气状况。

与此相关联的是另外一个区别。知识不仅要求知道句子意义，还需要对句子为真提供依据，也就是说，要为句子提供辩护。句子意义虽然是辩护的必要条件，但本身并不能充当辩护依据。为了辩护，我们在句子意义的基础上还需要别的东西。我们得进一步考虑语言意义与认知意义的关系。

我们利用“事态”这个概念来处理上述两个区别。事态就是一个陈述句所描述的情况。在不考虑一种情况是否存在，而只是关心它是怎样的时候，我们所考虑的就是事态。而当事态存在时，那就是事实（cf. Wittgenstein，1961：2）。这样，理解与事态的概念相对应，而知道则与事实的概念相对应。

有了事态这个概念，我们就可以把句子意义、事实及辩护、知识这样一些东西联系起来。为看到这种联系，需先明确两个要点：（1）知道所涉及的不是单个事态，而是互相关联的事态，（2）知道所涉及的事态必须与某个特定的世界即现实世界相关联，而如此关联的事态就是事实，即存在的事态。下面依次说明。

基于语义直觉，理解一个句子，就是能想象与这个句子对应的事态。也可以说，知道一个句子的语言意义，就是知道相应事态在其中为真的可能世界存在。句子内容可以体现为相应的事态。就知识而言，由于知道的内容用句子来表达，这种表达的一个结果就是给出某个事态，这个事态对应于知道的内容。

但是，如果一个事态的存在与否与其他事态没有关系，那么这个事态之给出与否就没有认知意义。因为，如果我们问，知道这一事态意味着什么，而这一事态与其他事态之间没有任何关系，那么我们的回答就仅仅是，这意味着我们知道它。进一步甚至可以说，我们无法有意义地说我们知道这一事态，因为，“知道”意味着拥有可以辩护的信念，而辩护的依据则由其他事态提供。[①] 因此，为了谈论知道，就必须以事态间的关系为前提，这种关系使提供依据成为可能。这就说明了上述要点（1）。

事态只有共存于同一个可能世界中才能建立起辩护关系，并且这个可能世界就是现实世界。只有真命题才能提供辩护，而真命题所描述的是存在的事态，即事实。此外，命题间的辩护关系要能够建立，相应的事态就要存在于同一个可能世界中。只有这样才能保证，当用来辩护的命题为真，被辩护的命题也就为真。用来辩护的命题为真，就意味着这里有个可能世界，该命题所描述的事态存在于该命题中；此时，只有当被辩护的命题所陈述的事态也存在于该可能世界中，我们才能由可能世界的存在，得出被辩护的命题为真。[②] 这样就得到要点（2）。

这样一来，知识的辩护要求就意味着，我们需要在可能世界中来看待知识内容，或者说，只有在可能世界所建立的联系中，句子内容才谈得上认知意义。在这个基础上，知识进一步意味着，辩护关系得以在其中建立的是现实世界，这样，命题所描述的事态才成其为事实。于是，通过讨论现实世界是如何建立起来，讨论现实世界与事实之间的关系，我们就可以

① 严格地说，只有事实才能充当辩护依据。这里提到事态，是因为事实之间的联系对应于事态间的联系。

② 可以利用语义蕴涵的概念来处理这里论证。参见第七章第五节之三。

理解辩护关系的实质，从而解释何为认知意义，以及何为知识。

现实世界这个概念与可能世界联系在一起，这种区别与联系让我们得以在可能世界的基础上了解现实世界如何构成。

现实世界是可能世界中的一个。它与所有可能世界一样，是通过意向能力的运用构造出来的。这确保了现实世界是可以理解的。因为，理解首先是一种构造活动，或者说是一种赋予形式的活动，这种形式就是范畴结构，构造出的是受范畴结构约束的可能世界。

与其他可能世界不同的是，现实世界是被给予的（given），它以独立于我们的语言与思考的方式存在。现实世界以不同于可能世界的方式构造。可能世界的构造方式是，先考虑一个句子，在句子得到理解的基础上，我们会设想一个句子在其中为真的世界，这个世界就是可能世界。现实世界则先于句子给出，它决定了哪个句子是真的。简言之，可能世界依据句子内容来确定，而现实世界则决定哪些句子为真。正是因为现实世界先于句子真值确定下来，确定了句子真值，才能算作知识——知识总是因为独立于知识的东西而成其为知识。

这里似乎有个矛盾：一方面当说现实世界就是可能世界中的一个时，现实世界就像其他可能世界一样，是被构造的；但另一方面我们又承认，作为知识之所系，现实世界是被给予的。这不是真正的矛盾。可能世界之被构造，在于它们遵循的是范畴结构所体现的那种可能性结构，现实世界也遵循这种可能性结构；而现实世界之被给予则在于，在这种可能性结构中具体实现的是哪种可能性，是以独立于语言和心灵的方式决定的。也就是说，构造性在于可能性本身的确定，而给予性则在于真值的确定。二者不在一个层次上。给予是在构造的范围内的给予；什么东西能够被给予，这由被构造的东西决定。

在这种关系的基础上，现实世界的建立，可通过我们称为“语境化”的过程来加以描述。这是一个依据辩护关系渐次确定命题真值的过程。一个命题真值的确定，取决于三个要素：范畴结构、以前的事实、经验的输入。在范畴结构提供的逻辑约束之下，以前的事实与经验的输入作为辩护基础，共同决定了在一个范畴结构之下的哪个命题是真的。其中，以前的事实就充当了语境（范畴结构也可以作为语境，但只是抽象语境），而新的事实，则加入了这个语境，从而成为决定下一个真命题的辩护基础。这样一个动态的过程，就是语境化。可以看出，语境化就是现实世界逐步展开的过程，而通过描述这种展开过程的机制，什么是认知意义，就会得到阐明。

第二节 语境化及其一般条件

范畴结构表明何种句子有意义，而有意义的句子对应于可能的事态。范畴结构通过意向活动实现。由于意向活动指向意向对象，范畴结构通过意向活动得以实现的方式就是规定意向对象，即规定作为意向对象的事态。我们是从语义直觉的两个原则明确这一点的，这就是投射原则和限定原则（参见本书第七章第三节），它们确定了范畴结构与可能事态之间的对应关系。当这种对应关系表现在意向能力的抽象层次时，所发生的就是范畴投射。

某种意向能力的运用，本身就让相应的对象具有范畴结构所包含的那些可能性。比如，当我动用识别颜色的能力，也就是说，从颜色范畴来看一个对象，那么这个对象就具有各种颜色的可能性。用维特根斯坦的方式来说，这个对象就位于“颜色空间”中（Wittgenstein，1961：2.0131）。①在这种情况下，我们可以说它可能是蓝色的。这种说法也是就其具备的是可能性而言的。在这种意义上，这与说它可能是红色的，是一回事。它们都仅仅是说，它位于“颜色空间”中，而不确定对象具有任何特定的颜色。对象具有这样的可能性，是我们动用颜色识别能力的结果。这就是范畴投射。

所有意向对象都存在于语境中，语境构成了意向对象在其中出现的背景。在这种意义上，我们可以把由范畴结构所限定的可能性空间当成语境，它是范畴投射的结果。这不是一种可以诉诸特定断言的语境，它还不是具体的内容，而是一种抽象语境。当我们断言某对象在这种语境中存在，这种断言无助于说明这个对象实际上有什么特性，而只能说明对象可能有什么特性。抽象语境所提供的是具体断言的背景，一切可能的相关断言都无所区分地属于这个背景。正是因此，语境投射并不决定断言的内容——它对具体断言无所选择。

不能说，范畴投射把实在并不具备的特征强加给了实在。因为，所投射的并不是任何能够称为特征或者事实的东西，而是特征和事实的可能性。比如，当我们把颜色范畴投射到实在中时，就没有投射任何一种颜色

① 由于同属一个范畴结构的那些可能性具有一种类似于空间的维度结构，“空间”这个比喻是恰当的。

给实在。我们甚至也没有把“具有颜色”这个短语所表达的特征强加给对象，因为，这个短语并不单独表示一种特征；它要是表示一种特征，那就一定是比如红色这样的具体的颜色，但是当我们把颜色范畴投射到对象上时，并没有投射任何具体的颜色。正是在这种意义上，范畴投射的结果不是任何具体的事实，而是抽象语境。①

也不能说，实在不适用于被投射的那种范畴结构。确实上，有些对象并不适用于某个范畴结构，比如，一段音乐就不具有颜色，因而就不适用于颜色范畴。在这种意义上，我们确实可能（尽管这实际上不可能）把一种范畴结构运用于错误的对象。但是，我们在第七章第四节之二解释范畴结构时已经看到，范畴结构是通过对现存事实进行分析得到的，这样也就不可能出现对象与范畴结构的错误配置。事实上，范畴结构是意向能力的结构特性，这一点本身就保证了不可能出现这种错误配置，因为，意向能力的运用同时决定了什么样的对象被纳入什么样的范畴结构，而不是先形成一种范畴结构，然后才为这种结构寻找对象。简言之，一个对象如果被纳入了错误的范畴结构，那它就不可能是原来的那个对象。比如，如果我发现一段和弦原来是有颜色的，那么我所谈论的就不是一段和弦。

可以说，范畴投射其实就是意向能力的运用对于主体来说所产生的效应。就像意向行为一般而言具有的投射效应一样，范畴投射也是这样一种投射效应。这种投射效应本质上就是，意向行为方面的特性会体现为意向对象方面的特性。但是，即便是在前面讨论指称时，我们也没有说过，会有某种意向行为方面的特征会投射为对象；最多，我们会承认对于对象的预设。投射是行为的完成，而预设则需要回应和实现。因此，一个意向行为即便是基于预设做出的，它还是会容纳来自实在的信息。范畴投射更是如此，它决定了什么是来自实在的信息。它就像打开了一个通道，让来自外部的信息涌进。这也像睁开双眼的动作。与闭上眼的黑暗相比，眼睛睁开看到的世界的光明，就有点像是视力的投射。这种投射只是让世界被看到。

语义直觉的两个原则都与可能世界相关，据此可以给出关于可能世界的存在性断言。被断言的是个体化了的可能世界。可能世界的个体化依赖

① 与康德的先天综合判断对比就可以看出一些问题。依据范畴结构为真的命题在某种意义上就可以说属于康德的先天综合判断，但是，严格来说，这些命题不能按照康德的方式被理解成是提供知识内容的。很可能，康德意识到这些命题不提供知识内容，他只是没有找到一种机制来阻止其被理解为知识，而只能借助理性的自我限制。但是，这种限制很难说不是外加的。

于实际断定的事态，我们说某个可能世界就是某某事态在其中为真的世界。一般地讨论范畴投射，由于没有任何事态被给出，就不能引入个体化了的可能世界，因此如此得到的语境是抽象语境。抽象语境是一种结构，它对应于范畴结构，并以事态之可能性的方式体现。当然，这种结构不足以确定任何事态。

如果某个事实被给出，情况就发生了变化，因为据此我们可以得到某个可能世界，即该事实存在于其中的可能世界，即现实世界，而其他的可能世界被排除了。这样就使语境具体化。通过引入事实得到具体语境，这就是语境化。具体语境可以描述为一个可能世界，这就是现实世界。语境化实际上就是现实世界的个体化，它表明为何一个事态属于这一可能世界（现实世界），而不是其他可能世界。

事实通过相互关系构成的整体就是一个语境。一个语境就是一个世界。人们在一种整体的意义上谈及世界，而在与某个命题态度相关联的意义上谈论语境。如果我们所要谈论的命题态度就是“知道某事”，那么语境就可以扩展到整个世界。例如，自然科学以整个自然界为其语境。世界或语境通过事态间的某种关系才构成一个整体，才成其为一个世界或语境，这就是世界或语境的个体化；事态间的某种关系构成了这种个体化的原则。

这种关系必须是有规则的，以使我们可以一般性地确定一个事态是否属于这个世界或语境，从而确定它是否是事实，确定我们关于它的信念是否是知识。事态间的这种规则性的关系是使知识成为可能的条件。

可以在事态的概念与其他概念的联系中把握所需要的规则性关系。这些概念之间具有一种依赖关系，这样，如果事态是通过纳入这些概念来理解的，那么这些事态就具有我们所要求的规则性关系。若要求事态间的这种关系存在，自然的做法就是，考虑这里所需要的都是些什么样的概念。我们所能够提供的概念可能不是唯一的选择。但是，无论可以给出什么样的替代方案，这些方案都必须满足在事态间建立规则性关系的要求。这一要求我们称之为语境化的一般条件。

从直觉上来看，这种一般条件应该达到这样一个效果，对任何一个事态来说，它是否属于现实世界，都存在一种方法来加以判定。我们可以把这个条件称为“封闭条件”。与之对立的是一种开放的状态。卡尔纳普用“状态描述”的方式来定义可能世界，方法是，列举所有原子命题（他认为这些命题在真值上彼此独立），并对每个原子取一个真值，然后依次取真命题本身和假命题的否定构成合取命题，这个合取命题就构成一个可能世界的状态描述，而一个状态描述就确定了一个可能世界（Carnap，1956：9）。用这种方式只有当状态描述完成以后才能区分不同的可能世界，而在未完成时，我们依据已有的原子命题得到的，都只是到目前为止还未能加以区分的无穷多可能世界。这样得到的就是对可能性开放的世界状态。这种方法显然不合我们的要求。我们需要在状态描述没有完全给出时，也就是在世界进程之中，就能够恰当地区分不同的世界。即使是对于未来的事态，我们也能够有意义地区分出哪些属于这个世界而哪些不属于。在这种意义上，我们需要的语境化条件是可能世界的封闭条件。

现实世界定义了什么是存在。按照第四章第三节之四的讨论，什么叫作存在，这是通过实际做出陈述的人在做出陈述时以索引的方式确定，那些属于当下世界的东西，就是存在的东西。这种方式以确定了什么是"属于同一个世界"为前提。由于什么是事实，取决于什么是存在，事实概念也就依赖于可能世界的封闭条件。鉴于事实概念也是知识概念的基础，我们谈到的这种封闭条件，也就构成了知识概念的基础。知识总是关于这个可能世界（现实世界）的知识。

要建立可能世界的封闭条件，一条可行的思路就是设法在事态之间建立相容或排斥关系。封闭条件就是让先前建立的事实对之后的事态有筛选作用，它能够决定后来的事态中哪个能够进入这个世界而哪些不能。这实际上就是说，哪些事态与先前的事实相容，哪些不相容。这种关系显然已经在范畴结构中见过了，它存在于谓词之间，但还不能直接用到事态之间。事态中除了谓词所表示的性质，还包括对象。如果对象不同，原本相互排斥的谓词也能构成相容的命题。比如，这朵花是红的，这就与那朵花是黄的相容，但其中的谓词是不相容的。目前我们还只有谓词间的关系可用。因此，唯一可选的思路就是，把对象间的关系建立在谓词的基础上。让我们进一步看这是怎么可能的。

事态是否存在于一个世界中，取决于事态所涉及的对象是否存在于该世界中。因此，在一个对象已经存在于一个世界中的前提下，如果我们能够利用该对象所参与的范畴结构，对另外一个对象进行个体化，那就能够由此确定涉及这个对象的事态是否存在于这个世界中了。于是，我们就可以考察什么样的范畴结构可以胜任这一点，从而解决这个问题。

只有构造性范畴才包含对象系列的封闭条件。这一点可以从如下两个前提中导出：①

① 这个论证在第七章第六节之三已经给出了，这里只是换一种方式表述。

（1）所有给予性范畴都不能给出封闭条件。

给予性范畴总是可扩展的，这意味着，对于任何属于该范畴的对象，都不能基于该范畴给出关于这一对象的同一性判定。假定有一个包含了对象 x 的系列，其中的对象已经通过某个范畴结构得到了区分。在这个系列中加入一个新对象 y，使 y 具有与 x 相同且属于该范畴结构的性质。这样，就这个范畴结构来说，y 与 x 是不可区分的。但是，如果这个范畴结构是给予性范畴，那么 x 是否与 y 不可区分，这一点不能确定。这是因为我们总可能引入一个新性质，构成一个扩展了的范畴结构（它仍然是原来的那个范畴），使得 x 和 y 在新范畴结构中可以区分。这样，我们就不能利用不可区分物同一的原则，来对对象进行个体化。

（2）构造性范畴可以提供封闭条件。

依据上述思路，这是显然的。只有动用构造性范畴，才能确定不可区分性，从而才能给出对象的个体化条件。不过这里要注意一个问题，构造性范畴之所以能够如此，是因为其对象不能通过可扩展的范畴结构来进行区分。换言之，如果这些对象既属于给予性范畴，又属于构造性范畴，那么通过构造性范畴仍然不能达到个体化的目的。我们需要仅仅属于构造性范畴的对象。

而在利用构造性范畴的这一特征来对世界提供封闭条件时，对象就必须属于给予性范畴。这是我们在第八章第二节之二关于对象实在性的讨论得到的结果。此时，我们就不是通过直接确定这些对象的谓词，以此来达到提供封闭条件的目的；而是通过利用其对象来构造复合谓词的方式做到这一点，这样就可以避免构造性范畴的对象进入给予性范畴的对象域。

比如，自然数就是构造性范畴的对象。当我们利用自然数提供封闭条件，用于自然数的谓词就不会直接被用于给予性的对象，而是利用自然数来构造出复合谓词，然后把这样的复合谓词运用于对象。典型的方法是，把自然数用于类名，得到像“3 头羊”这样的谓词。由此得到的计数系统为语境化提供了基础性的约束。当我看到另外一头羊走过来，“这是 5 头羊”这个句子所描述的事态也就被排除了。虽然这里的“这”指称了不同的群体，但自然数的引入让我们得以利用原来的“这是 3 头羊”所描述的事态，来对后来的针对不同对象（这群动物）的事态进行选择。

要把自然数（以及有理数等其他数）作为构造性对象从既定的构造性

范畴结构中构造出来，需要一个很复杂的过程。自然数的无穷性，使我们不可能实际给出一个范畴结构，让其中的每个肯定谓词对应于一个自然数。一种可行的方式就是递归，就是用已经有的数构造出新的数。这样得到的范畴结构就是关系范畴。这里的关系谓词，则是在给定一些数的基础上构造其他数的构造方法。比如，如果把构造步骤写成函数

$$x_n = f(x_1, x_2, \cdots, x_{n-1})$$

那么相应的谓词就是由 f 和等号以及由 x_1，x_2，…，x_{n-1} 以及 x_n 所占据的空位构成的。如果按照第七章第七节的建议，这样的范畴结构就由包含了这 n 个空位的框架构成，一个肯定谓词就构成了一个这样的框架，其所包含的对象依次占据这个框架中的各个空位。如果递归构造的方法可以写成统一的函数形式，那么一个范畴结构的肯定谓词域中，就只有一个框架。但是，如果递归构造的方法随着所构造的对象发生变化，那就不能写成统一的函数。① 这时，我们就需要一种方法，来描述递归方法本身，进而，我们也许需要构建以这种框架结构本身作为对象的范畴结构，从而说明那些构造性的对象是如何构造出来的。

不过，是否找到一种方法把构造性对象实际构造出来，这并不影响我们正确地判断这类对象是否是构造性的。对象是否属于构造性的，取决于我们能否通过动用意向能力来“锁定”一个对象。由于意向能力就体现在范畴结构中，我们能否“锁定”对象，也就体现为能否通过既存的范畴结构来充分地区分这些对象。能否把所有共享对象域的范畴结构都合并起来，从而得到一种构造对象的方法，这并不重要；重要的是，范畴结构是否有充分的区分作用，这本身就体现在单个范畴结构的可扩展性中。从可扩展性得不到不可区分性，这就决定了，可扩展的范畴结构将使对象无法被“锁定”。这样的对象不可能是构造性的。如果没有可扩展的范畴结构适用于某类对象，那么该类对象就是构造性的。是否能实际构造出这类对象来，这在另外一种意义上具有理论价值。

数的使用，以及下一节所要涉及的度量，是获得关于世界的封闭条件方面是一种普适途径。“自然这本大书是用数学语言写成的”，这句格言有另外一种意蕴。使用这种语言来写这本书的，或许不是上帝，而恰恰是我们自己。

---

① 比如，在弗雷格的系统中，一个自然数就是小于该数的数的数目，相应的构造程序就不能写成统一的构造程序。

第三节 时间、空间及世界

有两个构造性范畴常常被一起用来充当使可能世界个体化的封闭条件，这就是时间和空间。关于时间和空间的话题极其深奥，这里只讨论两个问题：其一，为什么说它们是构造性范畴而不是给予性范畴，这其实就是要说明，它们的对象是如何构造的；其二，它们是如何使对象序列封闭的。

一 空间对象与时间对象

存在一些简单的空间和时间谓词，我们不能用它们来构造对象。但是为了能够将其纳入范畴结构中，或者说为了使它们获得确定的意义，必须构造相应的空间和时间对象，这使其被理解成属于构造性范畴的谓词。

简单的空间谓词被用于描述对象的形状、大小、方位和远近，它们在语法上被独立地归于对象。例如我们说这张桌子是圆形的，说这头象很大，说地平线在前面，以及目的地还很远。在特定的条件下，这些说法都具有确定的意义。如果一个人说这头象很大，而另一个人说它很小，那么虽然我们会承认，如果条件不变，一个对象不能既大又小，但仍然会说他们说的可以都是真的。这意味着，这些谓词并不是简单谓词，而是包含着特定谓述条件的谓词。把这些谓述条件独立出来，就得到参考物的概念。对于形状谓词，参考物是特定的方向（视线方向的不同使形状也有所不同），对于大小、方位和远近，参考物是特定对象。只有在参考物被标出的时候，空间谓词才会符合一般谓词的特征，即同类的谓词之间互相排斥。这表明，这些谓词实际上是关系谓词。

从简单空间谓词分析出关系谓词，只需要找出使得表面上互斥的谓词相容的条件即可。此时我们分离出了关系项，并把通常的一元谓词分析成二元或多元谓词。

当然，无论以何种方式确定关系项，都应当使其与二元（或多元）关系谓词结合能够得到具有互斥关系的简单谓词。就以表示方位的谓词“……在……左边”和“……在……右边”为例。这个二元谓词是对简单谓词“在左边”和“在右边”的分析。当我们说“x在右边时”，我们所说的是“x在r的右边”，其中“r”是二元谓词的关系项，它表示参照物。什么样的关系项能够使得“在左边”和“在右边”互斥呢？这样的对象x

必定是一个无延展的东西，使得如果 x 在 r 左边，就一定不能在它右边。这个对象就是一个点。如果它有延展，例如一条与 r 相交的线，那么它可能同时在 r 的左边和右边。像这样能够使得空间谓词具有互斥关系的对象就是空间对象。其他的空间对象例如直线、平面等，也可以按照类似的方式引入。

由于互斥关系是构成一个范畴结构的诸谓词具有意义的条件，空间对象的存在就是使空间谓词具有意义的条件。但空间对象并不是简单空间谓词所描述的对象，它们“实际上”并不存在，存在的只是普通对象。几何学专门研究空间对象的特性。从几何学的角度来看，一切适用于空间谓词的对象（普通对象）都可以用空间对象的组合来描述。但这种描述所给出的不是普通对象本身，而是普通对象所占据的空间。普通对象被以空间对象的方式看待，这就是空间谓词之所以能够适用于普通对象的原因。

如果空间对象就是空间范畴结构的对象域中包含的对象，那么，这个范畴结构显然是构造性范畴。就以一个点来说，如果用来描述一个点的谓词（这通常是这个点的坐标）换成同一范畴结构中的其他谓词，那么所描述的就不是原来的那个点，而是另外一个点。在同一个范畴结构中，一个谓词只能对应一个点。这意味着，如果一个空间范畴结构的对象域是由点构成的，那么这个范畴结构的对象与谓词就构成了一一对应关系；如果对象域给定了，那么谓词域就不能够扩展；如果对象域是一个无穷域，那么谓词域就不是一个高阶无穷域。

时间范畴的情况与空间对象类似。简单的时间性谓词也要被分析成关系谓词，这里的关系谓词就是“早于”“晚于”和“同时”。为了使这样的谓词具有意义，也需要时间对象。时间对象就是时间点和时间段。同样，时间不是普通对象。普通对象与时间对象就时间而言相重合，因而被看作时间对象，这使对于时间对象的描述适用于普通对象。基于与空间范畴相似的理由，时间范畴也是构造性范畴。

联系到空间的对象是物体，而联系到时间的对象则是事件。物体与事件通过被看作时间和空间对象而得到个体化，这使我们不可能离开空间和时间来考虑它们。一个物体不可能同时占据两个不同的位置，一个事件也不可能处于两个不同的时间段。反之，如果有两个对象分别占据了两个不同的位置或时间段，那么这两个对象必定不是同一个物体或事件。[①]

---

① 关于时间、空间以及物体、事件、事实的关系，可参见万德勒，2002，第四、五两章。万德勒的思考是从语法入手的，他卓有成效地表明了概念结构与语法结构之间的关系。

二 运动

空间和时间这两个范畴在对象的运动上相互关联。牛顿力学假定了一种空间属性不变的对象，即刚体，并把刚体当作运动的主体。刚体只是通过空间属性来个体化，时间则与之隔绝。这样，这两个范畴在牛顿力学中就被分开了。但在相对论中这两个范畴却合成一个范畴结构，它们不再像在范畴聚合中那样，只适用于同一个对象，而是共同参与对于对象的个体化。相对论仍然保留了对于物体来说是不变的东西，这就是度规（metric）不变性。① 它要求空间与时间的某种综合效应不变，这为我们确定了一个新的“物体”概念，属于这个概念的对象是空—时范畴的对象，空—时范畴是两个范畴合并得到的一个新的范畴结构。

之所以能够发生这种转变，是因为对这两类范畴的对象之间关系的理解发生了变化，与此相对应的是，新的对象概念给出了。运动是一种事件。按照牛顿力学所体现的理解，为了描述运动，就需要能独立于时间来确定发生变化的东西。因而，能够描述运动的前提就是，空间属性必须独立于时间属性，换言之，物体的概念要独立于时间。这个理由实际上是康德提出来的。对他来说，为了能够表现变化，就要预设不变的实体（康德，2004，A182）。如果把康德所想的实体理解成物体（刚体），就得到了时空分离的依据。但是，如果确定物体空间属性的过程，即测量活动本身也是一个事件，那么我们对物体的个体化就不可避免地把时间也包含在内了。那么，在这种情况下该如何找到描述变化所要预设的不变物呢？广义相对论解决这个问题的方式是，把刚体的概念推广到度规不变性上。刚体只是一种度规，并且是相对论度规的近似或者说特例。这样，广义相对论就在尊重康德原则的基本精神的同时，超越了牛顿力学。

三 连续性、作用与因果

如何从空间范畴和时间范畴得到封闭的事态系列呢？通过连续性。一个自然而然的想法是：如果构成一个事态的对象，与一个事态系列中的其他对象之间没有连续性，那么这个事态就不属于该系列。

前面我们已知，引入封闭条件这个概念是为了说明事态系列何以能够

---

① 相对论的度规定义式是：$dl^2 = dx^2 + dy^2 + dz^2 - c^2 dt^2$。其中 dx、dy、dz、dt 分别是三维坐标和时间的导数，dl 是长度的导数，c 是光速。牛顿力学也有度规不变性，其中不含时间项，其定义式是：$dl^2 = dx^2 + dy^2 + dz^2$。牛顿力学的度规不变性得到的是刚体概念。

个体化，换言之，是为了说明一个事态何以属于这一系列而不是其他系列。时空范畴应当能够达到这一目的。如果有理由认为时间和空间具有唯一性，那么处于时空中的事态系列就自然而然地得到个体化了。时空唯一性的论证我们可以从康德那里（康德，2004：A25，A32）得到，对此我们不必重复。但这个论证并不适合于这里的目的。他所说的唯一性是指表象形式的一致性，而我们所要求的个体化则相对于可能世界而言。对不同可能世界可以有同样的表象形式，表象形式上的相同不足以得到相对于可能世界的个体化。我们必须另谋出路。

可以利用时空对象的封闭性来得到事态系列的封闭性。这是一个数学问题，在一般情况下我们用连续性来描述这种封闭性。例如，为什么我们说这里有两条线而不是一条线呢？是因为我们可以在线上找出两个点，使得相应的两个邻域①相交，但相交部分中的点都不在给定的线上。如果不存在这样的两个点，那么给定的就只是一条线。由于两条线的情形相当于不连续的情形，而一条线则是连续的，从这个例子中我们可以得到连续性的一个定义：一个空间对象是连续的，当且仅当属于它的任意两个对象都具有相交邻域，相交部分中存在属于该空间对象的对象。作为判定标准，这个定义的要点是，把一个空间对象的连续性问题分析成属于该空间对象的对象之间的关系问题。这使我们可以借助连续性来处理对象间的关系。如果把空间作为空间对象来处理，那么关于空间对象连续性的判定标准也可以用于空间。对于时间也可以这样处理。

把物体置于空间中，虽然空间被认为是连续的，但物体之间还是可以没有关系。因此，利用空间及其连续性，虽然可以排除一些对象，但还是没有强到获得我们需要的那种封闭性的程度。由于物体是通过被视为空间对象而得以个体化的，因此物体之间的关系也应当受制于使空间对象建立连续性的那种方式。这是一种类推，人们曾经从此出发构造出"以太"这个概念。以太是一种不可见无定形物体，它不是一般意义上的物体，但能够使分离的两个物体之间发生作用。牛顿用超距作用（万有引力）来替代以太，爱因斯坦又用引力场来替代超距作用。这场理智游戏可以看作在追求一个共同目的：如何在物体之间建立联系，使得万物属于一个共同的世界这一点成为可理解的。虽然提出的概念不同，但方向一致，就是为物体间的作用提供解释。当然，对物体的刻画也有所不同，这种刻画依赖于对

① 一个点的邻域是指以该点为圆心，以某个长度为半径得到的球。当然，这个球不一定是三维的。如果在一个二维的空间中考虑连续性，那么邻域就是一个平面的圆。

作用给出的解释。例如在牛顿力学中引力质量的定义。问题的关键是，为了在物体这一对象系列中得到封闭性，必须满足这一条件：如此刻画物体，使得物体间存在着作用。

顺便说一下，“作用”一词不过是一种暂时的说法。如果认为物体是离散的，那么作为一种实体的作用就是必要的，例如在牛顿力学中就是如此；但如果是连续的，“作用”这个词就只是一种隐喻，用“场”这个概念来刻画物体，就属于这种情况。

时间性的对象是事件。与物体构成的系列相似，对于事件系列也必须有使其封闭的关系。对此想到的自然是因果关系。如果一个事件引起了另一个事件，那么在这两个事件之间有着使事件系列具有连续性的关系。因此，因果关系的引入也是概念框架的需要。在事件之间并没有一种被称为“因果过程”的事件。但是当两个事件被给出，而这两个事件同属于一个事件系列，那么就可以构造出一个事件，这个事件就是由前一个事件引起后一个事件。因果关系是可解释的，但这种解释要依赖于先给定的两个事件，因为它要求说明，由一事件引起另一事件，这到底是一个什么样的事件。断定两个事件之间有因果关系，实际上就是断定这种解释是可以给出的，尽管这种解释可能并没有给出，也许没有人想真正给出。这样看起来，因果关系就是一种关于事件的函数，它的两个自变量是作为原因和结果的事件，函数值则是我们称为“因果过程”的事件。在某些时候，我们感到确认两个事件之间的因果关系并没有断定新的内容，因为这样并没有得到新的事件描述；但另一方面我们又感到，对因果关系的确认的确使我们对事实有新的了解。因果过程看起来就像是一种“高阶事件”或“元事件”，一种关于事件的事件——通过它，我们没有知道新的事件，但它使事件连接到一起。

物体间的作用关系，以及事件间的因果关系，并不是具有独立意义的概念。它们只有与对象系列的概念从而与统一世界的概念一起才具有意义。但是，正如我们不能没有对象系列的概念，正如我们不得不以统一的方式思考世界的统一性，我们不能没有作用和因果这两个概念。这两个概念与物体和事件这两个概念深刻地联系在一起——它们是通过空间和时间这两个范畴来达到个体化的，而这必定要接受时间和空间的连续性；如果舍弃作用和因果这两个概念，这种连续性就不复存在。

考虑到把空间和时间这两个范畴合并的可能性，情况可能复杂得多。按照相对论的方式来看，物体的个体化依赖于事件，因此事件是一个更为基本的概念。要重新考虑物体概念的内涵。牛顿力学一方面通过万有引力定律来确定物体的内涵量（引力质量），另一方面又通过力与加速度的比值来确定物体的内涵量（惯性质量）。这两种方式实际上具有不同的概念性内容，因为前一种方式是联系到作用的概念，后一种方式则联系到因果的概念。以两种不同的方式确定的内涵量相等，这看起来是一个未经解释的偶然。如果事件概念更基本，那么物体就应该只有一种内涵量，这个内涵量以事件为基础。质能公式完美地表明了这一点。进一步的考虑是，也许能够用势能的概念来解释万有引力，即用引发事件的可能性来解释作用，由此得到的就是引力场论。能够这样做，就能够把作用关系与因果关系结合在一起。由于相对论所考虑的范畴合并只停留在抽象描述的层次，还没有成为一种理解模式，以下的讨论仍然以普通意义上的作用关系和因果关系为基础。

四　封闭性

以上述方式引入的对象关系对于对象具有约束性，这种约束性在于，对象的性质乃至对象本身的存在受制于这种关系。对此可说明如下。

（1）对性质进行度量是一种极重要的描述手段。从表面上看，度量技术的来源是性质与性质之间的可比关系，但实际情况并非如此。例如对颜色进行的度量就绝不是基于不同颜色之间的可比关系；不同颜色之间缺乏这种可比性。只有当同类性质之间找到一种可比的基准时，度量才是可能的。换言之，只有找到了这样一种对象，这种对象具有某种可度量的性质，并且，能够在要度量的性质与这些对象之间建立对应关系，度量才是可能的。除了一些可以通过枚举加以度量的情形（枚举是对于对象本身的度量，而不是对于性质的度量），几乎所有对性质的度量都以与空间对象相联系的方式进行。在空间对象中，线的地位首当其冲。线提供了描述所有连续统的基本手段，而一种充分的度量手段所得到的必须是一个连续统——连续统可以提供任意高的区分度，因而可以为任何可能的性质提供个体化描述。一旦给出了一种度量描述，一对象所具有的性质就可以通过该对象所具有的其他性质或者与其他对象的关系加以确定，所需要的不过是一些计算。这就使被度量的性质所属的范畴结构成为可构造的。如果计算所涉及的其他性质属于构造性范畴，那么被度量的性质所属的范畴就可以通过构造性范畴构造出来。

（2）通过对象关系来定义对象的性质，由此可以得到新的范畴结构。例如质量这一范畴。牛顿力学把物体的质当成建立对象关系的能力，由此得到质量这一概念。对于万有引力来说，我们有引力质量。两个物体的引力质量的比率由引力作用的量和这两个物体之间的距离共同决定，只要引入一个抽象的质量单位，就可以得到引力质量的数值。按照类似方式可以通过因果关系来定义惯性质量，作为原因的事件是力的作用，而其结果则是运动状态的改变。物体的惯性质量被定义为作用于其上的力与物体加速度的比值。在牛顿力学中，物体的概念由质点这一概念描述。质点就是万有引力的作用点，它由作用的概念定义。事实上，一门发展完善的精确科学往往都用关系来定义性质。这种定义常采用公理化的形式，其中的一些公理可以看作关于对象的隐定义。这样做的好处是能够得到充分的形式化。只要能够用对象间的关系来确定对象的性质，就能够用符号化的方式表征对象。符号表征是精确科学不可缺少的基础。

第七章第六节之三已经证明，一个强构造性的范畴结构中所有肯定谓词都是关系谓词。如果一个公理体系可以看成这样的范畴结构，那么关系的重要性是显而易见的。当然，一个强构造性范畴要求一个公理体系必须是完全的。但是，哥德尔已经证明，至少对于一个足够丰富的公理体系人们已经证明这个要求是不能满足的。这意味着什么，这里还无法讨论。

（3）所有对象都可以通过某类特殊对象构造出来。这一原始但生命力极强的想法构成了推动典型的自然科学（物理学和化学）的原动力。我们受这一原动力的支配，尽可能地把已知对象分析成基本元素的组合。多个物体通过作用关系可以构成一个整体，这在理解上是自然而然的；把这个想法颠倒过来就可以推知，任何物体如果被想成一个整体，那就没有什么能够阻止我们把这个物体想成是其构成部分通过某些作用联系到一起的。如果这些构成部分不复存在，或者联系它们的关系不复存在，那么这个物体就不复存在。这样，我们就解释了这个物体为何存在。由于是我们的理解模式使然，这一想法毫无阻力地扩张到非物体的对象。我们寻求对象的结构，并认为一旦给出了对象的结构，就解释了这个对象的存在。不同之处仅仅是，在有些时候，人们注重的是构成这些对象的那些元素，在另外一些时候，人们更注重构成这些对象的作用关系。

（4）所有事件都有其原因和结果。事件是联系到时间得以理解的，时间的连续性使得事件要在与其他事件的连续关系中理解，因果关系给出了这种理解的一般形式。这种形式使得事件不可能只停留于它本身，而必然要扩展到其他事件中。因果关系是一种二位关系，即事件 A 使事件 B 产生。这样，只要给出了事件 A，那么事件 B 为何发生就得到了解释。当然，其前提就是要给出这里所需要的“元事件”，即作为因果过程的事件。通常，这些“元事件”以叙事模式的形式给出，在这些模式中我们略去了不重要的细节，而只提取我们所需要的叙事要素。比如说创造模式和诞生模式，前者我们说 A 创造了 B，后者则是 A 生出 B。如果把某对象开始存在作为一个事件，那么这两个模式就使得发生在 A 身上的事件是 B 开始存在这一事件的原因。精确地说，这是定义前者为后者的原因，因为这两种叙事中我们所知道的仅仅是，两个事件先后发生了，并且前面的事件是后面事件的原因，而没有为我们提供这样说的依据。因此，元事件仅仅是作为不加解释的模板，当别的事件套用到这个模版上，我们就解释了那些事件。如果愿意，牛顿力学中的 A 推动 B 这样的事件也可以是这样一种元事件，因为它所说的仅仅是，“A 运动状态的改变是 B 运动状态的改变的原因”[①]。无论如何，元事件最终是必须设定的，因为如果要求连接两个事件的东西必须通过有解释力的事件来加以连接，那么为事件寻求连接的任务将是无穷无尽的，除非我们放弃以因果模式来理解事件。

封闭条件使我们可以有意义地说两个对象同处于一个可能世界中，这个可能世界不是任意构造的。封闭条件建立在构造性范畴的基础上。在引入封闭条件之前，我们还得不到具有约束性的关系，据以判断一个对象是否属于这个世界。引入封闭条件使我们可以判断这一点。我们的讨论给出了一种常用的条件，这就是，如果有一个构造性范畴使得对象间的作用关系或因果关系能够建立起来，那么这两个对象就属于同一个世界。

第四节　认知推理

语境化使事态间建立关联，而这种关联为认知推理提供基础，从而为辩护提供基础。可以说，语境化本身就是建立推理关系的过程，让事态得以连接起来构成语境的那种关系，就是一种推理关系。下面我们就会看到这一点。本节讨论，认知推理是如何汲取意义理论的成果的。事实上，这种成果主要在于为认知推理建立相关性，而基于这种相关性的推理可以是有效的和扩展性的，这与有效但不具有扩展性的演绎推理形成对照。

---

① 愿意这样认为的人是那些对力的实在性持怀疑态度的人。如果力的产生构成了事件，那么这个事件就是为“A 运动状态的改变是 B 运动状态的改变的原因”提供依据的那个事件，如果要求这个事件是地地道道的事件，力必须是实在的。由于无法给出判定某个力是否存在的独立判据，力的实在性的确令人生疑（参见石里克，1984：42）。

推理就是从一个事态得到另一个事态。[①] 由于能够提供从一个事态到另一个事态的过渡，这种推理就是一种具有认知意义的推理，它可以提供新的知识。不妨称之为“认知推理”。关于认知推理，我们所关心的问题是，一种认知推理需要何种条件，使得由它所联系的两个事实之间具有推理关系。可以说，我们对于推理的兴趣是回溯式的，相应的问题是，使推理具有认知意义的条件是什么。由于我们已经把推理对于认知意义的贡献确认为在事态之间建立相关性，这个问题就变成，推理的相关性条件是什么。

一 推理的相关性条件

举个例子说明认知推理所要求的相关性条件。比较一下这两个推理[②]：

（1）因为拿破仑骄傲自大，所以 $2+2=4$。
（2）因为拿破仑骄傲自大，所以他兵败滑铁卢。

如果从实质蕴涵的角度说明上述推理，这两个推理都成立（我们暂且把关于滑铁卢战役的历史问题放在一边）。但我们会说，（2）涉及的两个事态具有相关性，而（1）没有；（2）是一个真正的解释，而（1）不是。是什么样的区别使我们这样说呢？

相关性是一个比真值关系丰富得多的概念。在（2）中，即使把前提改为一个否定命题，推理仍然可以是相关的。如果滑铁卢失利是因为拿破仑谨小慎微当断不断（这被解释为是过于自卑的结果），那么推理仍然成立。当然，推理成立的方式会很不相同。

建立相关性的并不是真值，而是真值条件，是建立推理关系的两个子句的真值条件。如果两个子句都投射为事态，那么这两个事态是否构成一个较大的事态，就决定了这个推理是否有相关性。在（2）中，拿破仑的骄傲自大和谨小慎微以不同的方式导致滑铁卢失利，这里就有两个不同的较大的事态，它们分别由相应推理的两个子句所投射的事态构成。这就解

① 参与推理的当然是命题，不过，这里也可以用事实或事态来谈论推理。这是因为，按照这里所提供的意义理论，我们会以看待事实或事态的方式来理解命题。事实或事态就是命题的投射形式。

② 这里忽略了推理与蕴涵之间的区别。在（1）中，如果用“p”表示“拿破仑骄傲自大”，“q”表示“$2+2=4$”，那么相应的推理是，p，并且（$p\rightarrow q$），因此，q，而不是 $p\rightarrow q$。但一般情况下，我们也会直接把这个推理表述成，因为 p，所以 q。

释了为何推理的相关性是一个诉诸直觉的概念。相关性的建立依赖于推理在语义上的可投射性，也就是说，依赖于是否能够构造出一个相应的事态。

这样的构造必定要求事态间的关系，而建立这种关系的一般方式我们已经在前一节中看到。我们需要构造性范畴，时空范畴只是其中运用最广的两种，(2) 涉及另外一个范畴结构，这就是行为范畴。这个范畴要求我们在具体的行为与行为倾向（性格）之间建立对应关系，使得我们在具体的语境中能够依据行为倾向来设想行为，其情形犹如利用空间中的点来设想物体。在 (2) 中，行为与兵败滑铁卢之间可建立因果关系，而因果关系的出现又相当于承诺，存在着一个使原因和结果这两个事件联系起来的事件。只要具备关于战争的一般知识，就可以知道这种承诺可以实现，因为战争知识所提供的就是这种实现的某些实例。这样，即使对滑铁卢战役的具体情形一无所知，我们仍然可以毫不费力地做出这样一个判断：无论解释得是否正确，(2) 及否定其前提得到的推理都将构成够格的解释。

这里不准备给出关于认知推理的详尽理论，而只是想给出关于推理的相关性条件。如上所述，这种条件就是适当的构造性范畴，以及相应的实例。当然，这里的实例不可能独立给出，也不需要独立给出，在许多时候只需要知道有这样的实例存在就行了。存在着这样的实例，就意味着使推理具有相关性的较大的事态可能存在，这种可能性由构造性范畴与存在的实例共同保证。

实例的存在是必要的。虽然对构造性范畴的把握足以保证相应事态的可能性，但这种可能性只是相对于属于该构造性范畴的事态而言的。我们还不能由此直接过渡到属于给予性范畴的事态，即我们要保证其存在的事态（例如拿破仑如此的行为使其兵败滑铁卢）。实例的引入指明了这样一种可能性：从构造的对象可以过渡到给予的对象，可构造的东西也就是可给予的东西。

二 构成推理相关性的范畴条件

仅仅从处于给予性范畴的事态出发，还不能在事态间建立有认知意义的推理关系。从一个对象具有某个肯定谓词所表达的性质，充其量能推出它不具有共范畴结构的另外一个肯定性质。也不能从一个对象具有某性质推出另一对象具有某性质；把对象连接起来，这也不是给予性范畴所能做到的。能够在对象间建立关系，并在性质与对象间建立对应关系的只能是构造性范畴。因此，如果不引入构造性范畴，认知推理是不可能的。

使认知推理得以建立的关系由构造性范畴提供。在构造性范畴中，由于谓词域不可扩展，一对象是否具有某性质，就可以通过它是否具有共范畴结构的其他性质来判定。这是最简单的情形。例如，要确定一个自然数是否为奇数，可通过判定它是否为偶数来达到目的。较为复杂的情形是通过公理化引入的，而这需要或强或弱的构造性范畴。弱的构造性范畴可以提供部分的公理化。在第七章第六节之三我们已经知道，公理系统所能提供的所有性质都是关系。一个部分公理化的系统也至少部分地满足这一条件。因此，与一个公理系统对应的构造性范畴就提供了从一个对象到另一个对象，以及从一种性质到另一种性质的过渡，使得一旦某个对象被给出，其他对象也被给出，相应的性质也就被确定下来。因此，借助构造性范畴使认知推理成为可能。

但是，实在的对象都是在给予性范畴中给出的。即使推理关系要由构造性范畴提供，推理所需要的命题（其中必须包含对象）也要借助给予性范畴才能得到。构造性范畴的对象不能被给予，[①] 不可能实际给出一个构造性的对象。例如不能给出一条几何直线，也不能给出一个数——能够给出的仅仅是表示构造性对象的东西，比如纸上画出的那条线。既然如此，又如何能够在认知推理中运用构造性范畴呢？这就要求在给予性范畴与构造性范畴之间建立联系，这种联系在形式上是一种对应关系。在意向活动的框架下，这种对应关系以“把……视为……”的形式出现。反映在认知推理上，这种形式的关系就是例示关系，即一个给予的对象例示一个构造的对象。

我在纸上画出的一条线，就可以例示一条直线，或者说它表示这条线。在纸上画几何图形，以此帮助我们来进行几何证明，就是一种较为复杂的例示活动。不要以为纸上的那条线只是因为不够直不够细，我们才把它看成是（而不是真的是）一条直线；它就是一条直线。但是，一条理想的直线与一条近似的直线没有本质上的不同。即使是理想的直线，我们也可以把它看成一条曲率半径无穷大的曲线。使得一个对象例示另一个对象的，并不是前者“自身”的某些性质，而是它所处的关系。这种关系让它嵌入到相应的意向活动模式中，从而实现直线的功能。因此，与其说是一个对象例示另一个对象，不如说，由于没有真正构造的对象，并没有什么对象被例示；被例示的是关系。例示，不过是把一个给予的对象嵌入到一个范畴结构中。

---

① 这里，给予一个对象，就是以独立于语言或心灵的方式确定这个对象。

这一点可以从例示的逻辑形式上得到支持。例示关系可以这样描述：对于具有非空值域的变量 x，如果一个命题“对于所有 x，$f(x)$ 为真”（f 为某性质）成立，那么存在一个对象 a，使得 $f(a)$ 为真。这是全称例示的情形。如果把为真的命题换成“存在 x，使得 $f(x)$ 为真”，得到的 $f(a)$ 就是一个存在例示。例示关系的成立，意味着可以把对象 a 置于 x 的位置上。建立例示关系的是一个单称命题与一个闭语句，即一个全称命题或一个存在命题，我们在这里把例示理解为把一个约束变元替换成一个常项。

对象 a 所例示的 x 不是对象，而是一个占位符（place holder）。不妨把可以以这种占位符的形式给出的概念称为“形式概念”（formal concept）；与此相应，作为形式概念的例示给出的对象则对应于实质概念（substantial concept）。显然，我们所说的给予性对象是通过实质概念构成的，而构造性对象则通过形式概念构成。形式概念对应的对象是抽象的，它并不以实质概念的那种方式对应于对象，构造性对象并不存在识别的问题。于是，当我们把某个给予性对象“视为”这样的对象时，也不会发生冲突。

至此，构成推理相关性的范畴条件就相当清楚了。一个认知推理具有相关性，仅当对于该推理的两个命题支所表征的事态来说，构成这些事态的对象例示了同一个构造性范畴中的对象。

三　认知推理的模式化

例示关系的加入常让推理被理解成推理模式。给出一个全称命题或一个存在命题，把其中的约束变项替换成个体常项，就可以得到一个单称命题；如果全称命题或存在命题为真，那么得到的单称命题也为真。我们可以把例示当成构造单称命题的方法。如果一个闭语句（即所有变项均为约束变项的语句）成立，那就可以构造出一个不含约束变项和自由变项的真句子，即一个单称命题。

全称例示所引入的是值域中的不特定对象。如果不事先确定值域，就无法得到全称例示。与全称例示不同，存在例示可以用来引入新的对象。这对于引入构造性范畴的对象来说是关键。如果构造性的对象是通过存在例示引入的，那么得到存在例示的方式就决定了构造性对象，即抽象对象的性质。

在一阶谓词逻辑中，可以从有些推理模式通过运用演绎定律得到命题模式，套用这些命题模式得到的命题都是定理（即在一阶谓词逻辑中可证的命题，即真命题）。全称例示推理可以转化为这样的定理，但存在例示不能。在运用存在例示得到的推理中，常项的选取依赖于这个推理，或者说仅仅在该推理内部具有确定意义（在数学中我们称该常项为“参变量”)。如果把这个推理模式转换成命题模式，个体常项意义的相对性就无法体现出来，因而会导致错误解释。

从表面上看，这种推理不能转化成命题，似乎只是一种偶然；个体常项的意义具有相对性，这只是由于这个常项在某个推理中代表的对象与在别的推理中代表的对象可能不同而已。一种足够多样化的符号体系就可以解决这个问题。在两个推理中，如果个体常项代表的对象相同，就用同一个符号来表示，否则就用不同的符号。看来，对所有对象进行枚举，然后逐个配以符号，就解决了问题。并非如此。以何种方式来确定对象是否相同呢？这种枚举必须预设对象能够独立识别才有可能；如果对一个对象的识别要依赖于对其他对象的识别，那么这种枚举不可能得到确定的结果。事实上，如果这种枚举是可能的，那么推理就是不需要的，因为我们使用推理的目的就是得到新的事实，而要得到一个完全的枚举，就要假定所有事实都已经知道了。个体常项的意义相对于推理才是确定的，我们不能通过假定一个无所不包的推理来超越这种相对性。

一个对象是否例示了某个存在命题，或者说，在一个公理体系中，一个对象是否例示了某种关系，对于这一点不可能有普适的解释。任何此类解释都必须能够给出与一个存在例示推理相等价的命题，而这已经表明是不可能的。但是，这种推理可以借助一个已经给出的推理的实例来进行，而不必参照某个确定的命题或者指令。这就是用“推理模式”这个词的用意所在。如果从某个存在命题得到一个单称命题的推理有效，那么另外一个可以与之构成类比关系的推理也就有效；类比关系的建立依赖于存在命题在其中构造的范畴结构。

如果两个存在命题是在同一个构造性范畴中得出的，那么这种类比关系就能够成立；如果其中一个存在命题具有个体例示，另一个也应当具有。这里，共享同一个范畴结构是建立类比关系的一个必要条件。存在例示推理所依赖的不是一个命题，而是一个推理模式，这个推理模式以存在命题为前提，并保证前提足够相似。得到这种相似性的是存在命题在其中构成的范畴结构。因此，共享范畴结构这一条件就可以保证从一个推理能够过渡到另一个推理。前一个推理要有实例才能建立一个推理模式，这要求充当推理结论的单称命题要由实例来保证。因此，参照某个存在例示推理得到另一个存在例示推理的两个必要条件就是，共享范畴结构，以及前一个推理要有实例。

由于存在例示只能有模式化的推理性运用，构造性对象也只能在这个范围内起作用。通过存在例示引入的个体常项，其语义依赖于推理的语境。但关于个体常项存在的命题的语义并不依赖于推理语境，而是可以通过存在的类比性从一个推理扩展到另一个推理。这种情况就是推理的模式化，此时起作用的是关于对象的形式概念。

从存在例示的情形很容易扩展到一般认知推理。存在例示为认知推理提供了范型。认知推理的前提与结论提示了适用的构造性范畴，而相应的背景知识则提供了实例。这样，建立推理相关性所需要的事态就以存在例示的形式给出。如果背景知识给出的只是实例的存在性而不是特定的实例，推理的相关性仍然可以建立起来；此时，其所需要的实例通过形式概念给出。如果一种认知推理依赖于关于实例的形式概念，并且，由推理建立的新事态（包容其前提与结论的较大事态）也被理解为一种形式概念，而得到关心的仅仅其存在性，这种认知推理就模式化了。

为了能够利用构造性范畴来建立推理关系，我们所需要的是把给予的对象嵌入到构造性范畴中，在此起作用的是例示推理。它把这两类范畴结构联系起来。为了做到这一点，我们需要的可以不是单个的实例，而是模式化的存在例示。它是一般的认知推理建立相关性的范型。

第五节　认知意义与事实

一　事实概念与怀疑论

辩护是从前提到结论的推理，只有当前提为真的时候，这个推理才能表明充当结论的命题具备知识的资格。这意味着，辩护必须有一个起点，在这个起点上，我们拥有确切无疑的知识。不妨把这种作为辩护起点的知识所对应的事实称为“基本事实”。这里，我们的问题就是，是否存在这种基本事实？如果存在，那么在什么意义上存在？

如果基本事实就是由某些命题表征的不受怀疑的事实，这些事实被当成其他事实的基础，那么我们的任务就是要为某种基础主义的知识论辩护。此时要应对的是一种怀疑论，这种怀疑论的立论基础是我们必须同意的。按照我们的命题理论，命题要在范畴结构的框架内才能构成。范畴结构为确定命题的信息性内容提供了框架。但是，接受这个框架也就等于接受事态成对出现的特点，如果其中一个被表明是事实，另一个虽然并非事实，但可能是事实。排除后一事实的，不是前者作为事态的身份，而是其作为事实而存在的身份，换句话说，需要现实世界才能实现这种排除。这进而也就意味着，任何一个具有信息内容的命题，都不能先验地决定现实世界是怎样的，这就为现实世界的独立性留下了余地，从而得以容纳实在论。

那么，我们是否要被迫承认，并不存在我们所需要的基本事实呢？这就需要我们区分两种情况，一种是，为了确保知识的存在，我们需要特定的基本事实，并以这些特定事实为基础，来辩护其他命题的知识论地位；另外一种情况则是，我们只需要一般性地承认某种基本事实存在，而这足以保证我们拥有知识。

应当说，这两种理解中后者显然更弱一些。它要求更低，只要求保证某些基本事实存在，而不要求确定存在的是哪些特定的基本事实。在某些情况下我们只要求一般性地承认自己知道一些东西，但并不需要承认知道的是什么东西。比如我们会认为，对于事物的颜色，我们一般是知道的，但这并不意味着我们不会弄错特定事物的颜色。整全性质的怀疑论一般性地否定我们关于比如外部世界的知识，要回应这种怀疑论，后一种理解就足够了。如果我们把前一种理解的对立面也当作怀疑论的话，那就是关于特定知识的怀疑论。对这种怀疑论，我们没有也不可能给予否定。

那么，我们何以有权肯定自己知道一些基本事实呢？这种权利是由下述推论保证的：

（1）我们拥有做出某类判断的意向能力，这意味着我们能够识别相应事实；

（2）我们能够识别相应事实，意味着知道某个样本，它满足相应范畴结构所界定的谓词；

（3）因此，如果我们拥有做出某类判断的意向能力，那么我们就知道某个基本事实，而这就是某个样本满足相应谓词的事实。

这样，只要承认我们具备某种意向能力，就要承认我们知道一些基本事实。这些基本事实是关于样本的事实。范畴结构要起作用，并不局限于具体的样本。因此，所需要的基本事实，也不是特定事实。这样也就达到上述回应整全型怀疑论的目的。

这种回应怀疑论的方式诉诸意义理论。我们拥有判断的意向能力，其实就是把握相应判断的意义。因此，上述推论就是从我们对于意义的把握入手，来论证我们拥有知识。这条论证路线对于整全型怀疑论有效，因为即便是整全型的怀疑论者，也应当承认对于意义的把握。这样，如果一种恰当的意义理论表明，对意义的把握需要预设某种知识，那么我们就得到了一种基于意义理论的反怀疑论策略。这里所展示的，就是这样一种策略。

二 事实概念的形式性

这样一来，命题与实在之间的关系也就得到了新的理解。一般认为，命题之所以能与现实世界相联系，是因为它描述了事实，即描述了现实世界中的事态；但是，按照新的理解，情况正好相反，是命题与现实世界的关联，才使其描述了事实。之所以这么说，是因为命题首先是充当实现主体意向能力的东西起作用的，而这让命题通过主体而联系到现实世界，即主体所在的世界；基本事实随后才得以作为主体运用意向能力的条件，以预设的方式引入，命题所表征的事态由于基本事实的引入才能够得到判断，从而才得以成其为事实。因此，事实这个概念是在现实世界概念的基础上建立起来的。

事实上，概念之间的这种顺序与我们关于意义的理解方式一致。意义是建立在真这个概念的基础上的，这让真这个概念的索引性特征传递给意义。这里所展示的恰恰是命题性意义的这种索引性。事实通过隶属于现实世界而得到界定，而现实世界则通过索引的方式确定——现实世界就是主体所在的世界，这让在第三人称视角确定世界的任务向后推迟了，推到了主体得到确定之后。只有在主体的第一人称视角中，现实世界才在形式上是直接确定的。

事实这个概念的这种索引性并不体现为一般而言的语境敏感性（contextual sensitivity）。所谓语境敏感性一般是指，一个表达式的意义或者一个陈述的真值会随语境而发生变化。比如，“我”这个词指称什么对象，这一点就具有语境敏感性，它是相对于语境的。如果说出这个词的人是张三，那么这个词就指称张三；而当李四说出这个词，这个词就指称李四。但是，张三用这个词所指称的，却不是相对于语境的东西，而是他自身。

为了看出这里的要点，不妨区别出说话语境和赋值语境。[①] 当我说，“说出‘我’的是张三”这个句子时，我就是在描述说话语境。这个语境

---

① 这个区分来自 Kaplan，1994，即使用语境（contexts of use）与赋值语境（contexts of evaluation）之间的区分。

由有关说出“我”这个词的行为的事实构成。而我说出这个句子时的语境，则是赋值语境。在这个语境之下，我为“我”这个词确定指称（即赋予语义值）。在区别了这两种语境之后，我们就可以说，语境敏感性是对于赋值语境来说才会出现的特性，只有对于赋值语境来说才谈得上指称对于语境的相对性；而对于说话语境来说，则不存在这种相对性。如果赋值语境就是说话语境，情况也属于后一种。

事实这个概念具有索引性，在这里就体现为，究竟什么东西被认为或应当被认为是事实，是说话者对语境做出的一种反应。由于这种反应是以行为模式的方式做出的，事实概念就是一种形式概念。这就是说，我们不是通过某个东西（事态）自身的特征来判定它是否是事实，而是依据它与别的东西的关系来判定。

比如，基本事实通常就是作为运用范畴结构时所采取的实例出现的。当我们用某个样本的颜色来确定比如“红色”一词的意义时，该样本是红色的，这就构成了一个基本事实。在这种情况下，这里之所以有这样的基本事实，倒不是因为人们发现了样本是红色的，而是因为它通过人们运用意向能力所做出的反应，与“红色”一词以及相应的范畴结构联系在一起。这样，基本事实是通过与其他东西的联系确定的，而在这种意义上，基本事实是形式概念。

当然，这样理解并不意味着，基本事实没有独立的存在，它没有实在性。基本事实是形式概念，这并不意味着它没有实在性。基本事实的形式性在于，在可能性的角度上，它的存在受制于特定的范畴结构；而它的独立性或者说实在性则在于，它体现了来自实在的信息，就何种可能性得到实现来说，它并不受制于范畴结构。

可以用另外一种方式来说明基本事实的这种实在性。如果有另外一个范畴结构，可以把样本纳入其中，并且与颜色范畴构成对应关系，那么我们就可以在这个范畴中对样本的颜色进行识别。而这意味着对于“样本 S 是红色的”这个事实，我们可以有独立于最初那个颜色范畴的理解。这样，关于样本颜色的事实是有实在性的，只不过这种实在性通过形式性的方式得到。

形式性与实在性之间的关系，有些类似于我们的测量体系与物体的长度之间的关系。脱离了关于长度的测量体系，像“奥林匹斯山高达 21171 米”这样的句子就不表达事实，或者说，也就并不存在奥林匹斯山高达 21171 米这样的事实；但是，这个事实本身却不是测量体系单独所能确定的，它具有独立于测量体系的实在性。这是一种在可能性上得到限制的实在性。当测量体系确定下来，事实可能是怎样的，也就确定下来了；实在性是在这个基础上进一步确定下来的。这种实在性，就是在第四章第二节之三解释过的视角主义的实在性。

当联系到辩护来考虑事实这个概念时，它所包含的形式性也就更加明显了。辩护就是在事态间建立关联的过程，通过这种关联，当充当辩护前提的事态事先确定就是事实，所辩护的那个事态也就得以与现实世界相联系，从而也就拥有了事实的身份。这样，辩护的过程就是让事态进入语境的过程，即语境化过程。语境化就是在事态间建立可以在辩护中起作用的那种联系。

前面提到，事实概念具有这种形式性，是因为它是主体的行为模式的一种体现，这种行为模式是主体在面对对象时的反应模式，或者也可以说，是主体做出判断行为的模式。

比如，实例就可以起建立行为模式的作用，这种作用不同于充当推理的前提。如果实例是通过推理起作用的，其形式就类似于，"如果实例 *A* 是事实，那么 *B* 是事实"，或者，"如果 *A* 是实例，那么 *B* 可能是事实"。但是，如果关于事态 *B* 的概念还没有构成，这种推理就是不可能的。举例说，为了帮助学生掌握关于数目的事态，老师给出的实例是"桌上有 3 只苹果"，学生跟着举出自己构造的事态，"地上有 3 只猫"。如果这里起作用的一种推理关系，"如果 *A* 是事实，那么 *B* 是可能的"，那么只有在学生已经掌握了关于数目的事态，这种推理对他来说才构成一个推理。对学生来说，这里存在的不如说是一种结构上的对应关系，依据这种关系，某些事态可以依据实例构造出来。学会这种构造方法，就是学会某种行为模式。实例是某个事实，我们可以通过它让行为模式获得一种固定性，从而在不同的主体之间进行验证。当学生面对桌上的 3 只苹果说出"地上有 3 只猫"时，无须确定他是否学过"苹果"一词，老师就可以测试他对数目词的用法是否正确。

认知推理也表现着行为模式。在具备构造事态的能力的前提下，通过认知推理，不同事态可以联系起来；而在不具备这种能力的情况下，借助认知推理，我们可以把握相应意向能力的形式特征。在上述例子中，我们可以在一种类比的意义上说，没有掌握数目概念的学生在进行某种推理，他的行为像是在进行一种推理，或者，像是一种没有伴随着理解的操作；例如，就像是在造句，而不是在描述某个事态。认知推理是某种技术，可以在操作中学习，而无须知道这种技术的原理，或者说，无须构造使得不同事态得以连接的新的事态；而在理解这类事态的情况下，这种操作性的特征也就变得不明显了——人们好像只是怀着发现原来隐藏起来的事实这一目的进行推理。认知推理的这种形式性（操作性）与实质性（目的性）的二元特征，就有些类似于人们对于机器的不同理解。有的人通过理解机器的运转机制来知道如何操作机器，有的人则通过阅读使用手册。但是，不管用哪种方式，一旦学会了操作机器，他就可以用另外一种方式来解释操作方法。

联系到行为模式来看，我们就可以说，实例，或者说认知推理赖以建立的基本事实，并不是被发现的，而是被发明的。作为赖以获得理解能力的条件，实例的给出需要理解能力，这就使得我们关于基本事实的概念只能是事后前置的概念。我们永远不是在“本真”意义上给出基本事实。由于所有给出事实的活动都依赖于基本事实，我们就不可能在“本真”意义上给出任何事实。事实永远是有意向能力的人“制造”出来的。当然，我们的意思是，这是作为四肢健全的人，通过与我们遭遇的对象互动制造出来，而不是笛卡尔式的主体，通过意念的推动完成的。

三　语境化过程，认知意义与历史

实例的引入是一个累积的过程。有些实例引入在先，有些则在后，它要起作用，依赖于在先的实例。例如关于动作的实例必须在引入关于行为的实例之前引入，因为只有把握了动作的概念才能把握行为的概念。同样，只有把握了物体的概念才能理解动作，因此，在没有引入物体概念时，关于动作的实例就不可能被理解成动作。

这种先后顺序导致的累积性不仅表现在概念的使用上，而且体现在事态的构造上。如果房门未曾打开过，那么朋友还没有到来，朋友的到访就还不是一个事实。房门紧闭这一事实位于这个语境中，它先于朋友迟迟不到这一事实，并被我当成构造朋友的到来这一事态的依据——期待带来的紧张感，会使我把应风而开的房门误作朋友到来的信号。语境期待着事实，事实总是穿过语境到来。一旦某个事态成为事实，就会被语境所吸收，进而成为构造新事态的基础。事实通过语境而获得的累积性会在每一部侦探小说中出现：证据的收集以最终构造犯罪的那一刹那的事态为目的。同样，在日常生活中，每一个说话者都从事着侦探的工作：证据被秘而不宣地收集起来，被推理性地转化成推动说话者做出话语反应的信念，而这种信念又与收集到的证据一起（甚至取代这些证据），构成语境的一部分。

语境的构成是一种过程，即语境化过程。语境化过程主要在这种意义上理解：某人所知道的东西（实例）构成了他知道其他东西的基础。

只有与理解力相联系，才能有意义地谈论语境。在一个初学算术的学生的考试题目中夹杂一些微积分符号，这些符号就不能构成学生所给答案的语境；我们对这些符号的理解不能用来作为理解学生答案的依据。因此，语境的构成是有选择的。在某些时候，有些东西不能构成语境，而在另一些时候，这些东西又可以构成语境，尽管在这两种情况下它都作为周边环境的一部分出现了。因此，谈论语境化，是一种比谈论语境更好的选择。

语境不是可以得到确定表征的对象，因此对它的描述往往是不完全的。语境是由可作为实例的事态构成的集合，但实例本身并非固定不变，而是可以不断重构。这种重构往往伴随着某种解释，或者有目的的改造。如果不联系到言语行为，孤立谈论语境显然没有意义。语境不可能独立给出，而只能联系到言语行为给出。这使语境是实践性的构造物，从而成为不可穷尽的。如果把语境看成说话人的背景知识，那么这种背景知识就是不定型的。通常，只有那些可以识别的东西，才进入这种背景。

可以通过描述语境来表明理解力和识别能力的一般结构。只有那些能够被说话人理解和识别的东西才能被语境化，因此，理解力和识别力的范围与语境的范围一致。理解力和识别力是有所知的基础，只有在特定的语境中，才能有所知；对认知意义的阐明不会超出对语境的阐明。

对我们的研究目的来说，语境化过程的重要性在于，可以用对语境化过程的贡献来衡量句子的认知意义（cf. Wilson，1995：ch. 3）。一个句子是否具有认知意义，是不能单独判定的，需要一些附加条件。只有在构造性范畴和实例均已具备的情况下，才能够谈论知道某事实，而这两点都体现于语境。一方面，实例本身属于语境，另一方面，对构造性范畴的把握使说话人具备相应的理解力，给予的实例在与这种理解力相适应的情况下才能构成语境。因此，语境可以为阐明句子的认知意义提供基础。再者，如果句子能表征事实，那么该句子如果为真，就为语境增添了新的实例，并为知道新的事实提供了基础。因此，我们可以结合语境化过程来判定认知意义。如果句子为真使得语境发生变化（使其扩展或缩简），那么该句子就具有认知意义。展示了语境变化，就阐明了认知意义。

把语境化过程与认知意义联系起来的另外一个考虑是：这样可以应对认知意义的自反性所带来的难题。为了知道某事，必须先知道其他事实，换言之，只有在其他句子的认知意义已经得到认定的背景下，才能阐明某句子的认知意义。这使认知意义这个概念具有自反性——为了得到这个概念的某个实例，必须预设该概念的其他实例。由于这种自反性，认知意义是一个外延封闭的概念，它的任何实例都不能独立地通过除认知意义以外的其他概念或者实例得到。这种封闭性使我们难以以一种非循环的方式给出关于认知意义的分析。在不能避免循环的地方就可以通过引入结构来获得解释，这里，为认知意义引入的结构就是语境。语境是事态或者说事实形成的结构，这种结构是构成新事态的前提条件。因此，只要阐明了某个事态是如何从某个语境中得到的，我们就阐明了与这个事态相对应的结构特性，从而阐明了引入这个事态的句子的认知意义。

这样，我们的问题就不再是，单个句子具有何种认知意义，而是，在其中给出该句子的语境是如何确定该句子所表征的事态的。问题转换成了渐次构成的事态与语境之间的关系。由于如此构成的事态也是语境的一部分，这种关系就转换成语境的内部关系。而关于认知意义的问题，就转换成渐次加入语境的事态对于语境构成过程的边际效应问题。对这个问题的一种合适的表述就是：一个句子的认知意义就在于，这个句子作为一个真句子使某个事态加入语境，会使语境发生何种变化。依据语境的结构性，语境的变化一方面可以是扩展性的，它可以构成某些新的事态，另一方面在于某种结构上的简化或者重构。

这样一来，认知意义就有了历史性。

首先，这种历史性表现在，一个句子只有对应于事态序列中的某个事态才会有认知意义。句子之所以能与事实相联系，是因为与之对应的事态依据先于这个句子给出的其他事态才得以构成，而且这些先前出现的事态被认定为事实。这样，如果句子对应的事态处于事态序列的不同位置，其认知意义也就有所不同；它是依据不同的事实构造出来的，并且通过它可以构造不同的事态。这属于语境扩展的情况。当新的事态加入语境时，原来的事实并不发生变化，发生变化的仅仅是随后可能引入的事实。事态之间的依赖关系必须按照引入事态的顺序起作用，这就使先引入的事态选择后引入的事态。认知意义具有这种历史性，是因为构成事态的行为本身是时间性的。

语境还有可能出现结构性的变化。有些事实会逆向地改变原来的语境，这种变化就不是改变原来给出的事实（事实是不能被改变的），而是改变语境的结构。水星的进动、光线的引力弯曲和引力红移，这些事实的引入使得对质点运动的动力学描述语境发生了结构性的变化，就是一个典型的例子。这种结构性变化之所以能够发生，其前提是我们已经具备了一套描述体系，这个体系可以解释为一个构造性范畴。新引入的事态（如果被确认为事实）不可能由这个范畴结构构造出来，而如果要把这些事态纳入语境，就必须对原来的范畴结构进行改造，或者引入新的范畴结构。这样，结构性变化就产生了。在这种意义上理解的历史性，就是可理解形式的可变性。

即使特定的构造性范畴没有构造出来，一种结构性的变化还是可能的。这种变化常常以体验的模糊形式出现，其确切形式还有待明确，或者变化的全貌还没有呈现出来。这种变化常常与世界的整体相关，我们说是一种“世界观”意义上的变化。一些常被我们称为极端事件的发生，可能会剥夺或改变某人的现实感，导致一些临界体验，使他以不同的方式回顾过去发生的事情。有时，这种变化的发生不需要极端事件，众多日常事件的累积也会产生同样的效果。对于这种变化的确切机制，这里还无法做深入探讨。但有一点可以肯定，这种变化发生在对现实世界和事实这些概念的理解上。

对这种变化，虽然我们不能以它们为对象构造使相应句子具有认知意义的事态，但不能排除以隐喻的方式对其形成信念。我们关于神的信念，关于世界起源以及世界末日的信念，就属此类。对于这类信念，并没有真正的语境上的支持，以使其具有认知意义；毋宁说，这种信念是对某种生活处境的反应。这种反应改变了语境化的基础，并以隐喻的方式给出了什么是事实，什么是现实世界，这样一些对于构成语境来说是基础的形式概念。佛说，万物皆是无，就是以物的缺席来说物的本性。这句话一方面指明了超脱于世俗的动机和归宿，另一方面又规定了事实和现实的概念。只有在排除了万物之后，才能达到事实。这类信念的获得使我们对事实的“真相”有所领悟。但这并不是关于对象的形式明晰的知识，而是一种价值体认，它与人的行为模式相联系。就理解与知道本身就是意向活动而言，它也与认知意义相联系。但这种联系既不是以提供依据的方式建立，也不是构造了意向内容，而是通过改变意向活动本身的可理解形式来建立这种联系。如果这种可理解形式发生了变化，认知意义在其根基处也就发生了变化。事实上，这里所说的认知意义已不再是知识性的，我们回到了广义的意义概念，这一概念把某些价值要素包含在内。

这样，我们便在三层意义上看到了语境化过程的历史性。这三层意义分别是：事态引入的时间性、范畴结构的可变性以及意向活动模式的可变性。对于第一种历史性，我们不必多说。对于第二种历史性，只要我们考虑到，范畴结构是对范畴的阐明，就可以看到，给出一个不同的范畴结构并不是对范畴唯一性的否证，而是我们对范畴的阐明上的推进——如果先前构造的范畴结构就当时能够引入的事态而言是足够充分的，那么后来给出的范畴结构就不会推翻依据以前给出的范畴结构所构造的事态，而只是能够容纳一些先前的范畴结构所不能容纳的事态。在一种意义上，广义相对论就没有推翻牛顿力学，而只是吸收了它；牛顿力学给出的描述可以看成是广义相对论方程的近似解。这样，我们就在变化中看到一种连续性。

至于第三种意义上的历史性，这是一种与人的生活史相联系的历史性。由于它实际上越过了认知意义的范畴，而来到价值领域，对这一领域的讨论已经超出了本书的范围。

第六节　知识的客观性

一　世界中的客观性

笛卡尔在设计怀疑论时引入了像上帝一样强大的魔鬼（或者也可以说，上帝本人），这让客观性的概念自然而然要从一个绝对的第三人称视角来得到理解（无人能够占据这个视角）。无论人们对事物的认识是怎样的，从这个视角来看，事物本身都可以不像人们所认识的样子。事物与心灵之间这样隔离的结果就是，人们最终会用事物自身的存在来解释什么是客观性——对于创世的上帝来说，让事物永远躲开心灵的触角，这与创造出事物本身，是同一回事。因此，经由事物的存在来保证的客观性，就是第三人称视角的客观性，即绝对的客观性。

这种客观性概念与怀疑论的关系，已经由笛卡尔自己论证了。如果事物永远都可能不是我们所认为的样子，而我们又不能求助于其他帮助，那么知识就是不可能的。康德所说的哥白尼式革命，如果从客观性的角度理解，就意味着客观性应当是相对的而非绝对的，应当相对于人的认知能力来建立客观性的概念。胡塞尔继续沿着这条路推进。先验现象学的任务，就是以人的认知能力为基础，来重建客观性。胡塞尔意识到，原来那种被认为由事物本身的存在保证的客观性，其实是不融贯的；知识的客观性只能是第一人称行为的成就。但是，正如我们在第三章努力证明的那样，由于这种第一人称行为被单纯归于意识，这种重建客观性的努力并不成功。

进一步看，在从笛卡尔到胡塞尔的推进中，理解客观性的基本格局并未变化。客观性总是心灵与世界对峙的结果，心灵从外面接近世界中的事物，而世界中的事物被作为总体加以对待。这样，客观性的建立，就是先抛弃整个世界，然后设法赢回它。由于其他主体属于世界，重建客观性就是只能由单个心灵完成的任务，而这是让整个任务归于失败的根本原因。我们已经看到，胡塞尔虽然在观点上极力挽回，但这一结局在方法论设计的起点上就已经被注定了。

我们的补救措施是，放弃在单纯意识领域中理解客观性，而是在引入了语言的框架中来建立心灵与事物的关系，而这让我们能够建立一种交互主体性的意向性概念，用一种类似于三角测量的方式重建客观性。这种客观性的概念有一些值得注意的要点。

这是一种双主体框架，因而也是一种双视角框架。两个具有交互关系的主体都既是第一人称主体，又是第三人称主体。作为第一人称主体，他对于对象做出识别和判断；作为第三人称主体，他的行为为另一主体所观察、描述和评判。可以这么说，每个主体就其对于对象的关系而言，是第一人称主体，而就其对于另一主体的关系而言，则是第三人称主体。

这一框架的首要特色是，不再像笛卡尔的单主体模式一样，主体位于世界之外，现在，主体位于世界之内。之所以发生这样的变化，是因为当第二个主体被引入，原来的第一人称主体所面对的就是新主体与事物之间的关系，而这种关系取代了原来的世界总体的位置，也就是说，世界把主体包含在内了。

在笛卡尔模式中，即使有第二个主体，它也仅仅是一种对象，而不能作为主体来出现。因为它并不满足我思的标准，即不可怀疑性——他人的心理内容对我来说并不是不可怀疑的，魔鬼也可以在他人心理内容究竟是什么这一点上欺骗我。而在我们的双主体模式下，新引入的主体也能够是第一人称主体，这是否弃笛卡尔的我思标准的结果。我们利用的是主体所拥有的辩护能力，即主体能够进行一种内部辩护，从而让自己的行为获得逻辑上的稳定性。只有第一人称主体能从“内部”看待意向行为，从而进行这种内部辩护。通过对私人语言论证的分析我们知道，只有当主体自身就是做出可观察的行为的那种主体时，他才能够对自己的意向行为是否正确给出辩护。换言之，只有当主体本身就是第三人称，它才能够拥有第一人称主体的那种地位。

这样一来，客观性就是主体在世界之中获得的一项成就，而不是从世界之外，通过重新建造整个世界获得的。这种世界之中的客观性不仅为客观性本身，而且为主体以及世界是什么，做出了实质性的规定。

所谓世界之中的客观性，首先是指在心灵与事物之间关系的层次上理解客观性，这样就把客观性理解为一种可以把握的关系。这一点在笛卡尔式的客观性框架中是不可能的。在那个单主体的框架中，由于心灵与事物之间的关系不能为心灵本身所把握（这种把握本身就预设了这种关系），客观性很难以知识论的形式得到理解，于是只能体现为事物的独立存在性。这个困难在双主体框架中消失了。新引入的主体能够从“外部”对我的认知成就进行评判，从这种外部视角能够同时把我的行为和我的对象纳入视野，从而建立我与对象的关系。这样，客观性就体现为这种关系的知识论特性。

由此得到的好处相当深远。如果仍然在对象的独立存在这一意义上理解客观性，那么对于判断的知识论评价，就将诉诸一种本体论标准，这样就无法把知识论评价与形而上学清晰地区分开。由于主体在认知能力上的特性总是会投射到判断的内容上，在肯定判断内容具有客观性时，我们就会为这种认知能力上的特性寻求本体论上的位置，由此得到一幅扭曲的世界图景。这就类似于说，在从某个视角来观看一个物体时，我们会把物体所呈现的变形归于物体本身。了解透视原理的人不会犯这个错误，当然，要说服他相信不存在一种看待物体的中立视角或者上帝视角，还不是件简单的事。

要从这种关系的角度评价客观性，需要满足两个条件：其一，评价者应当能够处于判断者的地位，从而能够复现判断的内容；其二，他应当能够确定自己与判断者看到的是同一个对象。既然判断的内容是判断行为的第一人称特征，第一个条件对于确定判断内容来说，也就是必要的。这意味着，在双主体框架中，两个主体的身份之间相互渗透、彼此依赖。

世界中的客观性这个概念规定了主体的基本特征。主体的行为是可以观察的，而这种观察通过语言来实现。因此，主体首先是语言的使用者。如果我们关于私人语言论证的分析是正确的，那么，即使对于主体自己来说，要他“观察”自己的行为，也要通过语言，或者说，也要诉诸这样一个过程——当我在思考，那么在我能够用语言来表达我的思考的那种程度上，我才知道我自己在思考什么。之所以这么说，是因为我对我自己行为的知识也必须是可以辩护的，而这种可辩护性依赖于我的行为与语言之间的那种关联。因此，语言一般性地决定了主体行为（对他人和自己）的可观察性。

如果知识主体只有在成其为语言主体的那种意义上才有可能，那么这样的主体就不是笛卡尔式的纯粹心灵，就不是脱离了物质的精神，而是能够通过物质（语言本身就是一种物质性的东西）来自我表达的存在物。我们也可以说，心灵原本就是与物质不可分割的——知识主体不是解决了笛卡尔的身心关系问题以后得到的东西，不是心灵与身体连接以后产生的综合，而是当我们按照对待心灵的方式观察身体时所看到的东西。在倾听话语时，我们就是在倾听心灵；而在阅读文字时，我们所阅读的，也是心灵。

说语言让心灵得以相互了解，这并没有什么错，但是，我们不能把这一点理解成，语言好像装了内容的包裹一样，可以在不同心灵之间传递。作为物质的东西，语言并不能“盛放”什么。语言之所以能够成为一种交流手段，是因为它是主体间可以分享的一种行为模式。学会一种语言，就是学会一种行为模式；理解一种语言，就是知道如何按相应模式说话；获取语言所“携带的”信息，就是实际做出相应行为，或者获得做出相应行为的能力。在语言的内容中，当然有本身不能还原成行为的东西，这就是为什么对语言的理解最终仍然要诉诸第一人称主体；但作为行为模式，语言使第一人称的东西合乎规范约束，因而成为客观的，这对于语言来说，却是本质性的。

二　客观对象

一旦这样理解主体，为什么说客观性是一项在世界中达成的成就，也就清楚了。语言当然不是简单的声音和符号，而是具有表意功能的物质系统。这套系统投入使用的结果，就是让心灵与世界之间的关系进入稳定的模式。客观性就是这套模式的功能性特征。语言类似于测量系统，测量本质上就是利用世界中一些东西的稳定性，来为其他（稳定的或不稳定的）东西定位。测量结果的客观性由测量系统的稳定性来保证。这种稳定性的作用，就在于让不同时刻、由不同人得到的测量结果，能够互相比较和校正。

客观性的最终达成，仍然体现在对象上。不过这里要区分一下。按一种更加严格的标准，只有正确地表明对象本身是什么的判断，才是客观的判断，因为错误只能是主观的、人为的因素造成的。这个标准确实过于严格了。如果能以一种客观的方式确定某个判断是错误的，那对我们的知识来说也有价值；但这个标准只考虑判断程序的结果，即最终做出的判断。判断的目的指向所判断的对象，而对于我们所理解的客观性来说，目的是对程序的一种约束，而客观性是程序的特性。

体现在判断程序上，对象的确定以程序的会聚为必要条件，也就是说，不同的判断程序，即最初的判断以及对该判断的评价，应当指向同一个对象。这种会聚就是三角测量法中两条视线的相交，它使对于判断的评价和校正得以可能。应当说，这种会聚是通过把判断活动纳入到具有某种模式的互动行为中达到的。

首先，这种模式的骨架就是共享的语言使用行为。一般来说，判断和评价活动本身就构成了成套的语言行为，而说话行为是这种成套行为的实例。比如，一次打赌行为就是打赌这样一种成套的行为模式的一个实例。打赌时，甲判断说，张三今天下午开会会迟到，乙则认为张三不会迟到。他们在打赌，这个事实本身就表明，他们的行为之间有互动关系，而这种关系让他们的行为从属于打赌这样一种行为模式的同一个实例。

这对我们来说是一个有利的结论。在进行三角测量时，如果两个测量点不在一个空间中，而从其中一个测量点测量的另外那个点只是在自己空间中的一个投影，那么，即使所得到的数据可以产生合理的结果，我们也不能说这次测量是成功的。同样，在交流活动中，双方的判断行为如果不是在同一个世界中做出的，其所针对的对象分属不同的世界，那么他们通过彼此参照也就不可能确定一个真实的对象。这个假定其实相当合理，因为完全没有理解之可能的交流，就像在两个不同世界中的人在对着虚空自言自语。只有当双方在同一个世界中做出判断，才能达到所需要的那种定位效果。现在，保证双方在同一个世界中的，正是他们的行为具有彼此互动关系这一事实。

当然，这种互动关系不应当是通过认知的方式建立的，比如，我不应当是从一些证据推断我们是在打赌，比如说在赌张三会不会迟到。在关于客观性问题的这一极为基础的层次上，并没有进行这种推断的余地。这种推断要有效，需要客观性已经建立起来了。应当说，这种互动关系是一种承诺，它必须事先建立起来，之后再通过由此建立的框架加以修改。比如，我先是认定对方在与自己打赌，之后，按照打赌行为的框架，我可以通过观察对方行为的一些特征，来对打赌的细节进行补充，或者对我的一些猜测或推断进行验证或修改。于是，互动关系从第一步就建立起来了。

我们在同一个世界中，这当然不是认知活动得到的结论，而是一切认知活动的起点。这意味着我们共同存在于其中的世界不是作为认知对象而被分享，而是作为互动行为无处不在的背景，作为一切语境化过程的平台，先于所有其他东西存在。世界是互动行为在其中发生和持续的世界，是生活世界而不是现象世界。

在互动行为的骨架之上，对于对象的定位通过语言的使用完成。在第九章我们已经讨论了指称机制。前面已经说明，指称如何在一种动态过程中确定，而直接指称理论和描述理论所洞察到的要点，又如何进入这种过程。这种过程构成了语境化过程的脉络或线索，而认知意义也就是在语境化过程中得到解释的。现在我们要考虑的，则是知识的客观性如何在这种过程中实现。

对象在交流行为中如何定位，取决于对象是给予性的还是构造性的。构造性对象不存在定位问题，需要考虑的，就只是给予性对象。对于给予性对象，有的可以利用描述性的成分按照语境的线索回溯到通过实指加以确定的对象上，只要确定了后面这些对象，就可以确定它；有些则不能，但还是可以回溯到一些语境中，在这些语境中存在可以通过实指加以确定的对象。对于后一类对象，通常还是可以利用承诺的方式，先承认它得到了客观的确定，即得到了交流双方认可的定位，然后看是否会在实指对象上产生出入，按检查的结果予以认可或者调整。在这种情况下，只要实指性对象得到了客观的定位，所考虑的对象也就得到了客观定位。最后，我们需要考虑的就是实指性对象。

能否以客观的方式确定实指对象，对此蒯因通过翻译的不确定性论题已经给予了否定回答。按蒯因，对任何实指对象，都可能用不同的表达式来进行指称，而交流双方在行为上仍然保持适配关系。比如，像“兔子”“一堆兔子器官”“有兔子的时间段”这样的指称短语都可以指称兔子，并且在与土著的交流上没有什么障碍，但这些短语所指称的对象显然是不同的。这意味着，实指对象的在场，并不足以保证作为相应反应的语言行为指向同一个对象。关键在于，我们可以从不同的方面来指向对象，而对象的单纯在场不足以在这些方面之间做出选择。按我们的方式来看待这个问题，翻译之所以不确定，是因为对象不能决定视角。

蒯因从一个与我们正好相反的方向来看待语言行为。他从“外面”、从第三人称看待语言行为，在这个方向上，范畴结构对于实指对象来说并不存在约束性，同样的实指对象可以和任何一种语言行为相容。这样，面对从草丛中跳出来的兔子，语言学家就可以毫无拘束地选择“兔子”“一堆兔子器官”以及“有兔子的时间段”中的任何一个来翻译土著的“Gavagai”，而与土著的行为相一致。但是，从第一人称视角来看待，如果语言学家用“一堆兔子器官”来翻译“Gavagai”，那么他就不会认为自己看到的是从草丛中跳出来的兔子，此时他所面对的实指对象，与他用“一堆兔子器官”来翻译时所面对的不是同一个实指对象。

当然，从戴维森的角度也可以同意我们的解释。按他的彻底解释模型，实指对象不是从第三人称视角看到的对象，而是从第一人称视角，从解释者的主观角度确定，并用来对说话者行为做归因解释的那个对象。这样，当用“一堆兔子器官”来解释“Gavagai”时，解释者也不会认为土著所看到的是从草丛中跳出来的兔子。他会尝试弄清从土著角度看到的东西是什么。但即使如此，由于他可以认为土著看到的是不同的东西，因而也可以按照不同的方式来解释“Gavagai”，并让这些解释与土著的行为相匹配。这样，最终还是不能达到客观地确定对象的目的。

戴维森模型揭示了对象的确定与行为模式之间的关联性，但是，由于并没有什么东西限制在不同行为模式之间做出的选择，这种关联性也就意味着对象的不确定性。当然，这种关联性基于第一人称视角才起作用，但止步于这种关联，还是没有充分发掘第一人称视角的理论意涵——第一人称视角的作用不仅在于把对象与行为联系起来，还在于落实行为的实践性。

从第一人称理解行为，就是成为行为者，就是以某种方式做出那种行为。这种理解方式，我们不妨称为“实践态度”（the practical attitude）。与之对立的，则是理论态度。对于主体的行为持理论态度，就意味着从旁观者的角度看待这些行为。通常，理解一个行为的旁观者总是在某种程度上把自己当作行为者。但是，旁观者会做出当事人不会做的事情，这使他尽管有行为者的能力，但在态度上仍然是一个旁观者，也就是说，他以一种理论态度来对待行为。

戴维森的解释者虽然对说话者的行为有所理解（解释者努力站在说话者角度上，以解释其信念），但仍然对其行为采取了旁观态度，这体现在他通过对说话者的行为做出溯因解释，来确定其所谈论的对象是什么。比如，如果解释者发现，可以用看到一只兔子来解释土著说出“Gavagai”的行为，那么他就会把兔子而不是有兔子的时间片段当作土著所看到的对象。在这个情境中，兔子就是导致土著说出“Gavagai”的原因。但是，这只能是旁观者的做法，这意味着，戴维森的解释者对土著的说话行为持一种理论态度。

当然，在有些情况下，即使是在实践态度中，我对他人（即使他人在与我互动）的态度也迫使我进行这种溯因解释。比如，在下象棋时，要判断对手从棋局中是否看出我的行棋意图，我就要对他的行为做出这种解释，以此确定他看到了什么。但是，在这样解释时，我并未在对手正在按照何种行为模式做出行为上做出不同判断，而只是在甄别从属于行为模式的细节特征。比如，我不会通过观察对手如何移动棋子来判断他是否在下棋，而只是以此判断他下了一步什么样的棋，他要实现什么意图，以及基于对棋局的什么样的判断才产生这样的意图。同样，在戴维森的解释情境中，如果出于实践态度，解释者也就不会通过解释土著的行为，来确定他看到的是兔子还是有兔子的时间段。如果解释者认为土著是在打猎，那么像有兔子的时间段、一堆兔子器官之类的选项，就不可能出现。另一方面，若解释者对土著究竟在做什么没有任何概念，那么他就根本没有条件来确定土著面对的是什么。

无论是蒯因式的还是戴维森式的不确定性，在我们这里所解释的第一人称态度之下都不存在。只要是在从事某项意向行为，只要是在彼此理解的实践态度之下，就所面对的对象是什么，人们原则上就总能达成一致。简单说，这种一致是通过符号的使用达成的。当符号参与了行为模式，行为本身的模式性特征就会对符号的对象做出筛选，有些对象是可能的，有些则不可能。在一盘棋局中，棋子的材料变化不会影响它仍然是同一个棋子这一事实，用塑料瓶盖来代替原配的棋子，这不会把车变成相；同样，两个棋手通过互联网远程下棋，他们面对的棋子在物理上绝不是同一个对象，但他们面对的，仍然是同一盘棋。对行为模式的这种投入，使得在"对象是什么"这个问题上发生的争议，只能在一个狭小的范围内产生。在这个范围内，人们所面对的是否是同样的对象，他们所思考、谈论的对象是否是客观的，这些问题从来不会发生。

三　怀疑论与实践

在第五节之一我们已经看到，如何能在意义理论的基础上对怀疑论进行回应。这种回应的基本思路是，按照我们给出的意义理论，对意义的把握是建立在关于实例的基础上的，因此，只要承认我们理解语言，那就必须承认我们已经拥有知识，这样就回应了整全型的怀疑论。不过，对于怀疑论者来说，这并没有走到底，他可以有两条理由回应。

首先，我们对意义的理解也可能只是幻觉，其实我们并不理解意义。显然，可能存在一种笛卡尔式的怀疑论场景，魔鬼在我们是否理解语言这一点上欺骗我们。该如何通过论证来排除这种可能性呢？这时，我们自己的意义理论制造了障碍。按照这个理论，只有在拥有语言或语言能力的基础上，我们才能进行有效的思考，但是，要论证我们拥有语言或语言能力，或者说，要承认我们通过某种程序论证了自己拥有语言或语言能力，就又需要已经能够进行有效思考。最终，我们可能只是在关于语言的幻觉中打转，而无法落到思考的地面上来。

其次，即使承认我们理解语言，基于意义理论的回应也需要建立在意义理论的基础上，也就是说，要承认这种理论是真的，而这个要求对怀疑论者来说有些多了。我们所考虑的怀疑论针对一般性的知识，其中当然也包括关于意义理论的知识。显然，以一种理论为前提来反驳怀疑论，是乞题了。

这两条理由对我们基于意义理论的反怀疑论论证来说并不成立，因为，它们都是基于我们前面所说的理论态度提出的，而我们的意义理论所要求的则是实践态度。怀疑论者并没有基于我们所接受的前提来反驳我们，因此没有击中目标。

先从第二个理由说起。我们的意义理论不是作为一种理论起作用，从前面第六节之二可以看出，它是一种方法论哲学。天体物理学是一种理论，它陈述一种本身就独立存在的东西。我们出于理论态度对待天体，理论态度就是我们对独立存在的东西做出判断时所要采取的态度。意义则是主观的东西，意义并不独立存在，而是我们的语言行为的模式性特征。对待意义我们只能采取实践态度，也就是说，我们只能通过关注和调整我们自己的行为方式，来保证意义的确定性。关注意义就是关注我们自己的语言行为，而我们建立意义理论，则在于提示我们自己，要怎样做才能保证这种意义的确定性。就此而言，意义理论给出的实际上是一种如何产生意义的方法，意义理论的研究对象是依照这种方法进行实践才能确立的东西。这决定了，对待意义理论只能采取实践态度。

应当说，在这种意义上意义理论不是作为知识起作用的。要理解意义，我们从来不需要意义理论来告诉我们意义是什么。它只是说明，如果我们正在有意义地使用语言，那么我们是如何做的。当我们实际上在这么做时，我们就已经理解了意义。因此，在回应怀疑论时，在一般性地利用意义理论的地方，都可以通过指出我们的一般做法来达到目的。

如果要说明我毕竟知道一些实例，比如说知道什么是红色，我就可以和怀疑论者就红色展开一些讨论。假定怀疑论者同意，他和我都理解“红色”这个词的意思，而我要做的就是让怀疑论者承认，我们至少知道有些东西是红的。在这样做时我并不利用意义理论，而只是挑选一个尽可能好的视觉环境，然后问怀疑论者，他（即理解“红色”这个词的人）是否知道眼下无障碍地看得清的东西（实际出示这样一个东西给他看）是不是红的。我们的意义理论只是说，一个人如果在这种条件下（或者更好的条件下）还不知道那个东西是否是红色，那他就不知道什么是红色。而我们利用这个理论的方式，就只是在实际情况下面对实际的事物做出实际的判断。只要怀疑论者进入这个实践情境，我们对于怀疑论的回应就可以起作用了。如果他拒绝承认自己知道这个东西是否是红色，我就会问是什么让他拒绝，然后针对他的理由做出调整。如果他的拒绝是一般性的，任何调整都不可能让他满意，那么他就超出了我们意义理论的范围。但是，在这种情况下，他也就一般性地让“红色”这个词退出了语言实践，因为他已经承认，在任何情况下我们都不知道是否正确地使用了这个词。

现在回过头考虑第一个理由，即我们对意义的理解本身也可能是幻觉，因而不能充当回应怀疑论的前提。前面提到的意义的主观性可以部分地应对这个理由，而要彻底地回应它，则需要求助于意义的实践性。下面依次讨论这种主观性与实践性。

笛卡尔回应怀疑论的方式实际上就是诉诸主观性。按照笛卡尔的理解，如果魔鬼的欺骗在于把我和独立于我的东西（也就是客观的东西）分隔开，而对后者做出系统的改变，那么属于我的、主观的东西也就是魔鬼所无法欺骗得了。在这种意义上，意义作为主观的东西，是可以避开怀疑论的。但是，这种回应只是部分的。考虑魔鬼的欺骗不仅仅在于把主观的和客观的东西区分开，而且也在于把当前的我和过去的我区分开，那么，即使意义具有主观性，如果要在对意义的理解上保持现在与过去一致，魔鬼的欺骗就依然可以对意义起作用。当我要成功地回忆起过去所理解的意义，并把这种理解运用于当前，魔鬼就可以让我的记忆出错。过去理解的意义虽然属于过去的我，但对于当前的我来说，还是客观的和独立的。

要在意义这个问题上回应怀疑论，就要追问意义在什么意义上是主观性的。我们之所以说意义是主观的，就在于它是我们以第一人称身份以特定方式使用词语的结果。本书建立的整个意义理论就是一种第一人称理论。当以范畴理论为基础来为各种表达式赋予意义时，只有从第一人称角度来看，范畴结构才成为实在的可能性结构。这样，作为运用范畴理论的结果，各种表达式的意义也就具有了主观性。比如，“红色”一词的意义就在于把红色的东西与同范畴的其他东西区分开。我们会把这种区分与某种主观的红色经验对应起来，并把这种经验当作那个词的意义。在某种意义上我们可以容忍这样用这种主观经验来解释意义，这样就保留了意义的主观性。但这种解释并不正确。因为我们并不一定是依据这种主观经验来区分红色和其他颜色的，比如，一个色盲可以通过别的经验，比如某种灰度上的差异，来做出同样的区别。应当说，主观经验只是我们运用识别能力的一种附带产物，真正起作用的是这种识别能力，这种能力为范畴结构所刻画，并进而确定颜色谓词的意义。这种能力是实践性的，因为只有通过它所产生的结果，我们才能说明它是怎样的。

如果意义是运用能力的结果，那么魔鬼的欺骗是否会起作用，情况也就不同于从主观性角度理解意义。单纯的主观性之所以能继续让欺骗起作用，是因为那种被理解为主观的东西可以与心灵分离，它是心灵过去确定的东西，当前为了保持意义的一致性，我们需要认识它才行，而这就为欺骗留下了余地。一旦意识到意义是运用能力的结果，而对意义的理解在于按正确的方式运用这种能力，我们就可以通过考察这种能力以及运用它的方式来看欺骗是否可能。

一个直接的观察是，对于识别能力来说，魔鬼的欺骗是无法起作用的。首先，依据假设，魔鬼不会剥夺我的识别能力。这是因为，魔鬼的存在是为了论证，在我具有我们认为自己具备的正常的认知能力的前提下，我不可能认为自己知道外部世界，或者更加宽泛地说，不能知道自己是否具备客观的知识。[①] 这样，魔鬼无论如何都不能削弱我的识别能力，它最多是干扰我对识别能力的运用，让我无法得到正确的识别结果。还是让我继续保留识别能力吧。

其次，为了成功地欺骗，对我的识别结果，魔鬼的改动只能限于经验与实在之间的匹配关系，而在经验内部，魔鬼必须保留原来的模式性特征。为了确定识别是否正确，我最终只能诉诸自己的经验，并且是经验的模式性特征，也就是说诉诸经验之间相同与不同的关系，而不是诉诸属于单个经验的特征。比如，为了确定一株植物是不是皱叶甘蓝，我会把眼前的植物与皱叶甘蓝的图片进行比较，而这样做就是在建立经验模式。熟练的植物学家一看之下，似乎不假思索就可以确定那株植物是不是皱叶甘蓝。尽管他没有特意进行比较，但要解释在识别时他在做什么，我们还是会说，他记得皱叶甘蓝的样本，并与之进行了比较。经验模式的这种特殊性决定了，魔鬼的欺骗实际上就相当于在保留经验模式的前提下，修改经验与实在的匹配关系。保留经验模式，会让我认为自己在进行正确的识别，但改变经验与实在的匹配关系，就让我的识别实际上是错误的。有趣的是，恰恰是因为保留了经验模式的稳定性，使我运用识别能力的条件得以保留，让我可以正常运用自己的识别能力。

这个条件再配合语言能力，就可以绕过魔鬼的欺骗，而让我将对于意义的理解保留下来。之所以如此，是因为我的语言能力作为一种认知性的能力，本身就是魔鬼要保留的，而我运用语言能力的条件，也恰恰就是经

---

① 对怀疑论的一种可能的理解是，怀疑论者论证了我们没有获得知识所需要的认知能力，或者直接说我们没有认知能力。但是，这种理解的实际意思是，我们现有的能力是不充分的。怀疑论者会接受，我们的确有某种程度上的认知能力，然后在此基础上说，这种认知能力不足以获得知识。这里的关注点在这种得到承认的认知能力上。

验模式，而不是单个经验的特征。

那么，怀疑论是否会出现在对符号的识别上呢？运用语言能力的对象是符号，而符号是一种经验对象，因此，使用语言能力的过程是经验性的识别过程。但是，这并不意味着，在使用语言时我们要对符号做出完全的识别，需要识别出符号的什么特征，这取决于符号怎样成其为语言。作为语言，符号的物理形态本身的有些特征并不重要。一个书面符号可以有很多种写法，而这并不影响其意义。事实上，一种语言可以翻译成其他语言，这已经说明，语言的符号形式是怎样确定意义的。应当说，符号的物理形态也就在于体现符号之间模式性的关系，比如，出现在一个地方的符号与另外一个地方的符号是否为同一个符号，如此等等。有时，符号本身是否有物理形态的存在甚至都不重要，人们可以仅仅在假想中使用符号，而不需要实际上写出或者说出什么来。在这种意义上，一种语言的存在是不能被魔鬼的欺骗所破坏的。

语言能力是在识别能力基础上建立起来的一种能力，是结合符号的使用来进行识别的能力。比如，使用颜色谓词的能力，其实就是在对颜色进行识别时，用相应的颜色谓词来对识别过程做出反应的能力，简单说，就是当在识别出比如红色时使用“红的”这样的谓词。这种能力和识别能力一样，都可以从其逻辑特性看出，魔鬼不可能通过欺骗来剥夺它们。作为一种能力，它只要求在特定情况下做出特定反应，在逻辑上则以条件句的形式，即“如果……那么……”的形式出现；而魔鬼的欺骗只能针对以直陈句的形式给出的内容，这些内容在逻辑上就是陈述出来的情况。条件句所陈述的显然不是一种情况，能力（无论是识别能力还是语言能力）也不是一种情况。

现在来看为什么魔鬼不能在我对意义的理解上欺骗我。魔鬼要让我在理解意义时错认意义。如果意义是主观的，但不是实践性的，那么，魔鬼虽然在当前我是否错认了意义上不能欺骗我，但在是否错认了过去的意义上，却可以欺骗。这是对意义采取理论态度的结果，此时我们需要通过认知的方式来确定意义。但是，如果意义是运用能力的结果，那么对意义的理解就是实践性的。这意味着，要确定意义，就要进行这种实践活动，脱离实践，我们就不能有效地谈论意义。在这种情况下，错认了过去的意义，或者说，任何一种对意义的错认，都不会影响我们对意义的理解。简单地说，魔鬼只能在“输入”心灵的东西是什么这一点上欺骗我们，而不能在“输出”的东西上欺骗，而从实践性来看，意义就是“输出”的东西。

应当说，对抵御怀疑论真正起作用的，就是这种实践态度。只要出于理论态度看待意义，就还是会面临魔鬼欺骗的可能性。魔鬼总是可以把过去的我与当前的我隔离开，因而在我准备理解的那种意义与当前的理解之间设置错误的配置，从而让我在对意义的理解上不能达成一致，进而不能谈论确定的意义。而出于实践态度，过去理解的意义永远是当前可以理解的，所谓当前无法理解的意义，所谓已经过去并且“不再重现”的意义，其实是一种毫无意义的说法；而已经过去，即使无人理解也仍然存在的意义，不过是在把当前已经得到理解的意义推到过去。持这种态度的人也可以在一种意义上承认，这种推到过去的意义即使无人理解也是存在的，但这只是在强调，意义具有某种客观的知识论效果，而不是在说，一种系统的、无法识别的错误理解是可能的，因而并不意味着，在对过去理解的意义是什么这个问题上，可能出现一种怀疑论。怀疑论预先就被实践态度排除了。对实践态度来说，意义已经预设了理解，一个东西没有在某种程度上得到理解，那就不是意义。

参考文献

一　中文文献

艾耶尔，1954，“可能有一种私人语言吗?”，《语言哲学》，马蒂尼奇编，牟博等译，北京：商务印书馆。

贝克莱，1973，《人类知识原理》，关文运译，北京：商务印书馆。

布伦塔诺，2017，《从经验论立场出发的心理学》，郝亿春译，北京：商务印书馆。

程炼，2005，“私人语言论证”，《思想与论证》，北京大学出版社。

达米特，2005，《分析哲学的起源》，王路译，上海译文出版社。

——，2019，《弗雷格——语言哲学》，黄敏译，北京：商务印书馆。

戴维森，1993，《真理、意义、行动与事件——戴维森哲学文选》，牟博编译，北京：商务印书馆。

笛卡尔，1986，《第一哲学沉思集》，庞景仁译，北京：商务印书馆。

福多和勒炮，2017，《整体论：一本购物指南》，刘小涛、何朝安译，哈尔滨：东北林业大学出版社。

哈克，2001，“分析哲学：内容、历史与走向”，江怡译，《分析哲学——回顾与反省》，陈波编，四川教育出版社。

亨普尔，1998，“关于认知意义的经验主义标准：问题与变化”，《语言哲学》，A. P. 马蒂尼奇编，牟博等译，北京：商务印书馆。

胡塞尔，1994，《逻辑研究（第一卷）》，倪梁康译，上海译文出版社。

——，1998，《逻辑研究（第二卷第一部分）》，倪梁康译，上海译文出版社。

——，1999，《哲学作为严格的科学》，北京：商务印书馆。

黄敏，2012，“布莱德雷、罗素与维特根斯坦论关系”，《现代哲学》2012

年第 3 期。
——，2014a，“弗雷格的‘涵义’——逻辑解释与认知解释”，《哲学研究》2014 年第 3 期。
——，2014b，《知识之锚——从语境原则到语境主义知识论》，上海：华东师范大学出版社。
——，2017，“弗雷格的‘思想’概念与柏拉图主义问题”，《哲学分析》2017 年第 4 期。
——，2018，《哲学分析教程》，北京：中国社会科学出版社。
吉奇，1998，“主词与谓词”，《语言哲学》，A. P. 马蒂尼奇编，牟博等译，北京：商务印书馆。
康德，2004，《纯粹理性批判》，邓晓芒译，北京：人民出版社。
克里普克，1998，“说话者指称与语义性指称”，《语言哲学》，马蒂尼奇编，牟博等译，北京：商务印书馆。
蒯因，1987a，《从逻辑的观点看》，江天骥等译，上海译文出版社。
——1987b，“经验论的两个教条”，《从逻辑的观点看》，江天骥等译，上海译文出版社。
赖尔，吉尔伯特，1992，《心的概念》，徐大建译，北京：商务印书馆。
李云飞，2019，《胡塞尔发生现象学引论》，北京：北京师范大学出版社。
刘易斯，2009，《约定论——一份哲学上的考察》，吕捷译，北京：生活·读书·新知三联书店。
罗素，1982，《数理哲学导论》，晏成书译，北京：商务印书馆。
——，1996，《逻辑与知识——1901—1950 年论文集》，苑莉均译，北京：商务印书馆。
洛克，1983，《人类理解论》（上、下），关文运译，北京：商务印书馆。
马赫，1986，《感觉的分析》，洪谦等译，北京：商务印书馆。
倪梁康，2000，“胡塞尔与维特根斯坦：从意识哲学到语言哲学的范式转换”，《开放时代》2000 年第 11 期。
——，2007，《胡塞尔现象学概念通释（修订版）》，北京：生活·读书·新知三联书店。
彭加勒，1989，《科学与假设》，叶蕴理译，北京：商务印书馆。
塞尔，1998，“专名”，《语言哲学》，A. P. 马蒂尼奇编，牟博等译，北京：商务印书馆。
石里克，1984，《自然哲学》，陈维杭译，北京：商务印书馆。
索科拉夫斯基，罗伯特，2009，《现象学导论》，高秉江、张建华译，武汉大学出版社。

唐纳兰，1998，“指称与限定摹状词”，《语言哲学》，A. P. 马蒂尼奇编，牟博等译，北京：商务印书馆。

万德勒，2002，《哲学中的语言学》，陈嘉映译，华夏出版社。

汪芳庭，1995，《公理集论》，合肥：中国科学技术大学出版社。

王路，2003，《“是”与“真”——形而上学的基石》，北京：人民出版社。

威廉·涅尔、玛莎·涅尔，1985，《逻辑学的发展》，张家龙、洪汉鼎译，北京：商务印书馆。

休谟，1980，《人性论》，关文运译，北京：商务印书馆。

亚里士多德，1990，《范畴篇》，秦典华译，北京：中国人民大学出版社。

扎哈维，2001，“胡塞尔先验哲学的交互主体性转折”，《哲学译丛》2001 年第 4 期。

——，2007，《胡塞尔现象学》，李忠伟译，世纪出版股份有限公司，上海译文出版社。

张庆熊，1998，“私人语言的不可能和现象学还原的困境”，《开放时代》1998 年第 6 期。

朱刚，2018，“胡塞尔交互主体性现象学中的双重开端与双重还原”，《哲学研究》2018 年第 9 期。

二 英文文献

Austin, J. L. 1962, *How to Do Things with Words*. Oxford University Press, The Claredon Press.

Barker, S., & M. Jago 2012, “Being Positive About Negative Facts.” *Philosophy and Phenomenological Research*, 85 (1), 117 - 138.

Bar - On, A. Z. 1987, *The Categories and the Principle of Coherence*. Martinus Nijhoff Publishers, Dordrecht.

Beaney, M. 1996, *Frege: Making Sense*. Gerald Duckworth & Co. Ltd.

Benacerraf, P. 1973, “Mathematical Truth.” *The Journal of Philosophy*, 70 (No. 19).

Blanchette, P. 2018, “The Frege - Hilbert Controversy.” In E. N. Zalta (ed.), *The Stanford Encyclopedia of Philosophy* (Fall 2018 Edition).

Boghossian, P. A. 1990, "The Status of Content." *Philosophical Review* (2), 157 - 184.

——1996, "Analyticity Reconsidered." *Noûs*, 30 (No. 3), 360 - 391.

——1997, "Analyticity." In B. H. C. Wright (ed.), *A Companion to the Philosophy of Language*. Blackwell.

Brandom, R. 1994, *Making it Explicit: Reasoning, Representing, and Discursive Commitment*. Cambridge, Mass.: Harvard University Press.

Burge, T. 1993, "Content Preservation." *Philosophical Review*, 102.

——2007, "Predication and Truth." *The Journal of Philosophy*, 104 (11), 580 - 608.

Caplan, B. & C. Tillman 2013, "Benacerraf's Revenge." *Philosophical Studies*, 166, S111 - S129.

Carnap, R. 1956a, "Empiricism, Semantics, and Ontology." In *Meaning and Necessity*. Chicago: University of Chicago Press.

——1956b, *Meaning and Necessity*: University of Chicago Press.

Carroll, L. 1895, "What the Tortoise said to Achilles." *Mind*, *New Series*, 4 (14), 278 - 280.

Cunningham, S. 1983, "Husserl and Private Languages: A Response to Hutcheson." *Philosophy and Phenomenological Research*, 44 (1), 103. doi: 10.2307/2107583.

Davidson, D. 1967, "The Logical Form of Action Sentences." In *Essays on Actions and Events* (2nd edition ed.). Clarendon Press, Oxford.

——1984a, *Inquiries into Truth and Interpretation.* Claredon Press, Oxford.

——1984b, "On Saying That." In *Inquiries into Truth and Interpretation.* Claredon Press, Oxford.

——1984c, "On The Very Idea of a Conceptual Scheme." In *Inquiries into Truth and Interpretation*. Clarendon Press Oxford.

——2001, "A Coherence Theory of Truth and Knowledge." In *Subjective*, *Intersubjective*, *Objective*. Clarendon Press · Oxford.

——2005, *Truth and Predication.* The Belknap Press of Harvard University Press.

Demos, R. 1917, "A Discussion of a Certain Type of Negative Proposition." *Mind*, 27, 188 - 196.

Dennett, D. C. 1987, *The Intentional Stance*. Cambridge, Massachusetts & London, England: A Bradford Book, The MIT Press.

Descartes. 1984, "Objections and Replies: Seventh Set of Objections with the Author's Replies" (John Cottingham et al Trans.), In *The Philosophical Writings of Descartes* (Vol. Ⅱ). Cambridge University Press.

Devitt, M. 1981, *Designation*. New York: Columbia University Press.

Dummett, M. 1958, "Truth." *Proceedings of the Aristotelian Society*, 59, 141 - 162.

——1993a, *Origins of Analytical Philosophy*. Cambridge, Massachusetts: Harvard University Press.

——1993b, "What Is a Theory of Meaning? (Ⅰ)." In *The Seas of Language*. Oxford University Press.

——1996, "What Is a Theory of Meaning? (Ⅱ)." In *The Seas of Language*. Clarendon Press, Oxford.

Evans, G. 1973, "The Causal Theory of Names." *Proceedings of the Aristotelian Society*, *Supplementary Volumes*, 47, 187 - 208.

——1982, *The Varieties of Reference* (J. McDowell Ed.). Oxford University Press.

——1985, "Identity and Predication." In *Collected Papers*. Oxford: Oxford University Press.

Floyd, J. & S. Shieh ed. 2001, *Future Pasts: The Analytic Tradition in Twentieth - century Philosophy*. (2001). (S. S. Juliet Floyd Ed.), Oxford University Press.

Frances, B. 2000, "Disquotation and Substitutivity." *Mind*, 109, 519 - 525.

Frege, G. 1979, *Posthumous Writings* (R. W. Peter Long, Trans. F. K. Hans Hermes, Friedrich Kaulbach Ed.). Basil Blackwell.

——1980, *The Foundations of Arithmetic: A Logical-mathematical Enquiry into the Concept of Number* (J. L. Austin, Trans. 2nd Revised Edition ed.). New York: Harper & Brothers.

——1997a, *Begriffsschrift* (excerpt) (M. Beaney, Trans.). In M. Beaney (Ed.), *The Frege Reader*. Blackwell Publishers.

——1997b, *The Frege Reader* (M. Beaney, Trans. M. Beaney Ed.). Blackwell Publishers.

——1997c, "On Sinn and Bedeutung." (M. Beaney, Trans.). In M. Beaney (Ed.), *The Frege Reader*: Blackwell Publishers.

——1997d, "Function and Concept." (M. Beaney, Trans.). In M. Beaney

(*Ed.*), *The Frege Reader*: Blackwell Publishers Inc.

——1997e, "On Concept and Object." (M. Beaney, Trans.). In M. Beaney (Ed.), *The Frege Reader*: Blackwell Publishers Inc.

——1997f, "Thought." (M. Beaney, Trans.). In M. Beaney (Ed.), *The Frege Reader*: Blackwell Publishers Inc.

——1997g, "Negation." (M. Beaney, Trans.). In M. Beaney (Ed.), *The Frege Reader*: Blackwell Publishers Inc.

Gaskin, R. 1995, "Bradley's Regress, The Copula and the Unity of the Proposition." *The Philosophical Quarterly* (1950 –), Vol. 45 (No. 179).

——2008, *The Unity of the Proposition.* Oxford University Press.

——2010, "Précis of The Unity of the Proposition." *Dialectica*, Vol. 64 (No. 2).

——2019, "From the Unity of the Proposition to Linguistic Idealism." *Synthese*, Vol. 196 (4).

Geach, P. 1965, "Assertion." *The Philosophical Review*, 74 (4), 451 –452.

Gibson Jr. *ed.* 2004, *The Cambridge Companion to Quine*. The Cambridge University Press.

Glock, H. –J. 2008, *What Is Analytic Philosophy*? Cambridge University Press.

Goodman, N. 1983, *Fact, Fiction, and Forecast* (Fourth ed.). Harvard University Press.

Grice, H. P. & P. F. Strawson 1956, "In Defense of a Dogma." *Philosophical Review*, 65, 141 –158.

Griffin, D. M. G. N. 2009, "Psychologism and the Development of Russell's Account of Propositions." *History and Philosophy of Logic*, 30 (2), 171 –186.

Hanley, M. D. R. ed. 2006, *The Blackwell Guide to the Philosophy of Language*. Blackwell Publishing.

Horwich, P. 1998, *Truth* (2nd ed.). New York: Oxford University Press.

Humphreys, P. W. & J. H. Fetzer, ed. 1998, *The New Theory of Reference: Kripke, Marcus, and Its Origins*. Dordrecht, Boston, London: Kluwer Academic Publishers.

Husserl, E. 1960, *Cartesian Meditations: An Introduction to Phenomenology* (D. Cairns, Trans. 1st ed.). The Hague/Boston/London: Martinus Hijhoff Publishers.

——2001, *Logical Investigations*, Vol. Ⅱ (J. N. Findlay, Trans.). London and

New York: Routledge.

——2002, "Philosophy as Rigorous Science." (M. Brainard, Trans.). In *New Yearbook for Phenomenology and Phenomenological Philosophy* Ⅱ.

Hutcheson, P. 1981, "Husserl and Private Languages." *Philosophy and Phenomenological Research*, 42 (1), 111 – 118. doi: 10.2307/2107546.

——1986, "Husserl's Alleged Private Language." *Philosophy and Phenomenological Research*, 47 (1), 133 – 136. doi: 10.2307/2107729.

Kant, I. 1992, *Lectures on Logic* (J. M. Young, Trans. Ed.): Cambridge University Press.

Kaplan, D. 1994, "Demonstratives." In R. Harnish (Ed.), *Basic Topics in the Philosophy of Language*. New York and London: Harvester Wheatsheaf.

King, J. C. 2007, *The Nature and Structure of Content*. Oxford University Press.

——2009, "Questions of Unity." *Proceedings of the Aristotelian Society*, Vol. CIX.

——2014, "Naturalized Propositions." In *New Thinking about Propositions*: Oxford University Press.

Kirkham, R. L. 1992, *Theories of Truth: A Critical Introduction*. USA: The MIT Press.

Kripke, S. 1971/1977, "Identity and Necessity." In S. P. Schwarz (Ed.), *Naming, Necessity and Natural Kinds*. Ithaca, NY: Cornell University Press.

——1994, "A Puzzle about Belief." In R. Harnish (Ed.), *Basic Topics in the Philosophy of Language*: Prentice Hall.

——2001, *Naming and Necessity*. Cambridge, Massachusetts: Harvard University Press.

Lewis, D. 1986, *On The Plurality of Worlds*. Oxford: Blackwell.

MacBride, F. 2019, "Truthmakers." In E. N. Zalta (Ed.), *The Stanford Encyclopedia of Philosophy* (Spring 2019 Edition ed.).

Marcus, R. B. 1990, "Some Revisionary Proposals about Belief and Believing." *Philosophy and Phenomenological Research*, 50.

Miller, A. 2006, "Russell, Multiple Relations, and the Correspondence Theory of Truth." *The Monist*, 89 (No. 1), 85 – 101.

——2007, *Philosophy of Lanuage*. London & New York: Routledge.

Millikan, R. G. 1984, *Language, Thought, and Other Biological Categories*. USA: A Bradford Book, The MIT Press.

Mill, J. S. 2001, "Of Name." In A. P. Martinich (Ed.), *The Philosophy of Language* (*4th edition*): Oxford University Press.

Molnar, G. 2000, "Truthmakers for Negative Truths." *Australasian Journal of Philosophy*, 78 (1), 72 - 86.

Moore, J. G. 2000, "Disquotation and Consistency: a Reply to Frances." *Mind*, 109, 527 - 532.

Moran, D. 2000, *Introduction to Phenomenology*. London and New York: Routledge.

Mumford, S. 2007, "Negative Truth and Falsehood." *Proceedings of the Aristotelian Society*, 107, 45 - 71.

Ostertag, G. 2013, "On Act - and Language - based Conceptions of Propositions: Two Aspects of Propositional Unity." *Canadian Journal of Philosophy*, Vol. 43 (Nos. 5 - 6), 518 - 533.

Owens, J. 1995, "Pierre and the Fundamental Assumption." *Mind and Language*, 10, 250 - 273.

Padro, R. 2015, *What the Tortoise Said to Kripke: the Adoption Problem and the Epistemology of Logic.* (PhD.). City University of New York.

Preston, A. 2007, *Analytic Philosophy: The History of an Illusion.* Continuum International Publishing Group.

Putnam, H. 1994, "The Meaning of 'Meaning'". In R. Harnish (Ed.), *Basic Topics in the Philosophy of Language*. New York and London: Harvester Wheatsheaf.

Quine, W. V. O. 1966a, "Carnap and Logical Truth." In *The Ways of Paradox and Other Essays*. New York: Random House, Inc.

——1966b, "Truth by Convention." In *The Ways of Paradox and Other Essays*. New York: Random House, Inc.

——1969a, "Epistemology Naturalized." In *Ontological Relativity and other Essays*. Columbia University Press.

——1969b, *Ontological Relativity and Other Essays*. Cambridge, MA: Harvard University Press.

——1970, "On the Reason for Indeterminacy of Translation." *The Journal of Philosophy*, 67 (No. 6), 178 - 183.

——1975, "Reply to Hellman." In P. A. S. L. E. Hahn (Ed.), *The Philosophy of W. V. O. Quine*. La Salle: Open Court.

——1981, "Five Milestones of Empiricism." In *Theories and Things*. Cambridge, MA & London, England: The Belknap Press of Harvard University Press.

——1986, *Philosophy of Logic* (2nd ed.). Cambridge, Massachusetts & London, England: Harvard University Press.

——2001, "Confessions of a Confirmed Extensionalist", in Floyd & Shieh ed. (2001).

——2013, *Word and Object*. MIT Press.

Ramsey, F. P. 1978, "Facts and Propositions." In D. H. Mellor (Ed.), *Foundations: Essays in Philosophy, Logic, Mathematics and Economics*. London and Henley: Routledge & Kegan Paul.

Recanati, F. 1993, *Direct Reference*. Oxford: Blackwell.

Reimer, M. 1998, "Donnellan's Distinction/Kripke's Test." *Analysis*, 58 (2), 89 - 100.

Russell, B. 1903/2010, *Principles of Mathematics*. London & New York: Routledge.

——1910/2009, "On the Nature of Truth and Falsehood." In *Philosophical Essays*. Taylor & Francis Routledge.

——1992, *Theory of Knowledge: The* 1913 *Manuscript* (E. R. E. K. Blackwell Ed.). London and New York: Routledge.

——1998, *The Problems of Philosophy* (2nd ed.). Oxford University Press.

——2010a, "Logical Atomism." In *The Philosophy of Logical Atomism*. London and New York: Routledge.

——2010b, *The Philosophy of Logical Atomism*. London & New York: Routledge.

Salmon, N. 1986, *Frege's Puzzle*. Cambridge, MA: The MIT Press.

Searle, J. 1979/2001, *Expression and Meaning: Studies in the Theory of Speech Acts*. Cambridge University Press; 外语教学与研究出版社.

——1983, *Intentionality: An Essay in the Philosophy of Mind*. Cambridge University Press.

——1992, *The Rediscovery of the Mind*. The MIT Press.

Sellars, W. 1997, *Empiricism and the Philosophy of Mind: With an Introduction by Richard Rprty and a Study Duide by Robert Brandom*. Cambridge, Massachusetts & London, England: Harvard University Press.

Sluga, H. 2002, "Frege On The Indefinability of Truth." In E. Reck (Ed.), *From Frege to Wittgenstein: Perspectives on Early Analytic Philosophy*. Oxford:

Oxford University Press.

Smith, D. W. 2007, *Husserl*. London and New York: Routledge.

Smith, Q. 1998, "A More Comprehensive History." In P. W. H. J. H. Fetzer (Ed.), *The New Theory of Reference: Kripke, Marcus, and Its Origins*. Dordrecht, Boston, London: Kluwer Academic Publishers.

Soames, S. 2010, *What is Meaning*? Princeton and Oxford: Princeton University Press.

——2014, Cognitive Propositions. In *New Thinking about Propositions*. United Kingdom: Oxford University Press.

——2015, *Rethinking Language, Mind, and Meaning*. Princeton and Oxford: Princeton University Press.

——2016, "Yes, the Search for Explanation is all we have." *Philosophical Studies*, 173, 2565 – 2573.

Sokolowski, R. 1970, *The Formation of Husserl's Concept of Constitution*. Matinus Nijhoff / The Hague.

Sosa, D. 1996, "The Import of the Puzzle about Belief." *The Philosophical Review*, 105, 373 – 402.

Speaks, J. 2014, "Representational Entities and Representational Acts." In *New Thinking about Propositions*. Oxford University Press.

Strawson, P. F. 1949, "Truth." *Analysis*, Vol. 9 (No. 6), 83 – 97.

——1963, *Individual: An Essay in Descriptive Metaphysics*. Garden City, New York: Doubleday & Company, Inc.

——1992, *Analysis and Metaphysics: An Introduction to Philosophy*. Oxford University Press.

——1997, "Entity and Identity." In *Entity and Identity and Other Essays*. New York: Oxford University Press.

Textor, M. 2009, "Unsaturatedness: Wittgenstein's Challenge, Frege's Answer." *Proceedings of the Aristotelian Society, New Series*, 109, 61 – 82.

Thomasson, A. L. 2019, "Categories." In E. N. Zalta (Ed.), *The Stanford Encyclopedia of Philosophy* (*Summer* 2019 *Edition*).

Vallicella, W. F. 2010, "Gaskin on the Unity of the Proposition." *Dialectica*, Vol. 64 (No. 2).

Wettstein, H. 1981, "Demonstrative Reference and Definite Descriptions." *Philosophical Studies*, 40, 241 – 257.

——1983, "The Semantic Significance of the Referential - Attributive Distinction." *Philosophical Studies*, 44, 187 - 194.

Wilson, S. 1995, *Relevance: Communication and Cognition* (2nd ed.). Blackwell.

Wittgenstein, L. 1961, *Tractatus Logico-Philosophicus* (D. P. Pears & B. F. McGuinness, Trans.) Routledge & Kegan Paul.

——1979, *Notebooks* 1914 - 1916 (G. E. M. Anscombe, Trans. G. H. von Wright & G. E. M. Anscombe Ed. 2nd ed.). Oxford: Blackwell Publishers.

——2009, *Philosophical investigations* (G. E. M. Anscombe, P. M. S. Hacker and Joachim Schulte, Trans. P. M. S. Hacker and Joachim Schulte Ed. 4th. ed.): Wiley - Blackwell.

Wright, C. 1986, "Inventing Logical Necessity." In J. Butterfield (Ed.), *Language, Mind and Logic*: Cambridge University Press.

Zahavi, D. 2001, *Husserl and Transcendental Intersubjectivity: A Response to the Linguistic - Pragmatic Critique* (E. A. Behnke, Trans.). Ohio University Press.

Zhongwei, Li 2014, "Husserl on Intentionality as an Essential Property of Consciousness". *Frontiers of Philosophy in China*, 9 (1), 87 - 108.

索　引